建筑工程测量

主　编　郭　秦　文　静

副主编　郭一江　李宏豪　李莎莎

参　编　周海波　王　迪

南开大学出版社

天　津

图书在版编目(CIP)数据

建筑工程测量 / 郭秦，文静主编. 一天津：南开大学出版社，2016.9

ISBN 978-7-310-05194-6

Ⅰ.①建… Ⅱ.①郭… ②文… Ⅲ.①建筑测量－高等职业教育－教材 Ⅳ.①TU198

中国版本图书馆 CIP 数据核字(2016)第 206853 号

南开大学出版社出版发行

出版人:刘立松

地址:天津市南开区卫津路 94 号 邮政编码:300071

营销部电话:(022)23508339 23500755

营销部传真:(022)23508542 邮购部电话:(022)23502200

*

天津泰宇印务有限公司印刷

全国各地新华书店经销

*

2016 年 9 月第 1 版 2016 年 9 月第 1 次印刷

260×185 毫米 16 开本 16.5 印张 385 千字

定价:38.00 元

如遇图书印装质量问题,请与本社营销部联系调换,电话:(022)23507125

前 言

“建筑工程测量”是土建类专业课程体系中一门重要的专业课,如何使该课程的设置与生产实践相适应,同时与土建类专业的人才培养目标相契合,是相关专业教学工作者一直在深刻探索的问题。

“建筑工程测量”的课程体系应打破原有课程体系中知识点繁杂、教材内容陈旧、实践内容少、教学方法落后的现状,而知识结构应从建筑工程测量的具体应用出发,以建筑物定位作为教学的切入点和核心,将新仪器、新技术、新规范纳入测量教学中,阐述其测量的基本理论和技术原理,强调按技术用途和工程类型来综合运用技术,做到举一反三,触类旁通,做到面面俱到;注重测量技术原理、方法的逻辑关系、连续关系和互补关系。强调测量知识在建筑工程中的实际运用能力,即通过实践将所学测量知识上升为应用能力。

在整个课程体系改革中,教材改革是重要环节,其内容应既要满足课程内容的教学需要,又不能局限在课程教学内容的范围之内,因为课程内容远远不能达到现代建筑测量知识的信息量。所以,我们在教材编写过程中从现代建筑测量技术的发展和市场经济对人才的需要出发,从学生学习建筑测量课程的完整性来考虑,对教材内容适当增加课外阅读内容及相关的常用测量知识,对整个结构体系做了调整,针对土木类专业实践性的要求,加入了新仪器的说明和实践指导,适当地增加了工程实践相关的内容,如高斯平面直角坐标系的建立,地形图的测绘,异形建筑物的定位方法,精密水准测量等。本书参编的教师,都具有 4 年以上的“建筑工程测量”课程的教学与实践指导经验,在教学应用与总结的基础上组织编写,对教材的结构体系和内容设置都进行了详细考量,打破了原有教材内容陈旧、实践性不强的局限,并与独立院校人才培养目标相契合,与市场需求相适应。本书具有以下特点:定位明确,突出实用性和针对性,妥善处理新旧内容的关系,重视对学生的启发和引导。书中测量应用的内容在教材中占了近一半的篇幅。对于其他先进测量仪器和技术,则在相关章节给予适当介绍,这样既突出了重点,又拓宽了学生的视野。每一章的开端设置了导读和引例,章后设置本章小结,并配合数量适当、富有启发的拓展阅读和习题,给学生留下更多的思考空间。我们本着加强基本理论、基本技术的培养,注重实践操作技能训练,兼顾测绘新技术应用的基本原则,对教材内容做了合理的设置和安排。

在教学中,教师可以根据教学对象和学时等具体情况对教学过程中的内容进行有选择的学习,也可以进行适当扩展,参考学时为 32 个理论学时加 16 个实践学时。与此同时,西南科技大学城市学院土木工程系测绘教研室,就《建筑工程测量》制定了网上 MOOC 平台,西南科技大学城市学院—SPOC 官网网址为:http://cc.swust.cnmooc.org。学生可以通过线上、线下两方面的学习,加深对这门课程的理解。本书第 1、11 章由李宏豪编写,第 2 章由文静编写,第

3、10章由郭一江编写，第4章由李莎莎编写，第5、6章由王迪编写，第7章由郭秦编写，第8、9章由周海波编写。全书由郭秦和文静统稿。本书的编写参考了大量近年来出版的相关技术资料，吸取了许多专家和同仁的宝贵经验，在此向他们深表谢意。

在本教材的出版过程中，西南科技大学城市学院土木工程系测绘教研室的全体教师都倾注了极大的热情，付出了艰辛的劳动，但是受学识水平局限，错误在所难免，在此恳请广大读者及专家学者不吝指正，以便修订时更改。

作者

2016年6月

目　　录

第1篇　测量基础篇

第1章　绪论 ……………………………………………………………………… (3)
1.1　建筑工程测量的任务及其在建筑工程中的作用 ……………………… (3)
1.2　地球表面特征及地面点位置的确定 …………………………………… (4)
1.3　用水平面代替水准面的限度 …………………………………………… (10)
1.4　测量基本工作概述 ……………………………………………………… (12)
拓展阅读 ……………………………………………………………………… (13)
本章小结 ……………………………………………………………………… (16)
习　　题 ……………………………………………………………………… (16)
第2章　高程测量 ………………………………………………………………… (18)
2.1　水准测量原理 …………………………………………………………… (18)
2.2　水准测量的仪器与工具 ………………………………………………… (20)
2.3　水准测量的实施 ………………………………………………………… (23)
2.4　DS3型水准仪的检验与校正 …………………………………………… (36)
2.5　水准测量的误差来源及消减办法 ……………………………………… (39)
拓展阅读 ……………………………………………………………………… (41)
本章小结 ……………………………………………………………………… (43)
习　　题 ……………………………………………………………………… (43)
第3章　角度测量 ………………………………………………………………… (45)
3.1　角度测量原理 …………………………………………………………… (45)
3.2　光学经纬仪 ……………………………………………………………… (46)
3.3　水平角观测方法 ………………………………………………………… (50)
3.4　竖直角测量 ……………………………………………………………… (55)
3.5　竖直角观测与计算 ……………………………………………………… (57)
3.6　经纬仪的检验与校正 …………………………………………………… (57)
3.7　角度测量误差分析及注意事项 ………………………………………… (61)
拓展阅读 ……………………………………………………………………… (64)
本章小结 ……………………………………………………………………… (65)
习　　题 ……………………………………………………………………… (65)
第4章　距离测量与直线定向 …………………………………………………… (67)
4.1　距离测量概述 …………………………………………………………… (67)

4.2 钢尺量距 …… (67)
4.3 视距测量 …… (74)
4.4 光电测距 …… (76)
4.5 直线定向 …… (77)
拓展阅读 …… (80)
本章小结 …… (80)
习 题 …… (80)
第5章 测量误差基本知识 …… (82)
5.1 测量误差概述 …… (82)
5.2 偶然误差的统计规律 …… (84)
5.3 评定精度的指标 …… (87)
5.4 误差传播定律 …… (89)
5.5 应用举例 …… (92)
5.6 等精度直接观测平差 …… (94)
本章小结 …… (98)
习 题 …… (98)
第6章 小区域控制测量 …… (99)
6.1 控制测量概述 …… (99)
6.2 导线测量 …… (102)
6.3 小三角测量 …… (111)
6.4 交会法定点 …… (115)
6.5 高程控制测量 …… (118)
6.6 建筑施工场地的控制测量 …… (123)
拓展阅读 …… (127)
本章小结 …… (132)
习 题 …… (133)
第7章 地形图的识读和应用 …… (134)
7.1 地形图的基本知识 …… (134)
7.2 地物符号 …… (135)
7.3 等高线基本知识 …… (138)
7.4 地形图的测绘 …… (141)
7.5 地形图的拼接,整饰和检查 …… (146)
7.6 地形图应用的基本内容 …… (147)
7.7 地形图在施工中的应用示例 …… (150)
拓展阅读 …… (152)
本章小结 …… (155)
习 题 …… (155)

第2篇　工程应用篇

第8章　测设的基本工作 …………………………………………… (161)
8.1　水平距离、水平角和高程的测设 …………………………… (161)
8.2　已知直线和已知坡度线的测设 …………………………… (165)
8.3　平面点位的测设 …………………………………………… (170)
本章小结 ………………………………………………………… (172)
习　题 …………………………………………………………… (173)
第9章　民用与工业建筑施工测量 ………………………………… (176)
9.1　建筑物的定位和放线 ……………………………………… (176)
9.2　建筑物基础施工测量 ……………………………………… (181)
9.3　墙体施工测量 ……………………………………………… (182)
9.4　高层建筑的施工测量 ……………………………………… (185)
9.5　厂房施工控制网的建立 …………………………………… (193)
9.6　厂房基础施工测量 ………………………………………… (196)
9.7　厂房预制构件(柱、梁及屋架)安装测量 ………………… (200)
9.8　厂房内设备基础施工测量 ………………………………… (202)
拓展阅读 ………………………………………………………… (205)
本章小结 ………………………………………………………… (209)
习　题 …………………………………………………………… (209)
第10章　道路与桥梁工程测量 …………………………………… (211)
10.1　概述 ……………………………………………………… (211)
10.2　初测阶段的测量工作 …………………………………… (211)
10.3　定测阶段的测量工作 …………………………………… (215)
10.4　道路纵横断面测量 ……………………………………… (226)
10.5　道路施工测量 …………………………………………… (231)
10.6　桥梁施工测量 …………………………………………… (236)
本章小结 ………………………………………………………… (241)
习　题 …………………………………………………………… (241)
第11章　变形观测和竣工总平面图的测绘 ……………………… (242)
11.1　建筑物变形观测概述 …………………………………… (243)
11.2　建筑物沉降观测 ………………………………………… (245)
11.3　倾斜和位移观测 ………………………………………… (247)
11.4　挠度与裂缝观测 ………………………………………… (250)
11.5　竣工总平面图的绘制 …………………………………… (251)
拓展阅读 ………………………………………………………… (252)
本章小结 ………………………………………………………… (255)
习　题 …………………………………………………………… (255)

第 1 篇　测量基础篇

第1章 绪　论

导读：本章主要学习建筑工程测量的基础知识，使同学们初步具备合理确定测量工作任务和内容的能力，本章重点讲述了建筑工程的研究内容和任务，简述了地球表面特征及研究方法，介绍测量常用的坐标系及地球表面点位确定方法和测量原理，分析用水平面代替水准面的限度，介绍测量工作的原则和程序，为后续章节的学习和顺利进行测量工作奠定理论基础。

引例：从远古时期开始，人类一直在不断地问自己："我在哪里？""我要去哪里？""我要去的地方有多远？""在哪个方向？""我去过哪里？""我怎样才能找到回家的路？"人类文明从认识自然发展到改造自然，要建造房屋、拦河筑坝、修路架桥，又必须弄清楚："在哪里进行？"所有这些问题都可以归结为"定位"。测量学就是研究定位——确定地面某点位在某一参照系中的位置的科学。在工程项目的建设过程中，无论是在勘测规划设计阶段，还是在工程施工阶段、工程项目运营管理结算阶段，都需要进行大量的测量工作，其在各阶段都有不同的作用。

1.1　建筑工程测量的任务及其在建筑工程中的作用

1.1.1　建筑工程测量的概述

测量学是研究地球的形状、大小以及确定地面点空间位置的科学，按照研究对象及采用技术的不同，可以分为多个学科分支，如：大地测量学、摄影（遥感）测量学、普通测量学、海洋测量学、工程测量学及地图制图学等。在测绘界，人们把工程建设中的所有测绘工作统称为工程测量，它包括在工程建设勘测、设计、施工和管理阶段所进行的各种测量工作，直接为各类建筑工程项目提供数据和图纸。到近代，随着工程建设的大规模发展，人们从实践中逐渐积累经验，细分出建筑工程测量这一方向。它是面向土木建筑类工程的勘测、规划、设计、施工与管理等专业的测量学，也就是说属于普通测量学和工程测量学范畴。

任何建筑工程在确定了设计方案后，都需要把设计的方案标定到实地，因此，测量工作贯穿于工程建设的整个过程。离开了测绘资料，就难以进行科学合理的规划和设计；离开了施工测量，就不能安全、优质地施工；离开了位移和变形监测，就不能有效地研究规划设计和施工的技术质量，不能及时采取有效的安全措施，也不能为研究新的科学设计理论和方法提供依据。从事土木建筑类专业的技术人员和相关的管理人员，必须掌握测量的基本知识和技能。

1.1.2　建筑工程测量的任务与内容

建筑工程测量的内容与工程测量的内容一脉相承，其主要任务如下：

(1)研究测绘大比例尺地形图的理论和方法。大比例尺地形图是工程勘察、规划及设计的依据。测量学是研究确定地面局部区域建筑物、构筑物、天然地物和地貌的空间三维坐标的原理和方法,研究局部地区地图投影理论以及将测绘资料按比例绘制成地形图或电子地图的原理和方法。

(2)研究在地形图上进行规划、设计的基本原理和方法。在地形图上进行土地平整、土方计算、道路选线、房屋设计和区域规划的基本原理和方法。

(3)研究建(构)筑物施工放样及施工质量检验的技术和方法。研究将规划设计在图纸上的建筑物、构筑物准确地放样和标定在地面上的技术和方法。研究在施工过程中的监测技术,以保证施工的质量和安全。

(4)对大型建(构)筑物的安全性进行位移和变形监测。在大型建筑物施工过程中或竣工后,为确保工程施工和使用的安全,应对建筑物进行位移和变形监测。主要研究位移和变形监测的技术和方法。

1.2 地球表面特征及地面点位置的确定

1.2.1 地球形状和大小

测量工作是在地球的自然表面上进行的,学习本课程,必须先了解地球的形状和大小。地球自然表面是极不平坦和不规则的,分布着高山、高原、洼地、盆地、平原等千姿百态的地貌,有位于我国境内的世界上最高的珠穆朗玛峰,2005 年 5 月我国大地测量工作者测得其高程为 8 844.43 m,还有位于太平洋西部低于海平面 11 022 m 的马里亚纳海沟,形状十分复杂。但是地球表面的高低起伏,相对于地球平均半径 6 371 km 是很小的,所以仍可以将地球作为球体看待。地球自然表面大部分是海洋,面积占地球表面的 71%,陆地仅占 29%。人们设想将静止的海水面向整个陆地延伸,用所形成的封闭曲面代替地球表面,这个曲面称为大地水准面。大地水准面所包含的形体,称为大地体,它代表了地球的自然形状和大小。

大地水准面的确定是一件非常复杂的工作,地球形状不规则,内部的质量分布不均匀,引起地面上各点的重力线方向产生不规则的变化。例如:在山岳附近,引力方向偏向山岳;在湖海附近,引力方向偏离湖海。在金属矿藏附近,引力方向偏向矿藏,等等。由于水准面都是处处与重力线方向正交的,所以水准面是不规则的曲面。长期以来,各国的大地测量工作者进行了大量的重力测量工作和海水面的观测工作,但是到目前为止,还没有得到一个被全球所公认的大地水准面。各国所采用的大地水准面实际上只是最接近其所在区域平均海水面的水准面。

1.2.2 建筑坐标和测量坐标的换算

1. 建筑坐标系统

为了工作上的方便,在建立施工平面控制网和进行建筑物定位时,多采用一种独立的直角坐标系统,称为建筑坐标系,也叫施工坐标系。该坐标系的纵横坐标轴与场地主要建筑物的轴线平行,坐标原点常设在总平面图的西南角,使所有建筑物的设计坐标均为正值。

为了与原测量坐标系统区别,规定施工坐标系统的纵轴为 A 轴,横轴为 B 轴。由于建筑物布置的方向受场地地形和生产工艺流程的限制，建筑坐标系通常与测量坐标系不一致。故在测量工作中需要将一些点的施工坐标换算为测量坐标。

2. 测量坐标系统

测量坐标系与施工场地地形图坐标系一致，工程建设中地形图坐标系有两种情况，一种是高斯平面直角坐标系，另一种是测区独立平面直角坐标系，用 XOY 表示。

3. 坐标换算公式

如图 1-1 所示，测量坐标为 XOY，施工坐标为 $AO'B$，原点 O'在测量坐标系中的坐标为 X_o'、Y_o'。设两坐标轴之间的夹角为 α（一般由设计单位提供，也可以在总平面图按图解法求得），P 点的施工坐标为（A_p，B_p），测量坐标为（X_p，Y_p），则 P 点的施工坐标可按式（1-1）换算成测量坐标。

$$X_p = X_o' + A_p \cdot \cos\alpha - B_p \cdot \sin\alpha \quad (1\text{-}1)$$
$$Y_p = Y_o' + A_p \cdot \sin\alpha + B_p \cdot \cos\alpha$$

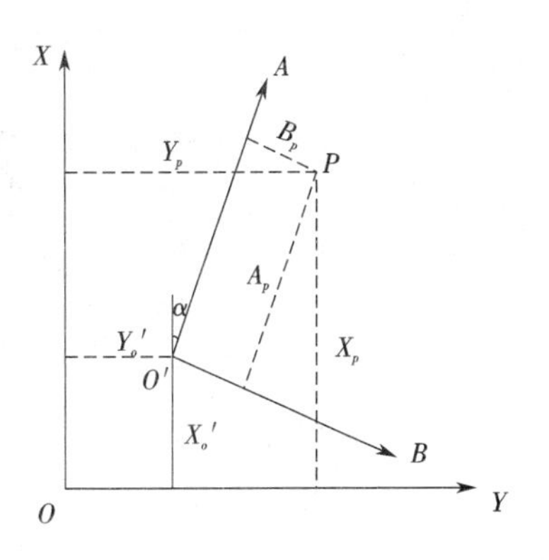

图 1-1 测量坐标各点

P 点的测量坐标可按（1-2）换算成施工坐标。

$$A_p = (X_p - X_o') \cdot \cos\alpha + (Y_p - Y_o') \cdot \sin\alpha \quad (1\text{-}2)$$
$$B_p = -(X_p - X_o') \cdot \sin\alpha + (Y_p - Y_o') \cdot \cos\alpha$$

1.2.3 平面位置与高程的确定

测量中，无论测图还是放样，都必须确定出所测对象的特征点的位置。只要将代表其地物地貌特征的点的位置确定了，则其他各点、线、面及形的位置也就容易确定了。因此，研究任意一点位置的确定问题，是测量学的基本问题。

要确定一个点的空间位置，可以通过确定这个点在某个基准面上的投影以及该点沿基准线到该基准面的距离来进行。在野外测量时，采用的基准面和基准线分别是水准面和与之垂直的重力线。但是由于大地水准面形状不规则，不能作为内业计算的基准面，所以内业计算时总采用椭球面或参考椭球面作为基准面，采用与椭球面处处垂直的法线作为基准线。

确定地面点位的基本方法是数学（几何）方法，用空间三维坐标表示。以参考椭球体表示的为"参心"坐标，以地球质心为坐标系中心的为"地心"坐标。地面点的空间位置与一定的坐标系统相对应，在测量上常用的坐标系有空间直角坐标系、地理坐标系、高斯投影平面直角坐标系及独立平面直角坐标系等。地面点位的三维在空间直角坐标系中用 X、Y、Z 表示，在地理坐标系和高斯投影平面直角坐标系中，前两个量为平面坐标，表示地面点沿着基准线投影到基准面上后在基准面上的位置。基准线可以是铅垂线，也可以是法线。基准面是大地水准面、平面或椭球体面。第三个量是高程，表示地面点沿基准线到基准面的距离。

1. 高程系统

新中国成立以来，我国曾以青岛验潮站 1950—1956 年的观测资料求得的黄海平均海水面作为我国的大地水准面（高程基准面），由此建立了"1956 年黄海高程系统"，并在青岛市观象山上建立了国家水准原点。此后由于观测数据的积累，黄海平均海水面发生了微小的变化，因此启用了新的高程系统,即“1985 年国家高程基准”。青岛水准原点的高程在 1956 年黄海高程系统中为 72.289 m,在 1985 国家高程基准中为 72.260 m。

所谓地面点的高程(绝对高程或海拔)就是地面点到大地水准面的铅垂距离,一般用 H 表示,如图 1-2 所示。图中地面点 A、B 的高程分别为 HA、HB。

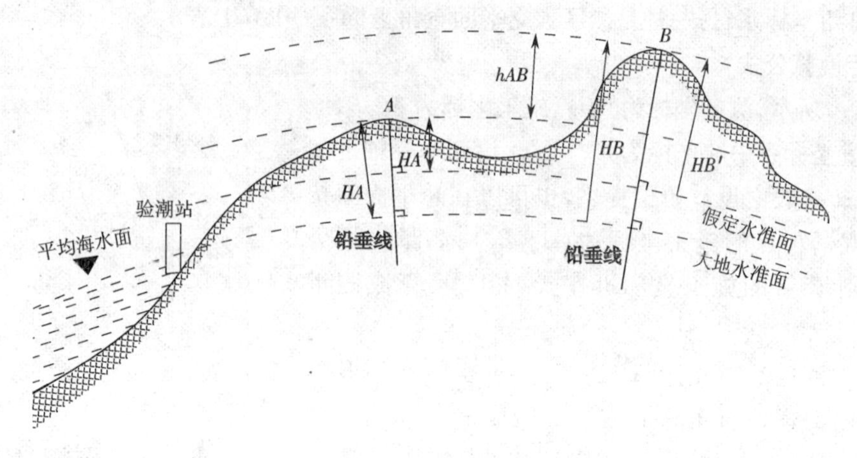

图 1-2 高程和高差

在个别的局部测区,若远离已知国家高程点或为便于施工,也可以假设一个高程起算面(即假定水准面),这时地面点到假定水准面的铅垂距离,称为该点的假定高程或相对高程。如图 1-2 所示 A、B 两点的相对高程为 H'_A、H'_B。

地面上两点间的高程之差称为高差,一般用 h 表示。图 1-2 中 A、B 两点高差 h_{AB} 为

$$h_{AB} = H_B - H_A = H'_B - H'_A \tag{1-3}$$

式中,h_{AB}有正有负,下标 AB 表示该高差是从 A 点至 B 点方向的高差。式(1-3)也表明两点之间的高差与高程起算面无关。

2. 坐标系统

1)地理坐标

地面点在球面上的位置用经度和纬度表示的,称为地理坐标。按照基准面和基准线及求算坐标方法的不同,地理坐标又可以分为天文地理坐标和大地地理坐标两种。天文地理坐标如图 1-3 所示,其基准是铅垂线和大地水准面,它表示地面点 A 在大地水准面上的位置,用天文经度 λ 和天文纬度 ψ 表示。天文经、纬度是用天文测量的方法直接测定的。

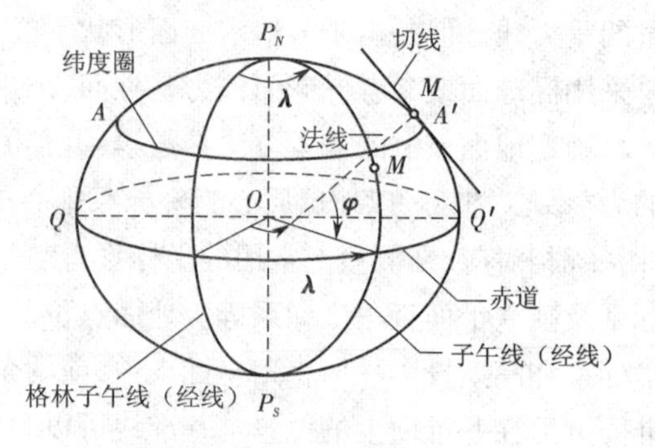

图 1-3 地理坐标示意图

大地地理坐标的基准是法线和参考椭球面,是表示地面点在地球椭球面上的位置,用大地经度 L 和大地纬度 B 表示。大地经、纬度是根据大地测量所得数据推算得到的。

如图 1-4 所示为以 O 为球心的参考椭球体,N 为北极、S 为南极,NS 为短轴。过中心 O 并

与短轴垂直且与椭球相交的平面为赤道面，P 为地面点，含有短轴的平面为子午面。过 P 点沿法线 PK_p 投影到椭球体面上，得到 P' 点。$NP'S$ 是过 P 点子午面在椭球体面上投影的子午线。过格林尼治天文台的子午线称为本初子午线或首子午线。$NP'S$ 子午面与本初子午面所夹的两面角 L_p 称为 P 点的大地经度。法线 PK_p 与赤道平面的交角 B_p 称为 P 点的大地纬度。P 点沿法线到椭球体面的距离 PP' 称为 P 点的大地高 H_p。

国际规定，过格林尼治天文台的子午面为零子午面，经度为0°，以东为东经、以西为西经，其值域均为0°～180°；纬度以赤道面为基准面，以北为北纬，以南为南纬，其值均为0°～90°。椭球体面上的大地高为零。沿法线在椭球体面外为正，在椭球体面内为负。我国处于东经74°～135°，北纬3°～54°。如北京位于北纬40°、东经116°，用 $B=40°N$，$L=116°E$ 表示。

地面点位也可以用空间直角坐标(X,Y,Z)表示，如GPS中使用的WGS－84系统，如图1-4所示。它是美国国防局为进行GPS导航定位于1984年建立的地心坐标系。该坐标系统以地心 O 为坐标原点，ON 即旋转轴为 Z 轴方向；格林尼治子午线与赤道面交点与 O 的连线为 X 轴方向；过 O 点与 XOZ 面垂直，并与 X、Z 构成右手坐标系者为 Y 轴方向。点 P 的空间直角坐标为(X_p，Y_p，Z_p)，它与大地坐标 B、L、H 之间可用公式转换。

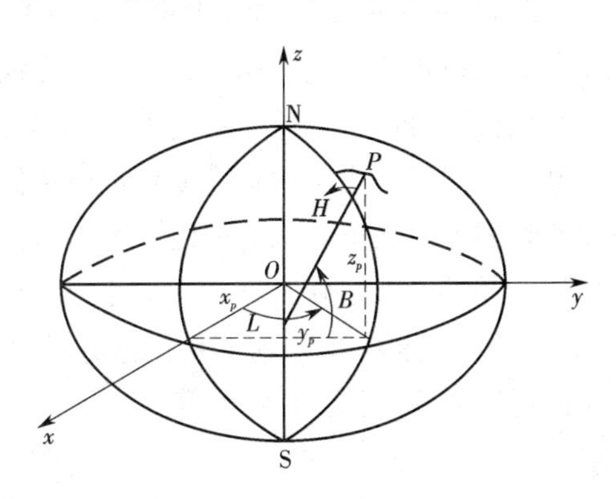

图1-4 空间直角坐标

2)高斯平面直角坐标

(1)测量问题的提出。大地坐标系是大地测量的基本坐标，常用于大地问题的解算、研究地球形状和大小、编制地图、火箭和卫星发射及军事方面的定位及运算，若将其直接用于工程建设规划、设计和施工等很不方便。所以要将椭球面上的大地坐标按一定数学法则归算到平面上，即采用地图投影的理论绘制地形图，才能用于规划建设。

(2)解决问题的方案。椭球体面是一个不可直接展开的曲面。故将椭球面上的元素按一定条件投影到平面上，总会产生变形。测量上常以投影变形不影响工程要求为条件选择投影方法。地图投影有等角投影、等面积投影和任意投影3种，一般常采用等角投影，它可以保证在椭球体面上的微分图形投影到平面后将保持相似。这是地形图的基本要求。

(3)高斯平面直角坐标。

①高斯投影的概念。高斯是德国杰出的数学家和测量学家。在1820—1830年间，为解决德国汉诺威地区大地测量投影问题，提出了横轴椭圆柱投影方法(即正形投影方法)。1912年起，德国学者克吕格将高斯投影公式加以整理和扩充并导出了实用的计算公式，所以，该方法又称为高斯—克吕格正形投影。它是将一个横轴椭圆柱面套在地球椭球体上，如图1-5所示。椭球体中心 O 在椭圆柱中心轴上，椭球体南北极与椭圆柱相切，并使某一子午线与椭圆柱相切。此子午线称为中央子午线。然后将椭球体面上的点、线按正形投影条件投影到椭圆柱面上，再沿椭圆柱 N、S 点的母线割开，并展成平面，即成为高斯投影平面。

在高斯投影平面上，中央子午线是直线，其长度不变形，离开中央子午线的其他子午线是

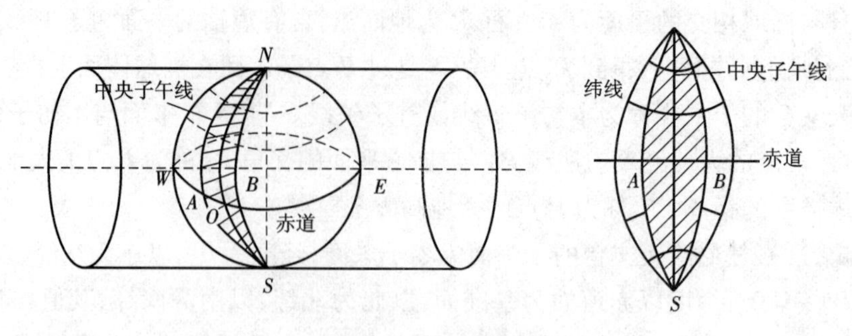

图 1-5 高斯投影

弧形,凹向中央子午线。离开中央子午线越远,变形越大。投影后赤道是一条直线,赤道与中央子午线保持正交。离开赤道的纬线是弧线,凸向赤道。

高斯投影可以将椭球面变成平面,但是离开中央子午线越远变形越大,这种变形将会影响测图和施工精度。为了对长度变形加以控制,测量中采用了限制投影宽度的方法,即将投影区域限制在靠近中央子午线的两侧狭长地带。这种方法称为分带投影。投影宽度是以相邻两个子午线的径差 δ 来划分,有6°带、3°带、1.5°带。6°带投影是从英国格林尼治子午线开始,自西向东,每隔6°投影一次。这样将椭球分成60个带,编号为1~60带,如图1-6所示。各带中央子午线经度 L_o 可用式(1-4)计算

$$L_o = 6N - 3 \tag{1-4}$$

式中,N 为6°带的带号。已知某点大地经度 L,可按式(1-5)、(1-6)计算该点所属的带号。

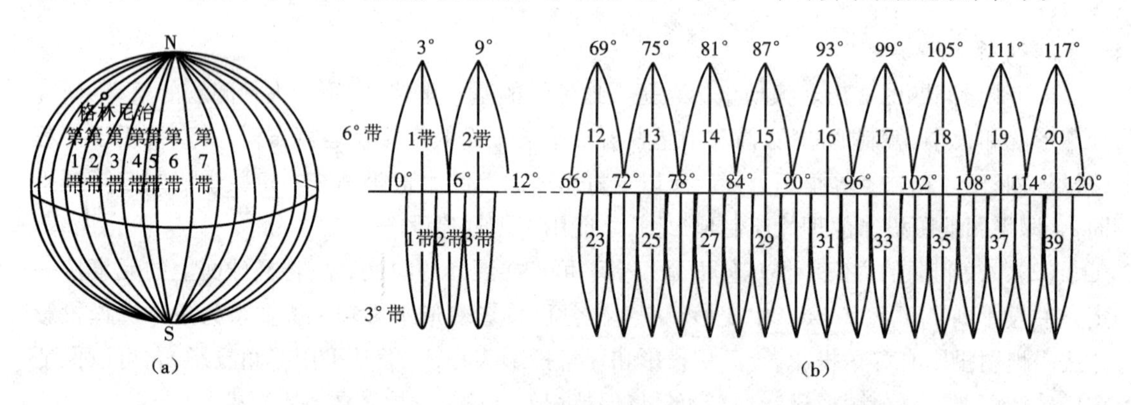

图 1-6 6°带和3°带投影

6°带

$$N = L/6(\text{取整}) + 1 \tag{1-5}$$

3°带

$$n = L/3(\text{四舍五入}) \tag{1-6}$$

3°带是在6°带基础上划分的,其中央子午线在奇数带时与6°带中央子午线重合,每隔3°为一带,共120带,各带中央子午线经度为

$$L = 3n \tag{1-7}$$

式中,n 为3°带的带号。

我国幅员辽阔，含有11个6°带，即从13～23带，21个3°带，从25～45带。

②高斯平面直角坐标系的建立。在高斯投影平面上，中央子午线和赤道的投影是两条相互垂直的直线。因此规定：中央子午线的投影为高斯平面直角坐标系的 x 轴，赤道的投影为高斯平面直角坐标的 y 轴，两轴交点 O 为坐标原点，并令 x 轴上原点以北为正，y 轴上原点以东为正，象限按顺时针Ⅰ、Ⅱ、Ⅲ、Ⅳ排列，由此建立了高斯平面直角坐标系，如图1-7所示。

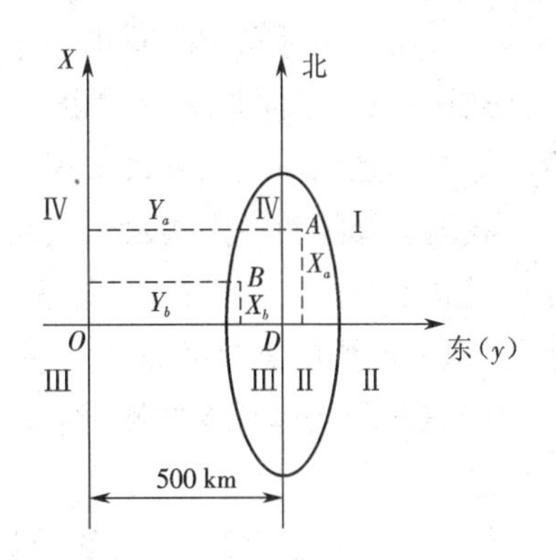

图1-7 高斯平面直角坐标

由于我国国土全部位于北半球(赤道以北)，故我国国土上全部点位的 x 坐标均为正值，而 y 坐标值则有正有负。为了避免 y 坐标值出现负值，我国规定将每个带的坐标原点向西移500 km。由于各投影带上的坐标系是采用相对独立的高斯平面直角坐标系，为了能正确区分某点所处投影带的位置，规定在横坐标 y 值前面冠以投影带的带号。例如，图1-7中 B 点位于高斯投影6°带第20号带内($n=20$)，其真正横坐标 $y_b=-113\ 424.690$ m，按照上诉规定 y 值应改写为 $y_b=20(-113\ 424.690+500\ 000)=20\ 386\ 575.310$。反之，从这个 y_b 值中可以知道，该点是位于第20号6°带，其真正横坐标 $y_b=(386\ 575.310-500\ 000)\text{m}=-113\ 424.690$ m。

③ 高斯平面直角坐标系与数学中的笛卡尔坐标系的区别。如图1-8所示，高斯直角坐标系纵轴坐标为 x 轴，横坐标为 y 轴，坐标象限为顺时针方向编号。角度起算是从 x 轴的北方向开始，顺时针计算。这些定义都与数学中的定义不同，目的是为了定向方便，并能将数学上的几何公式直接应用到测量计算中，而无需做任何变更。

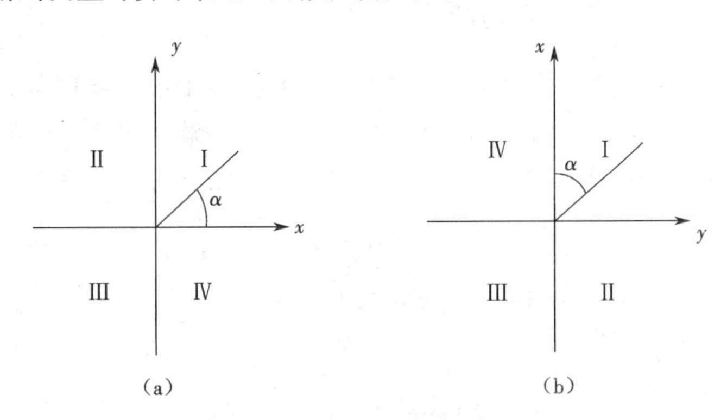

图1-8 笛卡尔坐标和高斯直角坐标

(a)笛卡尔坐标；(b)高斯直角坐标

3)独立平面直角坐标

《城市测量规范》(CJJ/T8—2011)规定，面积小于25 km²的城镇，可不经投影采用假定平面直角坐标系统在平面上直接进行计算。

实际测量中，一般将坐标原点选在测区的西南角，使测区内的点位坐标均为正值(第一象限)，与高斯平面直角坐标系的特点一样，将该测区的子午线的投影为 x 轴，向北为正，与之相

垂直的为 y 轴,向东为正,象限顺时针编号,由此便建立了该测区的独立平面直角坐标系。

上诉3种坐标系统之间也是相互联系的。例如,地理坐标与高斯平面直角坐标之间可以相互换算,独立平面直角坐标也可以与高斯平面直角坐标(国家统一坐标系)之间联测和换算。他们都是以不同的方式来表示地面点的平面位置。

我国选择陕西泾阳县永乐镇某点为大地原点,进行大地定位。利用高斯平面直角坐标的方法建立了全国统一坐标系,即现在使用的"1980年国家大地坐标系",简称"80系"或"西安系"。以前使用的是"1954年北京坐标系",其原点位于苏联列宁格勒天文台中央,为与苏联1940年普尔科夫坐标系联测,经东北传递过来的坐标。自2008年7月1日起启用2000国家大地坐标系。

综上所述,通过测量与计算,求得表示地面点位置的3个量,即 x、y、H,那么地面点的空间位置也就可以确定了。

1.3 用水平面代替水准面的限度

测量外业工作的基准面是水准面,基准线是铅垂线,测量数据处理首先要归算到参考椭球面上,然后再投影到高斯平面上,这是一个相当复杂的过程。在实际测量中,在一定的精度要求和测区面积不大的情况下,往往以测区中心的切平面代替水准面,直接将地面点沿铅垂线方向投影到测区中心的水平面上来决定其位置,这样可以简化计算和绘图工作。那么在多大的范围内,水平面代替水准面对距离和高差的影响(或称为地球曲率的影响)可以忽略呢?下面对测定地面点位的基本要素——水平距离、水平角、高程分别加以讨论。

1.3.1 地球曲率对水平距离的影响

如图1-9所示,设 DAE 为参考椭球面(水准面),AB 为其上的一段圆弧,长度为 S,其所对应的圆心角为 θ,地球平均半径为 R;另在 A 点作切线 AC,如果将切于 A 点的平面代替参考椭球面,即以相应的切线段 AC 代替圆弧 AB,则在距离上产生误差 ΔS,由图1-9可得:

$$\Delta S = AC - \hat{AB},$$

其中

$$AC = R \cdot \tan\theta, \hat{AB} = R \cdot \theta。$$

则

$$\Delta S = R\left(\frac{1}{3}\theta^3 + \frac{2}{15}\theta^5 + \cdots\right)k,$$

因 θ 角值很小,故略去五次方以上各项,并以 $\theta = S/R$ 带入,有

$$\Delta S = \frac{1}{3} \cdot \frac{S^3}{R^2},$$

即

$$\frac{\Delta S}{S} = \frac{1}{3}\left(\frac{S}{R}\right)^2。$$

表 1-1 水平面代替水准面的距离误差和相对误差

距离 S(km)	距离误差 ΔS(mm)	相对误差 $\Delta S/S$
10	8	1/1 220 000
25	128	1/200 000
50	1 026	1/49 000

在普通测量中,距离丈量时的误差为其长度的 1/100 万时,是可以忽略不计的。由此可见,当在半径为 10 km 的圆面积内进行距离的测量工作时,一般情况下可以不考虑地球曲率。

1.3.2 地球曲率对水平角度的影响

由球面三角学知道,同一个空间多边形在球面上投影的各内角之和,较其在平面上投影的各内角之和大一个球面角超 ε 的数值,其公式为:

$$\varepsilon'' = \rho''\frac{P}{R^2} \tag{1-8}$$

式中 ρ''——1 弧度所对应的秒数;

P——球面多边形面积;

R——地球平均半径。

根据式(1-8)可得到如表 1-2 所示的数据值。

表 1-2 水平面代替水准面的角度影响

P(km^2)	10	50	100	300	2 000
ε''	0.05	0.25	0.51	1.52	10.16

由表 1-2 可知,对于面积在 100 km^{2}以内的多边形,可以忽略地球曲率对水平角的影响。

1.3.3 地球曲率对高差的影响

根据图 1-9 有:

$$(R+\Delta h)^2 = R^2 + t^2, 2R \times \Delta h + (\Delta h)^2 = t^2,$$

即

$$\Delta h = \frac{t^2}{2R+\Delta h} \approx \frac{S^2}{2R}。$$

表 1-3 水平面代替水准面的高差误差

距离 S(km)	0.1	0.2	0.3	0.4	0.5	1	2	5	10
Δh(mm)	0.8	3	7	13	20	78	114	1 962	7 848

上述计算表明:地球曲率的影响对高差而言,即使在很短的距离内也必须加以考虑。

1.4 测量基本工作概述

1.4.1 测量基本工作过程简述

测量工作的主要任务是测绘地形图和施工放样。地球表面的形状简称地形,其千姿百态、错综复杂。地形分为地物和地貌两类:地物是指地面上的固定性物体,如房屋、道路、河流和湖泊等;地貌是指地球表面高低起伏的形态,如山岭、河谷、坡地和悬崖等。

地形图测量实际是在地物和地貌上选择一些有特征代表性的点进行测量,再将测量点投影到平面上,然后用点、折线、曲线连接起来成为地物和地貌的形状图,如房屋,用房屋地面轮廓折线围成的图形表示。地貌虽然复杂,但仍可以将其看作是由许多不同坡度、不同方向的面组成的。只有选择坡度变化点、山顶、鞍部及坡脚等能表现地貌特征的点进行测量,然后投影到平面上,将同等高度的线用曲线连起来,就可将地貌的形态表现出来。这些能表现地物和地貌特征的点称为特征点。特征点的测量方法有卫星定位和几何测量定位两种方法。

放样则是先计算好放样地物特征点的平面坐标与高程作为放样数据,然后,根据放样数据即可用卫星定位和几何测量定位的方法测出点位,用放样标志在地面上表示出来,再根据地物的形状和细部尺寸,在实地上画线或拉线,即可进行施工。

1.4.2 测量工作的程序和原则

测量中,仪器要经过多次迁移才能完成测量任务。为了使测量成果坐标一致,减小累积误差,应先在测区内选择若干有控制作用的点组成控制网。先确定这些点的坐标(称为控制测量,所确定的点为控制点),再以控制点坐标为依据,在控制点上安置仪器进行地物、地貌测量(称为碎部测量)。控制点测量精度高,又经过统一的严密数据处理,在测量中起着控制误差积累的作用。有了控制点,就可以将大范围的测区工作进行分幅、分组测量。测量工作的程序是“先控制后碎部”,即先做控制测量,再在控制点上进行碎部测量。

为了保证测量工作的质量,必须遵守以下原则。

(1)在布局上——“从整体到局部”。在测量前制定方案时,必须站在整体和全局的角度,科学分析实际情况,制定切实可行的施测方案。

(2)在精度上——“由高级到低级”。测图工作是根据控制点进行的,控制点测量的精度必须符合使用的要求。为保证测量成果的质量,等级高、控制范围大的控制点的精度必须更高。只有当处于施工放样时,才会出现放样碎部点的精度有时更高的情况。

(3)在程序上——“先控制后碎部”。由上述可知,违反程序进行的测量不仅误差难以控制,还会使工作量加大、效率降低,甚至会使成果失去价值,造成返工现象。

(4)在管理上——“严格检核”。测量中要严格进行检核工作,即对测量的每项成果必须检核,保证前一步工作无误后,方可进行下一步工作,以确保成果的正确性。

拓展阅读

1. 测量学的研究对象及发展历史

古代测量

测绘是一门古老的学科，伴随着人类的活动而产生，并不断丰富起来的。远在公元前四千多年的古埃及，在尼罗河泛滥后，农田边界的整理过程中，就产生了较早的测量技术。古埃及人通过天文观测，确定一年为365天，这是古埃及在古王国时期(公元前3000年)通用的历法，他们通过观测北极星，来确定方向，古老的埃及金字塔，每一座都有标准的几何尺寸，说明那时，人们对长度和角度都有比较精确的测量手段。公元前三世纪，希腊的科学家就用天文测量方法测定地球的形状和大小，公元前340年，希腊科学家亚里士多德在他的《论天》一书中明确提出地球的形状是圆的，并且他通过对在不同纬度上观测北极星，北极星呈现出位置上的差别，推算出地球的周长为4×斯特迪亚，斯特迪亚是古埃及及希腊通用的长度单位，现在不清楚一个斯特迪亚的长度究竟是多少。

中国是一个文明古国，测绘技术也发展得相当早，相传公元前两千多年夏代的《九鼎》就是原始地图。《史记夏本纪》中描写大禹治水时测量情景的“左准绳，右规矩，载四时，以开九州，通九道”，“准”是测量高低的，“绳”是量距的，“规”画圆，“矩”是画方形和三角形的，那时还有一个测量单位是“步”，折三百步为一里，《山海经》也说，禹王派大章和竖亥两位徒弟步量世界大小，颛顼高阳氏(公元前2513—公元前2434年)时，便开始观测日、月五星，定一年长短，到了秦代(公元前246—公元前207年)用颛顼历定一年的长短为365、25日，公元前七世纪前后，即春秋时期管仲在所著《管子》一书中已收集了早期的地图二十七幅，1973年以长沙马王堆三号汉墓出土的西汉初期的帛地图《地形图》《驻笔图》《城邑图》是目前所发现的我国最早的地图，两晋初年裴秀编绘的《禹贡地域图》是世界最早的历史图集，裴秀编绘的《地形方丈图》是中国全国大地图，并且提出世界最早的制图理论，即《制图六体》，六体是“分率、准望、道里、高下、分斜、迂直。”分率—比例尺，准望—测量方法，道里—测量距离，高下—测量高低，方斜—测量角度，迂直—测量曲线与直线，唐代贾耽根据《制图六体》的理论曾编《海内华夷图》历时17年，成图幅面10平方丈，这一地图作品，在中国和世界制图学史上具有重要的意义，至今原图已失传，但它的缩印本在南宋刻石为《华夷图》。公元前五至公元前三世纪，我国就已利用磁石制成最早的指南工具“司南”，中国的最古的天文算法著作《周髀算经》发表于公元前一世纪，书中阐述了利用直角三角形的性质，测量和计算高度，距离等方法，公元400年左右，中国发明了计里鼓车，这是用齿轮等机械原理作的测量和确定方位的工具，每走一里，车上木偶击鼓一下，走十里打镯一次，车上的指南针则记录着车子行走的方向，公元前720年前后，唐代僧人一行(张遂)等人，根据修改旧历的需要组织领导了我国古代第一次天文大地测量，这次测量北达现今蒙古的乌兰巴托，南达今湖南省的常德，他们在这些地方，分别测量了冬至、夏至和日影长及北极高度，同时还把测量成果绘制成图，他们实测中得出的子午线的长度，是世界上第一次测量子午线长度，这次测量除了为修改历法提供可靠数据之外，更重要的就是为了求出同一时刻日影差一寸和北极高差一度在地球上的相差距离(大约200里)。宋代沈括，在他的《梦溪笔谈》中记载了磁偏角现象，这在世界上是最早的发现，沈括在地形测量工程测量方面有较大贡献,他主持绘制了《天下州县图》使用水平尺,罗盘进行地形测量,制作地形立体模型,“木图”比欧洲最早的地形模型要早,元朝大科学家郭守敬用自制的仪器观测天文,发现黄道平面与赤道平面的交角为23°33′05″,而且每年都在变化,如果按现在的理论推算,当时这个角度是23°31′58″,可见郭守敬当时观测精度是相当高的,郭守敬还发明一些精确的内角和检验公式和球面三角计算公式,给大地测量提供了可靠的数学基础,当时,为兴修水利,他还带领队伍在黄河下游进行了大规模的工程测量和地形测量。明代郑和航海图是我国古代测绘技术的又一杰作。

近代测量

17世纪初,资产阶级革命的兴起,测绘科学与其他科学一样为适应生产力的发展而有较大的发展,17世纪初,荷兰人汉斯发明了望远镜,斯约尔创造了三角测量方法,证明地球是两极略扁的椭圆形球体,法国人都明、特里尔提出用等高线表示地貌,德国科学家高斯提出最小二乘法理论,而后他又提出了横圆柱投影学说,使得地图的测量更为精确,18世纪出现了水准测量方法,提高了地形测图的精度,1875年国际米制公约的建立,使国际具有了统一的长度单位,1 m被定义为通过巴黎子午线长度的四千万分之一。1899年摄影测量理论得到发展,1903年发明了飞机后,便使用了航空摄影测量方法测绘地形图。

20世纪50年代前后,电子学、电子计算机、近代光学和航天技术的迅速发展为测绘科学的发展开辟了新的途径,从1947年光波测距的问世,使距离的丈量工作产生了一大变革,20世纪40年代百安平水准仪问世,使得水准测量更为方便快捷,电子经纬仪的问世。使得读数方法有了较大的改革,观测数据可自动记录,自动处理,大大地提高了劳动效率,人造地球卫星的上天,产生了卫星大地测量这门测绘学科,卫星多普勒定位,卫星拍摄地球照片,监视自然现象变化,对深山、荒漠及海洋进行有效的勘测,陀螺经纬仪的产生,提高了矿井定向的精度,概率数理统计,线性代数等,工程数学的理论和方法被应用于测绘科学,使测量平差的理论有了较大发展。

我国从18世纪初开始,测绘事业有所发展,清朝康熙皇帝领导了全国性的大地测量和地图测绘工作,他首先统一全国测量中的长度单位,依据对子午线弧长的测量结果,亲自决定以二百里合地球经线一度,每里长一千八百尺,每尺为经长的百分之一,他利用传教士培训人才,购置仪器,从北京开始,先后测绘了华北、东北、东南、西南、等地的地图,然后编绘《亚洲全图》。这些图都是当时世界上极为重大的测绘成果,清朝后期到新中国成立前,我国的测绘事业发展缓慢。

新中国成立后,我国的测量事业有了飞速的发展,测绘仪器制造业从无到有,各类精度仪器已能自行制造,建成了全国的天文大地网,精密水准网,高精度重力网完成了五万和十万分之一比例尺基本地形图的施测和中小比例尺示例地形图的编制,测绘事业发展的十分迅速。

当代测绘

当代测绘以GPS系统为主要标志,GPS全球卫星定位导航系统是美国从20世纪70年代开始研制,历时20年,耗资200亿美元,于1994年全面建成,具有在海、陆、空进行全方位实时三维导航与定位能力的新一代卫星导航与定位系统,GPS以全天候、高精度、自动化、高效益等显著特点,赢得广大测绘工作者的信赖,并成功地应用于大地测量、工程测量、航空摄影测量、运载工具导航和管理，地壳运动监测、工程变形监测、资源勘察、地球动力学等各种学科，从而给测绘领域带来一场深刻的技术革命，随着全球定位系统的不断改进，硬、软件的不断完善，应用领域正在不断地开拓，目前已遍及国民经济各种部门并开始逐步深入人们的日常生活。

2. 常用测量单位的相关知识

测量工作中常用的计量单位：

(1)长度单位。

我国法定长度计量单位采用米(m)制单位。

1 m(米) = 100 cm(厘米) = 1 000 mm(毫米)

1 km(千米或公里) = 1 000 m(公里为千米的俗称)

(2)面积单位。

我国法定面积计量单位为平方米(m^2)、平方厘米(cm^2)、平方公里(km^2)。1 m^2 = 10 000 cm^2，1 km^2 = 1 000 000 m^2。

(3)体积单位。

我国法定体积计量单位为立方米(m^3)。

(4)角度单位。

测量工作中常用的角度度量制有三种：弧度制、60 进制和 100 进制。其中弧度和 60 进制的度、分、秒为我国法定平面角计量单位。

①60 进制在计算器上常用“DEG”符号表示。

1 圆周 = 360°(度)，

1° = 60′(分)，

1′ = 60″(秒)。

②100 进制在计算器上常用“GRAD”符号表示。

1 圆周 = 400 g(百分度)，

1 g = 100 c(百分分)，

1 c = 100 cc(百分秒)，

1 g = 0. 9°，1c = 0. 54′，1 cc = 0. 324″，

1° = 1. 111 11 g，1′ = 1. 851 85 c，1″ = 3. 086 42 cc。

百分度现通称“冈”，记作“gon”，冈的千分之一为毫冈，记作“mgon”。例如 0. 058gon = 58mgon。

③弧度制在计算器上常用“RAD”符号表示。

1 圆周 = 360° = 2πrad，

1° = (π/180)rad，

1′ = (π/10800)rad，

1″ = (π/648000)rad。

一弧度所对应的度、分、秒角值为：

$$\rho^\circ = 180^\circ/\pi \approx 57.3^\circ,$$
$$\rho' = 180 \times 60'/\pi \approx 3\ 438',$$
$$\rho'' = 180 \times 60 \times 60''/\pi \approx 206\ 265''。$$

本章小结

本章主要内容包括建筑工程测量的任务、地球表面特征、地面点位的确定、用水平面代替水准面的限度和测量工作的概述。

本章的教学目标是使学生了解测量学的基本概念，了解测量学的基本原理和方法，掌握测量学的基准面和基准线，学会测量常用的坐标系统和高程系统，掌握地面点位的确定方法，了解用水平面代替水准面的限度，掌握和理解测量工作的原则和顺序。

习　　题

一、名词解释

1. 测量学
2. 绝对高程
3. 工程测量
4. 水准面
5. 大地水准面
6. 地理坐标
7. 相对高程

二、填空题

1. 测量工作的基本内容有________、________和________。

2. 我国位于北半球，x 坐标均为________，y 坐标则有________。为了避免出现负值，将每带的坐标原点向________km。

三、简答题

1. 测定与测设有何区别？
2. 何为大地水准面？它有什么特点和作用？
3. 何为绝对高程、相对高程及高差？
4. 为什么水准测量（高差测量）必须考虑地球曲率的影响？
5. 测量上的平面直角坐标系和数学上的平面直角坐标系有什么区别？
6. 高斯平面直角坐标系是怎么样建立的？

四、计算题

1. 已知某点位于高斯投影 6°带第 20 号带，若该点在该投影带高斯平面直角坐标系中的

横坐标 $y = -306\,579.210$ m，写出该点不包含负值且含有带号的横坐标 y 及该带中央子午线的经度 L_o。

2. 某楼盘首层室内地面 −0.000 的绝对高程为 45.300 m，室外地面设计标高 −1.500 m，女儿墙设计标高为 +88.200 m，则室外地面和女儿墙的绝对高程分别为多少？

第2章　高程测量

导读:在测量工作中,要确定地面点的空间位置,就需要确定地面点的高程。而地面点的高程是通过测量两点之间的高差得到的。水准测量是高差测量中最基本和精度较高的一种方法,在国家高程控制测量、工程勘测和施工测量中被广泛应用。本章主要学习测定地面点高程的几种方法和原理、水准测量仪器的构造与使用,以及水准测量施测方法与成果计算,了解水准测量的误差来源及注意事项。通过学习结合实验希望同学们掌握水准测量全过程,为今后工作打好基础。

引例:大家知道青藏高原是全世界海拔最高的高原,有"世界屋脊"和"第三极"之称,其平均海拔在4 000－5 000米,是亚洲许多大河的发源地。那么我们知不知道这些高程怎么得到的？本章介绍用水准测量的方法来确定地面点的高程。

高程是指地面点沿铅垂线方向到基准面(某一水准面)的距离,显然这是不能直接测量的。因此获得地面某点的高程方法,实际上是测定可视范围内点与点之间的高差,然后根据已知点高程逐点推算出待定点高程。高程测量按使用的仪器和测量方法划分,有水准测量、三角高程测量、气压高程测量、GPS高程测量等多种。考虑到建筑工程的实际情况,本章介绍精度高、应用广泛的水准测量和三角高程测量的原理与方法。

2.1　水准测量原理

水准测量是利用水准仪所提供的水平视线,同时借助水准尺测定地面两点间的高差,然后根据其中一点的高程推算出另一点高程的测量方法。如图2-1所示,欲测定A、B两点之间的高差h_{AB},可在A、B两点上分别竖立水准尺,并在A、B两点之间安置水准仪。根据仪器提供的水平视线,在A点尺上读数,设为a;在B点尺上读数,设为b;则B点对于A点的高差为

$$h_{AB}=a-b \tag{2-1}$$

如果水准测量是由A点到B点进行的,我们称A点为后视点,A点尺上读数a为后视读数;称B点为前视点,B点尺上读数b为前视读数。高差等于后视读数减去前视读数。$a>b$,高差为正,表明前视点高于后视点;$a<b$,高差为负,表明前视点低于后视点。在计算高程时,高差应连同其符号一起运算。

若已知A点的高程为H_A,则B点的高程为

$$H_B=H_A+h_{AB} \tag{2-2}$$

从图2-1中可看出,B点的高程H_B也可以通过仪器的视线高程H_i求得。即视线高

$$H_i=H_A+a \tag{2-3}$$

$$B\text{点高程 } H_B=H_i-b \tag{2-4}$$

式(2-2)是直接利用高差h_{AB}计算B点高程的,称为高差法;式(2-3)是利用仪器视线高程

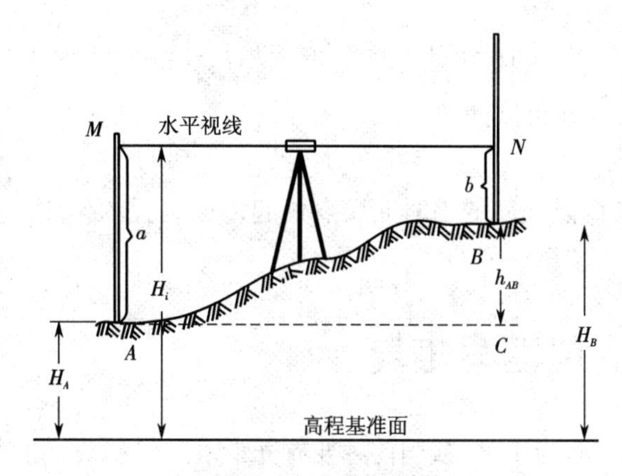

图2-1　水准测量原理

H_i计算 B 点高程的，称为仪高法。当安置一次仪器要求测出若干个点的高程时，应用仪高法比高差法方便。

实际工作中，通常 A、B 两点相距较远或高差较大，仅安置一次仪器难以测得两点的高差，此时需连续设站进行观测。如图2-2所示，在 A、B 两点之间增设若干个临时立尺点，将 AB 划分为 n 段，逐段安置水准仪进行水准测量。

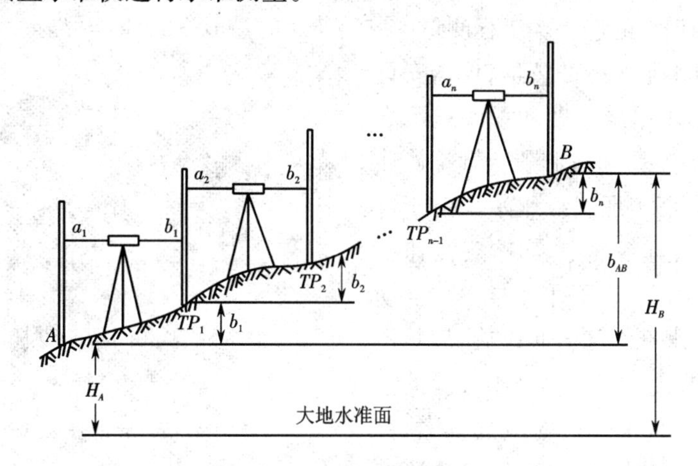

图2-2　连续水准测量

我们把安置仪器的位置称为测站，在每一测站上进行水准测量，得到各测站的后视读数和前视读数分别为 a_1、b_1；a_2、b_2；…；a_n、b_n。则各测站测得的高差为

第一测站　　$h_1 = a_1 - b_1$；

第二测站　　$h_2 = a_2 - b_2$；

$\vdots$

第 n 测站　　$h_n = a_n - b_n$。

A、B 两点的高差 h_{AB}应为各测站高差的代数和。即

$$h_{AB} = h_1 + h_2 + \cdots + h_n = \sum_{i=1}^{n} h_i \tag{2-5}$$

或写成：$h_{AB}=(a_1-b_1)+(a_2-b_2)+\cdots+(a_n-b_n)=\sum_{i=1}^{n}(a_i-b_i)=\sum_{i=1}^{n}a_i-\sum_{i=1}^{n}b_i$ (2-6)

若 A 点高程已知，则 B 点的高程为

$$H_B=H_A+h_{AB} \tag{2-7}$$

在水准测量中，A、B 两点之间的临时立尺点仅起传递高程的作用，这些点称为转点，通常以 TP 表示，如图中的 TP_1、TP_2、…、TP_{n-1}。

2.2 水准测量的仪器与工具

水准测量所使用的仪器为水准仪，当前主要有光学水准仪和数字水准仪两种，工具为水准尺和尺垫。

2.1.1 DS3 光学水准仪

水准仪的类型很多，有国内产的和国外产的。按精度将水准仪分为四个等级，分别为DS05、DS1、DS3 和 DS10。DS05 和 DS1 为精密水准仪，DS3 和 DS10 为普通水准仪。字母 D 和 S 分别为“大地测量”和“水准仪”汉语拼音的第一个字母，其后的数字代表仪器的测量精度，表示 1 公里水准测量中的误差。工程测量中广泛使用的是 DS3 级水准仪。

水准仪是提供水平视线的仪器，仪器安置好后理论上视准轴水平。早期的微倾式水准仪在圆水准气泡居中后，通过调整微倾螺旋使长水准管气泡居中来实现视线水平。由于每次读数前都要检查、调整气泡，影响观测速度和效率，后来又产生了自动安平水准仪。自动安平水准仪没有长水准管和微倾螺旋，而是借助一种补偿装置，既使在视准轴微小倾斜的情况下，也能得到视线水平时所对应的读数，自动安平水准仪可以简化操作程序，提高观测速度和工作效率，因此现在使用的光学水准仪，基本上都是自动安平水准仪。图 2-3 所示为我国生产的 DS3 型自动安平水准仪，主要由望远镜、水准器和基座三部分构成，仪器内置自动安平装置。

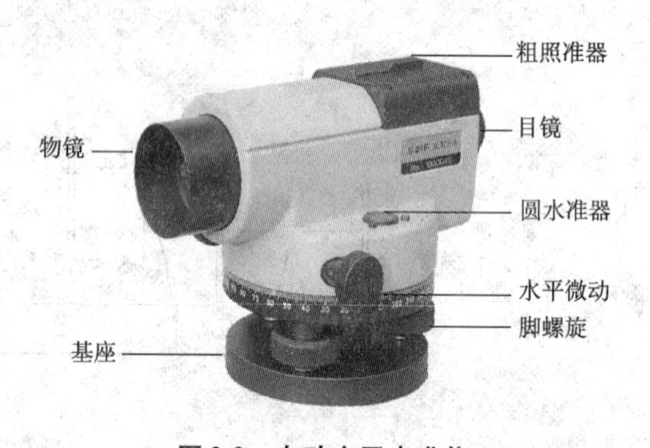

图 2-3 自动安平水准仪

1. 望远镜

图 2-4 是 DS3 型水准仪望远镜的构造图，它主要由物镜 1、目镜 2、对光凹透镜 3 和十字丝分划板 4 所组成。物镜和目镜多采用复合透镜组。十字丝分划板上刻有两条互相垂直的长线，如图 2-4 中的 7，竖直的一条称为竖丝，横的一条称为中丝。竖丝和中丝分别是为了瞄准目标和读取读数用的。在中丝的上下还对称地刻有两条与中丝平行的短横线，是用来测定距离的，称为视距丝。十字丝分划板是由平板玻璃圆片制成的，平板玻璃片装在分划板座上，分划板座由止头螺丝 8 固定在望远镜筒上。

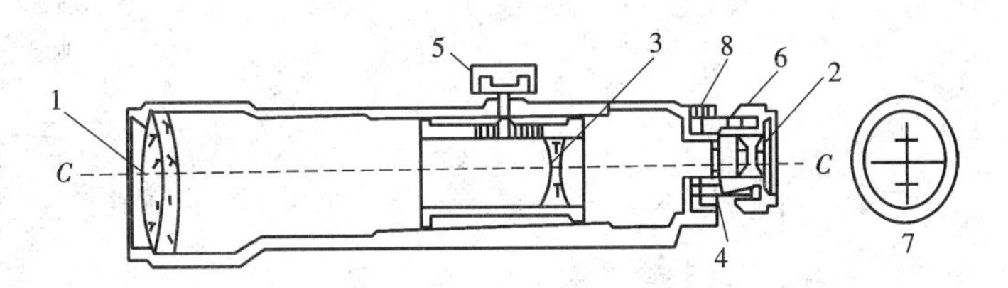

图2-4　望远镜构造

1—物镜;2—目镜;3—对光凹透镜;4—十字丝分划板;5—物镜对光螺旋;
6—目镜对光螺旋;7—十字丝放大像;8—分划板座止头螺丝

十字丝交点与物镜光心的连线,称为视准轴(图2-4中的C—C)。水准测量是在视准轴水平时,用十字丝的中丝来截取水准尺上的读数的。DS3水准仪望远镜的放大率一般为28倍。

2. 水准器

水准器是用来指示视准轴是否水平或仪器竖轴是否竖直的装置,自动安平水准仪设有视准轴水平自动补偿装置,观测员只需概略整平仪器,自动补偿装置即可获得水平视线读数。所以自动安平水准仪不设长水准管气泡,而只设粗略整平用的圆水准气泡(图2-7)。

水准器有管水准器和圆水准器两种。管水准器是用来指示视准轴是否水平的装置;圆水准器是用来指示竖轴是否竖直装置。

(1)管水准器。

管水准器又称为水准管,是一纵向内壁磨成圆弧形的玻璃管,管内装酒精和乙醚的混合液,加热融封冷却后留有一个气泡(图2-5)。由于气泡较轻,故恒处于管内最高位置。

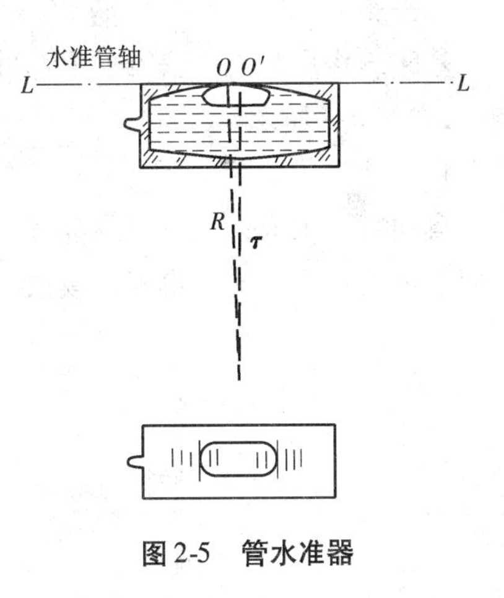

图2-5　管水准器

水准管上一般刻有间隔为2 mm的分划线,分划线的对称中心O,称为水准管的零点(图2-5)。通过零点作水准管圆弧的切线,称为水准管轴(图2-5中$L-L$)。当水准管的气泡中点与水准管零点重合时,称为气泡居中;这时水准管轴LL处于水平位置。水准管圆弧长2 mm所对的圆心角τ,称为水准管分划值,用公式表示即

$$\tau'' = \frac{2}{R} \cdot \rho'' \tag{2-8}$$

式中　$\rho'' = 206\ 265''$;

R——水准管圆弧半径,mm。

式(2-8)说明圆弧的半径R愈大,角值τ愈小,则水准管灵敏度愈高。DS3级水准仪水准管的分划值一般为20″。

微倾式水准仪在水准管的上方安装一组符合棱镜,如图2-6(a)所示。通过符合棱镜的反射作用,使气泡两端的像反映在望远镜旁的符合气泡观察窗中。若气泡两端的半像吻合时,就表示气泡居中,如图2-6(b)所示。若气泡的半像错开,则表示气泡不居中,如图2-6(c)所示。这时,应转动微倾螺旋,使气泡的半像吻合。

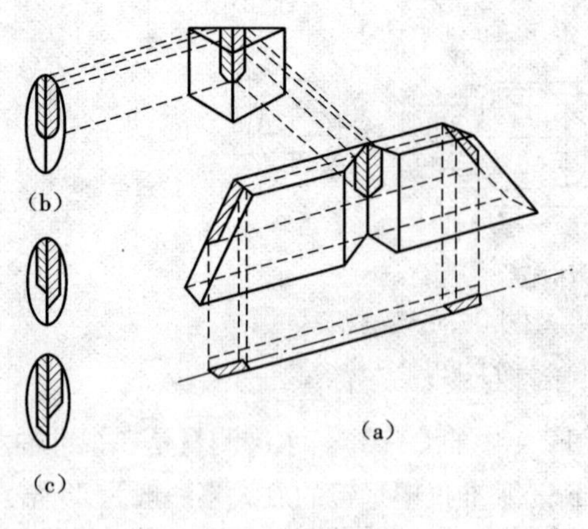

图 2-6　符合棱镜

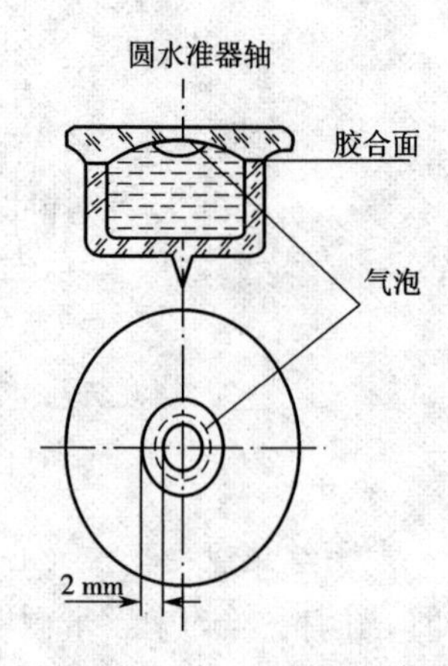

图 2-7　圆水准器

(2)圆水准器。

如图 2-7 所示,圆水准器顶面的内壁是球面,球面中央刻有小圆圈,圆圈的中心为水准器的零点。通过球心和零点的连线为圆水准器轴,当圆水准器气泡居中时,圆水准器轴处于竖直位置。气泡中心偏移零点 2 mm,轴线所倾斜的角值,称为圆水准器的分划值。DS3 水准仪圆水准器的分划值一般为 8′。由于它的精度较低,故只用于仪器的概略整平。

3. 基座

基座的作用是支撑仪器的上部并与三脚架连接。它主要由轴座、脚螺旋、底板和三角压板构成,如图 2-3 所示。

4. 自动安平装置

自动安平水准仪上没有水准管和微倾螺旋,但圆水准器的气泡居中,在十字丝交点上读得的便是视线水平时应该得到的读数。其原理如图 2-8 所示。

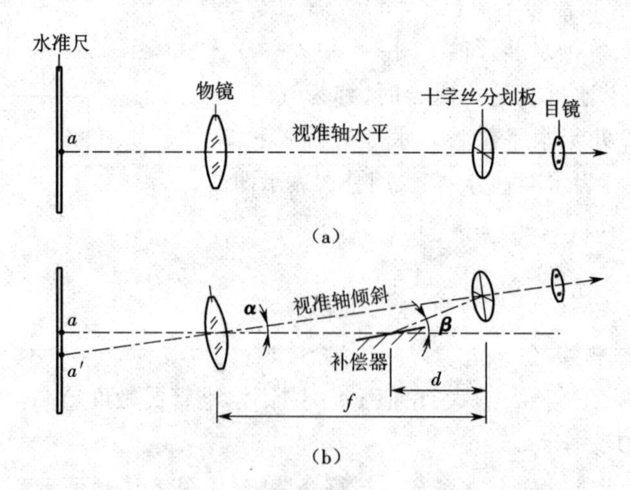

图 2-8　自动安平水准仪原理图

2.2.2　水准尺和尺垫

1. 水准尺

水准尺是水准测量时使用的标尺。其质量好坏直接影响水准测量的精度。因此,水准尺需用不易变形且干燥的优质木材制成;要求尺长稳定,分划准确。常用的水准尺有塔尺和双面尺两种,三四等水准测量或普通水准测量所使用的水准尺是用干燥木料或玻璃纤维合成材料制成,一般长约3~4米,按其构造不同可分为折尺、塔尺、直尺等数种。折尺可以对折,塔尺可以缩短,这两种尺运输方便,但用旧后的接头处容易损坏,影响尺长的精度,所以三四等水准测量规定只能用直尺。尺子底面钉以铁片,以防磨损。水准尺一般式样如图2-9所示。

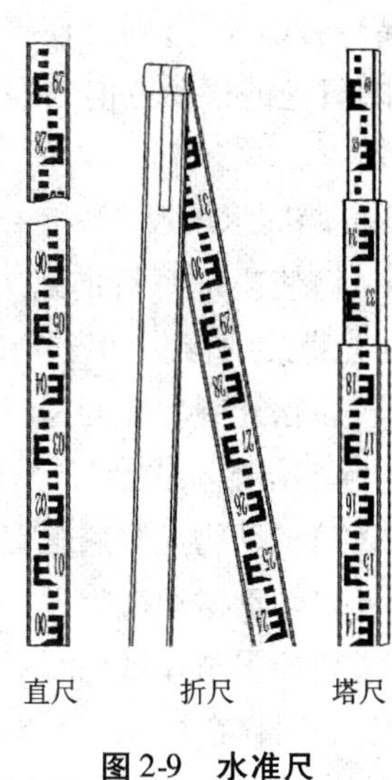

图2-9　水准尺

塔尺多用于等外水准测量,其长度有3 m和5 m两种,用两节或三节套接在一起。双面水准尺多用于三四等水准测量。其长度为3 m,两根尺为一对。尺的两面均有刻划,一面红白相间称为红面尺;另一面黑白相间称为黑面尺,两面刻划均为1 cm,并在分米处注字。两根尺的黑面均由零开始;而红面,一根尺由4.687 m开始至7.687 m,另一根由4.787 m开始至7.787 m。为使水准尺能更精确的处于竖直位置,可在水准尺侧面装一圆水准器。

2. 尺垫

尺垫是在转点处放置水准尺用的,它用生铁铸成,一般为三角形,中央有一突起的半球体,下方有三个支脚,如图2-10所示。用时将支脚牢固地插入土中,以防下沉和移位,上方突起的半球形顶点作为竖立水准尺和标志转点之用。在土质松软地区,可用尺桩。尺桩长约30 cm,粗约2~3 cm,使用时打入土中,比尺垫稳固。

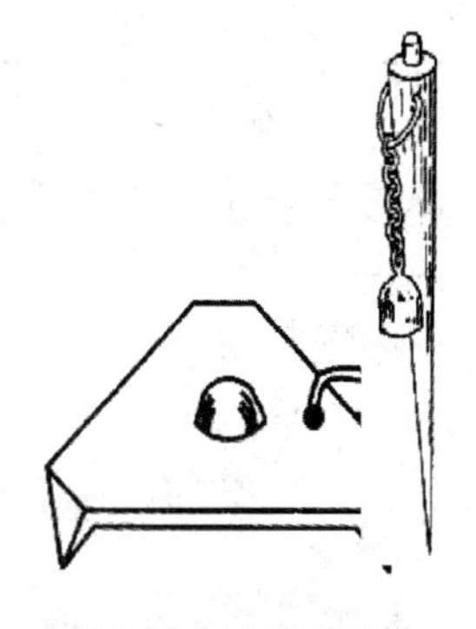
图2-10　尺垫和尺桩

2.3　水准测量的实施

2.3.1　水准仪的使用

水准仪的使用包括仪器的安置、粗略整平、瞄准水准尺、精确整平和读数等操作步骤。

1. 安置水准仪

打开三脚架,将其支在地面上,并使高度适当,目估使架头大致水平,检查脚架腿是否安置稳固,脚架伸缩螺旋是否拧紧,然后打开仪器箱取出水准仪,置于三脚架头上并用连接螺旋将仪器牢固地固定在三脚架头上。

2. 概略整平

概略整平是借助圆水准器的气泡居中,使仪器竖轴大致铅直,从而使视准轴粗略水平。如

图 2-11(a)所示,气泡未居中而位于 a 处,则先按图上箭头所指的方向用两手相对转动脚螺旋①和②,使气泡移到 b 的位置,如图 2-11(b)所示。再转动脚螺旋③,即可使气泡居中。在整平的过程中,气泡的移动方向与左手大拇指运动的方向一致。

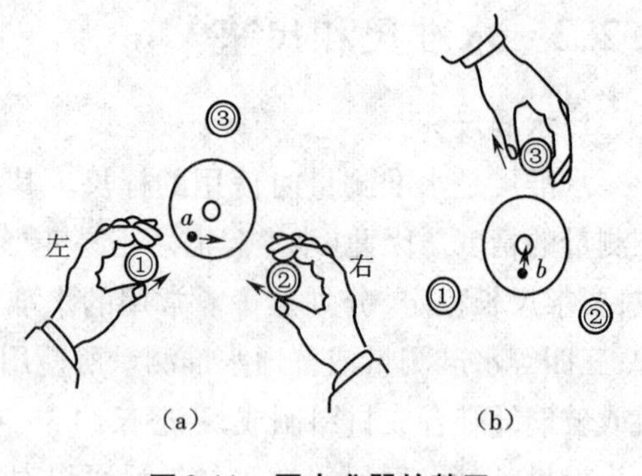

图 2-11 圆水准器的整平

3. 瞄准水准尺

(1)使望远镜对向远方明亮的背景,转动目镜对光螺旋,直到十字丝清晰为止。

(2)松开制动螺旋,转动望远镜,通过镜筒上部的瞄准器瞄准水准尺,然后拧紧制动螺旋。

(3)转动物镜调焦螺旋,使水准尺成像清晰。

(4)转动微动螺旋,使十字丝的竖丝贴近水准尺的边缘或中央。

(5)使眼睛在目镜端上下微动,若看到十字丝与标尺的影像有相对移动时(这种现象称为视差)表明存在视差。产生视差的原因是标尺影像所在平面没有与十字丝分划板平面重合。由于视差的存在,当眼睛与目镜的相对位置不同时,会得到不同的读数(图 2-12(b)),从而增大了读数的误差,应予以消除。消除的方法是仔细调节目镜和物镜调焦螺旋,直到眼睛上、下移动时读数不变为止(图 2-12(a))。

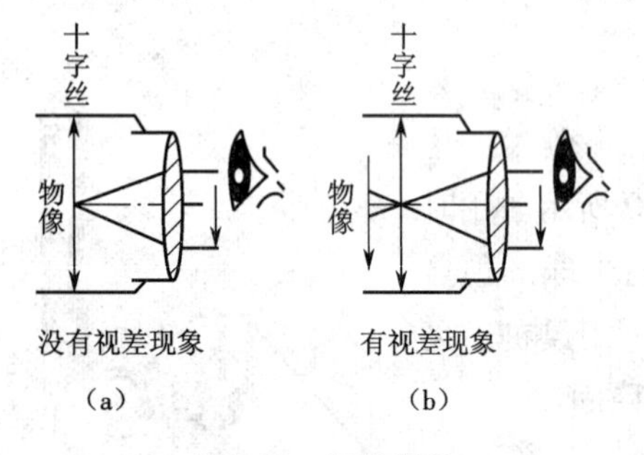

图 2-12 视差现象

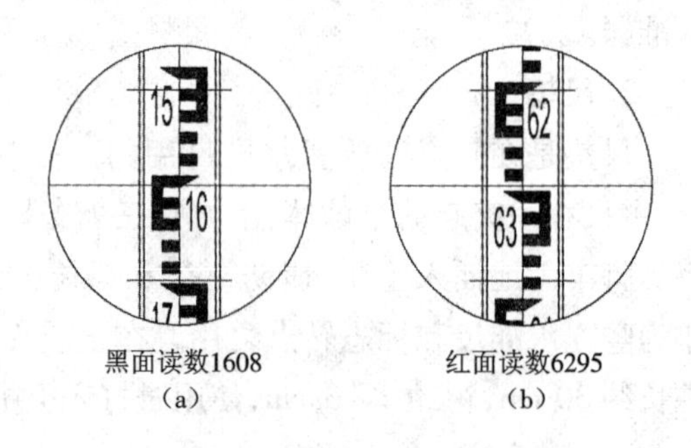

图 2-13 水准尺读数

4. 精确整平与读数

使眼睛靠近气泡观察窗,同时缓慢地转动微倾螺旋,当气泡影像吻合并稳定不动时,表明气泡已居中,视线处于水平位置。此时应及时用中丝在水准尺上截取读数。首先估读水准尺与中丝重合位置处的毫米数,然后报出全部读数。如图 2-13 所示的(a)读数应为 1 608 mm,b 为 6 295 mm。

读完数后,还需再检查气泡影像是否仍然吻合,若发生了移动需再次精平,重新读数。

2.3.2 普通水准测量

我国国家水准测量依精度要求不同分为一、二、三、四等,一等精度最高,四等最低。不属于国家规定等级的水准测量一般称为普通水准测量(也称等外水准测量)。等级水准测量对所用仪器、工具以及观测、计算方法都有特殊要求，但和普通水准测量比较，由于基本原理相同，因此基本工作方法也有许多地方相同。

1. **水准点和水准路线布设形式**

1）水准点

用水准测量方法测定高程的控制点称为水准点，简记为 BM。水准点有永久性和临时性两种。等级水准点需按规定要求埋设永久性固定标志，图 2-14（a）所示为国家等级水准点，一般用石料或钢筋混凝土制成，深埋到地面冻结线以下，在标石的顶面设有用不锈钢或其他不易锈蚀的材料制成的半球状标志。有些水准点也可设置在稳定的墙脚上，称为墙上水准点，如图 2-14（b）所示。普通水准点一般为临时性的，可以在地上打入木桩，也可在建筑物或岩石上用红漆画一临时标志标定点位即可。

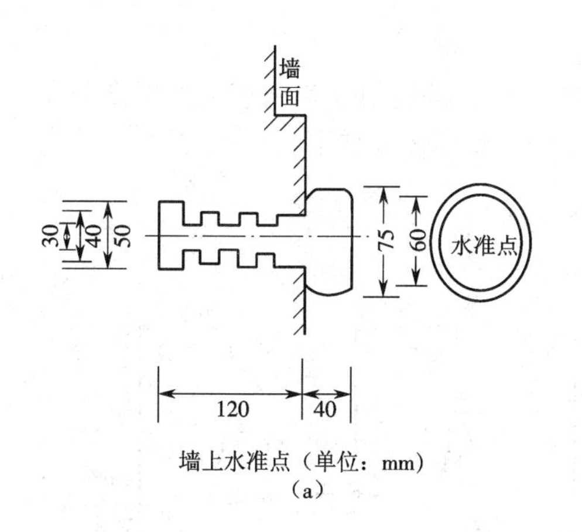

墙上水准点（单位：mm）
（a）

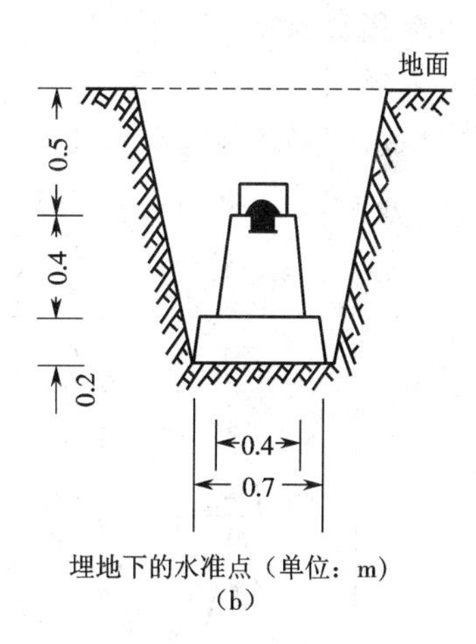

埋地下的水准点（单位：m）
（b）

图 2-14　水准点

2）水准路线布设形式

水准路线是水准测量施测时所经过的路线。为便于施测，水准路线应尽量沿公路、大道等平坦地面布设。水准路线上两相邻水准点之间的段落称为一个测段。

水准路线的布设分为单一水准路线和水准网两种。单一水准路线的布设形式有以下三种。

（1）附合水准路线。

如图 2-15 所示，从一高级水准点 $BM_{Ⅲ1}$ 出发，沿各待定高程点 1、2、3、4 进行水准测量，最后测至另一高级水准点 $BM_{Ⅲ2}$ 所构成的施测路线，称为附合水准路线。

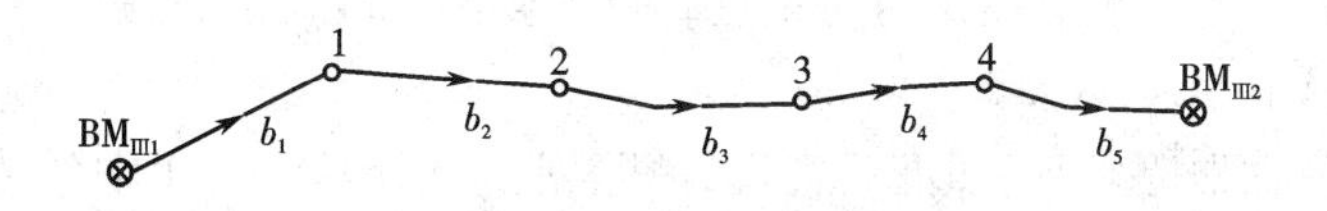

图 2-15　附合水准路线

（2）闭合水准路线。

如图 2-16 所示，从一已知水准点 $BM_{Ⅲ1}$ 出发，沿待定高程点 1、2、3、4 进行水准测量，最后仍回到原水准点 $BM_{Ⅲ1}$ 所组成的环形路线，称为闭合水准路线。

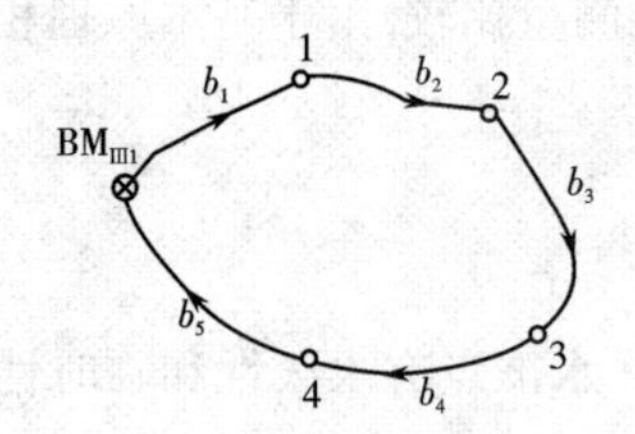

图 2-16 闭合水准路线

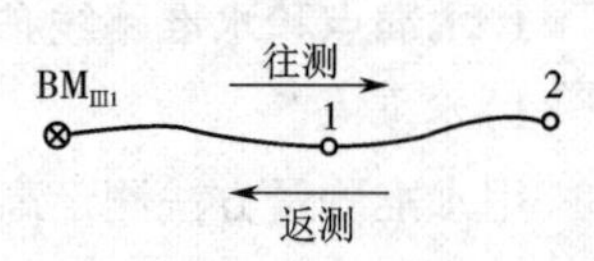

图 2-17 支水准路线

(3)支水准路线。

如图 2-17 所示,从一已知水准点 $BM_{Ⅲ1}$ 出发,沿待定高程点 1、2 进行水准测量,其路线既不附合也不闭合,称为支水准路线。支水准路线无检核条件,必须往返观测以资校核。

2. 水准测量的外业工作

1)外业观测、记录及计算

拟定出水准路线并选定水准点之后,即可进行水准路线的外业施测。如图 2-18 所示,水准点 A 的高程为 27. 354 m,现拟测量 B 点的高程,其观测步骤如下:

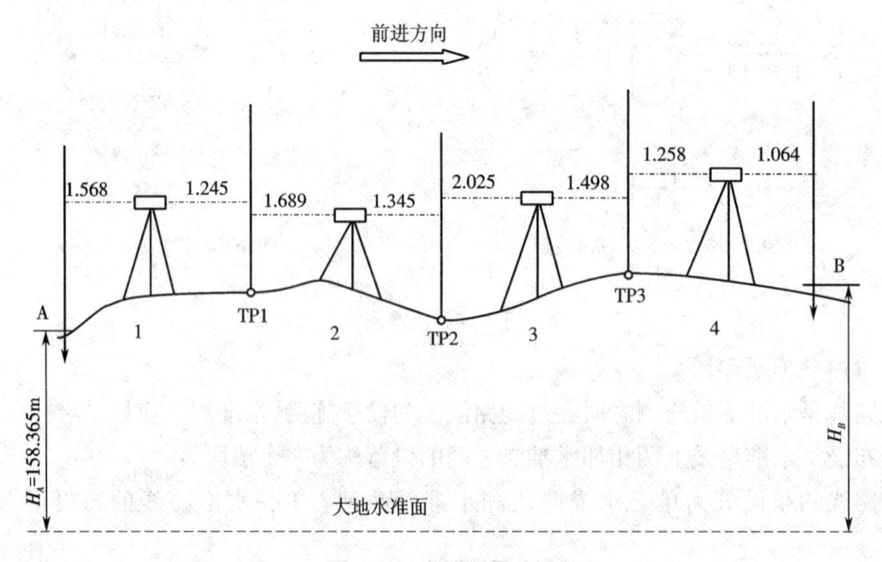

图 2-18 水准测量略图

(1)在起始水准点 A 上竖立水准尺,作为后视点。

(2)在路线上适当位置安置水准仪,并在路线的前进方向取仪器到后视点大致相等距离处放置尺垫,在尺垫上竖立水准尺作为前视点。仪器到两水准尺的距离应基本相等,最大差值不应超过 20 m;最大视距应不大于 150 m。

(3)观测员将仪器概略整平,照准后视尺,消除视差,精确整平,用中丝读取后视读数并记入手簿(如表 2-1)。

(4)转动水准仪,照准前视尺,消除视差,精确整平,用中丝读数并记入手簿。

(5)前视尺位置不动,变作后视,按(2)、(3)、(4)步骤进行操作,测到终点 B 为止。

每测站观测完毕后,应及时按式 $h = a - b$ 算出高差,记入手簿中相应位置,如表 2-1 所示。

表2-1　水准测量手簿

日期________　仪器________　观测________

天气________　地点________　记录________

测站	测点	水准尺读数/m		高差/m	高程(m)
		后视(a)	前视(b)		
Ⅰ	BM_A TP_1	1. 568	1. 245	+0. 323	H_A =158. 365
Ⅱ	TP_1 TP_2	1. 689	1. 345	+0. 344	
Ⅲ	TP_2 TP_3	2. 025	1. 498	+0. 527	
Ⅳ	TP_3 B	1. 258	1. 064	+0. 194	H_B =159. 753
计算校核	Σ	6. 540	5. 152		
		$\sum a-\sum b=+1.388$		$\sum h=+1.388$	$H_B-H_A=+1.388$

2)水准测量的校核

(1)计算检核。

为保证高差计算的正确性,应在每页手簿下方进行计算检核。检核的依据是:各测站测得的高差的代数和应等于后视读数之和减去前视读数之和。如表2-1中:

$$\sum h=1.388,$$

$$\sum a-\sum b=6.540-5.152=1.388。$$

所求两数相等,说明计算正确无误。

(2)测站检核。

各站测得的高差是推算待定点高程的依据,若其中任何一测站所测高差有误,则全部测量成果就不能使用。计算检核仅能检查高差的计算是否正确,并不能检核因观测、记录原因导致的高差错误。因此,对每一站的高差还需进行测站检核。测站检核通常采用变动仪器高法或双面尺法。

①变动仪器高法。在同一测站上,改变仪器高度,两次测定高差。第一次测定后,重新安置仪器,使仪器高度的改变量不小于10 cm,再进行第二次高差测定,两次测得的高差之差若不超过容许值(如等外水准测量为 -6 mm),则符合要求。取高差的平均值作为该测站的观测高差。否则需返工重测。

②双面尺法。在同一测站上仪器高度不变,分别用水准尺的黑、红面各自测出两点之间的高差,若两次高差之差不超过容许值,同样取高差的平均值作为观测结果。

3. 水准测量的内业计算

水准路线所有测段的外业观测结束后,应对各测段的记录手簿进行认真细致的检查,确认无误后,汇总出全线实测高差,进行高差闭合差的计算与调整,最后计算各点的高程。以上工作,称为水准测量的内业。

1)水准测量的精度要求

一条水准路线,从理论上讲其实测高差应等于其理论值,若不等,其差值即为高差闭合差,其值不应超过规定的限差。不同形式的水准路线,高差闭合差的含义有所差异,计算方法也不同。

对于附合水准路线,各测段观测高差的代数和 $\sum h_{测}$ 应等于路线两端已知水准点 A、B 的高程之差 $H_B - H_A$。由于测量误差的存在,实际上这两者一般不会相等,所存在的差值称为附合水准路线的高差闭合差,用 f_h 表示。即

$$f_h = \sum h_{测} - (H_B - H_A) \tag{2-9}$$

对于闭合水准路线,各测段观测高差的代数和 $\sum h_{测}$ 应等于零,如果不等于零,即为高差闭合差

$$f_h = \sum h_{测} \tag{2-10}$$

对于支水准路线,沿同一路线往测所得高差 $\sum h_{往}$ 与返测所得高差 $\sum h_{返}$ 的绝对值应大小相等而符号相反,如果不相等,其差值即为高差闭合差,亦称较差,即

$$f_h = \left|\sum h_{往}\right| - \left|\sum h_{返}\right| \tag{2-11}$$

不同等级的水准测量,高差闭合差的限值也不相同,等外水准测量高差闭合差的容许值规定为

$$\begin{aligned} &平地\quad f_{h容} = \pm 40\sqrt{L}\,(\text{mm}),\\ &山地\quad f_{h容} = \pm 12\sqrt{n}\,(\text{mm}) \end{aligned} \tag{2-12}$$

式中 L——水准路线的长度,以 km 为单位;

n——测站数。

水准测量的高差闭合差若超过容许值,应查找原因并返工重测。

2)附合水准路线高差闭合差的调整与高程计算

如图 2-20 所示,A、B 为已知高程的水准点,A 点的高程 $H_A = 42.365$ m,B 点的高程 $H_B = 32.509$ m,1、2、3 为高程待定点,h_1、h_2、h_3、h_4 为各测段高差观测值,n_1、n_2、n_3、n_4 为各测段测站数,l_1、l_2、l_3、l_4 为各测段距离。计算步骤如下:

(1)填写观测数据和已知数据。将图 2-19 中的观测数据(各测段的测站数、实测高差)及已知数据(A、B 两点已知高程),填入表 2-2 相应的栏目内。

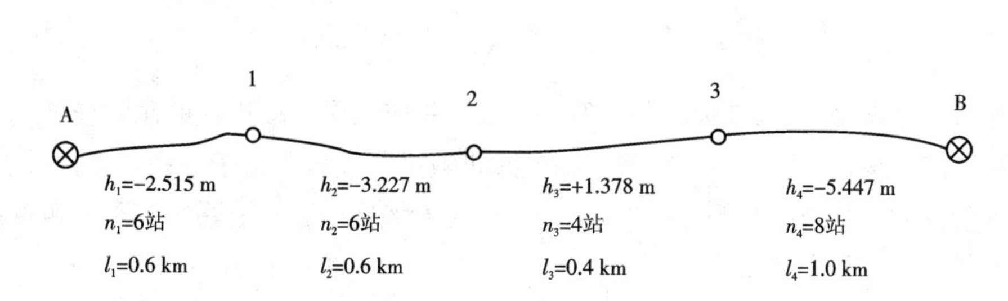

图 2-19 附合水准路线略图

表 2-2 水准路线高差闭合差调整与高程计算

测段编号	点名	测站数/	距离 km	实测高差/m	改正数/m	改正后高差/m	高程/m
1	A	6	0.6	−2.515	−0.011	−2.526	42.365
2	1	6	0.6	−3.227	−0.011	−3.238	39.839
3	2	4	0.4	+1.378	−0.008	+1.370	36.601
4	3	8	1.0	−5.447	−0.015	−5.462	37.971
Σ	B	24	2.6	−9.811	−0.045	−9.856	32.509
辅助计算	$f_h=+45$ mm $n=24$ $f_h/n=1.9$ mm						

(2)计算高差闭合差：

$$f_h=\sum h_{测}-(H_B-H_A)$$
$$=-9.811-(32.509-39.839)=+0.045(\text{m})。$$

设为山地，闭合差的容许值为

$$f_{h允}=\pm 12\sqrt{n},$$
$$f_{h允}=\pm 12\sqrt{24}\ \text{mm}=\pm 58\ \text{mm}。$$

由于$|f_h|<|f_{h容}|$，高差闭合差在限差范围内，说明观测成果的精度符合要求。

(3)闭合差的调整。水准测量的闭合差可按各测段的长度或测站数成正比例进行调整，其调整值称作改正数，按测站数计算改正数的公式为：

$$V_i=-\frac{f_h}{n}\times n_i \tag{2-13}$$

按测段长度计算改正数的公式为：

$$V_i=-\frac{f_h}{L}\times L_i \tag{2-14}$$

式中 V_i——第 i 测段的高差改正数；

n——水准路线测站总数；

n_i——第 i 测段的测站数；

L——水准路线的全长；

L_i——第 i 测段的路线长度。

本例是按测站数来计算改正数的,例如第 1 测段的改正数为:

$$V_1 = -\frac{f_h}{n} \times n_1 = 1.9 \times 6 = -11(\text{mm})。$$

改正数应凑整至毫米,以米为单位填写在表 2-2 相应栏内。改正数的总和应与闭合差数值相等、符号相反,根据这一关系可对各段高差改正数进行检核。由于收舍误差的存在,在数值上改正数的总和可能与闭合差存在一微小值,此时可将这一微小值强行分配到测站数最多或路线最长的一个或几个测段。

各测段实测高差与其改正数的代数和就是改正后的高差。改正后的高差记入表 2-2 相应栏内。改正后的各测段高差代数和应与水准点 A、B 的高差 $H_B - H_A$ 相等,据此对改正后的各测段高差进行检核。

(4)计算待定点高程。用改正后高差,按顺序逐点推算各点的高程,即

$$H_1 = H_A + h_{1改} = 42.365 - 2.526 = 39.839(\text{m}),$$

$$H_2 = H_1 + h_{2改} = 39.839 - 3.238 = 36.601(\text{m})。$$

仿此推算出所有待定点的高程,并逐一记入表 2-2 相应栏内。最后推算得到的 B 点高程应与水准点 B 的已知高程相同,以此来检核高程推算的正确性。

3)闭合水准路线高差闭合差的调整与高程计算

利用式(2-10)计算高差闭合差 f_h,闭合差的容许值和调整方法以及高程计算方法均与附合水准路线相同。

4)支水准路线高差闭合差的调整与高程计算

支水准路线的高差闭合差及容许值可分别通过式(2-11)和式(2-12)求得,但公式(2-12)中路线长度 L 或测站总数 n 只按单程计算。当 $|f_h| \leqslant |f_{h容}|$ 时,取测段往、返高差绝对值的平均值作为测段的最终高差,其符号以往测为准。推算待定点高程的方法与附合水准路线的方法相同。

4. 国家三四等水准测量

1)基本要求

三四等水准测量的应用非常广泛,包括国家高程控制网的加密,小地区的首级高程控制以及工程建设地区内工程测量和变形观测的基本控制。三四等水准网要求从国家高一级水准点引测高程。水准路线一般沿道路布设,尽量避开土质松软地段。三四等水准测量所需的仪器为 DS3 级及其以上等级,并配以区格式木质水准尺,在作业期间应对水准仪和水准尺按规定的项目进行检验与校正。三四等水准测量主要技术要求见表 2-3。

表 2-3 国家三四等水准测量测站主要技术要求

等级	仪器类型	标准视线长度(m)	后、前视距差(m)	后、前视距差累计(m)	黑红面读数差(mm)	黑红面所测高差之差(mm)	检测间歇点高差之差(mm)
三等	DS3	75	2.0	5.0	2.0	3.0	3.0
四等	DS3	100	3.0	10.0	3.0	5.0	5.0

2)观测方法

三等水准测量采用中丝读数法进行往返观测,每测站的观测顺序为:后→前→前→后,即:

(1)照准后视尺黑面,按视距丝及中丝读数;

(2)照准前视尺黑面,按视距丝及中丝读数;

(3)照准前视尺红面,按中丝读数;

(4)照准后视尺红面,按中丝读数。

四等水准测量采用中丝读数法。对于附合水准路线、闭合水准路线,可只进行单程观测;对于支水准路线,必须进行往返观测或单程双转点观测。每测站的观测顺序为:后→后→前→前。

每个测站需要读 8 个读数,并且应立即进行计算检核。满足表 2-3 的相关限差要求后才可以迁站。

3)记录与计算

(1)测站上的计算与检核。

根据前后视距的上下视距丝读数,计算前后视视距。所有测量读数单位为毫米(mm)。结果要求满足表 2-3。

后视距离:$(9)=100\times[(1)-(2)]$,

前视距离:$(10)=100\times[(5)-(6)]$,

前、后视距差:$(11)=(9)-(10)$,

前、后视距累积差:(12) = 上站的(12) + 本站(11),

黑红面读数差计算:

$$(13)=(3)+K1-(8),$$

$$(14)=(4)+K2-(7)。$$

K1、K2 为水准尺红面和黑面分化零点差。K1 =4 687 则 K2 =4 787 反之 K1 =4 787 则 K2 =4 687。计算前需要先检查前后视尺的黑红面分化,然后再选择 K1、K2 进行计算。对于三等水准测量,尺常数误差不得超过 2 mm,对于四等水准测量,不得超过 3 mm。

高差计算。按照前后视尺黑面和红面中丝读数分别计算该站高差。

黑面高差:$(15)=(3)-(4)$,

红面高差:$(16)=(8)-(7)$,

黑红面高差之差:$(17)=(15)-(16)\pm100$(mm)。

对于三等水准测量,(17)不得超过 3 mm,对于四等水准测量,(17)不得超过 5 mm。

黑红面高差之差在允许范围内,取其平均值为该测站的观测高差。

$$(18)=\{(15)+[(16)\pm100]\}/2。$$

计算时,如果(15) > (16)时,100 前面取正号,反之,100 前面取负号。平均高差(18)应与黑面高差(15)接近。

表 2-4 三(四)等水准测量记录表

测自______至______ 天气______ 观测者______

时间______ K ______ 成像______ 记录者______

仪器______________ 班组______ 检查者______

测站编号	后尺 上丝 / 下丝 后视距(m) 视距差 d(m)	前尺 上丝 / 下丝 前视距(m) 累积差 $\sum$(m)	方向及尺号	标尺读数 黑面(mm)	标尺读数 红面(mm)	K+黑-红 (mm)	高差中数 (m)	备注
	(1)	(5)	后 K1	(3)	(8)	(13)	(18)	
	(2)	(6)	前 K2	(4)	(7)	(14)		
	(9)	(10)	后-前	(15)	(16)	(17)		
	(11)	(12)						
1	1 410	1 351	后	1 375	6 161	1	0.061	
	1 340	1 276	前	1 314	6 000	1		
	7.0	7.5	后-前	61	161	0		
	-0.5	-0.5						
2	1 374	1 291	后	1 345	6 032	0	0.082	
	1 319	1 234	前	1 263	6 049	1		
	5.5	5.7	后-前	82	-17	-1		
	-0.2	-0.7						
3	1 360	1 369	后	1 332	6 120	-1	-0.014	
	1 300	1 319	前	1 347	6 032	2		
	6.0	5.0	后-前	-15	88	-3		
	1.0	0.3						
4	1 330	1 372	后	1 292	5 979	0	-0.046	
	1 254	1 302	前	1 338	6 125	0		
	7.6	6.0	后-前	-46	-146	0		
	1.6	1.9						
辅助计算	$f_\beta = \sum = \beta_{测} \sum_{理} = +58''$ $F_\beta = \pm 60''\sqrt{n} = \pm 120''$ $f_\beta \leqslant F_\beta$		$f_D = \sqrt{f_x^2 + f_y^2} = 0.01$ $K = \frac{f_D}{\sum D} = \frac{0.01}{395.14} = \frac{1}{39\ 514} < \frac{1}{2\ 000}$					

水准测量记录应作总的计算校核。

高差校核:

$$\sum(3) - \sum(4) = \sum(15),$$

$$\sum(8) - \sum(7) = \sum(16),$$

或

$$\sum(15) - \sum(16) = 2\sum(18)\text{(偶数站)},$$

$$\sum(15)-\sum(16)=2\sum(18)\pm100\ mm(\text{奇数站}),$$

视距差校核：

$$\sum(9)-\sum(10)=\text{末站}(12)。$$

5. 三角高程测量

1)三角高程测量原理及公式

在山区或地形起伏较大的地区测定地面点高程时，采用水准测量进行高程测量一般难以进行，故实际工作中常采用三角高程测量的方法施测。

传统的经纬仪三角高程测量的原理如图2-20所示，设A点高程及AB两点间的距离已知，求B点高程。方法是，先在A点架设经纬仪，量取仪器高i；在B点竖立觇标(标杆)，并量取觇标高L，用经纬仪横丝瞄准其顶端，测定竖直角δ，则AB两点间的高差计算公式为：

$$h_{AB}=D\text{tg}\,\delta+i-L,$$

故
$$H_B=H_A+h_{AB}=H_A+D\text{tg}\,\delta+i-L \tag{2-15}$$

式中D为A、B两点间的水平距离。

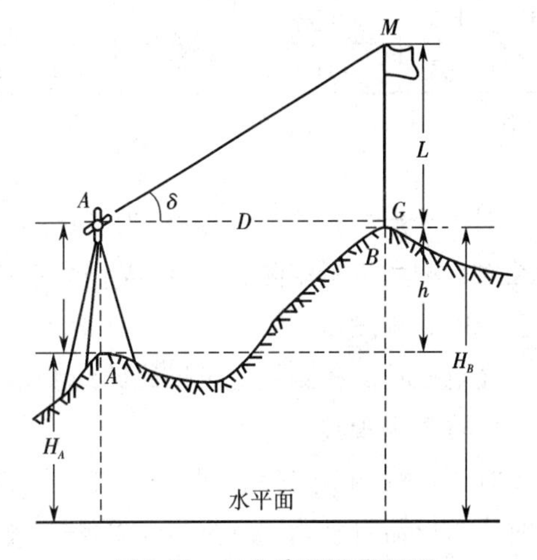

图2-20　三角高程测量原理

当A、B两点距离大于300 m时，应考虑地球曲率和大气折光对高差的影响，所加的改正数简称为两差改正：

设c为地球曲率改正，R为地球半径，则c的近似计算公式为：$c=\dfrac{D^2}{2R}$。

设γ为大气折光改正，则γ的近似计算公式为：$\gamma=-k\cdot\dfrac{D^2}{2R}$，式中，$k$为大气垂直折光系数。随气温、气压、日照、时间、地面情况和视线高度等因素而变化，一般取其平均值0.14。

因此两差改正f为：$f=c+\gamma=(1-0.14)\dfrac{D^2}{2R}$，$f$恒为正值。

采用光电三角高程测量方式，要比传统的三角高程测量精度高，因此目前生产中的三角高程测量多采用光电法。

采用光电测距仪测定两点的斜距S，则B点的高程计算公式为：

$$h_{AB}=D\text{tg}\,\delta+i-L+f,$$

$$h_B=H_A+h_{AB}=H_A+S\sin\delta+i-L+f \tag{2-16}$$

为了消除一些外界误差对三角高程测量的影响，通常在两点间进行对向观测，即测定h_{AB}和h_{BA}，最后取其平均值，由于h_{AB}和h_{BA}反号，因此f可以抵销。

实际工作中，光电三角高程测量视距长度不应超过1 km，垂直角不得超过15°。理论分析和实验结果都已证实，在地面坡度不超过8度，距离在1.5 km以内，采取一定的措施，电磁波测距三角高程可以替代三、四等水准测量。当已知地面两点间的水平距离或采用光电三角高程测量方法时，垂直角的观测精度是影响三角高程测量的精度主要因素。

2）光电三角高程测量方法

光电三角高程测量需要依据规范要求进行，如《公路勘测规范》中光电三角高程测量具体要求见表2-5。

表2-5 光电三角高程测量技术要求

等级	仪器	测距边测回数	垂直角测回数		指标差较差（″）	垂直角较差（″）	对向观测高差较差（mm）	附合或闭合路线闭合差（mm）
			三丝法	中丝法				
四等	DJ2	往返各1	—	3	≤7	≤7	$40\sqrt{D}$	$20\sqrt{D}$
五等	DJ2	1	1	2	≤10	≤10	$60\sqrt{D}$	$30\sqrt{D}$

注：表2-5中D为光电测距边长度。

对于单点的光电高程测量，为了提高观测精度和可靠性，一般在两个以上的已知高程点上设站对待测点进行观测，最后取高程的平均值作为所求点的高程。这种方法测量上称为独立交会光电高程测量。

光电三角高程测量也可采用路线测量方式，其布设形式同水准测量路线完全一样。

1. 垂直角观测

垂直角观测应选择有利的观测时间进行，在日出后和日落前两小时内不宜观测。晴天观测时应给仪器打伞遮阳。垂直角观测方法有中丝法和三丝法。其中丝观测法记录和计算见表2-6。

表2-6 中丝法垂直角观测表

点名 泰山等级 四等

天气 晴 观测吴明

成像 清晰稳定 仪器 Laica 702 全站仪 记录 李平

仪器至标石面高 1.553 m 1.554 平均值 1.554 m 日期 2006.3.1

照准点名	盘左	盘右	指标差	垂直角
照准部位	° ¢ 2	° ¢ 2	2	° ¢ 2
天峰 觇标高：5.24 m	90 06 26	269 53 32	+1	−0 06 26.0
	90 06 27	269 53 34	0	−0 06 26.5
	90 06 28	269 53 31	0	−0 06 28.5
	中数			−0 06 27.0

注：规范要求四等光电三角高程计算时垂直角应取至0.1″。

2. 四等光电三角高程测量

采用全站仪进行四等光电三角高程路线测量作业过程如下：

（1）在测站上架设适当测距精度和测角精度的全站仪，在待测点上架设反光镜觇牌，四等光电三角高程需要用量杆在观测前后两次精确量取仪器高和棱镜高，取值精确到1 mm，两次量取较差不大于 2 mm 时取平均值。

(2)往、返测距和测角，垂直角观测采用 J2 级仪器，中丝法 3 个测回。测回间垂直角互差和指标差均不得大于 7″。

(3)依照式(2-16)计算相邻点间的往、返高差，其高差的互差(应考虑球气差的影响)不得大于 $\pm 40\sqrt{D}$(mm)(D 为测距边边长，以公里为单位)。附和路线或环形闭合差不得大于 $\pm 20\sqrt{D}$(mm)。若往返高差的绝对值之差满足精度要求，就取平均数作为两点间的高差，符号以往测高差为准。

(4)依照水准路线测量平差方法进行平差计算，最后求得各待定点的高程。高程应取至 1 mm。

3. 三角高程测量内业计算

对于图根级控制测量，三角高程测量的精度一般规定为每段往返测所得的高差 f_k(经两差改正后)不应大于 0.1D(m)(D 为边长，以 km 为单位)，即 f_h容 = ±0.1D(m)。由对向观测所求得的高差平均值来计算路线闭合差应不大于 $\pm 0.05\sqrt{\sum D_{km}^2}$ m。

图 2-21 为某一图根控制网示意图，三角高程测量观测结果列于图上，下划线数据表示往测。高差的计算和闭合差调整见表 2-7 和表 2-8。

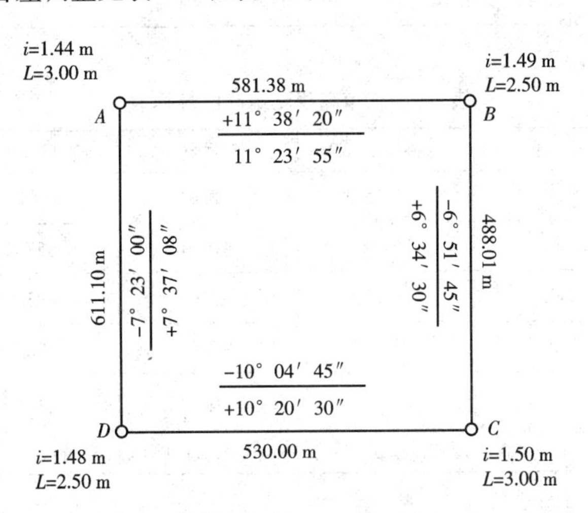

图 2-21　三角高程测量观测数据图

表 2-7　三角高程测量高差计算表

起算点	A		B	
待定点	B		C	
	往	返	往	返
水平距离 D(m)	581.38	581.38	488.01	488.01
垂直角 δ	+11°38′20″	−11°23′55″	+6°51′45″	−6°34′30″
仪器高 i(m)	1.44	1.49	1.49	1.50
目标高 L(m)	−2.50	−3.00	−3.00	−2.50

续表

起算点	A		B	
待定点	B		C	
	往	返	往	返
两差改正 f(m)	+0.02	+0.02	+0.02	+0.02
高差(m)	+118.71	−118.70	+57.24	−57.23
平均高差(m)	+118.70		+57.24	
起算点	C		D	
待定点	D		A	
	往	返	往	返
水平距离 D(m)	530.00	530.00	611.10	611.10
垂直角 δ	−10°04′45″	+10°20′30″	−7°23′00″	+7°37′08″
仪器高 i(m)	1.50	1.48	1.48	1.44
目标高 L(m)	−2.50	−3.00	−3.00	−2.50
两差改正 f(m)	+0.02	+0.02	+0.02	+0.02
高差(m)	−95.19	+95.22	−80.69	+80.70
平均高差(m)	−95.20	−80.70		

表 2-8 三角高程测量路线计算表

点号	距离(m)	观测高差(m)	改正数 v(m)	改正后高差(m)	高程
A					325.88
	580	+118.70	−0.01	+118.69	
B					444.57
	490	+57.24	−0.01	+57.23	
C					501.80
	530	−95.20	−0.01	−95.21	
D					406.59
	610	−80.70	−0.01	−80.71	
A					325.88
Σ			+0.04	−0.04	
$f_h = +0.04m < f_{h容} = 0.05\sqrt{1.23} = 0.05 \times 1.1 = 0.055$(m)					

2.4 DS3 型水准仪的检验与校正

根据水准测量原理,水准仪只有准确地提供一条水平视线,才能测出两点间的正确高差。为此,微倾式水准仪在构件上应满足以下几何关系(图 2-22):

(1)圆水准器轴 $L'L'$ 平行于仪器竖轴 VV。

(2)十字丝的中丝垂直于仪器竖轴。

(3)水准管轴 LL 平行于视准轴 CC。

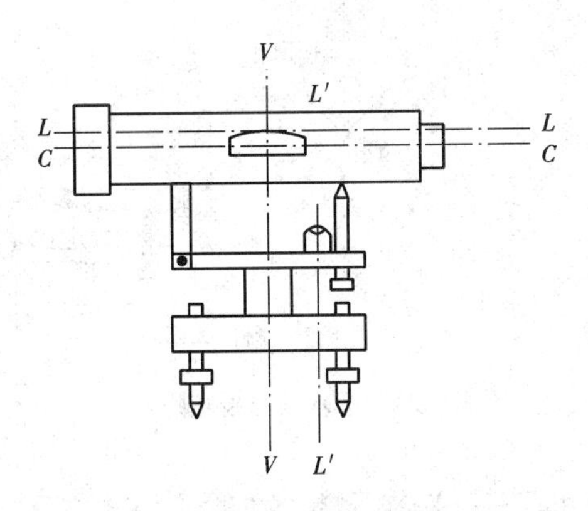

图2-22 水准仪轴线

2.4.1 圆水准器轴平行于仪器竖轴的检验与校正

1. 检验

调整脚螺旋，使圆水准器气泡居中，则圆水准器轴 $L'L'$ 处于竖直位置。松开制动螺旋，使仪器绕其竖轴 VV 旋转180°，若气泡仍然居中，则说明 VV 轴也处在竖直位置，$L'L'$ 与 VV 平行，不需校正。若旋转180°后，气泡不再居中，则说明 $L'L'$ 与 VV 不平行，两轴必然存在交角 δ，需要校正。图2-23(a)、(b)为两轴不平行时，转动180°前、后的示意图，转动前 $L'L'$ 轴处于竖直位置，VV 轴偏离竖直方向 δ 角，转动后 $L'L'$ 轴与转动前比较倾斜了 2δ 角。

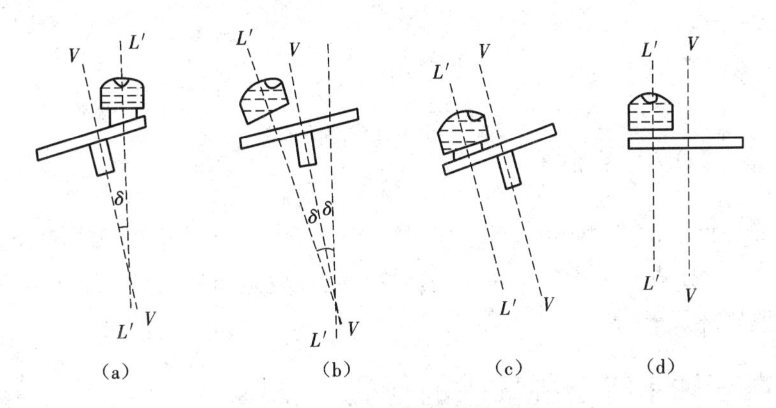

图2-23 圆水准器的检校原理

2. 校正

圆水准器底部的构造如图2-24所示。校正时应先松开中间的紧固螺丝，然后根据气泡偏移方向用校正针拨动校正螺丝，使气泡向零位置移动偏离量的一半，$L'L'$ 轴与竖直方向的倾角由 2δ 变为 δ，从而使 $L'L'$ 与 VV 变成平行关系，如图2-23(c)所示。转动脚螺旋，使圆水准器气泡居中，$L'L'$ 和 VV 同时变为竖直位置，如图2-23(d)所示。

校正工作一般需反复进行2~3次才能完成，直到仪器转到任一位置，圆水准器气泡均处在居中位置为止，校正完成后注意拧紧紧固螺丝。

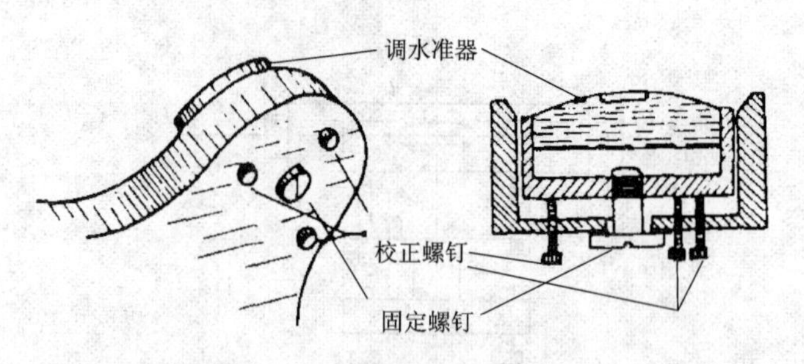

图 2-24 圆水准器校正螺丝

2.4.2 十字丝横丝垂直于仪器竖轴的检验与校正

1. 检验

用十字丝中丝的一端瞄准一目标点 M，如图 2-25(a)所示，然后用微动螺旋使望远镜缓慢转动，如果 M 点不离开中丝，如图 2-25(b)所示，说明中丝与仪器竖轴 VV 垂直，不需校正。若 M 点偏离了中丝，如图 2-25(c)所示，则需要校正。

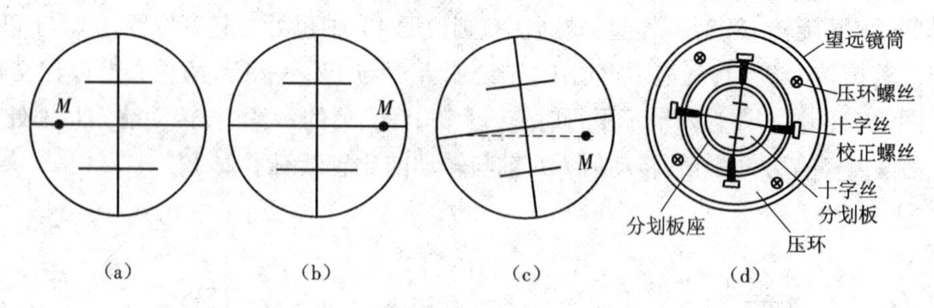

图 2-25 十字丝横丝的检验

2. 校正

取下十字丝分划板护盖，放松十字丝分划板座的压环螺丝，如图 2-25(d)所示，微微转动十字丝分划板座，使 M 点对准中丝即可。检验校正需反复进行数次，直到 M 点不再偏离中丝为止。最后拧紧压环螺丝。

2.4.3 水准管轴平行于视准轴的检验与校正

1. 检验

如图 2-26(a)所示，在地面上选定相距约 80 m 的 A、B 两点，并打入木桩或放置尺垫。安置水准仪于 AB 的中点。若水准管轴 LL 与视准轴 CC 平行，仪器精平后，分别读出 A、B 两点水准尺的读数 a、b，根据两读数就可求出两点间的正确高差 h。若 LL 轴与 CC 轴不平行，也不会影响该高差值的正确性，这是因为仪器到 A、B 点的距离相等，在所得读数 a_1、b_1 中，因两轴不平行所产生的偏差Δ是相同的，在计算高差时可以抵消。这一点从图 2-26(a)中不难看出：

$$h = a_1 - b_1 = (a + \Delta) - (b + \Delta) = a - b。$$

再将仪器安置于 A(或 B)点附近，如距离 A 点约 3 m 处，精平后又分别读得 A、B 点水准尺读数为 a_2、b'_2(图 2-26(b))。因仪器到 A 点的距离很近，两轴不平行引起的读数误差很小，可

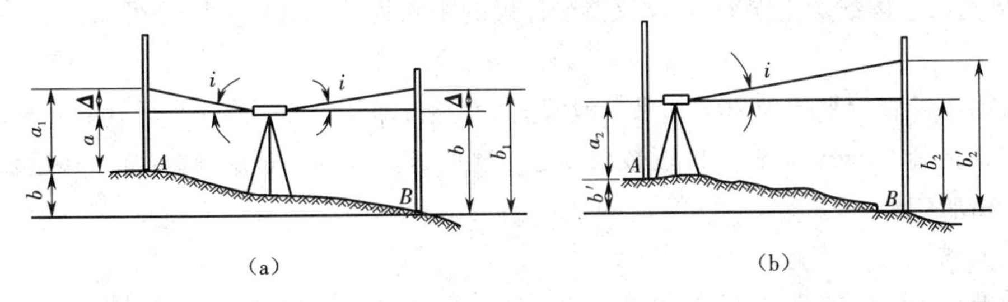

图 2-26　水准管的检验

忽略不计，即认为 a_2 为准确读数。由 a_2、b'_2 又求得两点的高差 h'，即

$$h' = a_2 - b'_2。$$

若 $h' \neq h$，说明 LL 轴与 CC 轴不平行，需要校正。

2. 校正

根据读数 a_2 和高差 h，计算视线水平时 B 点水准尺上的正确读数 b_2，即

$$b_2 = a_2 - h。$$

转动微倾螺旋，用中丝对准 B 点水准尺上的读数 b_2，此时视准轴 CC 处于水平位置，而水准管气泡却不再居中。用校正针先松水准管一端的左（或右）校正螺丝，再分别拨动上、下两个校正螺丝如（图 2-27）所示，将水准管的一端升高或降低，使气泡居中。

该项校正工作需反复进行，直到 B 点水准尺的实际读数 b'_2 与正确读数 b_2 的差值不大于 3 mm 为止。最后拧紧左（或右）侧的校正螺丝。

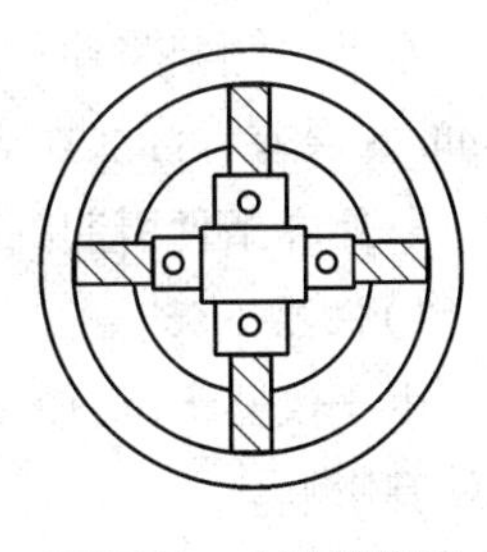

图 2-27　水准管校正

2.5　水准测量的误差来源及消减办法

水准测量的误差包括仪器误差、观测误差和外界条件影响带来的误差三个方面。分析误差产生的原因，找出防止和减小各类误差的方法，对提高水准测量的精度具有重要作用。

1. 仪器误差

1）视准轴与水准管轴不平行的误差

这项误差虽然经过检验和校正，但两轴仍会残留一个微小的交角。因此，水准管气泡居中时，视线仍会有稍许倾斜。根据前面的讨论可知，观测时只要使前、后视距相等，就可减少或消除该项误差。

2）水准尺的误差

水准尺刻划不准确、尺底磨损、弯曲变形等都会给读数带来误差，因此应对水准尺进行检验，不合格的尺子不能使用。

2. 观测误差

1）整平误差

视线是否水平是根据水准管气泡是否居中来判断的，如果整平存在误差 i，则视线倾斜一

个 i 角,将使尺上读数产生误差 Δ,设仪器至标尺的距离为 D,由图 2-26(a)可知:

$$\Delta = i/\rho \cdot D \tag{2-17}$$

设仪器水准管分划值为 20″,如果气泡偏离 1/4 格,即 $i=5''$,当距离 $D=100$ m 时,产生的读数误差 Δ 为 2.4 mm。这样大的读数误差是不能允许的,因此,每次读数之前,一定要使水准管气泡严格居中。

2)读数误差

在水准尺上读取的毫米数,是用估计的方法读取的。由于估读不准确而产生误差。此项误差与望远镜的放大率和视距长度有关。因此,不同等级水准测量对望远镜放大率和视距长度都有相应的要求和限制,普通水准测量中,规定望远镜的放大率应在 20 倍以上,视距不超过 150 m。

3)视差影响

目镜和物镜对光不完善,就会存在视差。视差的存在将会给读数带来很大误差,因此必须通过重新对光予以消除。

4)水准尺倾斜的影响

水准尺倾斜将使尺上读数增大,如水准尺倾斜 3°,在水准尺上 1.5 m 处读数时,将会产生 2 mm 的误差,因此,在观测过程中,应严格将水准尺扶正。

3. 外界条件引起的误差

1)仪器下沉

由于仪器下沉,使视线降低,从而引起高差误差。若采用“后、前、前、后”的观测程序,可减弱其影响。

2)尺垫下沉

如果在转点发生尺垫下沉,将使下一站后视读数增大,这将引起高差误差。采用往返观测的方法,取观测成果的中数,可以减弱其影响。

3)地球曲率的影响

如图 2-28 所示,大地水准面是一个曲面,如果水准仪的视线与大地水准面平行,对 A、B 两地面点的尺上读数应为 a 和 b,即正确高差应为 $h=a-b$;但利用水平视线读取的读数分别为 a' 和 b',a' 和 a、b'和 b 之差就是地球曲率的影响所致。从图中不难看出,如果水准仪至 A、B 两点的距离相等,则有 $a'-a=b'-b=c$,于是地球曲率的影响在计算高差时可以抵消,即:$h=a'-b'=(a+c)-(b+c)=a-b$。

4)大气折光影响

光线穿过不同密度的大气层时会发生折射,因而视线是弯曲的,这将给观测带来误差,这种误差称为大气折光差。折光差的大小与大气层竖向温差大小有关,越近地面温差越大,折光差也越大。在水准测量中,如果前、后视线弯曲相同,那么只要前、后视的距离相等,折光差对前、后视读数的影响也相等,在计算高差时可以相互抵消。但在一般情况下,前、后视线离地面高度往往不一致,因此前、后视线弯曲是不同的,如图 2-29 示,折光差 r_1 和 r_2 的方向相反,因而使得观测高差中包含这种误差的影响。为了减小这种影响,视线离地应有足够的高度,尤其在斜坡上进行水准测量,须使上坡方向的视线最小读数不小于 0.3 m。

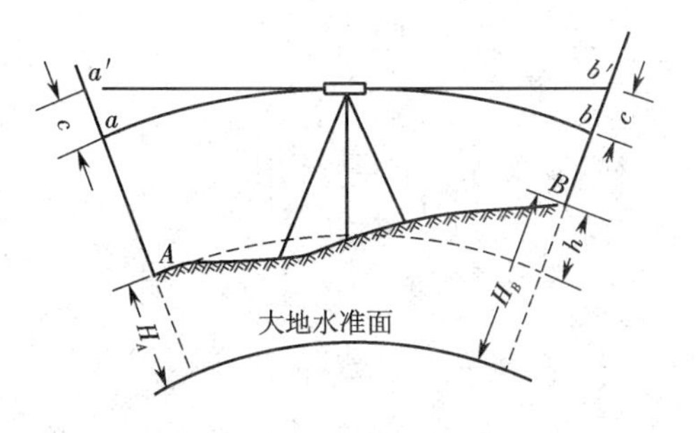

图2-28 地球曲率对水准测量的影响

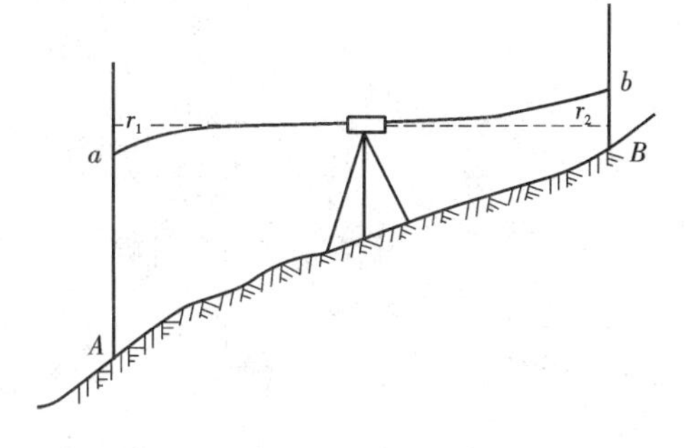

图2-29 大气折光对读数的影响

5)温度影响

温度的变化不仅引起大气折光的变化,而且当烈日照射水准管时,由于水准管本身和管内液体温度的升高,气泡向着温度高的方向移动,而影响仪器水平,产生气泡居中误差,因此观测时应注意给仪器撑伞遮阳。

拓展阅读

精密水准仪及电子水准仪简介

1.精密水准仪

测量中将S05型(如威特N3,蔡司Ni004)和S1型(如蔡司Ni007、国产DS1)水准仪作为精密水准仪,并配有相应的精密水准尺。精密水准仪用于国家一、二等水准测量,大型工程建筑物施工及变形测量以及地下建筑测量、城镇与建(构)筑物沉降观测等。精密水准仪的构造与DS3水准仪基本相同。其主要区别是装有光学测微器。如图2-30所示,为国产的精密水准仪,图2-31为徕卡新N3型精密水准仪结构图。

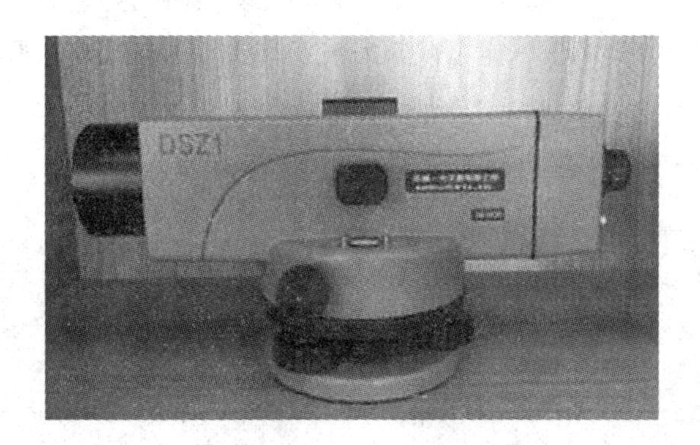

图2-30 精密水准仪

此外,精密水准仪较DS3水准仪有更好的光学和结构性能,如望远镜孔径大于40 mm,放大率达40倍,采用光学测微器读数,可直接到0.1 mm,估读到0.01 mm,符合水准管分划值为(6″~10″)/2 mm,同时具有仪器结构坚固,水准管轴与视准轴关系稳定等特点。

2.数字水准仪

数字水准仪(digital level)是在仪器望远镜光路中增加了分光镜和光电探测器(CCD阵

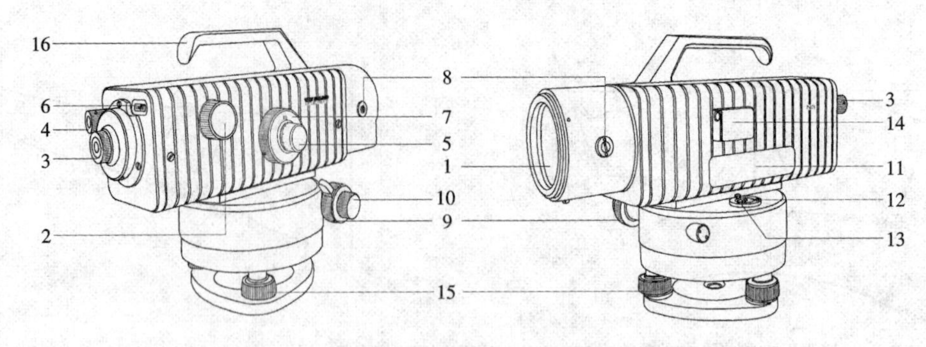

图 2-31 精密水准仪结构图

1—物镜;2—物镜调焦螺旋;3—目镜;4—测微尺与管水准器气泡观察窗;5—微倾螺旋;6—微倾螺旋行程指示器;7—平行玻璃板测位螺旋;8—平行玻璃板旋转轴;9—制动螺旋;10—微动螺旋;11—管水准器照明窗口;12—圆水准器;13—圆水准器校正螺丝;14—圆水准器观察装置;15—脚螺旋;16—手柄

列)等部件,采用条形码分划水准尺(coding level staff)和图像处理电子系统构成光、机、电及信息存储与处理的一体化水准测量系统。

与光学水准仪相比,数字水准仪的特点是:

①用自动电子读数代替人工读数,不存在读错、记错等问题,没有人为读数误差;

②精度高,多条码(等效为多分划)测量,削弱标尺分划误差,自动多次测量,削弱外界环境变化的影响;

③速度快、效率高,实现自动记录、检核、处理和存储,可实现水准测量从外业数据采集到最后成果计算的内外业一体化;

④数字水准仪一般是设置有补偿器的自动安平水准仪,当采用普通水准尺时,数字水准仪又可当作普通自动安平水准仪使用。

数字水准仪的关键技术是自动电子读数及数据处理,目前各厂家采用了原理上相差较大的三种数据处理算法方案,如瑞士徕卡 NA 系列采用相关法;德国蔡司 DiNi 系列采用几何法;日本托普康 DL 系列采用相位法,三种方法各有优势。

如图 2-32 所示为徕卡公司的数字水准仪及水准尺。

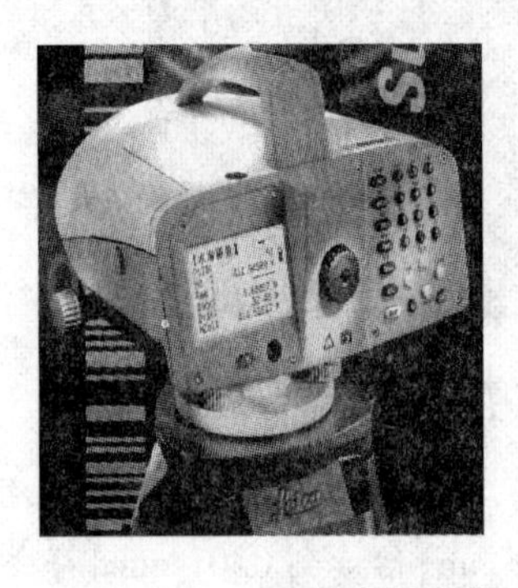

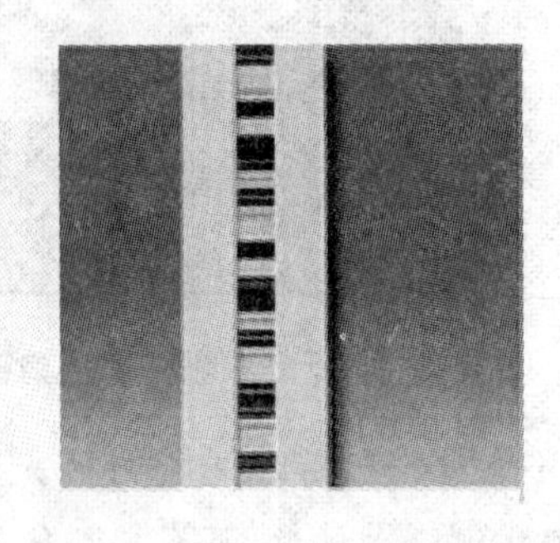

图 2-32 数字水准仪及水准尺

图 2-33 为采用相关法的徕卡 NA3003 数字水准仪的机械光学结构图。当用望远镜照准标尺并调焦后,标尺上的条形码影像入射到分光镜上,分光镜将其分为可见光和红外光两部分,

可见光影像成像在分划板上,供目视观测;红外光影像成像在 CCD(charge-coupled device 电荷耦合器件)线阵光电探测器上(探测器长约 6. 5 mm,由 256 个口径为 25 μm 的光敏二极管组成,一个光敏二极管就是线阵的一个像素),探测器将接收到的光图像先转换成模拟信号,再转换为数字信号传送给仪器的处理器,通过与机内事先存储好的标尺条形码本源数字信息进行相关比较,当两信号处于最佳相关位置时,即可获得水准尺上的水平视线读数和视距读数,最后将处理结果存储并送往屏幕显示。

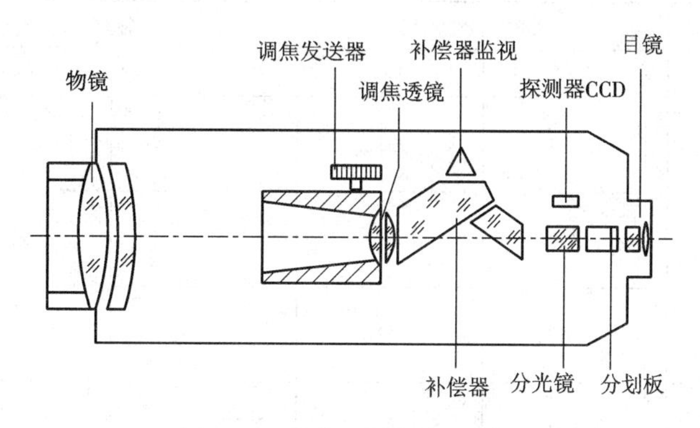

图 2-33　徕卡机械光学结构图

本章小结

本章主要讲述了水准测量的原理以及水准测量的方法,所用的仪器和工具,介绍了水准仪的相关构造以及使用方法,学会用水准测量的方法求地面点的高程。了解水准仪的检验与校正方法。

习　　题

1. 简答题

(1)何为高差? 高差正负号说明什么问题?

(2)水准仪上的圆水准器和管水准器的作用有何不同?

(3)简述望远镜的主要部件及各部件的作用,何为视准轴?

(4)何为视差? 产生视差的原因是什么? 怎样消除视差?

(5)水准测量中使前、后视距相等可消除哪些误差?

(6)何为转点? 转点在水准测量中起什么作用?

(7)水准仪有哪些轴线? 它们之间应满足哪些条件? 哪个是主要条件? 为什么?

(8)简述水准仪使用的步骤。

(9)自动安平水准仪和微倾式水准仪有何不同?

2. 计算题

(1)设 A 点为后视点,B 点为前视点,A 点高程为 90. 127 m,当后视读数为 1. 367 m,前视读数为 1. 653 m 时，问高差 h_{AB} 是多少？*B* 点比 *A* 点高还是低？*B* 点高程是多少？试绘图说明。

（2）水准测量观测数据已填入表 2-9 中，试计算各测站的高差和 *B* 点的高程，并进行计算检核。（*BMA* 点高程为 85. 273 m）。

表 2-9 水准测量观测记录

测站	测点	水准尺读数/m		高差/m		高程/m
		后视	前视	+	−	
1	BM_A TP_1	1. 785	1. 312			
2	TP_1 TP_2	1. 570	1. 617			
3	TP_2 TP_3	1. 567	1. 418			
4	TP_3 B	1. 784	1. 503			
计算校核						

（3）设仪器安置在 *A*、*B* 两尺等距离处，测得 *A* 尺读数 = 1. 482 m，*B* 尺读数 = 1. 873 m。把仪器搬至 *B* 点附近，测得 *A* 尺读数 = 1. 143 m，*B* 尺读数 = 1. 520 m。问水准管轴是否平行于视准轴？如要校正，*A* 尺上的正确读数应为多少？

第3章　角度测量

导读：测量工作的主要目的是确定待测点的空间位置，而待测点的空间位置一般通过测定已知点到待测点的距离、高差以及水平角来确定，即角度、距离、高差是测量工作的三要素，角度测量包括水平角测量和竖直角测量。主要确定地面点的平面位置，一般需要测量水平角；要确定地面点的高程或者将测得的斜距换算为平距时，一般需要测量竖直角，角度测量的主要仪器是经纬仪。本章学习使用测角仪器准确的测定水平角和竖直角，为后续确定点的空间位置提供数据基础。

引例：测量工作中，我们经常会遇到这种问题，已知地面上两点 A、B 的位置（即坐标和高程），现有一个地面点 C 的位置（坐标和高程）需要确定出来。那么要解决这个问题，我们必然会先想到先把 A、B、C 三点构成三角形，然后，利用在中学学过的三角函数关系，通过计算求得。要计算就需要先知道三角形的内角和边长，那么，内角怎么得到呢？下面就在本章中，介绍如何进行角度测量，至于边长如何测量将在下一章介绍。

3.1　角度测量原理

3.1.1　水平角测量原理

地面上两条直线之间的夹角在水平面上的投影称为水平角。如图 3-1 所示，A、B、O 为地面上的任意点，通过 OA 和 OB 直线各作一垂直面，并把 OA 和 OB 分别投影到水平投影面上，其投影线 O_1A_1 和 O_1B_1 的夹角 $\angle A_1OB_1$，就是 $\angle AOB$ 的水平角 β。

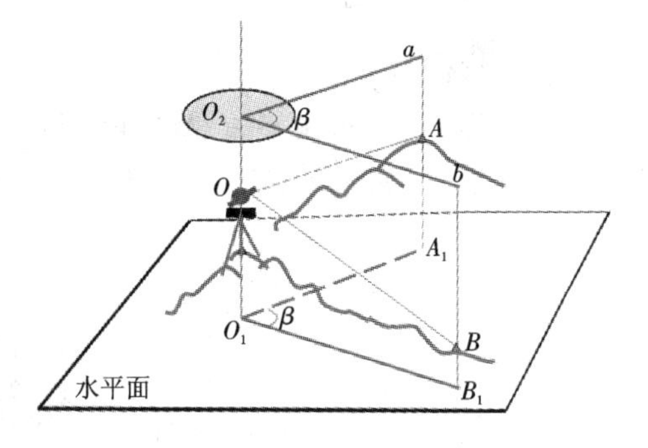

图 3-1　水平角测量原理

如果在角顶 O 上安置一个带有水平刻度盘的测角仪器，其度盘中心 O' 在通过测站 O 点的铅垂线上，设 OA 和 OB 两条方向线在水平刻度盘上的投影读数为 a 和 b，则水平角 β 为：$\beta = b - a$。

3.1.2　竖直角测量原理

在同一竖直面内视线和水平线之间的夹角称为竖直角或称垂直角。如图 3-2 所示，视线在水平线之上称为仰角，符号为正；视线在水平线之下称为俯角，符号为负。

如果在测站点 O 上安置一个带有竖直刻度盘的测角仪器，其竖盘中心通过水平视线，设照准目标点 A 时视线的读数为 n，水平视线的读数为 m，则竖直角 α 为：

$$\alpha = n - m \tag{3-1}$$

天顶距：通常用 Z 表示，它是从天顶方向度量的，其取值范围为 0°～180°。在实际工作中竖直角和天顶距只需测出一个即可。竖直角与天顶距关系：$Z = 90° - \alpha$。在竖直角的测定时，实际上仅需测定目标读数即可。目标读数与水平始读数或天顶始读数相比较而获得其差值，这个差值即为竖直角。经纬仪就是根据上述水平角和竖直角的测量原理设计制造的。

3.2 光学经纬仪

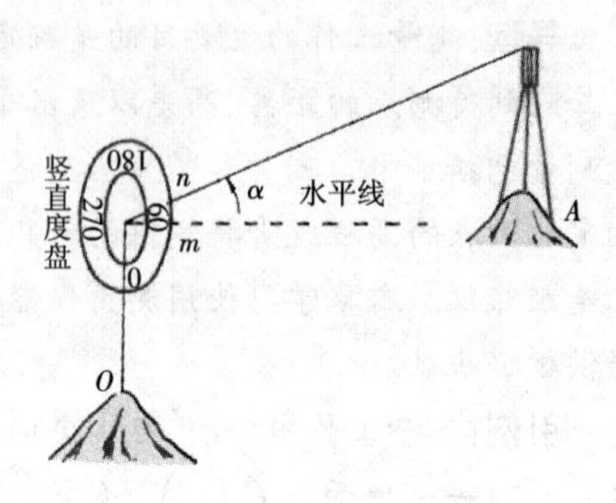

图 3-2 竖直角测量原理图

经纬仪是角度测量的主要仪器，按其结构原理和读数系统，可分为光学经纬仪和电子经纬仪。经纬仪通常用字母“DJ”表示，D 和 J 分别是“大地测量”和“经纬仪”汉语拼音的第一个字母。按精度分为 DJ07、DJ1、DJ2、DJ6 和 DJ15 共 5 个等级，角标的数字分别为该仪器的精度指标，即表示该类型经纬仪在测量角度时一测回水平方向观测值中误差不超过的秒数。其中 DJ07、DJ1、DJ2 属于精密经纬仪，DJ6 和 DJ15 属于普通经纬仪。一般工程上常用的光学有 DJ6 和 DJ2 两种类型，也常被称为“6 秒级”和“2 秒级”经纬仪。经纬仪的主要功能就是测定（或放样）水平角和竖直角。其次，在经纬仪上都安置有测距装置（如视距丝）而用于距离测量。另外，经纬仪还被用于直线延伸等测设工作中。

3.2.1 DJ6 级光学经纬仪

1. 经纬仪构造

DJ6 级光学经纬仪主要由照准部（包括望远镜、竖直度盘、水准器、读数设备）、水平度盘、基座三部分组成（如图 3-3）。现将各组成部分分别介绍如下：

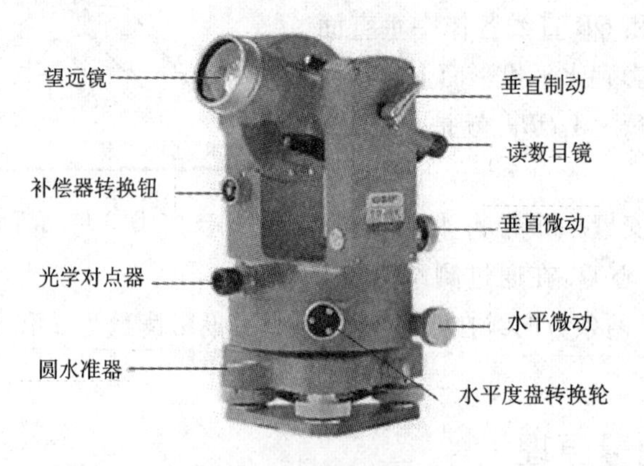

图 3-3 经纬仪构造图

1）照准部

照准部是基座上方能够转动的部分的总称。主要由望远镜、竖直度盘、水准器以及读数设备等组成。

望远镜：用于瞄准目标，其构造与水准仪相似。制动和微动螺旋以控制望远镜在竖直方向的转动。

竖直度盘（简称竖盘）：固定在横轴的一端，用于测量竖直角。竖盘随望远镜一起转动，而竖盘读数指标不动，但可通过竖盘指标水准管微动螺旋作微小移动。调整此微动螺旋使竖盘指标水准管气泡居中（有许多经纬仪已不采用竖盘指标水准管，而用自动归零装置代替），指标位于正确位置。

水准器：照准部水准管是用来整平仪器的，圆水准器用作粗略整平。

读数设备：读数设备包括一个读数显微镜、测微器以及光路中一系列的棱镜、透镜等。

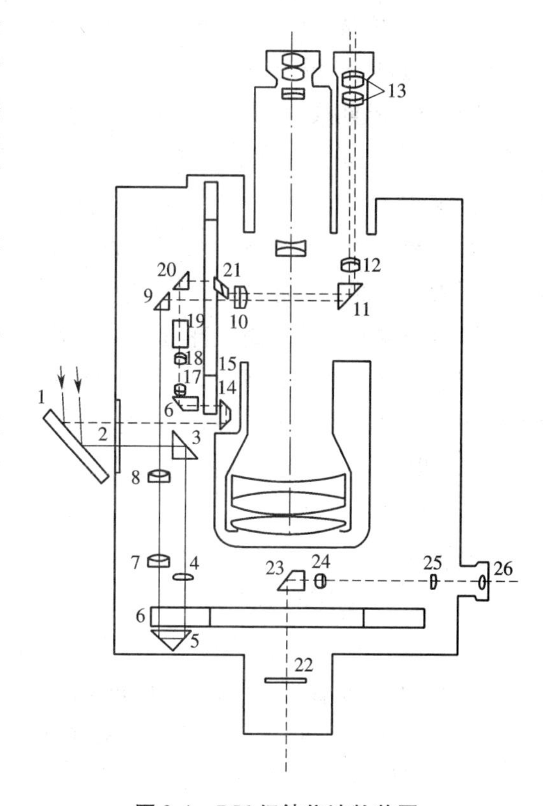

图 3-4　DJ6 经纬仪读数装置

2）水平度盘

水平度盘是由光学玻璃制成的精密刻度盘，分划从 0°～360°，按顺时针注记，每格 1° 或 30′，用以测量水平角。

水平度盘的转动由度盘变换手轮来控制。转动手轮，度盘即可转动；将手轮推压进去再转动手轮，度盘才能随之转动。还有少数仪器采用复测装置。当复测扳手扳下时，照准部与度盘结合在一起，照准部转动，度盘随之转动，度盘读数不变；当复测扳手扳上时，两者相互脱离，照准部转动时就不再带动度盘，度盘读数就会改变。

3）基座

基座是仪器的底座，由一固定螺旋将两者连接在一起。使用时应检查固定螺旋是否旋紧。目前生产的光学经纬仪一般均装有光学对中器。

2. DJ6 级经纬仪采用的读数方法

1）分微尺测微器及其读数方法

度盘分划值为 1°，按顺时针方向注记每度的度数。读数显微镜内所看到的度盘和分微尺的影像，上面注有“H”（或水平）的为水平度盘读数窗，注有“V”（或竖直）的为竖直度盘读数窗。

分微尺的长度等于度盘分划线间隔 1°的长度，分微尺分为 60 个小格，每小格为 1′。分微尺每 10 小格注有数字，表示 0′、10′、20′、…、60′，直接读到 1′，估读到 6″（把每格估分 10 份）。其注记增加方向与度盘注记相反。

读数时，分微尺上的 0 分划线为指标线，它所指的度盘上的位置就是度盘读数的位置，例如在水平度盘的读数窗中，分微尺的 0 分划线已超过 73°多，所以其数值，要由分微尺的 0 分划线至度盘上73°分划线之间有多少小格来确定，图3-5中为5.4格，故为05′24″。水平度盘的读数应是73°05′24″。同理，在竖直度盘的读数窗中，分微尺的0分划线超过了87°，但不到88°，读数应为87°05′54″。

实际上在读数时，只要看度盘哪一条分划线与分微尺相交，度数就是这条分划线的注记数，分数为这条分划线所指分微尺上读数。

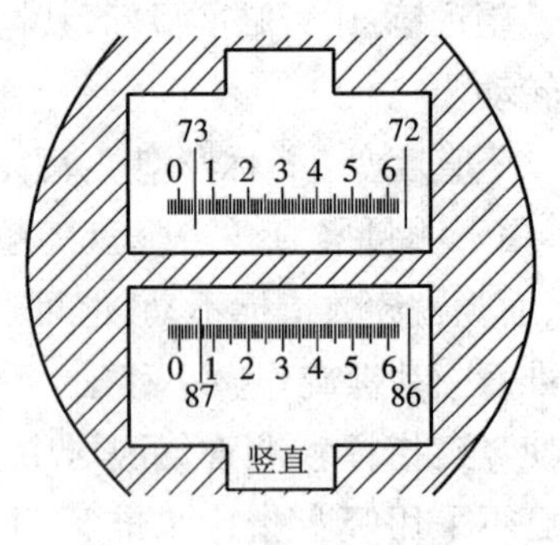

图3-5　DJ6经纬仪读数

2）单平板玻璃测微器及其读数方法

单平板玻璃测微器原理：

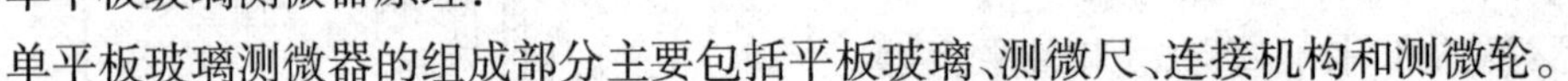

单平板玻璃测微器的组成部分主要包括平板玻璃、测微尺、连接机构和测微轮。

光线通过平板玻璃时；将产生平移，当平板玻璃的折射率及厚度一定时，平移量 x 的大小将取决于光线的入射角 i。当转动测微轮时，平板玻璃和测微尺即绕同一轴作同步转动。

度盘的分划值为30′，测微尺上共有30个大格，每大格有1′，每大格又分成3小格，每小格为20″。

读数方法：

光线垂直通过平板玻璃，度盘分划线的影像未改变原来位置，与未设置平板玻璃一样，此时测微尺上读数为零，如设置在读数窗上的双指标线读数应为92° + a。

转动测微轮，平板玻璃随之转动，度盘分划线的影像也就平行移动，当92°分划线的影像夹在双指标线的中间时，度盘分划线的影像正好平行移动一个 a，而 a 的大小则可由与平板玻璃同步转动的测微尺上读出，其值为18′20″。因此整个读数为92° + 18′20″ = 92°18′20″。

读数时，先转动测微轮，使度盘某分划线精确地移在双指标线的中央，读出该分划线的度盘读数，再根据单指标线在测微尺上读取分、秒数，然后相加，即为全部读数。如果还要读取竖盘读数，则需重新转动测微轮，把竖盘某分划线精确移在双指标线的中央，才能读数。

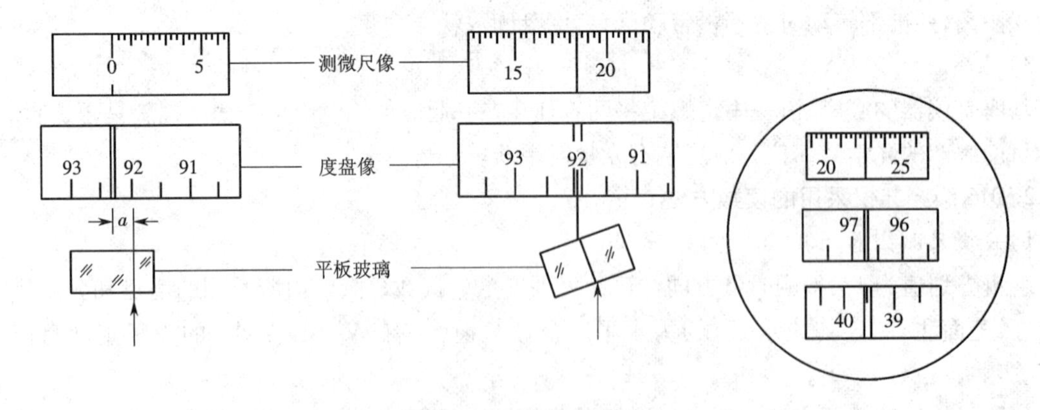

图3-6　测微器及其读数

3.2.2　DJ2光学经纬仪

J2级光学经纬仪与J6级的区别主要是读数设备及读数方法。J2级光学经纬仪一般均采用对径分划线影像符合的读数装置。采用符合读数装置，可以消除照准部偏心的影响，提高读数精度。

符合读数装置是在度盘对径两端分划线的光路中各安装一个固定光楔和一个移动光楔，移动光楔与测微尺相连。

入射的光线通过一系列的光学镜片，将度盘直径两端分划线的影像，同时显现在读数显微镜中。

在读数显微镜中所看到的对径分划线的像位于同一平面上，并被一横线隔开形成正像与倒像。若按指标线读数（实际上并无指标线），则正像为 30°20′，倒像为 210°20′，平均读数为 30°20′。

转动测微轮，使上下相邻两分划线重合（即对齐），分微尺上读数即为（a + b）/2（即为 30°20′ + 8′）。

1. 光学读数规则

（1）转动测微轮，在读数显微镜中可以看到度盘对径分划线的影像（正像与倒像）在相对移动，直至精确重合为止。

（2）度数读取正像注记，读取的度数应具备下列条件：顺着正像注记增加方向最近处能够找到与刻度数相差 180°的倒像注记。

（3）正像读取的度数分划与倒像相差 180°的分划线之间的格数乘以 10′，即为整 10′ 数。

（4）在测微尺上按指标线读取不足 10′ 的分数（左侧）和秒数（右侧）。

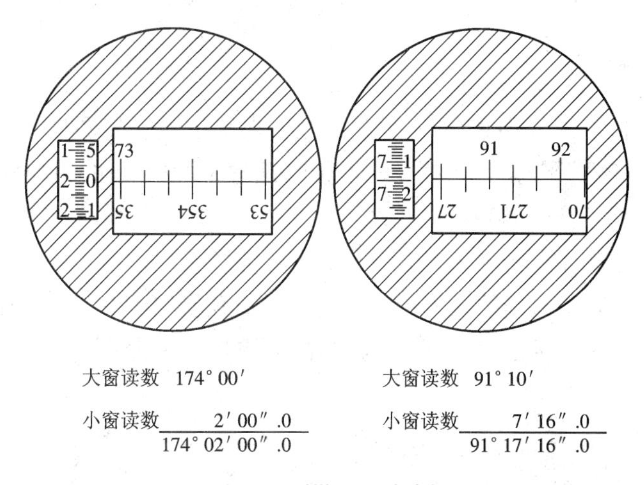

图 3-7　测微尺及其读数

2. 数字化的读数方法

度盘对径分划线的影像不注记。转动测微轮，在读数显微镜中可以看到度盘对径分划线的影像在相对移动，直至精确重合为止。在读数显微镜内一次只能看到水平度盘或竖盘中的一种影像，因此在读水平度盘读数时，应将换像手轮上的刻线旋至水平位置；在读竖盘读数时，应将刻线旋至竖直位置。

3.3 水平角观测方法

3.3.1 经纬仪的安置

角度测量的首要工作就是熟练掌握经纬仪的使用方法。经纬仪的使用包括仪器、照准目标、配置度盘、读数等工作。

1. 经纬仪的安置

安置包括对中和整平两项工作,两项工作互相影响应反复进行。

1)对中

对中的目的是使仪器的中心(竖轴)与测站点位于同一铅垂线上对中,即将平盘分划中心安置于被测角度顶点的铅垂线上。有三种方法,锤球对中,光学对中器对中和激光对中三种方法。

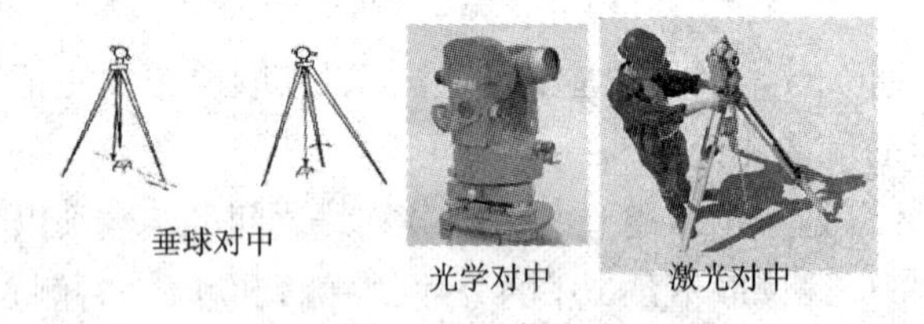

图 3-8 仪器安置对中图

2)整平

整平的目的是使仪器的竖轴竖直,水平度盘处于水平位置。整平时要先通过伸缩脚架,使圆水准气泡居中,以粗略整平,然后再用管水准器精确整平。松开水平制动螺旋,转动照准部,使水准管大致平行于任意两个脚螺旋的连线。

(1)两手同时向内或向外旋转这两个脚螺旋使气泡居中。

(2)将照准部旋转 90°,水准管处于原来位置的垂直位置,用另一个脚螺旋使气泡居中。

(3)如此反复操作,直至照准部转到任何位置,气泡都居中为止。

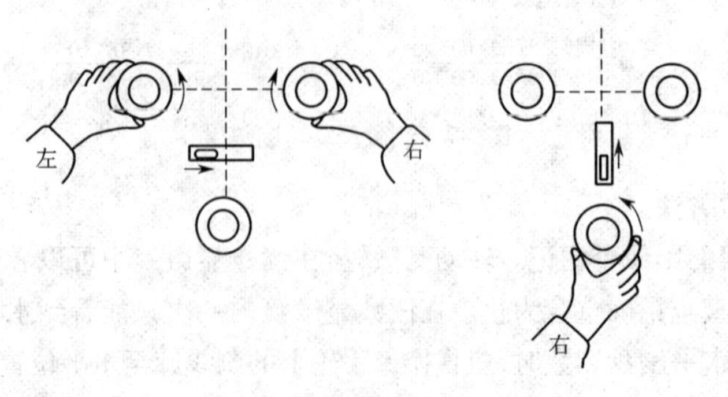

图 3-9 仪器整平图

3)光学对中器对中和整平

使用光学对中器对中,应与整平仪器结合进行,其操作步骤如下:

(1)将仪器置于测站点上,三个脚螺旋调至中间位置,架头大致水平,光学对中器大致位于测站点的铅垂线上,将三脚架踩实。

(2)旋转光学对中器的目镜,看清分划板上圆圈,拉或推动目镜使测站点影像清晰。

(3)旋转脚螺旋使光学对中器对准测站点。

(4)利用三脚架的伸缩螺旋调整架腿的长度,使圆水准器气泡居中。

(5)用脚螺旋整平照准部水准管。

(6)用光学对中器观察测站点是否偏离分划板圆圈中心。如果偏离中心,稍微松开三脚架连接螺旋,在架头上移动仪器,圆圈中心对准测站点后旋紧连接螺旋。

(7)重新整平仪器,直至在整平仪器后,光学对中器对准测站点为止。

2. 照准目标

测角时的照准标识,一般是竖立与测点的标杆、测钎、用3根竹签悬吊锤球的线或觇牌,如图3-10所示。

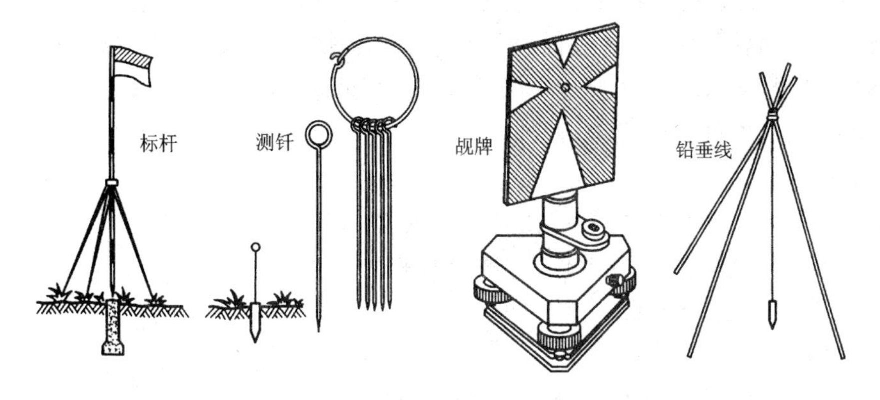

图3-10　照准标志

经纬仪安置好后,用望远镜瞄准目标,首先将望远镜照准远处,调节对光螺旋使十字丝清晰;然后旋松望远镜和照准部制动螺旋,用望远镜的光学瞄准器照准目标。转动物镜对光螺旋使目标影像清晰;而后旋紧望远镜和照准部的制动螺旋,通过旋转望远镜和照准部的微动螺旋,使十字丝交点对准目标,并观察有无视差,如有视差,应重新对光,予以消除。

目的:视准轴对准观测目标的中心。

方法:

①调节目镜调焦螺旋,使十字丝清晰;

②利用粗瞄器,粗略瞄准目标,固定制动螺旋;

③调节物镜调焦螺旋使目标成像清晰,注意消除视差;

④调节制动、微动螺旋,精确瞄准。

3. 读数

打开读数反光镜,调节视场亮度,转动读数显微镜对光螺旋,使读数窗影像清晰可见。读

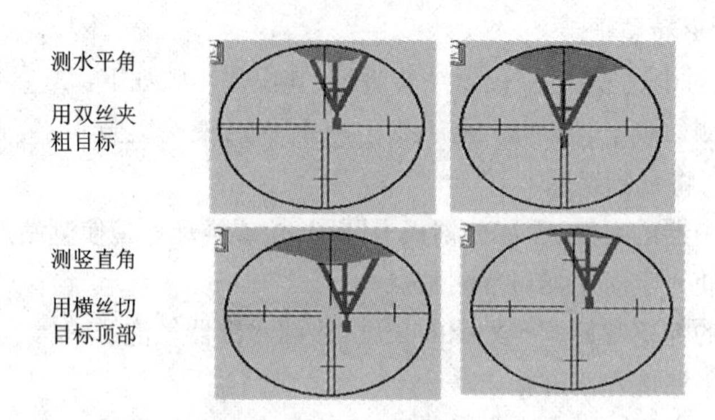

图 3-11　读数视窗

数时，除分微尺型直接读数外，凡在支架上装有测微轮的，均需先转动测微轮，使双指标线或对径分划线重合后方能读数，最后将度盘读数加分微尺读数或测微尺读数，才是整个读数值。

3.3.2　水平角观测方法

工程上常用的方法有测回法和方向观测法。在水平角观测中，为发现错误并提高测角精度，一般要用盘左和盘右两个位置进行观测。当观测者对着望远镜的目镜，竖盘在望远镜的左边时称为盘左位置，又称正镜；若竖盘在望远镜的右边时称为盘右位置，又称倒镜。水平角观测方法，一般有测回法和方向观测法两种。

1. 测回法

设 O 为测站点，A、B 为观测目标，$\angle AOB$ 为观测角，见图 3-12 所示。先在 O 点安置仪器，进行整平、对中，然后按以下步骤进行观测：

1) 盘左位置

先照准左方目标，即后视点 A，读取水平度盘读数为 $a_{左}$，并记入测回法测角记录表中，见表 3-1。然后顺时针转动照准部照准右方目标，即前视点 B，读取水平度盘读数为 $b_{左}$，并记入记录表中。以上称为上半测回，其观测角值为

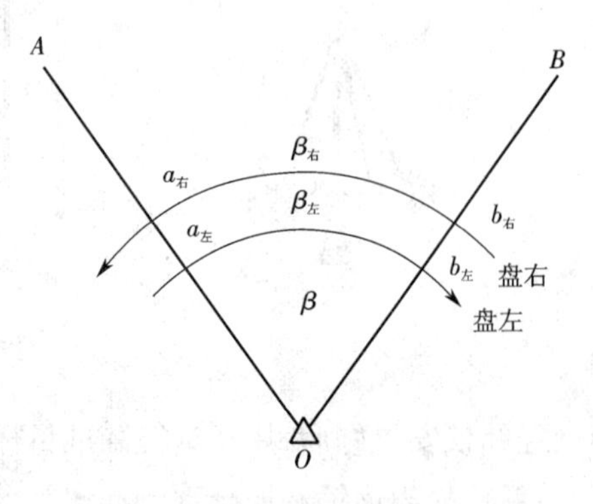

图 3-12　测回法观测水平角示意图

$$\beta_{左} = b_{左} - a_{左}。$$

表 3-1　测回法测角记录表

测站	盘位	目标	水平度盘读数	水平角		备注
				半测回角	测回角	
0	左	A	0°01′24″	60°49′06″	60°49′03″	A 60° 49′ 03″ B
		B	60°50′30″			
	右	B	240°50′30″	60°49′00″		
		A	180°01′30″			

2）盘右位置

先照准右方目标，即前视点 B，读取水平度盘读数为 $b_{右}$，并记入记录表中，再逆时针转动照准部照准左方目标，即后视点 A，读取水平度盘读数为 $a_{右}$，并记入记录表中，则得下半测回角值为：

$$\beta_{右} = b_{右} - a_{右}。$$

3）上、下半测回合起来称为一测回

一般规定，用 J6 级光学经纬仪进行观测，上、下半测回角值之差不超过 40″ 时，可取其平均值作为一测回的角值，即：

$$\beta = \frac{1}{2}(\beta_{左} + \beta_{右}) \tag{3-2}$$

4）测角结果

检核：J6 级光学经纬仪盘左、盘右两个“半测回”角值之差不超过 40″ 时。

计算：取其平均值即为一测回角值：$\beta = (\beta_1 + \beta_2)/2 = 60°49'03''$。

5）注意问题

半测回测角值计算：

由于水平度盘注记是顺时针方向增加的，因此在计算角值时，无论是盘左还是盘右，均应用右边目标的读数减去左边目标的读数，如果不够减，则应加上 360°再减。

多测回法：

当观测几个测回时，为了减少度盘分划误差的影响，各测回应根据测回数 n，按 $180°/n$ 变换水平度盘位置。

例如观测三个测回，180°/3 = 60°，第一测回盘左时起始方向的读数应配置在 0°稍大些。第二测回盘左时起始方向的读数应配置在 60°左右。第三测回盘左时起始方向的读数应配置在 60° + 60° = 120°左右。

2. 方向观测法

在一个测站上需要观测两个以上的方向时，一般采用方向观测法。仪器安置在 O 点上，观测 A、B、C、D 各方向之间的水平角。按以下步骤进行观测：

1）盘左位置

选择方向中一明显目标如 A 作为起始方向（或称零方向），精确瞄准 A，水平度盘配置在 0°或稍大些，读取读数记入记录手薄；

顺时针方向依次瞄准 B、C、D，读取读数记入记录手薄中；

再次瞄准 A，读取水平度盘读数，此次观测称为归零（A 方向两次水平度盘读数之差称为半测回归零差）。

2）盘右位置

按逆时针方向依次瞄准 A、D、C、B、A，读取水平度盘读数，记入记录手薄中，检查半测回归零差。

如果要观测 n 个测回，每测回仍应按 $180°/n$ 的差值变换水平度盘的起始位置。

3）方向观测法的记录及计算如表 3-2 所示。

表 3-2 方向观测法记录表

测站	测回数	目标	水平度读数 盘左 ° ′ ″	水平度读数 盘右 ° ′ ″	2C ″	平均读数 ° ′ ″	归零方向值 ° ′ ″	各测回平均归零方向值 ° ′ ″	备注
O	1	A	0 02 42	180 02 42	0	(0 02 38) 0 02 42	0 00 00	0 00 00	
		B	60 18 42	240 18 30	+12	60 18 36	60 15 58	60 15 56	
		C	116 40 18	296 40 12	+6	116 40 15	116 37 37	116 37 28	
		D	185 17 30	5 17 36	−6	185 17 33	185 14 55	185 14 47	
		A	0 02 30	180 02 36	−6	0 02 33			
	2	A	90 01 00	270 01 06	−6	(90 01 09) 90 01 03	0 00 00		
		B	150 17 06	330 17 00	+6	150 17 03	60 15 54		
		C	206 38 30	26 38 24	+6	206 38 27	116 37 18		
		D	275 15 48	95 15 48	0	275 15 48	185 14 39		
		A	90 01 12	270 01 18	−6	90 01 15			

表 3-3 方向观测法限差要求

仪器	半测回归零差(″)	一测回内 2C 互差(″)	同一方向值各测回互差(″)
J2	12	18	12
J6	18	/	24

4)注意问题

(1)半测回归零差检核:不得大于限差规定值,否则应重测。

(2)2C 检核:同一方向盘左读数减去盘右读数 ±180°,称为两倍照准误差,简称 2C。

(说明:2C 属于仪器误差,同一台仪器 2C 值应当是一个常数,因此 2C 的变动大小反映了观测的质量。由于 J6 级经纬仪的读数受到度盘偏心差的影响,因而未对 2C 互差做出规定。)

(3)计算各方向的盘左和盘右读数的平均值:即

$$平均读数 = [盘左读数 + (盘右读数 \pm 180°)]/2。$$

(说明:在计算平均读数后,起始方向 *OA* 有两个平均读数,应再取平均,写在表中括号内,作为 *A* 的方向值。)

(4)计算归零方向值:将计算出的各方向的平均读数分别减去起始方向 *OA* 的两次平均读数(括号内之值),即得各方向的归零方向值。

(5)同一方向值各测回互差检核:各测回同一方向的归零方向值进行比较,其差值不应大于规定。

5)结果

取各测回同一方向归零方向值的平均值作为该方向的最后结果;如果欲求水平角值,只须将相关的两平均归零方向值相减即可得到。

3.4　竖直角测量

3.4.1　竖直度盘的构造

经纬仪竖直度盘部分包括竖盘、竖盘指标水准管和竖盘指标水准管微动螺旋。竖直度盘固定在望远镜横轴的一端，其面与横轴垂直。望远镜绕横轴旋转时，竖盘亦随之转动，而竖盘指标不动。竖盘的注记形式有顺时针与逆时针两种。当望远镜视线水平，竖盘指标水准管气泡居中时，盘左竖盘读数应为 90°，盘右竖盘读数则为 270°。竖盘指标为分（测）微尺的零分划线，它与竖盘指标水准管固连在一起，当旋转竖盘指标水准管微动螺旋使指标水准管气泡居中时，竖盘指标即处于正确位置。正常情况下，当竖盘水准管气泡居中时，竖盘指标就处于正确位置。每次竖盘读数前，均应先调节竖盘水准管气泡居中。目前新型的光学经纬仪，多采用自动归零装置取代竖盘水准管水准器的结构与功能，它能自动调整光路，使竖盘及其指标满足正确关系，仪器整平后照准目标可立即读取竖盘读数。

竖盘是由光学玻璃制成，刻画分为顺时针和逆时针两种，如图 3-13 所示：

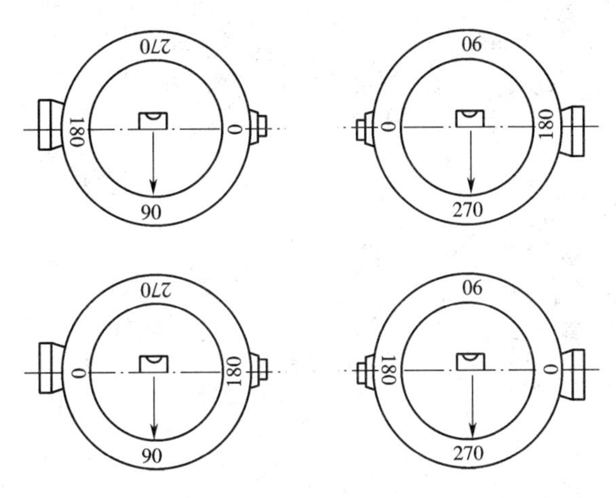

图 3-13　竖盘读数

当经纬仪在测站上安置好后，首先应依据竖盘的注记形式，推导出测定竖直角的计算公式，其具体做法如下：

（1）盘左位置把望远镜大致置水平位置，这时竖盘读数值约为 90°（若置盘右位置约为 270°），这个读数称为始读数。

（2）慢慢仰起望远镜物镜，观测竖盘读数（盘左时记作 L，盘右时记作 R），并与始读数相比，是增加还是减少。

（3）以盘左为例，若 $L>90°$，则竖角计算公式为：

$$\alpha_{左}=L-90°,$$

$$\alpha_{右}=270°-R。$$

若 $L<90°$，则竖角计算公式为

$$\alpha_{左} = 90° - L,$$
$$\alpha_{右} = R - 270°。$$

对于图 3-12(a)的竖盘注记形式,其竖直角计算公式为:

$$\alpha_{左} = 90° - L \tag{3-3}$$

$$\alpha_{右} = R - 270° \tag{3-4}$$

平均竖直角

$$\alpha = \frac{\alpha_{左} + \alpha_{右}}{2} = \frac{R - L - 180°}{2} \tag{3-5}$$

上述竖直角的计算公式是认为竖盘指标处在正确位置时导出的。即当视线水平,竖盘指标水准管气泡居中时,竖盘指标所指读数应为始读数。但当指标偏离正确位置时,这个指标线所指的读数就比始读数增大或减少一个角值 X,此值称为竖盘指标差,也就是竖盘指标位置不正确所引起的读数误差。

在有指标差时,如图 3-14(b)所示,以盘左位置瞄准目标,转动竖盘指标水准管微动螺旋使水准管气泡居中,测得竖盘读数为 L,它与正确的竖直角 α 的关系是:

$$\alpha = 90° - (L - X) = \alpha_{左} + X \tag{3-6}$$

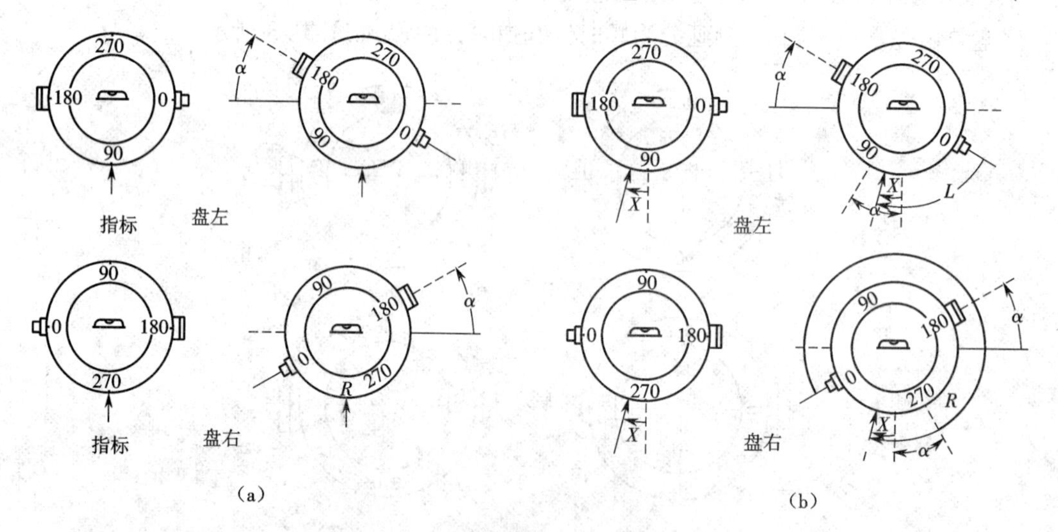

图 3-14　竖直角及指标差计算示意图

(a)竖角计算示意图;(b)指标差计算示意图

以盘右位置按同法测得竖盘读数为 R,它与正确的竖角 α 的关系是:

$$\alpha = (R - X) - 270° = \alpha_{右} - X \tag{3-7}$$

将(3-6)式加(3-7)式得:

$$\alpha = \frac{\alpha_{左} + \alpha_{右}}{2} = \frac{R - L - 180°}{2} \tag{3-8}$$

由此可知,在测量竖角时,用盘左、盘右两个位置观测取其平均值作为最后结果,可以消除竖盘指标差的影响。

若将(3-6)式减(3-7)式即得指标差计算公式:

$$X = \frac{\alpha_{右} - \alpha_{左}}{2} = \frac{R + L - 360°}{2} \tag{3-9}$$

一般指标差变动范围不得超过 ±30″,如果超限,须对仪器进行检校。此公式适用于竖盘顺时针刻划的注记形式,若竖盘为逆时针刻划的注记形式,按上式求得指标差应改变符号。

3.5　竖直角观测与计算

在测站上安置仪器,用下述方法测定竖直角:

(1)盘左位置:瞄准目标后,用十字丝横丝卡准目标的固定位置,旋转竖盘指标水准管微动螺旋,使水准管气泡居中或使气泡影像符合,读取竖盘读数 L,并记入竖直角观测记录表中,见表 3-4。用所推导好的竖角计算公式,计算出盘左时的竖直角,上述观测称为上半测回观测。

(2)盘右位置:仍照准原目标,调节竖盘指标水准管微动螺旋,使水准管气泡居中,读取竖盘读数值 R,并记入记录表中。用所推导好的竖角计算公式,计算出盘右时的竖角,称为下半测回观测。

上、下半测回合称一测回。

表 3-4　竖直角观测记录表

测站	目标	盘位	竖盘读数			半测回竖直角			指标差	一测回竖直角			备注(盘左)
			°	′	″	°	′	″	″	°	′	″	
O	A	左	73	44	12	+16	15	48	+12	+16	16	00	270 180 0 06
		右	286	16	12	+16	16	12					
	B	左	114	03	42	−24	03	42	+18	−24	03	24	
		右	245	56	54	−24	03	06					

(3)计算测回竖直角 α:$\alpha = \frac{\alpha_{左} + \alpha_{右}}{2}$或 $\alpha = \frac{R - L - 180°}{2}$。

(4)计算竖盘指标差 X:

$$X = \frac{\alpha_{右} - \alpha_{左}}{2} \quad 或 \quad X = \frac{R + L - 360°}{2}。$$

3.6　经纬仪的检验与校正

3.6.1　光学经纬仪各轴线应满足的条件

为了保证测角的精度,经纬仪主要部件及轴系应满足下述几何条件,即:照准部水准管轴应垂直于仪器竖轴($LL \perp VV$);十字丝纵丝应垂直于横轴;视准轴应垂直于横轴($CC \perp HH$);横轴应垂直于仪器竖轴($HH \perp VV$);竖盘指标差应为零;光学对中器的视准轴应与仪器竖轴重合。如图3-15所示。

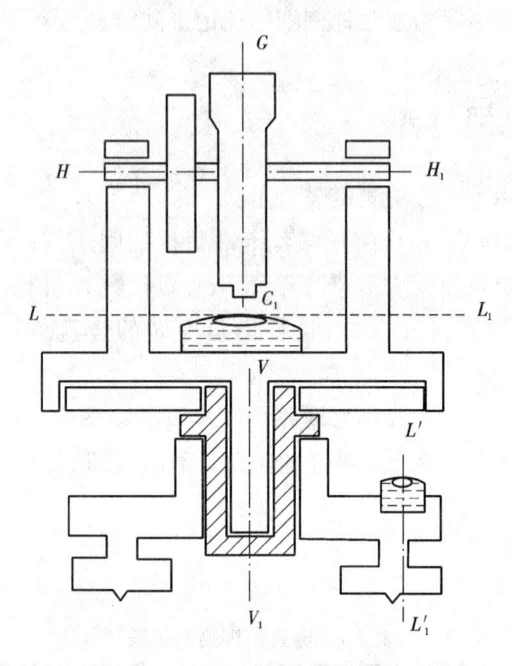

图3-15　经纬仪轴线关系图

由于仪器经过长期外业使用或长途运输及外界影响等,会使各轴线的几何关系发生变化,因此在使用前必须对仪器进行检验和校正。

3.6.2　光学经纬仪检验校正的方法步骤

1. 照准部水准管的检验与校正

目的:当照准部水准管气泡居中时,应使水平度盘水平,竖轴铅垂。

检验方法:将仪器安置好后,使照准部水准管平行于一对脚螺旋的连线,转动这对脚螺旋使气泡居中。再将照准部旋转180°,若气泡仍居中,说明条件满足,即水准管轴垂直于仪器竖轴,否则应进行校正。

校正方法:转动平行于水准管的两个脚螺旋使气泡退回偏离零点的格数的一半,再用拨针拨动水准管校正螺丝,使气泡居中。如图3-16所示。

2. 十字丝竖丝的检验与校正

目的:使十字丝竖丝垂直横轴。当横轴居于水平位置时,竖丝处于铅垂位置。

检验方法:用十字丝竖丝的一端精确瞄准远处某点,固定水平制动螺旋和望远镜制动螺旋,慢慢转动望远镜微动螺旋。如果目标不离开竖丝,说明此项条件满足,即十字丝竖丝垂直于横轴,否则需要校正。

校正方法:要使竖丝铅垂,就要转动十字丝板座或整个目镜部分。图3-17所示就是十字丝板座和仪器连接的结构示意图。图中2是压环固定螺丝,3是十字丝校正螺丝。校正时,首

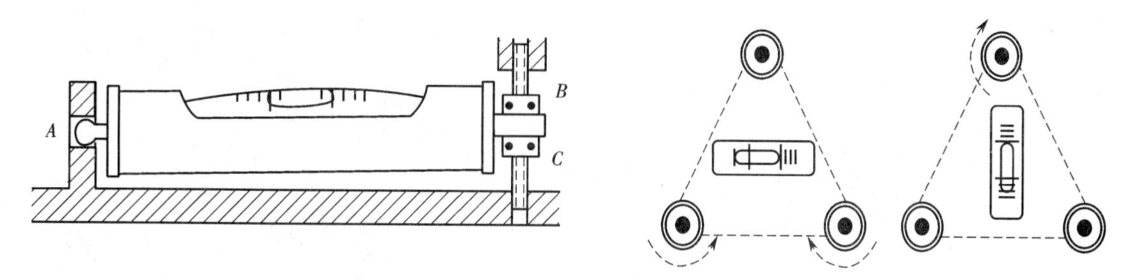

图3-16　水准管校正图

先旋松固定螺丝,转动十字丝板座,直至满足此项要求,然后再旋紧固定螺丝。

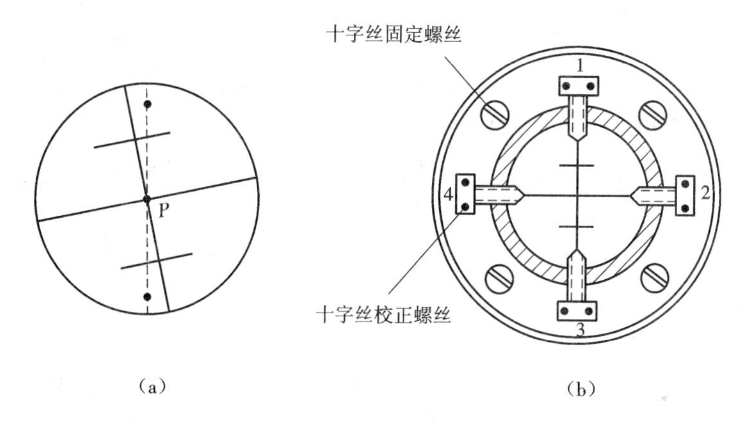

图3-17　十字丝校正图

3. 视准轴的检验与校正

目的:使望远镜的视准轴垂直于横轴。视准轴不垂直于横轴的倾角 c 称为视准轴误差,也称为 $2c$ 误差,它是由于十字丝交点的位置不正确而产生的。

检验方法:在平地选 $D_{AB}=20$ m 左右,安置仪器于中点 O,A 点设瞄准标志,B 点横一毫米刻划标尺(注意标志、标尺与仪器同高)。盘左:瞄 A,倒镜,读数为 B_1;盘右:瞄 A,倒镜,读数为 B_2,若 $B_1=B_2$,则满足要求;若 $B_1\neq B_2$,则存在 c 角;当 c 超过1时,需校正。

校正方法:盘左时 $\angle AOH_2=\angle H_2OB_1=90-c$,则:$\angle B_1OB=2c$。盘右时,同理 $\angle BOB_2=2c$。由此得到 $\angle B_1OB_2=4c$,B_1B_2 所产生的差数是四倍视准误差。校正时从 B_2 起在 $\frac{1}{4}B_1B_2$ 距离处得 B_3 点,则 B_3 点在尺上读数值为视准轴应对准的正确位置。用拨针拨动十字丝的左右两个校正螺丝,注意应先松后紧,边松边紧,使十字丝交点对准 B_3 点的读数即可。

要求:在同一测回中,同一目标的盘左、盘右读数的差为两倍视准轴误差,以 $2c$ 表示。对于DJ2型光学经纬仪,当 $2c$ 的绝对值大于30″时,就要校正十字丝的位置。c 值可按下式计算:

$$c=\frac{B_1B_2}{4S}\cdot\rho'' \tag{3-10}$$

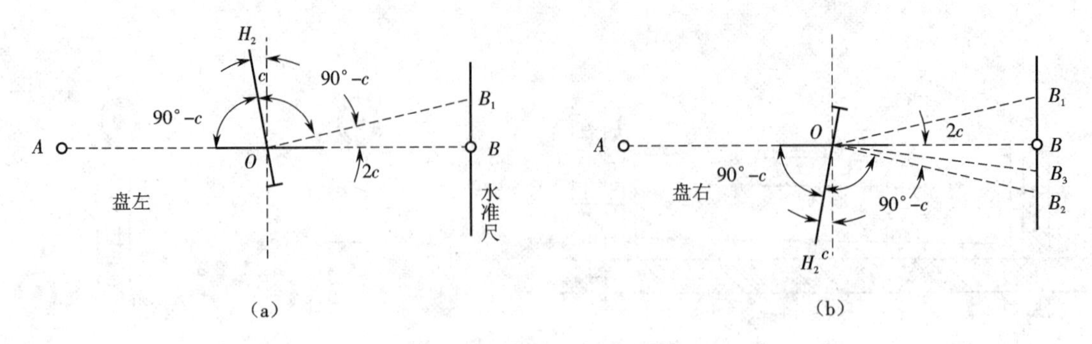

图3-18 检校视准轴示意图

(a)盘左;(b)盘右

式中 S——仪器到横置水准尺的距离;

$\rho''=206\ 265''$。

视准轴的检验和校正也可以利用度盘读数法按下述方法进行:

检验:选与视准轴近于水平的一点作为照准目标,盘左照准目标的读数为 $\alpha_{左}$,盘右再照准原目标的读数为 $\alpha_{右}$,如 $\alpha_{左}$ 与 $\alpha_{右}$ 不相差180°,则表明视准轴不垂直于横轴,视准轴应进行校正。

校正:以盘右位置读数为准,计算两次读数的平均数 a,即

$$a=\frac{a_{右}+(a_{左}\pm180°)}{2} \tag{3-11}$$

转动水平微动螺旋将度盘读数值配置为读数 a,此时视准轴偏离了原照准的目标,然后拨动十字丝校正螺丝,直至使视准轴再照准原目标为止,即视准轴于横轴相垂直。

4. 横轴的检验与校正

目的:使横轴垂直于仪器竖轴。

检验方法:将仪器安置在一个清晰的高目标附近,其仰角为30°左右。盘左位置照准高目标 M 点,固定水平制动螺旋,将望远镜大致放平,在墙上或横放的尺上标出 m_1 点,如图3-20所示。纵转望远镜,盘右位置仍然照准 M 点,放平望远镜,在墙上标出 m_2 点。如果 m_1 和 m_2 相重合,则说明此条件满足,即横轴垂直于仪器竖轴,否则需要进行校正。

校正方法:此项校正一般应由厂家或专业仪器修理人员进行。

5. 竖盘指标水准管的检验与校正

目的:使竖盘指标差 X 为零,指标处于正确的位置。

检验方法:安置经纬仪于测站上,用望远镜在盘左、盘右两个位置观测同一目标,当竖盘指标水准管气泡居中后,分别读取竖盘读数 L 和 B,用式(3-9)计算出指标差 X。如果 X 超过限差,则须校正。

校正方法:按式(3-5)求得正确的竖直角 α 后,不改变望远镜在盘右所照准的目标位置,转动竖盘指标水准管微动螺旋,根据竖盘刻划注记形式,在竖盘上配置竖角为 α 值时的盘右读数 $R'(R'=270°+\alpha)$,此时竖盘指标水准管气泡必然不居中,然后用拨针拨动竖盘指标水准管上、下校正螺丝使气泡居中即可。

6. 光学对中器的检验与校正

目的:使光学对中器视准轴与仪器竖轴重合。

检验方法:

1)装置在照准部上的光学对中器的检验

精确地安置经纬仪,在脚架的中央地面上放一张白纸,由光学对中器目镜观测,将光学对中器分划板的刻划中心标记于纸上,然后,水平旋转照准部,每隔 120°用同样的方法在白纸上做出标记点,如三点重合,说明此条件满足,否则需要进行校正。

2)装置在基座上的光学对中器的检验

将仪器侧放在特制的夹具上,照准部固定不动,而使基座能自由旋转,在距离仪器不小于 2 m 的墙壁上钉贴一张白纸,用上述同样的方法,转动基座,每隔 120°在白纸上做出一标记点,若三点不重合,则需要校正。

校正方法:在白纸的三点构成误差三角形,绘出误差三角形外接圆的圆心。由于仪器的类型不同,校正部位也不同。有的校正转向直角棱镜,有的校正分划板,有的两者均可校正。校正时均须通过拨动对点器上相应的校正螺丝,调整目标偏离量的一半,并反复 1 ~2 次,直到照准部转到任何位置观测时,目标都在中心圈以内为止。

必须指出:光学经纬仪这六项检验校正的顺序不能颠倒,而且照准部水准管轴垂直于仪器的竖轴的检校是其他项目检验与校正的基础,这一条件不满足,其他几项检验与校正就不能正确进行。另外,竖轴不铅垂对测角的影响不能用盘左、盘右两个位置观测而消除,所以此项检验与校正也是主要的项目。其他几项,在一般情况下有的对测角影响不大,有的可通过盘左、盘右两个位置观测来消除其对测角的影响,因此是次要的检校项目。

3.7　角度测量误差分析及注意事项

角度测量误差来源于仪器误差、观测误差和外界条件的影响 3 个方面。这些误差来源对角度观测精度的影响又各不相同。现将其中几个主要误差来源介绍如下。

3.7.1　仪器误差

1. 由于仪器不完善引起的误差

测量前虽对经纬仪进行了检验和校正,但仍会有由于校正不完善而残余的误差,具体来说有以下几种:

1)视准轴误差

当竖直角为 α 时,若视准轴垂直于横轴,视准轴即位于正确位置 OA。

由于视准轴误差 c 的存在,盘左、盘右视准轴的位置为 OA_1、OA_2。它们在水平面上的投影分别为 OA'、OA_1'和 OA_2'。

x_c为视准轴误差 c 的水平投影,亦即观测方向的水平度盘读数误差,$x_c = c \cdot \sec\alpha$。竖直角 α 越大,视准轴误差对水平度盘读数的影响越大,故在山区使用仪器前应特别注意消除视准轴误差。视准轴水平时,x_c 具有最小值 c。盘左、盘右观测取其平均值,可以消除视准轴误差。

（说明：对于同一方向盘左、盘右观测时，视准轴误差所引起的水平度盘读数误差 x_c 大小相等而符号相反。）

2）横轴误差

仪器整平后，竖轴位于铅垂线上。

若横轴垂直于竖轴，则横轴水平，H_1H_1 为横轴正确位置；若横轴不垂直于竖轴，则横轴倾斜一个 i 角，位于 H_2H_2。当视准轴水平时，两种情况均对准竖直面的 N_1 点。

抬高望远镜后，第一种情况在竖直面上的轨迹是铅垂线 N_1N，ON_1N 为竖直面；第二种情况在竖直面上的轨迹是倾斜角度为 i 的斜线 N_1A，ON_1A 为偏斜了一个 i 角的斜面。

A_1 为 A 在过 ON_1 的水平面上的投影，α 为 OA 方向的竖直角，x_i 为横轴误差 i 对水平度盘读数的影响。$x_i = i \cdot \tan\alpha$。竖直角 α 越大，横轴误差对水平度盘读数的影响就越大。当视线水平时，$\alpha = 0$，则 $x_i = 0$，横轴误差对水平度盘读数无影响。采用盘左和盘右观测，可以消除横轴误差的影响。

（说明：由于用盘左、盘右观测同一方向，横轴误差所引起的水平度盘读数误差 x_i 大小相等而符号相反。）

3）竖轴误差

照准部水准管轴不垂直于竖轴，或者仪器在使用时没有严格整平，都会产生竖轴误差。不能用盘左和盘右观测消除其影响。应对仪器进行严格的检验和校正，并在测量中仔细整平。

（说明：由于用盘左、盘右观测同一方向，竖轴误差所引起的水平度盘读数误差大小相等但符号相同，因此不能用盘左和盘右观测消除其影响。此外这一影响亦与竖直角的大小成正比，所以在山区或坡度较大的地区进行测量时，应对仪器进行严格的检验和校正，并在测量中仔细整平。）

4）照准部偏心差

照准部偏心差是指水平度盘的刻划中心与照准部的旋转中心不重合而产生的误差。

当两中心不重合时，盘左瞄准某一方向的正确读数为 a_1，盘右瞄准同一方向的正确读数为 a_2。

当有照准部偏心差存在时，照准部旋转中心 O' 就偏离水平度盘的刻划中心 O，此时盘左、盘右的读数为 a'_1、a'_2，与正确读数 a_1、a_2 各相差一个 x，并且符号相反。对于单指标读数的 J6 级光学经纬仪，取同一方向盘左、盘右观测的平均值，即可消除；J2 级仪器采用了对径符号读数装置，在读数中已消除照准部偏心差的影响。

5）竖盘指标差

竖盘指标差是指竖盘指标线不处于正确位置引起。其原因可能是竖盘指标水准管没有整平，也可能是经检校之后的残余误差。因此观测竖直角时，应调节竖盘指标水准管，使气泡居中。采用盘左、盘右观测一测回，取其平均值作为竖角成果可消除竖盘指标差的影响。

6）度盘分划误差

该误差属仪器零部件加工不完善引起的误差。在目前精密仪器制造工艺中，这项误差一般均很小。

在水平角精密测量时，为提高测角精度，可利用度盘位置变换手轮或复测板手，在各测回之间变换度盘起始位置的方法减小其影响。

3.7.2　观测误差

1. 对中误差

对中误差是指仪器中心没有置于测站点的铅垂线上所产生的误差。

O 为测站点,O'为仪器中心,与测站点的偏心距为 e,应测的角为 β,实测的角度为 β',对中误差对测角的影响:

$$\Delta\beta = \beta - \beta' = \delta_1 + \delta_2。$$

在三角形 AOO' 和 BOO' 中,δ_1 和 δ_2 很小,则

$$\delta_1 = \frac{e\sin\theta}{d_1}\rho'',$$

$$\delta_2 = \frac{e\sin(\beta' - \theta)}{d_2}\rho'',$$

因此

$$\Delta\beta = e \cdot \rho''\left[\frac{\sin\theta}{d_1} + \frac{\sin(\beta' - \theta)}{d_2}\right]。$$

由此可知,对中误差对测角的影响与偏心距成正比,与边长成反比,此外与所测角度的大小和偏心的方向有关。

如果 $e = 3$ mm,$\theta = 90°$,$\beta' = 180°$,$d_1 = d_2 = 100$ m,则:$\Delta\beta = \dfrac{2 \times 0.003 \times 206\ 265''}{100} \times 12''$

在水平角测量时,应认真精确地进行对中,在边长较短的情况下尤应如此。

2. 目标偏心差

目标偏心差是指实际瞄准的目标位置偏离地面标志点而产生的误差。

O 为测站点,A 为测点标志中心,B 为瞄准的目标位置,其水平投影为 B',x 即为目标偏心对水平度盘读数的影响。

$$x = \frac{e}{d}\rho'' = \frac{l\sin\alpha}{d}\rho''。$$

如果观测时瞄在花杆离地面 2 m 处,花杆倾斜 30′,边长为 100 m,则:

$$x = \frac{2 \cdot sin\ 0°30'}{100} \times 206\ 265'' = 36''。$$

目标偏心对测角的影响是不容忽视的。目标倾斜越大,瞄准部位越高,则目标偏心越大,对测角的影响就越大,因此观测时应尽量瞄准花杆底部,花杆也要尽量竖直;另外,目标偏心对测角的影响与边长成反比,在边长较短时,应特别注意目标偏心。

3. 瞄准误差

望远镜瞄准精度主要受人眼的分辨角 p 和望远镜的放大率 v 的影响,表示为:$d\beta = p/v$。

当以十字丝双丝瞄准时,p 可取 10″,望远镜放大率 v 为 28 倍,则 $d\beta = 0.4''$。

实际上,瞄准精度还要受目标的形状、亮度、影像稳定及大气条件等因素的影响,因此 $d\beta$ 还要增大某一倍数 K,K 可取 1.5 ~ 3。

4. 读数误差

读数误差主要取决于仪器的读数设备。对于J6级光学经纬仪,读数误差不超过分划值的十分之一,即不超过6″。如果读数显微镜目镜未调好,视场照明不佳,则读数误差还会增大。

3.7.3 外界条件的影响

外界条件影响测角的因素很多,如温度变化会影响仪器的正常状态;大风会影响仪器的稳定;地面辐射热会影响大气的稳定;空气透明度会影响瞄准精度以及地面松软会影响仪器稳定等。要想完全避免这些因素的影响是不可能的,只能采取一些措施,如选择有利的观测条件和时间,安稳脚架、打伞遮阳等,使其影响降低到最小程度。

拓展阅读

1. 陀螺工作站的原理

高速旋转的物体的旋转轴,对于改变其方向的外力作用有趋向于铅直方向的倾向。而且,旋转物体在横向倾斜时,重力会向增加倾斜的方向作用,而轴则向垂直方向运动,就产生了摇头的运动(岁差运动)。当陀螺经纬仪的陀螺旋转轴以水平轴旋转时,由于地球的旋转而受到铅直方向旋转力,陀螺的旋转体向水平面内的子午线方向产生岁差运动。当轴平行于子午线而静止时可加以应用。

2. 陀螺工作站的构造

陀螺经纬仪的陀螺装置由陀螺部分和电源部分组成。此陀螺装置与全站仪结合而成。陀螺本体在装置内用丝线吊起使旋转轴处于水平。当陀螺旋转时,由于地球的自转,旋转轴在水平面内以真北为中心产生缓慢的岁差运动。旋转轴的方向由装置外的目镜可以进行观测,陀螺指针的振动中心方向指向真北。利用陀螺经纬仪的真北测定方法有“追尾测定”和“时间测定”等。

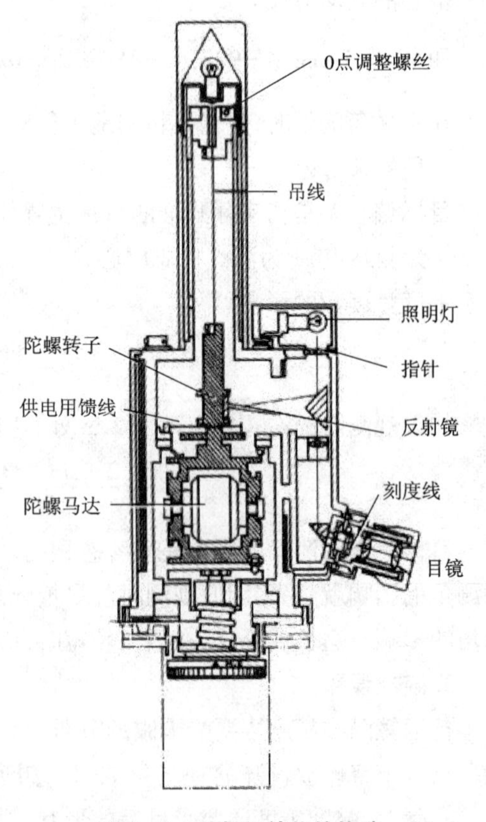

图3-19 陀螺经纬仪的构造

追尾测定[反转法]

利用全站仪的水平微动螺丝对陀螺经纬仪显示岁差运动的刻度盘进行追尾。在震动方向反转的点上(此时运动停止)读取水平角。如此继续测定之,求得其平均震动的中心角。用此方法进行20分钟的观测可以求得+0.5分的真北方向。

时间测定[通过法]

用追尾测定观测真北方向后,陀螺经纬仪指向了真北方向,其指针由于岁差运动而左右摆动。用全站仪的水平微动螺丝对指针的摆动进行追尾，当指针通过零点时反复记录水平角，可以提高时间测定的精度，并以+20秒的精度求得真北方向。

3. 陀螺全站仪的应用实例——隧道中心线测量

在隧道等挖掘工程中，坑内的中心线测量一般采用难以保证精度的长距离导线。特别是进行盾构挖掘(shield tunnel)的情况，从立坑的短基准中心线出发必须有很高的测角精度和移站精度，测量中还要经常进行地面和地下的对应检查，以确保测量的精度。特别是在密集的城市地区，不可能进行过多的检测作业。如果使用陀螺经纬仪可以得到绝对高精度的方位基准，而且可减少耗费很高的检测作业(检查点最少)，是一种效率很高的中心线测量方法。

(1)通视障碍时的方向角获取。

当有通视障碍，不能从已知点取得方向角时，可以采用天文测量或陀螺经纬仪测量的方法获取方向角(根据建设省测量规范)。与天文测量比较，陀螺经纬仪测量的方法有很多优越性：对天气的依赖少、与云的多少无关、无须复杂的天文计算、在现场可以得到任意测站的方向角而容易计算闭合差。

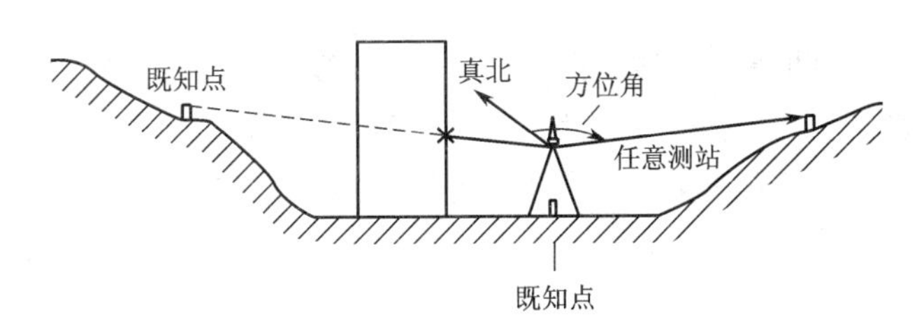

图3-20 通视障碍时的方向角获取已知点

(2)日影计算所需的真北测定。

在城市或近郊地区对高层建筑有日照或日影条件的高度限制。在建筑申请时，要附加日影图。此日影图是指，在冬至的真太阳时的8点到16点为基准，进行为了计算、图面绘制所需要的高精度真北方向测定。使用陀螺经纬仪测量可以获得不受天气、时间影响的真北测量。

本章小结

本章主要讲述了角度测量的原理以及方法，介绍了测角所用仪器的构造和操作以及经纬仪的检验与校正方法，水平角、竖直角的测量方法及对所测数据的记录、计算和限差检查。通过本章的学习，学生可以独立测定水平角、竖直角，通过获取的水平角来确定导线几何图形的形状，为下一步导线坐标计算提供观测数据；通过获取的竖直角为三角高程导线高程计算提供观测数据。

习　　题

1. 什么是水平角？经纬仪为什么能测出水平角？
2. 什么是竖直角？竖直角为何又分为仰角和俯角？

3. 光学经纬仪的构造及作用如何?

4. 如何使用J6级光学经纬仪的两种读数装置进行读数?

5. J2级光学经纬仪与J6级光学经纬仪有何区别?

6. 整理下列测回法观测水平角的记录:

测站	盘位	目标	水平度盘读数 ° ′ ″	半测回角值 ° ′ ″	一测回角值 ° ′ ″
A	左	A	0 02 00		
		B	120 18 24		
	右	A	180 02 06		
		B	300 18 32		

7. 将某经纬仪置于盘左,当视线水平时,竖盘读数为90°;当望远镜逐渐上仰,竖盘读数在减少。试写出该仪器的竖直角计算公式。

8. 竖直角观测时,在读取竖盘读数前一定要使竖盘指标水准管的气泡居中,为什么?

9. 什么是竖盘指标差? 指标差的正、负是如何定义的?

10. 顺时针与逆时针注记的竖盘,计算竖盘指标差的公式有无区别?

第4章　距离测量与直线定向

导读：确定待测点的空间位置，要进行高差测量、角度测量和距离测量，这也是测量工作的三个主要内容。高差和角度测量已经在前面两章讲解过了，本章主要学习距离测量的内容，包括量距方法和仪器，但是需要明确的是要确定地面上两点的相对位置，仅仅测定距离是不够的，还必须要确定直线的方向，即进行直线定向。

引例：如果外出旅游，我们一定要知道目标地的路程（距离）和方位，那么路程和方位是如何测量出来的？本章我们将介绍这一内容。

4.1　距离测量概述

测量地面两点间的水平距离，是测量的基本工作之一。地面两点间的水平距离是指地面两点沿铅垂线方向在水准面上的投影长度，即地面两点沿铅垂线方向投影到水平面上的投影点间的直线距离。测量中的距离是指两点间的水平距离，如果测量的是倾斜距离，则需改化成水平距离。距离测量常用的方法包括钢尺量距、视距测量以及光电测距。

直线定向是指确定一条直线与标准方向之间的水平角。

如果能测出两点之间的水平距离并确定这两点连成的直线方向，就能确定两点在平面直角坐标系的相对位置。如果已知某点的绝对位置，则能进一步确定另一点的绝对位置。

4.2　钢尺量距

钢尺量距的方法是利用具有标准长度的钢尺直接测量地面两点间的距离。钢尺量距方法简单，一般用于平坦地区的短距离量距，但易受地形限制，钢尺量距按照精度要求不同分为一般方法和精密方法。

4.2.1　工具及设备

钢尺量距常用的工具及设备包括：钢尺、测钎、锤球、标杆（花杆）等。精密钢尺量距还需弹簧秤和温度计。

钢尺也称钢卷尺，宽为1～1.5 cm，长度有20 m、30 m、50 m等几种。有的以cm为基本划分，适用于一般量距；有的也以cm为基本划分，但尺端第一分米内有mm划分，如图4-1(a)；更有的以mm为基本分化，如图4-1(b)；后两种适用于较精密的丈量。钢尺按零点位置分为端点尺和刻线尺，端点尺是以钢尺起始端金属环的顶部为钢尺的零点；刻线尺的零点在钢尺起始端进来一段后的零刻划位置。

标杆又称花杆，多数用圆木杆制成，全长2～3米，杆上涂以红白相间的两色油漆，如图4-2

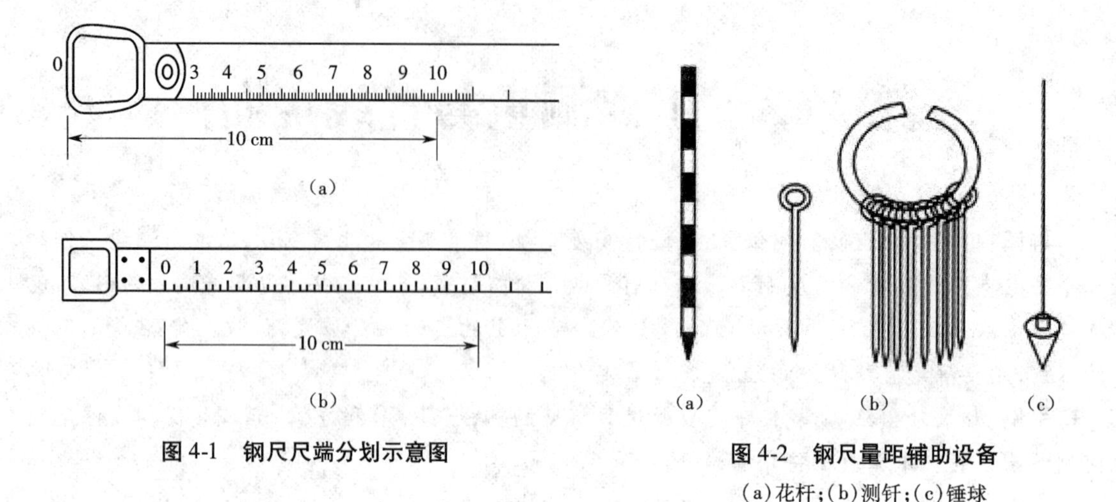

图 4-1 钢尺尺端分划示意图

图 4-2 钢尺量距辅助设备

(a)花杆;(b)测钎;(c)锤球

(a)。杆的下端有铁制的尖脚,以便插入地下。

测钎一般长约 25 ~ 35 毫米,由直径为 3 ~ 4 毫米粗的铁丝制成,一端卷成小圆环,便于套在另一铁环内,如图 4-2(b),另一端磨成尖脚,以便插入地里。

锤球为铁制圆锥状,如图 4-2(c),用于铅垂投递点位及对点、标点。

4.2.2 直线定线

当地面两点之间的距离大于钢尺的一个整尺段或地势起伏较大时,为方便量距工作,需分成若干尺段进行丈量,这就需要在直线的方向上插上一些标杆或测钎,在同一直线上定出若干点,这项工作被称为直线定线。按精度要求的不同,直线定线有目估定线和经纬仪定线两种方法。

两点间目测定线多用于普通精度的钢尺量距。如图 4-3 所示,*A*、*B* 为地面上待测距离的两个端点,现在需要在 *AB* 直线上定出 1、2 两点。先在 *A*、*B* 两点上立上花杆,甲站在 *A* 点标杆后约 1 米处,用眼目估 *AB* 视线,指挥乙左右移动花杆到直线上定点,乙在标杆处插上测钎即为 1 点。同法可定出其他的点。直线定线一般由远到近,即先定出 1 点,再定 2 点。定线两点之间的距离要小于一整尺端长。

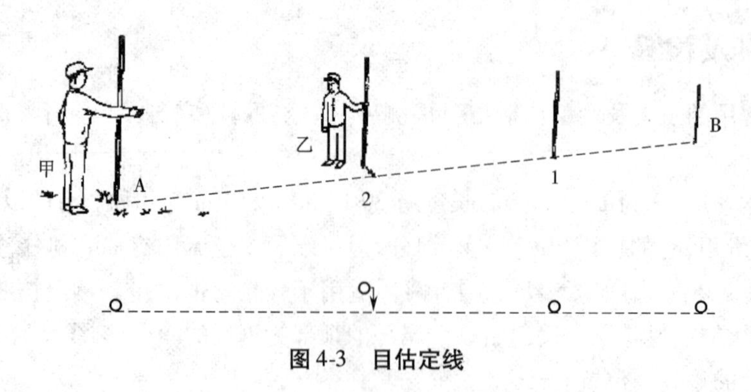

图 4-3 目估定线

经纬仪定线可用于一般量距和精密钢尺量距。如图 4-4 所示,*A*、*B* 为地面上待测距离的两个端点，将经纬仪安置于 A 点，对中整平后用望远镜瞄准 B 点，固定经纬仪照准部，然后望远镜俯向 5 点处，指挥另一人手持测钎移动，当测钎与十字丝竖丝重合时，将测钎立在直线上即为 5 点。同法可定出其余点。

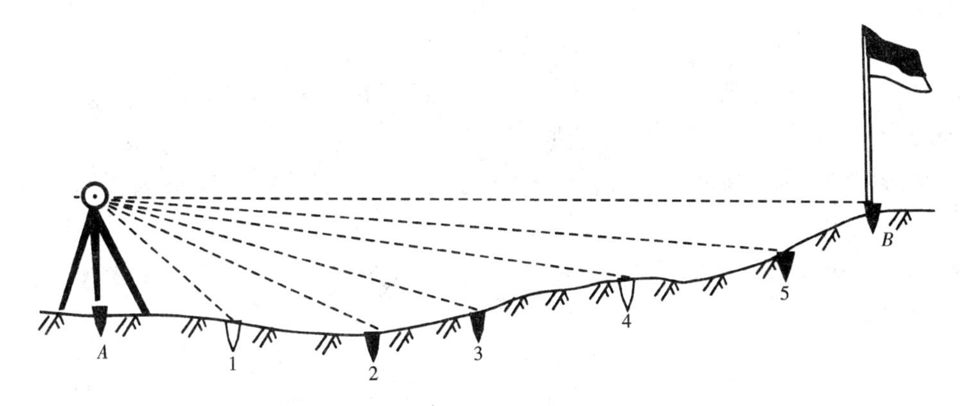

图 4-4　经纬仪定线

4.2.3　普通钢尺量距

1. 平坦地面的距离测量

如图 4-5 所示，A、B 为地面上待测距离的两个端点，要测量 AB 之间的水平距离，首先应在 AB 之间进行直线定线，清除直线上的障碍物，然后进行丈量。测量工作一般由两人进行，后尺员手持钢尺的零端在起始点 A 处，前尺员手持钢尺末端并携带若干测钎沿测量方向（AB 方向）前进，到一整尺长处停下，拉紧钢尺，使钢尺位于 AB 直线方向上。后尺员将钢尺的零点对准 A 点，当两人同时将钢尺拉紧、拉稳时，由后尺员喊“预备”，前尺员在钢尺末端处记下标志（插上测钎），并喊“好”，这样便完成了一整尺段的丈量。同法依次向前丈量各整尺段，到最后一段不足一整尺段时为余长，后尺员对准零点后，前尺员在尺上根据 B 点测钎读数（读至 mm）；记录员在丈量过程中在“钢尺量距记录”表上记下整尺段数及余长，这样便完成了 AB 两点间水平距离的测量。

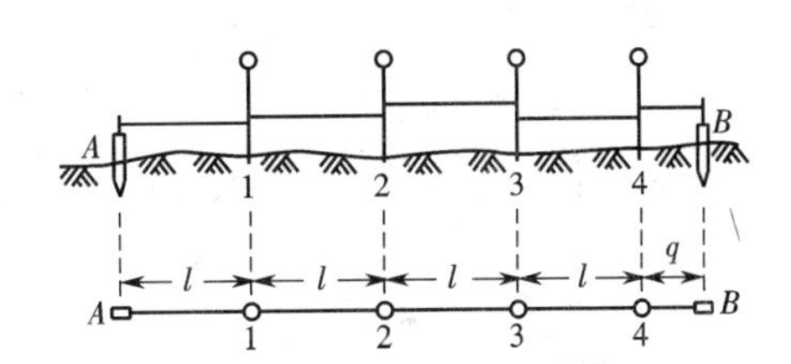

图 4-5　平坦地面的水平测量

A、B 两点间的水平距离可用公式(4-1)表示，即整尺段数与名义尺长的乘积加上不足一尺长的余长。

$$D_{AB} = nl + q \tag{4-1}$$

式中　n—整尺段数；

l—钢尺长度；

q—不足一整尺的余长。

为了防止丈量错误和提高精度，需要进行往返测量，即由 A 点开始沿 AB 方向到 B 点（往测），再由 B 点开始沿 BA 方向到 A 点（返测）。根据往测和返测的总长计算往返差数、相对精度，最后取往、返总长的平均数作为 A、B 的水平距离。量距精度通常用相对误差 K 来衡量，相对误差 K 需化为分子为 1 的分数形式。即

$$K=\frac{1}{\dfrac{D_{平均}}{|D_{往}-D_{返}|}} \tag{4-2}$$

相对误差分母愈大，则 K 值愈小，精度愈高；反之，精度愈低。在平坦地区，钢尺量距一般方法的相对误差不应大于1/2 000；在量距较困难的地区，其相对误差也不应大于1/1 000。若相对误差符合要求，则取往返测量的平均长度作为最后结果，若相对误差不符合要求（相对误差超限），则应重新测量。

例[4-1]：A、B 的往测距离为 187. 530 m，返测距离为 187. 580 m，往返平均数为 187. 555 m，则相对误差为

$$K=\frac{|187.530-187.580|}{187.555}=\frac{1}{3\ 751}<\frac{1}{2\ 000}。$$

钢尺量距记录见表 4-1。

表 4-1 普通钢尺量距的记录手簿

前尺员： 后尺员：

记录/计算： 辅助人员：

直线编号	方向	整尺段数/n	余尺段长/m	全长/m	往返平均/m	相对误差
AB	往测	5×30	17. 254	167. 254	167. 270	1/5069
	返测	5×30	17. 287	167. 287		
BC	往测	3×30	25. 341	115. 341	115. 357	1/3605
	返测	3×30	25. 373	115. 373		

2. 倾斜地面的距离测量

1）平量法

在倾斜地面量距时，若地面起伏不大，可将钢尺拉成水平后进行丈量。如图 4-6 所示，要测量 AB 之间的水平距离，可将 AB 直线分成若干小段进行测量，每段的长度视坡度大小、量距方便而定。在每小段端点插上标杆定线，利用锤球投点直接测量每小段的水平距离。各测段量得距离的总和即是直线 AB 的水平距离。

2）斜量法

若地面起伏较大，但地面坡度比较均匀，大致成一倾斜面，如图 4-7 所示，可直接沿地面测量倾斜距离 D'，并测量竖直角 a 或两点间的高差 h，则可计算 AB 两点之间的水平距离：

$$D=D'\cos\alpha \tag{4-3}$$

$$D=\sqrt{D'^2-h^2} \tag{4-4}$$

钢尺量距的注意事项

（1）钢尺量距的原理简单，但在操作上容易出错，要做到三清：零点看清（尺子零点不一定

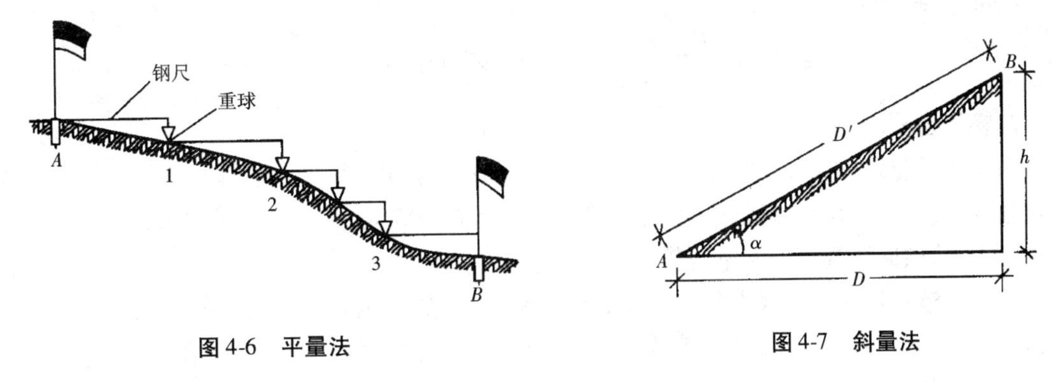

图 4-6　平量法　　图 4-7　斜量法

在尺端，有些尺子零点前还有一段分划）；读数认清（尺上读数要认清 m、dm、cm 的注字和 mm 的分划数）尺段记清（尺段较多时，容易发生少记一个尺段的错误）。

（2）钢尺容易损坏，为维护钢尺，应做到四不：不扭，不折，不压，不拖。用毕要擦净后才可卷入尺壳内。

（3）钢尺量距时，先量取整尺段，最后量取余长。

（4）钢尺往、返丈量的相对精度应高于 1/2 000，则取往、返平均值作为该直线的水平距离，否则重新丈量。

4.2.4　精密钢尺量距

量距的精度要求较高，方法较严格时，通常要求测距的相对误差不应大于 1/10 000。因此需要对钢尺进行检定，得到在标准拉力和标准温度下的尺长方程式，以便在丈量结果中加入尺长改正。

1. 尺长方程式

钢尺在出厂时一般都经过较精密的检定，确定出钢尺检定时的温度、拉力和钢尺的实际长度，并用尺长方程式表示其测量时的实际长度，所谓尺长方程式即在标准拉力下（通常 30 m 钢尺用 100 N，50 m 钢尺用 150 N）钢尺的实际长度与温度的函数关系式。其形式为：

$$l_t = l_0 + \Delta l + \alpha(t - t_0) l_0 \tag{4-5}$$

式中　l_t—温度为 t 时的钢尺实际长度；

l_0—钢尺的名义长度；

Δl—尺长改正值，即温度在 t_0 时钢尺全长改正数；

α—钢尺膨胀系数，一般取 $\alpha = 1.25 \times 10^{-5}$（℃）$^{-1}$；

t_0—钢尺检定时的温度；

t—量距时的温度。

例[4-2]：某钢尺名义长度为 30 米，其尺长方程式为 $l_t = 30\ \text{m} + 0.007 + 30 \times 1.25 \times 10^{-5} \times (t - 20\ ℃)\,\text{m}$，用这根钢尺在温度为 16 ℃时丈量一段水平距离为 209.62 m，试求改正后的实际距离。

解：钢尺丈量时实际长度：

$$l_t = 30\ \text{m} + 0.007 + 30 \times 12.5 \times 10^{-6} \times (t - 20\ ℃)\,\text{m} = 30.006\ \text{m}。$$

实际水平距离：

$$L = 209.62 \times \frac{30.006}{30} = 209.62 \times 1.0002 = 209.66 \text{ m}。$$

2. 精密量距的方法

精密钢尺量距的主要丈量工具包括：钢尺、弹簧秤、温度计等。用于精密丈量的钢尺必须经过检定，而且有其尺长方程式。通常主要的工作人员有 5 人，其中拉尺员 2 人，读数员 2 人，记录员 1 人，共同协调完成测量工作。

首先应清除欲测量直线上的障碍物，然后用经纬仪进行定线。定线后的分段点处打下木桩，木桩上设有精确的标志，即在木桩顶面的定线方向上划一“十”字标志（或小钉）以表示相应点位置。测量各分段点木桩顶面之间的高差。

开始测量时，后尺员手持挂在钢尺零端铁环内的弹簧秤，前尺员手持钢尺末端的手柄，前尺员将某一整刻划对准木桩顶部“十”字标志中心，发出“预备”口令，两人同时用力拉尺，当后尺员所拉的弹簧秤达到检定时标准拉力，并等钢尺稳定后，回答“好”，此时，前后两读数员依据“十”字标志中心同时读数，读数时，精确至毫米位，估读到 0.1 毫米，并由记录员将读数记录在观测手簿上（见表 4-2）。

表 4-2 钢尺精密量距的记录及成果计算

钢尺号码：No 7 钢尺膨胀系数：0.000012 钢尺检定时温度 t_0：20 ℃ 计算者：

钢尺名义长度：30 m 钢尺检定长度：30.0015 m 钢尺检定时拉力：100 N 日期：

尺段编号	实测次数	前尺读数/m	后尺读数/m	尺段长度/m	温度/℃	高差/m	尺长改正数/mm	温度改正数/mm	倾斜改正数/mm	改正后尺段长/m
A1	1	29.754 1	0.023 0	29.731 1	25.5	−0.142	1.5	2.0	−0.3	29.735 6
	2	29.765 0	0.030 0	29.732 5						
	3	29.746 1	0.012 5	29.733 6						
	平均			29.732 4						
A2	1	29.987 0	0.021 2	29.965 8	27.0	0.321	1.5	2.5	−1.7	29.966 5
	2	29.989 5	0.025 8	29.963 7						
	3	29.994 1	0.031 1	29.963 0						
	平均			29.964 2						

每尺段丈量三次，每次丈量应前后移动钢尺，使钢尺位于不同位置。尺段长度 = 前尺读数 - 后尺读数。三次丈量的较差必须小于 3 mm，否则应重新测量。若符合要求，计算三次尺段丈量的平均值，并填入表格。每一尺段应测一次温度，精确到 0.5 ℃。按上述方法依次测量各个端的距离。当往测进行完毕后，立即进行返测。

各分段点木桩顶面之间的高差一般在量距前进行往测，量距后进行返测。同一尺段往返高差的较差应小于 5 ~ 10 mm。

3. 改正数的计算

精密量距结果应进行尺长改正、温度改正和倾斜改正这三项，最后求出真实的水平距离。

1）尺长改正

由于钢尺的名义长度与实际长度不一致，丈量时就产生误差。设钢尺在标准温度、标准拉力下的实际长度为 l，名义长度为 l_0，则一整尺的尺长改正数为：

$$\Delta l_d = \frac{l' - l_0}{l_0} l \tag{4-6}$$

2）温度改正

丈量距离都是在一定的环境条件下进行的，温度的变化对距离将产生一定的影响。设钢尺检定时温度为 t_0，丈量时温度为 t，钢尺的线膨胀系数一般为 $1.25 \times 10^{-5}/℃$，则丈量一段距离 D' 的温度改正数为：

$$\Delta l_t = \alpha(t - t_0) l \tag{4-7}$$

3）倾斜改正

当 L 为斜距时应换算成平距 d，则倾斜改正值为：

$$\Delta l_h = -\frac{h^2}{2l} \tag{4-8}$$

综上所述，每一测段距离的改正后水平距离为：

$$d = l + \Delta l_d + \Delta l_t + \Delta l_h \tag{4-9}$$

4.2.5　钢尺量距的误差来源及减弱措施

1. 钢尺量距的误差分析

1）尺长误差

如果钢尺的名义长度和实际长度不符，则产生尺长误差。尺长误差具有累积性，量的距离越长，误差就越大。因此量距前必须对钢尺进行检定，以求得尺长改正值。

2）温度误差

钢尺是一线状物体，受温度的影响，线性膨胀较大，所以量距时，要测定钢尺的温度，进行温度改正。

3）定线误差

量距时若尺子偏离了直线方向，所量的距离不是直线而是一条折线，因此总的丈量结果会偏大，这种误差叫作定线误差。为了减小这种误差的影响，对于丈量精度要求较高量距要用经纬仪来定线；要求不高时可以用目测定线。

4）丈量误差

丈量时，前、后司尺员没有同时读数或读数不准确；一般丈量时，零刻度线没对准地面标志，或者测钎没照准尺子末端的刻度线，都会引起丈量误差，这种误差属于偶然误差，是无法进行改正计算的，所以在丈量时尽力做到对点准确、配合协调。

5）拉力误差

钢尺在丈量时应与检定时所受的拉力相同。一般量距中将尺子拉平，拉力要均匀；精密量距时，要用弹簧秤控制拉力。

6）钢尺的倾斜和垂曲误差

当地面高低不平，按水平法量距时，尺子没有水平或中间下垂而成曲线时，使量得的长度比实际要大。因此丈量时必须注意尺子水平，整尺段悬空时，中间应有人托一下尺子，否则会产生垂曲误差。

2. 钢尺的维护

（1）钢尺易折断，如果钢尺出现卷曲，切不可用力硬拉。

（2）在车辆较多地区量距时，严防钢尺被车碾压而折断。

（3）不准将尺子沿地面拖拉，以免磨损尺面刻划。

（4）钢尺易生锈，工作结束时用软布擦去尺上的泥水，涂上黄油以防生锈。

4.3 视距测量

视距测量是用望远镜内十字丝分划板上的视距丝及刻有厘米分划的视距标尺，根据光学和三角学原理测定两点间的水平距离和高差的一种方法。普通视距测量的精度一般为1/200～1/300，但由于操作简便，不受地形起伏限制，可同时测定距离和高差，被广泛用于测距精度要求不高的碎部测量中。

在经纬仪、水准仪等仪器的望远镜十字丝分划板上，有两条平行于横丝且与横丝等距的短丝，称为视距丝（如图4-8），也叫上下丝，利用视距丝、视距尺和竖盘可以进行视距测量。

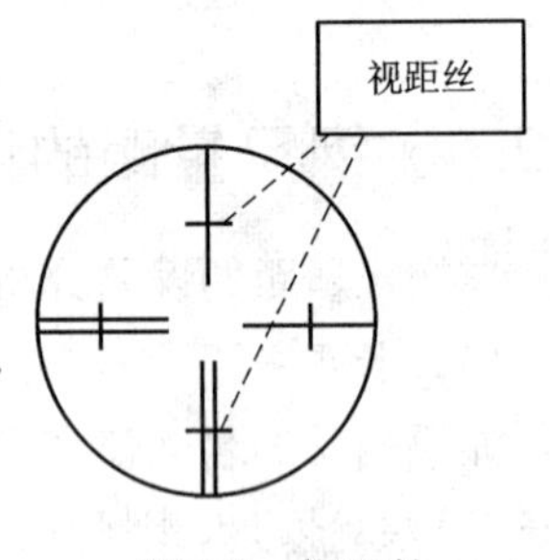

图4-8 视距丝

4.3.1 视线水平时的视距测量

如图4-9所示，欲测定N、R两点间的水平距离D及高差h，可在N点安置经纬仪，R点立视距尺，设望远镜视线水平，瞄准R点视距尺，此时视线与视距尺垂直。若尺上A、B点成像在十字丝分划板上的两根视距丝a、b处，那末尺上AB的长度可由上下视距丝读数之差求得。上下丝读数之差称为视距间隔或尺间隔。

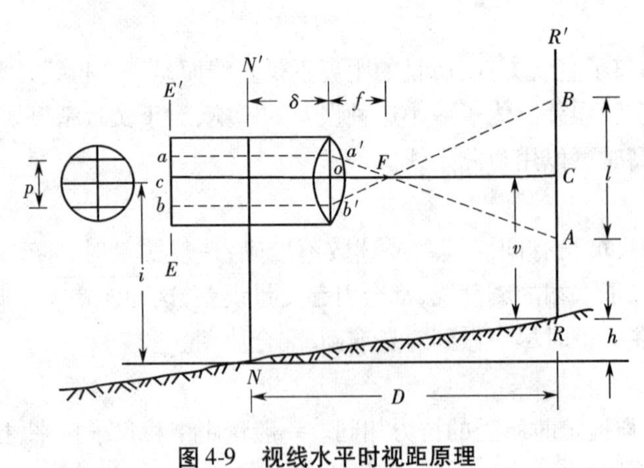

图4-9 视线水平时视距原理

图4-9中l为视距间隔，p为上、下视距丝的间距，f为物镜焦距，δ为物镜至仪器中心的距离。

由相似$\triangle a'b'F$与$\triangle ABF$可得:$d:f=l:p$,即:$d=fl/p$,由图看出$D=d+f+\delta$,带入得:$D=fl/p+f+\delta$,令$f/p=K,f+\delta=C$,得

$$D=Kl+C \tag{4-10}$$

式中K、C——视距乘常数和视距加常数。现代常用的内对光望远镜的视距常数,设计时已使$K=100$,C接近于零。则公式(4-10)可化简为

$$D=Kl=100\times l \tag{4-11}$$

而高差

$$h=i-v \tag{4-12}$$

其中,i—仪器高,是桩顶到仪器横轴中心的高度;

v—瞄准高,是十字丝中丝在尺上的读数。

4.3.2　视线倾斜时的视距测量

在地面起伏较大的地区进行视距测量时,必须使视线倾斜才能读取视距间隔,如图4-10。由于视线不垂直于视距尺,故不能直接应用上述公式。如果能将视距间隔AB换算为与视线垂直的视距间隔$A'B'$,这样就可按公式(4-11)计算视距,也就是图4-10中的斜距D',再根据D'和竖直角α算出水平距离D及高差h。因此解决这个问题的关键在于求出AB与$A'B'$之间的关系。

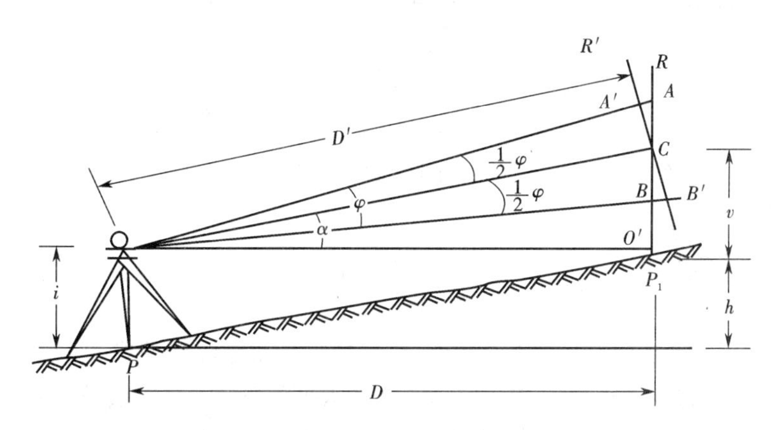

图4-10　视线倾斜时视距测量原理

设在地面P_1点上竖立视距尺,将经纬仪安置在测站点P,当望远镜由水平位置向上倾斜一个α角时,上、下视距丝在尺上所截的尺间隔为AB,设$AB=l$。假设视距尺以C点为圆心转动一个相当视准轴倾斜的α角,这时视距尺就和视准轴相垂直,对应的尺间隔$A'B'$用l'来表示。在这种情况下就可以用式(4-11)计算距离D',即:

$$D'=Kl' \tag{4-13}$$

因而P、P_1两点间的水平距离D为:

$$D=D'\cos\alpha=kl'\cos\alpha \tag{4-14}$$

在图4-10中,三角形$AA'C$和三角形$BB'C$中:

$$\angle ACA'=\angle BCB'=\alpha,$$

$$\angle AA'C = 90^\circ + \frac{1}{2}\varphi,$$

$$\angle BB'C = 90^\circ - \frac{1}{2}\varphi。$$

由于$\varphi/2(\varphi \approx 34')$很小，故可以把$\angle AA'C$和$\angle BB'C$都看成为直角，因此在$\Delta AA'C$和$\Delta BB'C$中

$$A'C = AC\cos\alpha,$$

$$B'C = BC\cos\alpha,$$

于是

$$\begin{aligned} A'B' &= A'C + B'C \\ &= AC\cos\alpha + BC\cos\alpha \\ &= (AC + BC)\cos\alpha \\ &= AB\cos\alpha, \end{aligned}$$

即

$$l' = l\cos\alpha \tag{4-15}$$

将式(4-15)代入式(4-14)中，即得：

$$D = Kl\cos^2\alpha \tag{4-16}$$

式(4-16)就是望远镜视准轴倾斜时的视距分式，式中D为两点间的水平距离。下面继续研究当视线倾斜时，测定P、P_1两点间高差的问题，由图4-10可知：

$$i + CO' = V + h,$$

而

$$CO' = D\tan\alpha,$$

故

$$h = D\tan\alpha + i - v \tag{4-17}$$

式中，i为仪器高，v为中丝读数，$D\tan\alpha = h'$叫作初算高差。

4.4 光电测距

光电测距采用可见光或红外光作为载波，通过测定光线在测量两端点间往返的传播时间t，以及光波在大气中的传播速度c，计算出两点间的水平距离D。若电磁波在测量两端点往返传播的时间为t_{2D}，光波在大气中的传播速度为c，则可求出两点间的水平距离D。

$$D = \frac{1}{2}c \times t_{2D} \tag{4-18}$$

式中 c——光波在大气中的传播速度。

t_{2D}——光波在被测两端点间往返传播一次所用的时间(s)。光电测距仪根据测定光波传播时间不同的方法，光电测距仪可分为脉冲式(直接测定时间)和相位式(间接测定时间)两种。

电磁波测距仪的优点：1. 测程远、精度高。2. 受地形限制少等优点。3. 作业快、工作强度低。建筑工程测量中应用较多的是短程红外光电测距仪。

4.4.1 脉冲式

脉冲式光电测距仪是将发射光波的光强调制成一定频率的尖脉冲，通过测量发射的尖脉

冲在待测距离上往返传播的时间来计算距离。

$$t_{2D}=qT_0=\frac{q}{f_0} \tag{4-19}$$

式中　f_0——脉冲的振荡频率；

q——计数器计得的时钟脉冲个数。

计数器只能记忆整数个时钟脉冲，不足一周期的时间被丢掉了。测距精度较低，一般在“米”级，最好的达“分米”级。

4.4.2　相位式

相位式光电测距仪是将发射光强调制成正弦波的形式，通过测量正弦光波在待测距离上往、返传播的相位移来解算时间。

将返程的正弦波以棱镜站为中心对称展开后的图形（如图 4-11）。

$$\varphi=2\pi N+\Delta\varphi \tag{4-20}$$

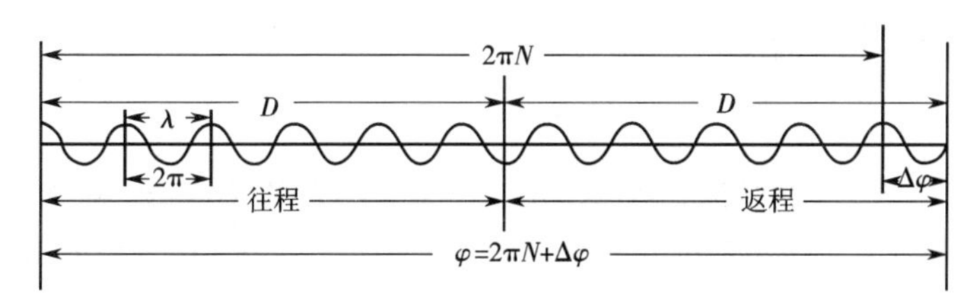

图 4-11　相位法测距

4.5　直线定向

确定直线与标准方向之间的水平角度称为直线定向。测量上的标准方向一般有三个：真子午线方向（真北）、磁子午线方向（磁北）以及坐标纵轴方向（坐标北）。

通过地面上一点并指向地球南北极的真子午线切线方向线，称为该点的真子午线方向（如图 4-12 所示）。

磁子午线方向是磁针在地球磁场的作用下，磁针自由静止时其轴线所指的方向。

由于地磁两极与地球两极不重合，致使磁子午线与真子午线之间形成一个夹角 δ，称为磁偏角。磁子午线北端偏于真子午线以东为东偏，δ 为正；以西为西偏，δ 为负。

我国采用高斯平面直角坐标系，6°带或 3°带都以该带的中央子午线为坐标纵轴，因此取坐标纵轴方向作为标准方向。

真子午线与坐标纵轴间的夹角 γ 称为子午线收敛角。坐标纵轴北端在真子午线以东为东偏，γ 为正；以西为西偏，γ 为负。

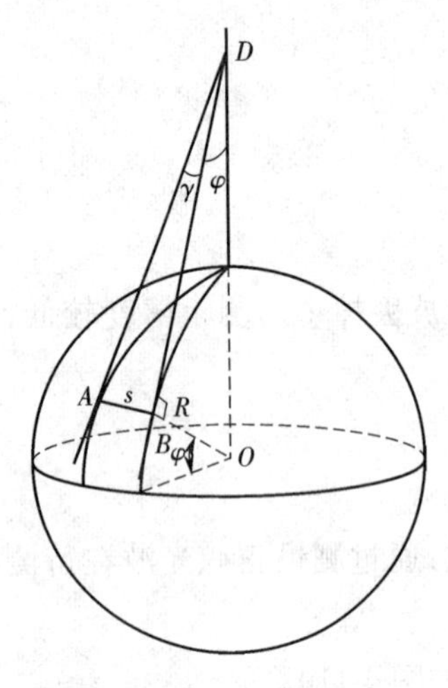

图 4-12 真子午线方向

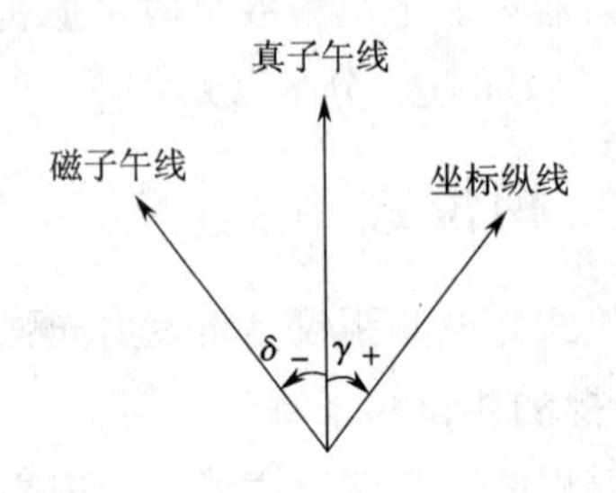

图 4-13 三种标准方向的关系

4.5.1 直线定向的方法

1. 方位角

从直线起点的标准方向北端起,顺时针方向量至直线的水平夹角,称为该直线的方位角;其角值范围为 0°~360°。按标准方向的不同可以将方位角分为:真方位角 A、磁方位角 A_m 和坐标方位角 α。

方位角的表示方法:

例如 α_{12},α 表示为坐标方位角,脚码 12 表示 1 为直线始点,2 为终点。

由于地面各点的真北(或磁北)方向互不平行,用真(磁)方位角表示直线方向会给方位角的推算带来不便,所以在一般测量工作中,常采用坐标方位角来表示直线方向。

几种方位角直接的关系:

磁偏角 δ 是真北方向与磁北方向之间的夹角;子午线收敛角 γ 是真北方向与坐标北方向之间的夹角。若已知磁偏角 δ 或子午线收敛角 γ,可按以下式子实现方位角之间的转换:

$$A = \alpha + \gamma \tag{4-21}$$

$$A = A_m + \delta \tag{4-22}$$

$$\alpha = A_m + \delta - \gamma \tag{4-23}$$

正反坐标方位角:

如图 4-14 所示,一条直线有它的方向,按照直线的方向如果 A 点为直线起始点,B 点为直线终点,则 α_{AB} 为正坐标方位角,α_{BA} 为反坐标方位角。反之亦然。

$$\alpha_{BA} = \alpha_{AB} + 180°,$$

$$\alpha_{AB} = \alpha_{BA} - 180°。$$

所以一条直线的正、反坐标方位角互差为 180°。

$$\alpha_{反} = \alpha_{正} \pm 180° \tag{4-24}$$

2. 象限角

某直线的象限角是由直线起点的标准方向北端或南端起,沿顺时针或逆时针方向量至该直线的锐角，用 R 表示，其取值范围为 0°～90°。如图 4-15 所示。

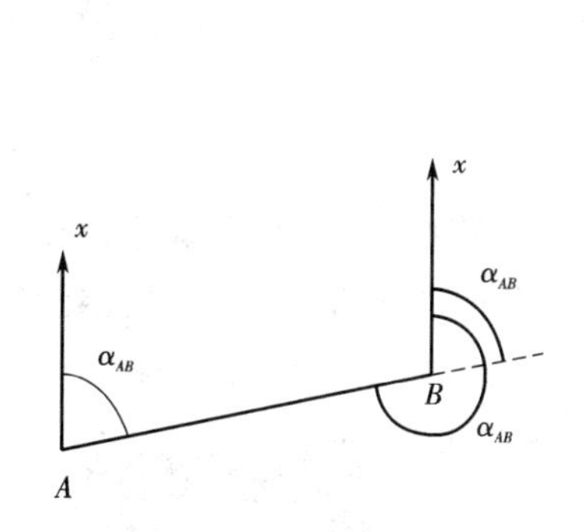

图 4-14　正反坐标方位角

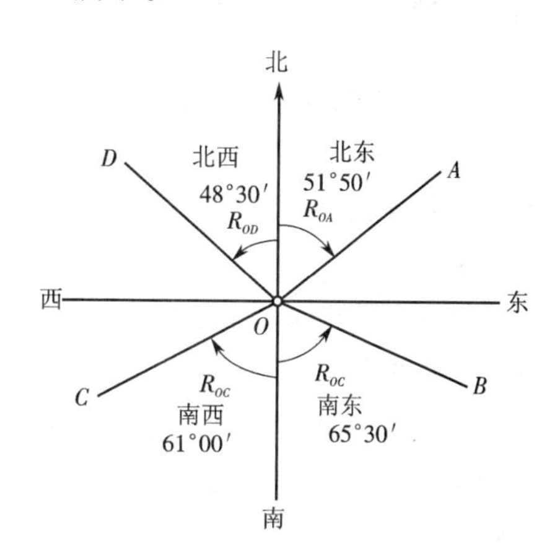

图 4-15　象限角

表 4-3　象限角与坐标方位角之间的换算

象限	已知坐标方位角求象限角
象限 Ⅰ（北东）	$R=\alpha$
象限 Ⅱ（南东 ）	$R=180°-\alpha$
象限 Ⅲ（南西）	$R=\alpha-180°$
象限 Ⅳ（北西）	$R=360°-\alpha$

4.5.2　坐标方位角的推算

测量工作中并不直接测定每条边的方向，而是通过与已知点进行联测（或根据某直线的已知坐标方位角），再加上测量的转折角来推算各个边的坐标方位角。在测量转折角时，有左角和右角之分，按照直线的前进方向，在左手边的叫左角，在右手边的叫右角。

如图 4-16 所示，α_{12} 已知，通过测量水平角，求得 12 边与 23 边的转折角为 β_2（右角），求得 23 边与 34 边的转折角为 β_3（左角），现推算 α_{23}、α_{34}。

$$\alpha_{23}=\alpha_{12}-\beta_2+180°,$$

$$\alpha_{34}=\alpha_{23}+\beta_3-180°。$$

推算坐标方位角的通用公式：

$$\alpha_{前}-\alpha_{后}+180°\pm\beta_{右}^{左} \qquad (4\text{-}25)$$

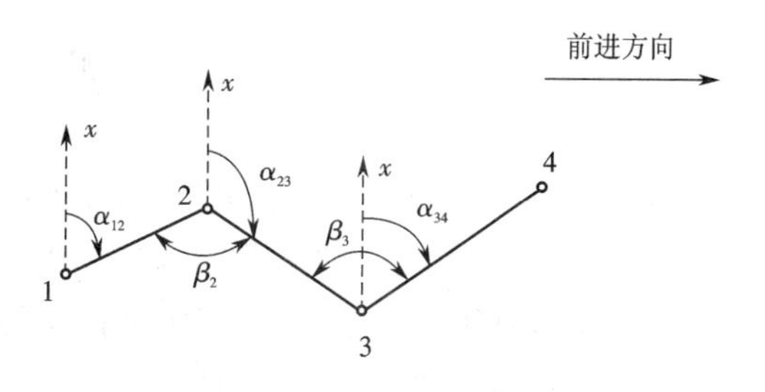

图 4-16　坐标方位角的推算

拓展阅读

1. DQL－1 型森林罗盘仪的使用

DQL－1 型森林罗盘仪具有磁定向及距离、水平、高差、坡角等测量功能。它主要适用于森林资源普查，农田、水利及一般工程的测量。

1）主要结构

该仪器主要由望远镜、磁罗盘和安平机构组成。仪器望远镜系统具有良好的成像质量。瞄准测距采用分划板，精度高，性能稳定。磁罗盘主要由磁针和度盘组成，其磁针磁性能稳定可靠，经久耐用。安平机构由转轴和球联接器组成，它既可安平仪器，又能与三角架联接。

该仪器结构紧凑合理，体积小、重量轻，是理想的测绘用仪器。其主要结构如图 4-17 所示。

图 4-17　DQL－1 型森林罗盘仪

2）使用方法

将仪器旋紧在三角架上，调整安平机构，使两水准器气泡居中，即仪器安平。仪器安平时，其各调整部位均应处中间位置。

测量时望远镜是对目标照准的主要机构。根据眼睛的视力调节目镜视度，使之清晰地看清十字丝，然后通过粗照准器，大致瞄准观测目标，再调整调焦轮，直到准确地看清目标，这时即可做距离、坡角、水平等项的测量。放开磁针止动螺旋，望远镜与罗盘盒配合使用亦可对目标方位进行测量。

3）注意事项

（1）仪器应保存在清洁、干燥、无酸碱侵蚀及铁磁物干扰的库房内；

（2）仪器在不使用时，应将磁针锁牢，避免轴尖与玛瑙轴承的磨损；

（3）仪器微调机构、横轴及纵轴非必要时，不可随意拆卸；

（4）光学系统各零部件拆装或修理后，须经严格校正方可使用。

本章小结

本章主要包括钢尺量距、视距测量、光电测距和直线定向。

本章的教学目标是了解量距的基本方法，重点掌握钢尺量距的方法，学会视距测量原理及方法，了解光电测距原理及方法，理解掌握直线定向的表示方法，重点掌握坐标方位角的推算以及坐标方位角与象限角之间的转换。

习　　题

一、填空题：

1. 测量工作中常用________、________和________作为直线定向的标准方向。

2. 距离测量由________误差来评定精度。

3. 距离测量指测量两点间的________距离。

4. 距离测量的方法包括________、________和________。

5. 方位角的取值范围是________，象限角的取值范围是________。

6. 直线坐标方位角与该直线的反坐标方位角相差________。

7. 某段距离丈量的平均值为100 m，其往返较差为4 mm，其相对误差为________。

8. 精密钢尺量距需要加________、________和________三项改正。

9. 视距测量中，视线水平时视距测量的公式是________，视线倾斜时视距测量的公式是________。

二、名词解释

1. 直线定向

2. 直线定线

3. 坐标方位角

4. 象限角

三、计算题

1. 用钢尺丈量两段距离，一段往测为135.04，返测为135.15，另一段往测为357.45，返测为357.12，则这两段距离丈量的精度是否相同？

2. 丈量*A*、*B*两点间的水平距离，用30 m长的钢尺，丈量结果为往测3尺段，余长为23.124 m，返测3尺段，余长为23.107 m，试计算相对误差及水平距离。

3. 设已知各直线的坐标方位角分别为247°24′21″、158°45′17″、66°28′51″、341°34′26″，试分别求出他们的象限角和反坐标方位角。

第5章 测量误差基本知识

导读：在实际测量工作中，由于测量人员、测量仪器和外部调价等各种因素的不同，会导致对同一对象的测量结果存在差异。此时，就需要我们根据测量误差理论判断测量结果的正确性，同时通过数据处理减少误差的影响，最终得到合理的测量值。

引例：用钢尺丈量两段距离，第一段长度为50 m，精度为±1 cm；第二段为300 m，精度为±3 cm，请问哪一段距离精确？判断的理由是什么？本章我们就是要学习精度以及衡量精度的标准。

5.1 测量误差概述

5.1.1 什么是测量误差

在各项测量工作中，对同一个量进行多次重复观测，不论测量仪器多么精密，观测多么认真仔细，观测结果是不一致的；对若干个量进行观测，如果知道这几个量所构成的某个函数应等于某个理论值，而实际上用观测值计算的函数值与理论值不相符（如三角形的内角和，其原因是观测结果中不可避免地存在着测量误差。

测量工作的任务概括地讲是确定待定点之间的空间相对关系，具体的说，是通过测定两点之间的长度、方位、高差等称为观测值的基本数值，然后利用这些相互之间有联系的观测值，确定某一点位在给定参照系中的位置。观测值的正确值理论上是客观存在的，在测量学中称为真值，但是实际上由于观测条件不可能完美无缺，所以真值是不可能测量到的。若设某观测值的真值以 X 表示，观测值为 L，则称：

$$\Delta = X - L \tag{5-1}$$

为观测误差。由于是误差的真值，又称真误差。显然，X 是不可知的，从而 Δ 也是不可知的。测量上使用精度的概念来衡量观测质量的高低，因此观测误差大，称为观测值精度低；反之，观测误差小，称为观测值精度高。

5.1.2 产生观测误差的原因

综上所述，由于观测条件不可能完美无缺，因此观测误差也是不可避免的。概括起来产生观测误差的因素有以下三个方面：

1. 仪器误差

每种仪器都具有一定的精密度，从而使观测结果受到相应的影响。如水准尺的分划不准、水平视线不精确等。

2. 人为因素

观测者是通过自己的感觉器官来进行工作的,由于感觉器官的鉴别力的局限性,在进行仪器的安置、瞄准、读数等工作时,都会产生一定的误差。还有技术水平、工作态度等。

3. 外界影响

在观测过程中所处的外界自然环境,如地形、温度、湿度、风力、大气折射等因素都会给观测结果带来种种影响。而且这些因素随时都有变化,由此对观测结果产生的影响也随之变化,这就必然使观测结果带有误差。

测量工作中我们使用精度概念来衡量观测值及其函数质量但是观测值的真值是不可知的,因而"精度"并非是可以确定度量的值。由于上述三个因素的综合作用决定着观测质量优劣,我们将其统称为观测条件。观测条件直接决定观测值质量,当观测条件较好时,观测成果精度就高;观测条件差时观测成果精度就低。凡是相同观测条件下获得的观测值,不论其实际真误差大小,我们都将其定义为"等精度观测值",反之则为"不等精度观测值"。

5.1.3 测量误差的分类

测量误差按性质可分为三类:一类为系统误差,一类为偶然误差(又称随机误差),还有属于错误性质的第三类——测量错误(粗差)。

1. 系统误差

在相同的观测条件下对某个固定量做多次观测,如果观测误差在正负号及量的大小上表现出一致的倾向即按一定的规律变化或保持为常数,这类误差称为系统误差。例如水准仪的视准轴与水准管轴不平行而引起的读数误差,与视线的长度成正比且符号不变;经纬仪因视准轴与横轴不垂直而引起的方向误差,随视线竖直角的大小而变化且符号不变;距离测量尺长不准产生的误差随尺段数成比例增加且符号不变。这些误差都属于系统误差。

系统误差主要来源于仪器工具上的某些缺陷,来源于观测者的某些习惯的影响,例如有些人习惯地把读数估读得偏大或偏小;也有来源于外界环境的影响,如风力、温度及大气折光等的影响。

系统误差的影响及其消除:

系统误差对观测结果的危害很大,但由于它有规律性而可以设法将它消除或减弱。实践中的主要做法有两类:①模型改正法:根据这些误差的规律性,建立数学模型计算对其观测值的改正量,如对丈量的距离观测值加尺长改正,消除钢尺标称长度与实际不符对距离测量的影响;计算折光改正数削弱大气折光对距离测量的影响等。②观测程序法:利用一定的观测程序来消除、减弱系统误差的影响。例如,角度测量时,盘左、盘右分别测定上下半测回取中数;水准测量时前后视距相等操作规程,可以消除仪器构造不完善对观测值产生的影响。

2. 偶然误差

在相同的观测条件下对某个固定量所进行的一系列观测,如果观测结果的差异在正负号和数值上,都没有表现出一致的倾向,即没有任何规律性,这类误差称为偶然误差。

系统误差与偶然误差的相互关系:

观测时,系统误差和偶然误差总是同时产生的。当观测结果中有显著的系统误差时,偶然误差就处于次要地位，观测误差就呈现出“系统”的性质；反之，当观测结果中系统误差处于次要地位时，观测误差就呈现出“偶然”的性质。

由于系统误差在观测结果中具有积累的性质，对观测结果的影响尤其显著，所以在测量工作中总是采取各种办法削弱其影响，使它处于次要地位，研究偶然误差占主导地位的观测数据的科学处理方法，是测量学科的重要课题之一。

3. 测量错误

在观测结果中是不允许存在错误的，一旦发现，必须及时加以更正。

测量成果中除了系统误差和偶然误差以外，还可能出现错误（有时也称之为粗差）。错误产生的原因较多，可能由作业人员疏忽大意、失职而引起，如大数读错、读数被记录员记错、照错了目标等；也可能是仪器自身或受外界干扰发生故障引起的；还有可能是容许误差取值过小造成的。错误对观测成果的影响极大，所以在测量成果中绝对不允许有错误存在。发现错误的方法是：进行必要的重复观测，通过多余观测条件，进行检核验算；严格按照国家有关部门制定的各种测量规范进行作业等。

在测量的成果中，错误可以发现并剔除，系统误差能够加以改正，而偶然误差是不可避免的，它在测量成果中占主导地位，所以测量误差理论主要是处理偶然误差的影响。下面详细分析偶然误差的特性。

5.2 偶然误差的统计规律

如 5.1 节所述，偶然误差的产生是不可避免的，因此，偶然误差是测量误差理论中主要的研究对象。偶然误差就其个体而言，数值的大小和符号没有任何规律，呈现出一种随机特性。但就大量观测误差的整体而言，却表现出一定的统计规律性，下面通过实例来说明这种规律性。

在测量实践中，根据偶然误差的分布，我们可以明显地看出它的统计规律。例如在相同的观测条件下，观测了 217 个三角形的全部内角。已知三角形内角之和等于 180°，这时三内角之和的理论值即真值 X，实际观测所得的三内角之和即观测值 L。由于各观测值中都含有偶然误差，因此各观测值不一定等于真值，其差即真误差 Δ。下面通过两种方法来分析。

5.2.1 表格法

由式(5-1)计算可得 217 个内角和的真误差，按其大小和一定的区间（本例为 $d\Delta = 3''$），分别统计在各区间正负误差出现的个数 k 及其出现的频率 k/n（$n = 217$），列于表 5-1 中。

表 5-1 三角形内角和真误差统计表

误差区间	正误差		负误差		合计	
$d\Delta$	个数 k	频率 k/n	个数 k	频率 k/n	个数 k	频率 k/n
0″～3″	30	0.138	29	0.134	59	0.272
3″～6″	21	0.097	20	0.092	41	0.189

续表

误差区间 $d\Delta$	正误差		负误差		合计	
	个数 k	频率 k/n	个数 k	频率 k/n	个数 k	频率 k/n
6″~9″	15	0.069	18	0.083	33	0.152
9″~12″	14	0.065	16	0.073	30	0.138
12″~15″	12	0.055	10	0.046	22	0.101
15″~18″	8	0.037	8	0.037	16	0.074
18″~21″	5	0.023	6	0.028	11	0.051
21″~24″	2	0.009	2	0.009	4	0.018
24″~27″	1	0.005	0	0	1	0.005
27″以上	0	0	0	0	0	0
合　计	108	0.498	109	0.502	217	1.000

从表 5-1 中可以看出，该组误差的分布表现出如下规律：小误差出现的个数比大误差多；绝对值相等的正、负误差出现的个数和频率大致相等；最大误差不超过 27″。

实践证明，对大量测量误差进行统计分析，都可以得出上述同样的规律，且观测的个数越多，这种规律就越明显。

5.2.2　直方图法

为了更直观地表现误差的分布，可将表 5-1 的数据用较直观的频率直方图来表示。以真误差的大小为横坐标，以各区间内误差出现的频率 k/n 与区间 $d\Delta$ 的比值为纵坐标，在每一区间上根据相应的纵坐标值画出一矩形，则各矩形的面积等于误差出现在该区间内的频率 k/n。如图 5-1 中有斜线的矩形面积，表示误差出现在 +6″~ +9″之间的频率，等于 0.069。显然，所有矩形面积的总和等于 1。

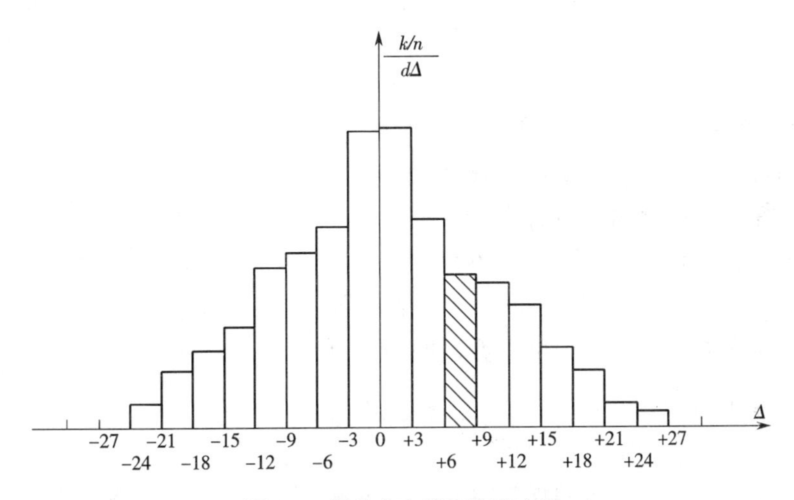

图 5-1　误差分布的频率直方图

可以设想，如果在相同的条件下，所观测的三角形个数不断增加，则误差出现在各区间的频率就趋向于一个稳定值。当 $n\to\infty$ 时，各区间的频率也就趋向于一个完全确定的数值——

概率。若无限缩小误差区间,即 $d\Delta \to 0$,则图 5-1 各矩形的上部折线,就趋向于一条以纵轴为对称轴的光滑曲线(如图 5-2 所示),称为**误差概率分布曲线**,简称误差分布曲线,在数理统计中,它服从于正态分布,该曲线的方程式为

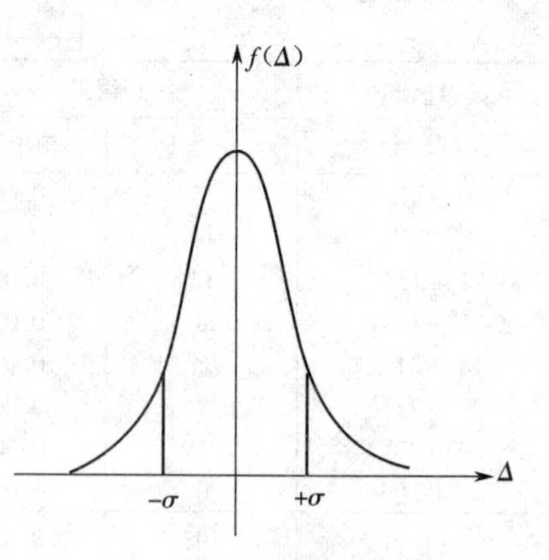

图 5-2 误差概率分布曲线

$$f(\Delta)=\frac{1}{\sigma\sqrt{2\pi}}e^{\frac{\Delta^2}{2\sigma^2}} \tag{5-2}$$

式中:Δ 为偶然误差;$\sigma(>0)$为与观测条件有关的一个参数,称为误差分布的标准差,它的大小可以反映观测精度的高低。其定义为:

在图 5-1 中各矩形的面积是频率 k/n。由概率统计原理可知,频率即真误差出现在区间 $d\Delta$ 上的概率 $P(\Delta)$,记为

$$\sigma=\lim_{n\to\infty}\sqrt{\frac{[\Delta\Delta]}{n}} \tag{5-3}$$

$$P(\Delta)=\frac{k/n}{d\Delta}d\Delta=f(\Delta)d\Delta \tag{5-4}$$

根据上述分析,可以总结出偶然误差具有如下四个特性:

(1)有限性:在一定的观测条件下,偶然误差的绝对值不会超过一定的限值;

(2)集中性:即绝对值较小的误差比绝对值较大的误差出现的概率大;

(3)对称性:绝对值相等的正误差和负误差出现的概率相同;

(4)抵偿性:当观测次数无限增多时,偶然误差的算术平均值趋近于零,即

$$\lim_{n\to\infty}\frac{[\Delta]}{n}=0 \tag{5-5}$$

式中 $[\Delta]=\Delta_1+\Delta_2+\cdots+\Delta_n=\sum_{i=1}^{n}\Delta_i$。

在数理统计中,也称偶然误差的数学期望为零,用公式表示为 $E(\Delta)=0$。

图 5-2 中的误差分布曲线,是对应着某一观测条件的,当观测条件不同时,其相应误差分布曲线的形状也将随之改变。例如图 5-3 中,曲线Ⅰ、Ⅱ为对应着两组不同观测条件得出的两组误差分布曲线,它们均属于正态分布,但从两曲线的形状中可以看出两组观测的差异。当 $\Delta=0$ 时,$f_1(\Delta)=\frac{1}{\sigma_1\sqrt{2\pi}}$,$f_2(\Delta)=\frac{1}{\sigma_2\sqrt{2\pi}}$。$\frac{1}{\sigma_1\sqrt{2\pi}}$、$\frac{1}{\sigma_2\sqrt{2\pi}}$是这两误差分布曲线的峰值,其中曲线Ⅰ的峰值较曲线Ⅱ的高,即 $\sigma_1<\sigma_2$,故第Ⅰ组观测小误差出现的概率较第Ⅱ组的大。由于误差

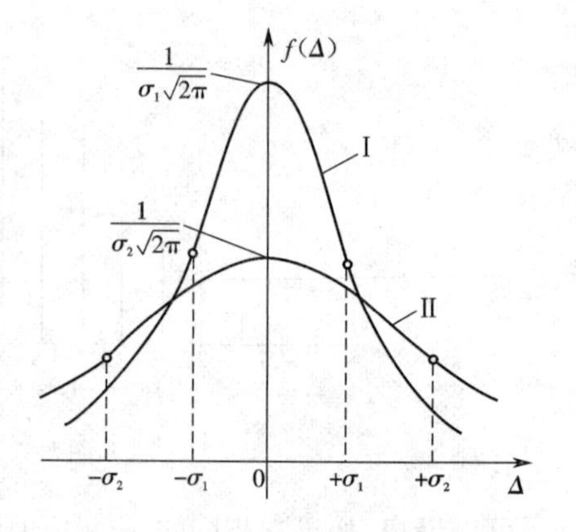

图 5-3 不同精度的误差分布曲线

分布曲线到横坐标轴之间的面积恒等于1,所以当小误差出现的概率较大时,大误差出现的概率必然要小。因此,曲线 *I* 表现为较陡峭,即分布比较集中,或称离散度较小,因而观测精度较高。而曲线Ⅱ相对来说较为平缓,即离散度较大,因而观测精度较低。

5.3 评定精度的指标

研究测量误差理论的主要任务之一,是要评定测量成果的精度。在图5-3中,从两组观测的误差分布曲线可以看出:在一定的观测条件下进行一组观测,它对应着一定的误差分布,凡是分布较为密集即离散度较小的,表示该组观测精度较高,这时标准差 σ 的值也较小;而分布较为分散即离散度较大的,则表示该组观测精度较低,标准差 σ 的值也较大。用分布曲线或直方图虽然可以比较出观测精度的高低,但这种方法既不方便也不实用。因为在实际测量问题中并不需要求出它的分布情况,而需要有一个数字特征能反映误差分布的离散程度,用它来评定观测成果的精度,就是说需要有评定精度的指标。在测量中评定精度的指标有下列几种:

1. 中误差

由上节可知式(5-3)定义的标准差是衡量精度的一种指标,但那是理论上的表达式。在测量实践中观测次数不可能无限多,因此实际应用中,以有限次观测个数 n 计算出标准差的估值定义为中误差 m,作为衡量精度的一种标准,计算公式为

$$m = \pm\hat{\sigma} = \pm\sqrt{\frac{[\Delta\Delta]}{n}} \tag{5-6}$$

【例5-1】 有甲、乙两组各自用相同的条件观测了六个三角形的内角,得三角形的闭合差(即三角形内角和的真误差)分别为:

甲:+3″、+1″、-2″、-1″、0″、-3″;

乙:+6″、-5″、+1″、-4″、-3″、+5″。

试分析两组的观测精度。

解:用中误差公式(5-6)计算得:

$$m_{甲} = \pm\sqrt{\frac{[\Delta\Delta]}{n}} = \pm\sqrt{\frac{3^2+1^2+(-2)^2+(-1)^2+0^2+(-3)^2}{6}} = \pm 2.0'',$$

$$m_{乙} = \pm\sqrt{\frac{[\Delta\Delta]}{n}} = \pm\sqrt{\frac{6^2+(-5)^2+(-4)^2+(-3)^2+5^2}{6}} = \pm 4.3''。$$

从上述两组结果中可以看出,甲组的中误差较小,所以观测精度高于乙组。而直接从观测误差的分布来看,也可看出甲组观测的小误差比较集中,离散度较小,因而观测精度高于乙组。所以在测量工作中,普遍采用中误差来评定测量成果的精度。

注意:在一组同精度的观测值中,尽管各观测值的真误差出现的大小和符号各异,而观测值的中误差却是相同的,因为中误差反映观测的精度,只要观测条件相同,则中误差不变。

在公式(5-2)中,如果令 $f(\Delta)$ 的二阶导数等于0,可求得曲线拐点的横坐标 $\Delta = \pm\sigma \approx m$。也就是说,中误差的几何意义即为偶然误差分布曲线两个拐点的横坐标。从图5-3也可看出,两条观测条件不同的误差分布曲线,其拐点的横坐标值也不同:离散度较小的曲线Ⅰ,其观测

精度较高,中误差较小;反之离散度较大的曲线Ⅱ,其观测精度较低,中误差则较大。

2. 相对误差

真误差和中误差都有符号,并且有与观测值相同的单位,它们被称为“绝对误差”。绝对误差可用于衡量那些诸如角度、方向等其误差与观测值大小无关的观测值的精度。但在某些测量工作中,绝对误差不能完全反映出观测的质量。例如,用钢尺丈量长度分别为 100 m 和 200 m 的两段距离,若观测值的中误差都是 ±2 cm,不能认为两者的精度相等,显然后者要比前者的精度高,这时采用相对误差就比较合理。相对误差 K 等于误差的绝对值与相应观测值的比值。它是一个不名数,常用分子为 1 的分式表示,即

$$\text{相对误差}=\frac{\text{误差的绝对值}}{\text{观测值}}=\frac{1}{T},$$

即

$$K=\frac{|m|}{D}=\frac{1}{\frac{D}{|m|}} \tag{5-7}$$

式中当误差的绝对值为中误差 m 的绝对值时,K 称为**相对中误差**。

在上例中用相对误差来衡量,则两段距离的相对误差分别为 1/5 000 和 1/10 000,后者精度较高。在距离测量中还常用往返测量结果的**相对较差**来进行检核。相对较差定义为

$$\frac{|D_{往}-D_{返}|}{D_{平均}}=\frac{|\Delta D|}{D_{平均}}=\frac{1}{\frac{D_{平均}}{|\Delta D|}} \tag{5-8}$$

相对较差是真误差的相对误差,它反映的只是往返测的符合程度,显然,相对较差愈小,观测结果愈可靠。

3. 极限误差和容许误差

1)极限误差

由偶然误差的特性一可知,在一定的观测条件下,偶然误差的绝对值不会超过一定的限值。这个限值就是极限误差。在一组等精度观测值中,绝对值大于 m(中误差)的偶然误差,其出现的概率为 31.7%;绝对值大于 $2m$ 的偶然误差,其出现的概率为 4.5%;绝对值大于 $3m$ 的偶然误差,出现的概率仅为 0.3%。

根据式(5-2)和式(5-4)有

$$P(-\sigma<\Delta<\sigma)=\int_{-\sigma}^{+\sigma}f(\Delta)\,\mathrm{d}\Delta=\frac{1}{\sigma\sqrt{2\pi}}\int_{-\sigma}^{+\sigma}\mathrm{e}^{-\frac{\Delta^2}{2\sigma^2}}\mathrm{d}\Delta\approx 0.683。$$

上式表示真误差出现在区间$(-\sigma,+\sigma)$内的概率等于 0.683,或者说误差出现在该区间外的概率为 0.317。同法可得

$$P(-2\sigma<\Delta<2\sigma)=\int_{-2\sigma}^{+2\sigma}f(\Delta)\,\mathrm{d}\Delta=\frac{1}{\sigma\sqrt{2\pi}}\int_{-2\sigma}^{+2\sigma}\mathrm{e}^{-\frac{\Delta^2}{2\sigma^2}}\mathrm{d}\Delta\approx 0.955,$$

$$P(-3\sigma<\Delta<3\sigma)=\int_{-3\sigma}^{+3\sigma}f(\Delta)\,\mathrm{d}\Delta=\frac{1}{\sigma\sqrt{2\pi}}\int_{-3\sigma}^{+3\sigma}\mathrm{e}^{-\frac{\Delta^2}{2\sigma^2}}\mathrm{d}\Delta\approx 0.997。$$

上列三式的概率含义是:在一组等精度观测值中,绝对值大于 σ 的偶然误差,其出现的概率为 31.7%;绝对值大于 2σ 的偶然误差,其出现的概率为 4.5%;绝对值大于 3σ 的偶然误

差,出现的概率仅为 0.3%。

在测量工作中,要求对观测误差有一定的限值。若以 m 作为观测误差的限值,则将有近 32%的观测会超过限值而被认为不合格,显然这样要求过分苛刻。而大于 $3m$ 的误差出现的机会只有 3‰,在有限的观测次数中,实际上不大可能出现。所以可取 $3m$ 作为偶然误差的极限值,称**极限误差**,$\Delta_{极}=3m$。

2)容许误差

在实际工作中,测量规范要求观测中不容许存在较大的误差,可由极限误差来确定测量误差的容许值,称为**容许误差**,即 $\Delta_{容}=3m$。

当要求严格时,也可取两倍的中误差作为容许误差,即 $\Delta_{容}=2m$。

如果观测值中出现了大于所规定的容许误差的偶然误差,则认为该观测值不可靠,应舍去不用或重测。

5.4　误差传播定律

在实际工作中有许多未知量不能直接观测而求其值,需要由观测值间接计算出来。例如某未知点 B 的高程 H_B,是由起始点 A 的高程 H_A 加上从 A 点到 B 点间进行了若干站水准测量而得来的观测高差 $h_1 \cdots\cdots h_n$ 求和得出的。这时未知点 B 的高程 H_B 是各独立观测值的函数。那么如何根据观测值的中误差去求观测值函数的中误差呢?阐述观测值中误差与观测值函数中误差之间关系的定律,称为**误差传播定律**。

1. 倍数的函数

设有函数:

$$z=k\cdot x,$$

z 为观测值的函数,k 为常数,x 为观测值,已知中误差 m_x,求 z 的中误差 m_z。

设 x 和 z 的真误差分别为 $\Delta x,\Delta z$,

$$\Delta z_i=k\Delta x_i\ (i=1,2\cdots n)。$$

两边平方:

$$\Delta z_i^2=k^2\Delta x_i^2。$$

求和除以 n:

$$\frac{[\Delta z^2]}{n}=\frac{k^2[\Delta x^2]}{n}。$$

由 $m^2=\frac{[\Delta\Delta]}{n}$ 得

$$m_z^2=k^2m_x^2,$$

或

$$m_z=k\cdot m_x。$$

观测值与常数乘积的中误差,等于观测值中误差乘常数。

【例 5-2】　在 1∶500 比例尺地形图上,量得 A、B 两点间的距离 $S_{ab}=23.4$ mm,其中误差 $m_{s_{ab}}=\pm 0.2$ mm,求 A、B 间的实地距离 S_{ab} 及其中误差 $m_{s_{ab}}$。

解:

$$S_{ab}=500\times S_{ab}=500\times 23.4=11\ 700\ \text{mm}=11.7\ \text{m},$$

得
$$m_{s_{ab}} = 500 \times m_{S_{ab}} = 500 \times (\pm 0.2)$$
$$= \pm 100\ mm = +0.1\ m。$$

最后答案为 $S_{ab} = 11.7\ m \pm 0.1\ m$。

2. 和或差的函数

设有函数

$$z = x \pm y$$

其中，z 为 x、y 的和或差的函数，x、y 为独立观测值，中误差为 m_x、m_y，求 m_z。

设 x、y、z 的真误差分别为 ΔX、ΔY、ΔZ。由上式可得出

$$\Delta_z = \Delta_x + \Delta_y。$$

若对 x、y 均观测了 n 次，则

$$\Delta_{zi} = \Delta_{xi} \pm \Delta_{yi}(i = 1, 2, \cdots, n)。$$

将上式平方，得

$$\Delta_{zi}^2 = \Delta_{xi}^2 + \Delta_{yi}^2 \pm 2\Delta_{xi}\Delta_{yi}(i = 1, 2, \cdots, n)。$$

求和，并除以 n，得

$$\frac{[\Delta_z^2]}{n} = \frac{[\Delta_x^2]}{n} + \frac{[\Delta_y^2]}{n} \pm 2\frac{[\Delta_x\Delta_y]}{n}。$$

由于 Δx、Δy 均为偶然误差，其符号为正或负的机会相同，因为 Δx、Δy 为独立误差，它们出现的正、负号互不相关，所以其乘积 $\Delta x\Delta y$ 也具有正负机会相同的性质，在求 $[\Delta x\Delta y]$ 时其正值与负值有互相抵消的可能；当 n 愈大时，上式中最后一项 $[\Delta x\Delta y]/n$ 将趋近于零，即

$$\lim_{n\to\infty}\frac{[\Delta_x\Delta_y]}{n} = 0。$$

将满足上式的误差 Δx、Δy 称为互相独立的误差，简称**独立误差**，相应的观测值称为**独立观测值**。对于独立观测值来说，即使 n 是有限量，由于残存的值不大，一般就忽视它的影响。根据中误差定义，得

$$m_z^2 = m_x^2 + m_y^2。$$

两观测值代数和的中误差平方，等于两观测值中误差的平方和。

当 z 是一组观测值 X_1、X_2……X_n 代数和（差）的函数时，即

$$z = x_1 \pm x_2 \cdots \pm x_n。$$

可以得出函数 Z 的中误差平方为

$$m_z^2 = m_x^2 + m_{x2}^2 + \cdots + m_n^2。$$

n 个观测值代数和（差）的中误差平方，等于 n 个观测值中误差平方之和。

当诸观测值 x_i 为同精度观测值时，设其中误差为 m，即 $m_{x_1} = m_{x_2} = \cdots = m_{x_n}$ 则为 $m_z = \sqrt{n}m$。

这就是说，在同精度观测时，观测值代数和（差）的中误差，与观测值个数 n 的平方根成正比。

【**例 5-3**】 设用长为 L 的卷尺量距，共丈量了 n 个尺段，已知每尺段量距的中误差都为 m，求全长 S 的中误差 m_S。

解：因为全长 $S = L + L + \cdots + L_n$（式中共有 n 个 L）。而 L 的中误差为 m。

$$m_S = m\sqrt{n}。$$

量距的中误差与丈量段数 n 的平方根成正比。

例如以 30 m 长的钢尺丈量 90 m 的距离，当每尺段量距的中误差为 ±5 mm 时，全长的中误差为

$$m_S = m\sqrt{n},$$

$$m_{90} = \pm 5\sqrt{3} = \pm 8.7\ \text{mm}。$$

当使用量距的钢尺长度相等，每尺段的量距中误差都为 m_L，则每公里长度的量距中误差 m_{km} 也是相等的。当对长度为 S 公里的距离丈量时，全长的真误差将是 S 个一公里丈量真误差的代数和，于是 S 公里的中误差为

$$m_s = \sqrt{s}\, m_{ks},$$

式中，S 的单位是公里。即：在距离丈量中，距离 S 的量距中误差与长度 S 的平方根成正比。

【例 5-4】　为了求得 A、B 两水准点间的高差，今自 A 点开始进行水准测量，经 n 站后测完。已知每站高差的中误差均为 m 站，求 A、B 两点间高差的中误差。

解：因为 A、B 两点间高差 h_{AB} 等于各站的观测高差 $h_i(i=1,2,\cdots,n)$ 之和，即

$$h_{AB} = H_B - H_A = h_1 + h_2 + \cdots + h_n,$$

即水准测量高差的中误差与测站数 n 的平方根成正比。

$$mh_{AB} = \sqrt{n}\, m_{站}。$$

在不同的水准路线上，即使两点间的路线长度相同，设站数不同时，则两点间高差的中误差也不同。但是，当水准路线通过平坦地区时，每公里的水准测量高差的中误差可以认为相同，设为 m_{km}。当 A、B 两点间的水准路线为 S 公里时，A、B 点间高差的中误差为

$$m_{h_{AB}}^2 = \underbrace{m_{km}^2 + m_{km}^2 + \cdots + m_{km}^2}_{S个} = Sm^2 或 h_{AB} = \sqrt{s}\, m_{km}。$$

即水准测量高差的中误差与距离 S 的平方根成正比。

例如，已知用某种仪器，按某种操作方法进行水准测量时，每公里高差的中误差为 ±20 mm，则按这种水准测量进行了 25 km 后，测得高差的中误差为 $\pm 20\sqrt{25} \approx \pm 100$ mm。

在水准测量作业时，对于地形起伏不大的地区或平坦地区，可用 $mh_{AB} = \sqrt{S}\, m_{km}$ 式计算高差的中误差；对于起伏较大的地区，则用 $m_{h_{AB}} = \sqrt{n}\, m_{站}$ 式算高差的中误差。

3. 线性函数

设有线性函数：

$$z = k_1x_1 \pm k_2x_2 \pm \cdots \pm k_nx_n。$$

则有

$$m_z^2 = (k_1m_1)^2 + (k_2m_2)^2 + \cdots + (k_nm_n)^2 或 m_z^2 = k_1^2m_x^2 + k_2^2m_x^2 + \cdots + k_n^2m_x^2。$$

【例 5-5】　设有线性函数 $z = \frac{4}{14}x_1 + \frac{9}{14}x_2 + \frac{1}{14}x_3$，观测量的中误差分别为，$m_1 = \pm 3$ mm，$m_2 = \pm 2$ mm，$m_3 = \pm 6$ mm。

求 Z 的中误差 m_z。

解：$m_z = \pm\sqrt{\left(\frac{4}{14}\times 3\right)^2+\left(\frac{9}{14}\times 2\right)^2+\left(\frac{1}{14}\times 6\right)^2} = \pm 1.6\ \text{mm}$。

4. 一般函数

设有一般的任意函数：

$$z = f(x_1, x_2, \cdots, x_n),$$

式中 $x_i(i = 1, 2\cdots n)$为独立观测值，已知其中误差为 $m_i(i = 1, 2, \cdots, n)$，求 z 的中误差。

当 x_i具有真误差 Δ 时，函数 Z 相应地产生真误差 Δz。这些真误差都是一个小值，由数学分析可知，变量的误差与函数的误差之间的关系，可以近似地用函数的全微分来表达。

$$\Delta_z = \left(\frac{\partial f}{\partial x_1}\right)\Delta_{x_1} + \left(\frac{\partial f}{\partial x_2}\right)\Delta_{x_2} + \cdots + \left(\frac{\partial f}{\partial x_n}\right)\Delta_{xn},$$

式中$\frac{\partial f}{\partial x_i}(i = 1, 2, \cdots, n)$是函数对各个变量所取的偏导数，以观测值代入所算出的数值，它们是常数，因此上式是线性函数可为：

$$m_z^2 = \left(\frac{\partial f}{\partial x_1}\right)^2 m_1^2 + \left(\frac{\partial f}{\partial x_2}\right)^2 m_2^2 + \cdots + \left(\frac{\partial f}{\partial x_n}\right)^2 m_n^2。$$

求观测值函数的精度时，可归纳为如下三步：

①按问题的要求写出函数式：$z = f(x_1, x_2, \cdots, x_n)$。

②对函数式全微分，得出函数的真误差与观测值真误差之间的关系式：

$$\Delta_z = \left(\frac{\partial f}{\partial x_1}\right)\Delta_{x_1} + \left(\frac{\partial f}{\partial x_2}\right)\Delta_{x_2} + \cdots + \left(\frac{\partial f}{\partial x_n}\right)\Delta_{xn},$$

式中，$\frac{\partial f}{\partial x_i}$是用观测值代入求得的值。

③写出函数中误差与观测值中误差之间的关系式：

$$m_z^2 = \left(\frac{\partial f}{\partial x_1}\right)^2 m_1^2 + \left(\frac{\partial f}{\partial x_2}\right)^2 m_2^2 + \cdots + \left(\frac{\partial f}{\partial x_n}\right)^2 m_n^2。$$

按上述方法可导出几种常用的简单函数中误差的公式，如表 5-2 所列，计算时可直接应用。

表 5-2 常用函数的中误差公式

函数式	函数的中误差
倍数函数 $z = kx$	$m_z = km_x$
和差函数 $z = x_1 \pm x_2 \pm \cdots \pm x_n$	$m_z = \pm\sqrt{m_1{}^2 + m_2{}^2 + \cdots + m_n{}^2}$ 若 $m_1 = m_2 = \cdots = m_n$时 $m_z = m\sqrt{n}$
线性函数 $z = k_1x_1 \pm k_2x_2 \pm \cdots \pm k_nx_n$	$m_z = \pm\sqrt{k_1{}^2m_1{}^2 + k_2{}^2m_2{}^2 + \cdots + k_n{}^2m_n{}^2}$

5.5 应用举例

误差传播定律在测绘领域应用十分广泛，利用它不仅可以求得观测值函数的中误差，而且还可以研究确定容许误差值。下面举例说明其应用方法。

【例 5-6】　在比例尺为 1∶500 的地形图上，量得两点的长度为 $d = 23.4$ mm，其中误差 $m_d = \pm 0.2$ mm，求该两点的实际距离 D 及其中误差 m_D。

解：函数关系式为 $D = Md$，属倍数函数，$M = 500$ 是地形图比例尺分母。

$$D = Md = 500 \times 23.4 = 11\ 700\ \text{mm} = 11.7\ \text{m},$$

$$m_D = Mm_d = 500 \times (\pm 0.2) = \pm 100\ \text{mm} = \pm 0.1\ \text{m}。$$

两点的实际距离结果可写为 11.7 m ±0.1 m。

【例 5-7】　水准测量中，已知后视读数 $a = 1.734$ m，前视读数 $b = 0.476$ m，中误差分别为 $m_a = \pm 0.002$ m，$m_b = \pm 0.003$ m，试求两点的高差及其中误差。

解：函数关系式为 $h = a - b$，属和差函数，得

$$h = a - b = 1.734 - 0.476 = 1.258\ \text{m},$$

$$m_h = \pm\sqrt{{m_a}^2 + {m_b}^2} = \pm\sqrt{0.002^2 + 0.003^2} = \pm 0.004\ \text{m}。$$

两点的高差结果可写为 1.258 m ±0.004 m。

【例 5-8】　在斜坡上丈量距离，其斜距为 $L = 247.50$ m，中误差 $m_L = \pm 0.05$ m，并测得倾斜角 $\alpha = 10°34'$，其中误差 $m_\alpha = \pm 3'$，求水平距离 D 及其中误差 m_D。

解：首先列出函数式 $D = L\cos\alpha$

水平距离

$$D = 247.50 \times \cos 10°34' = 243.303\ \text{m}。$$

这是一个非线性函数，所以对函数式进行全微分，先求出各偏导值如下：

$$\frac{\partial D}{\partial L} = \cos 10°34' = 0.983\ 0,$$

$$\frac{\partial D}{\partial \alpha} = -L \cdot \sin 10°34' = -247.50 \times \sin 10°34' = -45.386\ 4。$$

写成中误差形式

$$m_D = \pm\sqrt{\left(\frac{\partial D}{\partial L}\right)^2 m_L^2 + \left(\frac{\partial D}{\partial \alpha}\right)^2 m_\alpha^2}$$

$$= \pm\sqrt{0.983\ 0^2 \times 0.05^2 + (-45.386\ 4)^2 \times \left(\frac{3'}{3\ 438'}\right)^2} = \pm 0.06\ \text{m}。$$

故得 $D = 243.30$ m ±0.06 m。

【例 5-9】　图根水准测量中，已知每次读水准尺的中误差为 $m_i = \pm 2$ mm，假定视距平均长度为 50 m，若以 3 倍中误差为容许误差，试求在测段长度为 L km 的水准路线上，图根水准测量往返测所得高差闭合差的容许值。

解：已知每站观测高差为：$h = a - b$

则每站观测高差的中误差为：$m_h = \sqrt{2}m_i = \pm 2\sqrt{2}$ mm。

因视距平均长度为 50 m，则每公里可观测 10 个测站，L 公里共观测 $10L$ 个测站，L 公里高差之和为：$\sum h = h_1 + h_2 + \cdots + h_{10L}$。

L 公里高差和的中误差为：$m_{\sum} = \sqrt[10L]{m_h} = \pm 4\sqrt[5L]{mm}$。

往返高差的较差（即高差闭合差）为：$f_h = \sum h_{往} + \sum h_{返}$。

高差闭合差的中误差为：$m_{f_h} = \sqrt{2} m_{\sum} = 4\sqrt[10L]{mm}$。

以 3 倍中误差为容许误差，则高差闭合差的容许值为：$f_{h容} = 3m_f = \pm 12\sqrt{10L} \approx 38\sqrt{L}$ mm

在前面水准测量的学习中，我们取 $f_{h容} = \pm\sqrt{L}$（mm）作为闭合差的容许值是考虑了除读数误差以外的其他误差的影响（如外界环境的影响、仪器的 i 角误差等）。

注意事项

应用误差传播定律应注意以下两点：

1. 要正确列出函数式

【例 5-10】 用长 30 m 的钢尺丈量了 10 个尺段，若每尺段的中误差为 $m_l = \pm 5$ mm，求全长 D 及其中误差 m_D。全长 $D = 10l = 10 \times 30 = 300$ m，$D = 10l$ 为倍乘函数。但实际上全长应是 10 个尺段之和，故函数式应为 $D = l_1 + l_2 + \cdots + l_{10}$（为和差函数）。

用和差函数式求全长中误差，因各段中误差均相等，故得全长中误差为 $m_D = \sqrt[10]{m_l} = \pm 16$ mm。

若按倍数函数式求全长中误差，将得出 $m_D = 10m_l = \pm 50$ mm。

按实际情况分析用和差公式是正确的，而用倍数公式则是错误的。

2. 在函数式中各个观测值必须相互独立，即互不相关。如有函数式

$$z = y_1 + 2y_2 + 1 \tag{5-9}$$

$$y_1 = 3x; y_2 = 2x + 2 \tag{5-10}$$

若已知 x 的中误差为 m_x，求 Z 的中误差 m_z。

若直接用公式计算，由式(5-9)得：

$$mz = \pm\sqrt{m_{y1}^2 + 4m_{y2}^2} \tag{5-11}$$

而

$$m_{y1} = 3m_x, m_{y2} = 2m_x$$

将以上两式代入式(5-11)得

$$m_z = \pm\sqrt{(3m_x)^2 + 4(2m_x)^2} = 5m_x。$$

但上面所得的结果是错误的。因为 y_1 和 y_2 都是 x 的函数，它们不是互相独立的观测值，因此在式(5-9)的基础上不能应用误差传播定律。正确的做法是先把式(5-10)代入式(5-9)，再把同类项合并，然后用误差传播定律计算。

$$z = 3x + 2(2x + 2) + 1 = 7x + 5 \Rightarrow m_z = 7m_x。$$

5.6 等精度直接观测平差

当测定一个角度、一点高程或一段距离的值时，按理说观测一次就可以获得。但仅有一个观测值，测得对错与否，精确与否，都无从知道。如果进行多余观测，就可以有效地解决上述问题，它可以提高观测成果的质量，也可以发现和消除错误。重复观测形成了多余观测，也就产

生了观测值之间互不相等这样的矛盾。如何由这些互不相等的观测值求出观测值的最佳估值,同时对观测质量进行评估,即是“测量平差”所研究的内容。

对一个未知量的直接观测值进行平差,称为直接观测平差。根据观测条件,有**等精度直接观测平差**和**不等精度直接观测平差**。平差的结果是得到未知量最可靠的估值,它最接近真值,平差中一般称这个最接近真值的估值为“最或然值”,或“最可靠值”,有时也称“最或是值”,一般用 x 表示。本节将讨论如何求等精度直接观测值的最或然值及其精度的评定。

1. 等精度直接观测值的最或然值

等精度直接观测值的最或然值即是各观测值的算术平均值。用误差理论证明如下:

设对某未知量进行了一组等精度观测,其观测值分别为 L_1、L_2……L_n,该量的真值设为 X,各观测值的真误差为 Δ_1、Δ_2……Δ_n,则 $\Delta_I = L_i - X(i=1,2,\cdots,n)$,将各式取和再除以次数 n,得

$$\frac{[\Delta]}{n}=\frac{[L]}{n}-X,$$

即

$$\frac{[L]}{n}=\frac{[\Delta]}{n}+X。$$

根据偶然误差的第四个特性有 $\lim\limits_{n\to\infty}\frac{[L]}{n}=X$

所以 $\lim\limits_{n\to\infty}\frac{[\Delta]}{n}=0$。

由此可见,当观测次数 n 趋近于无穷大时,算术平均值就趋向于未知量的真值。当 n 为有限值时,算术平均值最接近于真值,因此在实际测量工作中,将算术平均值作为观测的最后结果,增加观测次数则可提高观测结果的精度。

2. 评定精度

1)观测值的中误差

(1)由真误差来计算。

当观测量的真值已知时,可根据中误差的定义即

$$m=\pm\sqrt{\frac{[\Delta\Delta]}{n}}。$$

由观测值的真误差来计算其中误差。

(2)由改正数来计算。

在实际工作中,观测量的真值除少数情况外一般是不易求得的。因此在多数情况下,我们只能按观测值的最或然值来求观测值的中误差。

①改正数及其特征。

最或然值 x 与各观测值 L_i 之差称为观测值的改正数,其表达式为

$$v_i=x-L_i(i=1,2,\cdots,n) \tag{5-12}$$

在等精度直接观测中,最或然值 x 即是各观测值的算术平均值。即

$$x=\frac{[L]}{n}。$$

显然

$$[v]=\sum_{i=1}^{n}(x-L_i)=nx-[L]=0 \tag{5-13}$$

上式是改正数的一个重要特征，在检核计算中有用。

②公式推导。

已知 $\Delta_i=L_i-X$，将此式与式(5-8)相加，得

$$v_i+\Delta_i=x-X \tag{5-14}$$

令 $x-X=\delta$，则

$$\Delta_i=-v_i+\delta \tag{5-15}$$

对上面各式两端取平方，再求和

$$[\Delta\Delta]=[vv]-2\delta[v]+n\delta^2$$

由于 $[v]=0$，故

$$[\Delta\Delta]=[vv]+n\delta^2 \tag{5-16}$$

而

$$\delta=x-X=\frac{[L]}{n}-X=\frac{[L-X]}{n}=\frac{[\Delta]}{n},$$

$$\begin{aligned}\delta^2&=\frac{[\Delta]^2}{n^2}=\frac{1}{n^2}(\Delta_1^2+\Delta_2^2+\cdots+\Delta_n^2+2\Delta_1\Delta_2+2\Delta_2\Delta_3+\cdots+2\Delta_{n-1}\Delta_n)\\&=\frac{[\Delta\Delta]}{n^2}+\frac{2(\Delta_1\Delta_2+\Delta_2\Delta_3+\cdots+\Delta_{n-1}\Delta_n)}{n^2}。\end{aligned}$$

根据偶然误差的特性，当 $n\to\infty$ 时，上式的第二项趋近于零；当 n 为较大的有限值时，其值远比第一项小，可忽略不计。故

$$\delta^2=\frac{[\Delta\Delta]}{n^2}。$$

代入(c)式，得

$$[\Delta\Delta]=[vv]+\frac{[\Delta\Delta]}{n}。$$

根据中误差的定义 $m^2=\frac{[\Delta\Delta]}{n}$，上式可写为

$$n\cdot m^2=[vv]+m^2$$

即

$$m=\pm\frac{[vv]}{n-1} \tag{5-17}$$

上式即是等精度观测用改正数计算观测值中误差的公式，又称“白塞尔公式”。

2)最或然值的中误差

一组等精度观测值为 L_1、L_2……L_n，其中误差均相同，设为 m，最或然值 x 即为各观测值的算术平均值。则有

$$x=\frac{[L]}{n}=\frac{1}{n}L_1+\frac{1}{n}L_2+\cdots+\frac{1}{n}L_n。$$

根据误差传播定律，可得出算术平均值的中误差 M 为

$$M^2=\left(\frac{1}{n^2}m^2\right)\cdot n=\frac{m^2}{n},$$

故

$$M=\frac{m}{\sqrt{n}} \tag{5-18}$$

顾及式(5-10),算术平均值的中误差也可表达如下

$$M=\pm\sqrt{\frac{[vv]}{n(n-1)}} \tag{5-19}$$

【例5-11】 对某角等精度观测6次,其观测值见表5-3。试求观测值的最或然值、观测值的中误差以及最或然值的中误差。

解:由本节可知,等精度直接观测值的最或然值是观测值的算术平均值。

根据式(5-10)计算各观测值的改正数 v_i,利用(5-11)式进行检核,计算结果列于表5-3中。

表5-3　等精度直接观测平差计算

观测值	改正数 $v('')$	$vv(''^2)$
$L_1=75°32'13''$	$2.5''$	6.25
$L_2=75°32'18''$	$-2.5''$	6.25
$L_3=75°32'15''$	$0.5''$	0.25
$L_4=75°32'17''$	$-1.5''$	2.25
$L_5=75°32'16''$	$-0.5''$	0.25
$L_6=75°32'14''$	$1.5''$	2.25
$x=[L]/n=75°32'15.5''$	$[v]=0$	$[vv]=17.5$

根据式(5-17)计算观测值的中误差为:$m=\pm\sqrt{\frac{[vv]}{n-1}}=\pm\sqrt{\frac{17.5}{6-1}}=\pm1.98''$。

根据式(5-18)计算最或然值的中误差为:$M=\frac{m}{\sqrt{n}}=\pm\frac{1.98''}{\sqrt{6}}=\pm0.8''$。

一般袖珍计算器都具有统计计算功能(STAT),能很方便地进行上述计算(参考各计算器的说明书)。

由式(5-18)可以看出,算术平均值的中误差是观测值中误差的 $1/\sqrt{n}$ 倍,这说明算术平均值的精度比观测值的精度要高,且观测次数愈多,精度愈高。所以多次观测取其平均值,是减小偶然误差的影响、提高成果精度的有效方法。当观测的中误差 m 一定时,算术平均值的中误差 M 与观测次数 n 的平方根成反比,如表5-4及图5-4所示。

表5-4　观测次数与算术平均值中误差的关系

观测次数 n	算术平均值的中误差 M
2	$0.71m$
4	$0.50m$

续表

观测次数 n	算术平均值的中误差 M
6	$0.41m$
10	$0.32m$
20	$0.22m$

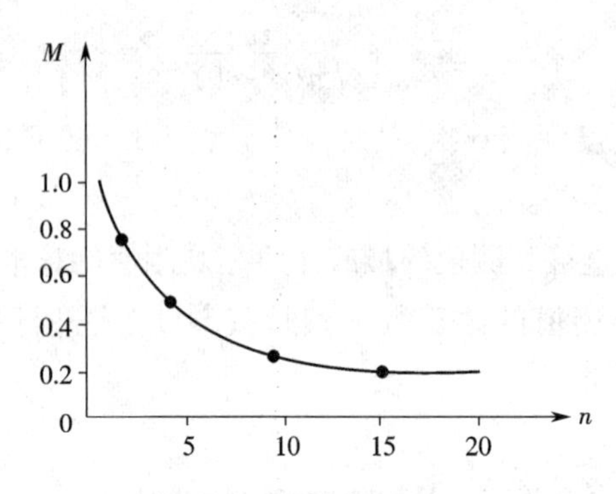

图 5-4 观测次数与算术平均值中误差的关系

从表 5-4 及图 5-4 可以看出观测次数 n 与 M 之间的变化关系。n 增加时,M 减小;当 n 达到一定数值后,再增加观测次数,工作量增加,但提高精度的效果就不太明显了。故不能单纯靠增加观测次数来提高测量成果的精度,而应设法提高单次观测的精度,如使用精度较高的仪器、提高观测技能或在较好的外界条件下进行观测。

本章小结

本章主要学习建筑工程测量课程应首先具备的测量误差基础概念和理论,包括测量误差的基本概念,测量精度的衡量标准、误差传播定律及应用等内容。掌握和了解这些基本知识,对于正确处理测量数据和顺利进行测量内业工作具有极为重要的意义。

习　题

1. 什么叫观测误差? 产生观测误差的原因有哪些?

2. 什么是粗差? 什么是系统误差? 什么是偶然误差?

3. 偶然误差有哪些特性?

4. 举例说明如何消除或减小仪器的系统误差?

5. 写出衡量误差精度的指标。

6. 设对某线段测量六次,其结果为 312.581 m、312.546 m、312.551 m、312.532 m、312.537 m、312.499 m。试求算术平均值、观测值中误差、算术平均值中误差及相对误差。

7. 已知 DJ6 光学经纬仪一测回的方向中误差 $m = \pm 6''$,问该类型仪器一测回角值的中误差是多少? 如果要求某角度的算术平均值的中误差 m 角 $= \pm 5''$,用该仪器需要观测几个测回。

第6章 小区域控制测量

导读:控制测量的服务对象主要是各种工程建设、城镇建设和土地规划与管理等工作。这就决定了他的测量范围比大地测量要小,并且在观测手段和数据处理方法上还具有多样化的特点。控制测量精度要求较高,涉及的计算工作也比较复杂,所以本章内容是课程学习的重点。测量作业遵循"从整体到局部,先控制后碎部"的原则,对于数字化测图,等级控制是扩展图根控制的基础,可保证测量精度均匀及所测地形图相互拼接为一个整体。对于工程测量,则需要布设专用控制网,为施工放样和变形监测提供必要的依据。本章在简要介绍国家控制网和城市控制网的基础上,为同学们重点讲述小区域平面控制测量、高程控制测量的基本方法和步骤。

引例:某高校要进行转设,目前校园土地面积仅有300亩,而教育部主管部门要求转设土地面积应达到500亩以上。因此该校在周边乡镇征地,经过一番努力,终于选中开发区一块面积为500亩的土地。为了进行规划、设计和准确计算土地面积,需要测绘这块地和周围四邻地形图,要测绘地形图就必须进行控制测量。如果让同学们去完成这项工作,该如何进行呢?

6.1 控制测量概述

控制测量的目的就是通过精确测量和计算,获得每个控制点的坐标和高程,为工程建设和运营管理提供满足精度要求的平面和高程控制基准。因此控制测量也分为平面控制测量和高程控制测量。测定控制点平面位置(x,y)的工作,称为平面控制测量。测定控制点高程(H)的工作,称为高程控制测量。作为控制测量服务对象的工程建设工作,在进行过程中,大体上可分为设计、施工和运营3个阶段。每个阶段都对控制测量提出不同的要求,在设计阶段建立用于测绘大比例尺地形图的测图控制网;在施工阶段建立施工控制网;在工程竣工后的运营阶段,建立以监视建筑物变形为目的的变形观测专用控制网。

1. 平面控制测量

平面控制测量按照控制点的连接方式划分,可以分为导线测量、三角测量、三边测量、边角测量等方法。按照技术方式划分,可分为传统的地面测角、测距方法和GPS卫星定位方法。不同的方法有不同的特点和要求。

1)导线测量

导线测量——将各控制点组成连续的折线或多边形,如图6-1所示。这种图形构成的控制网称为导线网,也称导线,转折点(控制点)称为导线点。测量相邻导线边之间的水平角与导线边长,根据起算点的平面坐标和起算边方位角,计算各导线点坐标,这项工作称为导线测量。

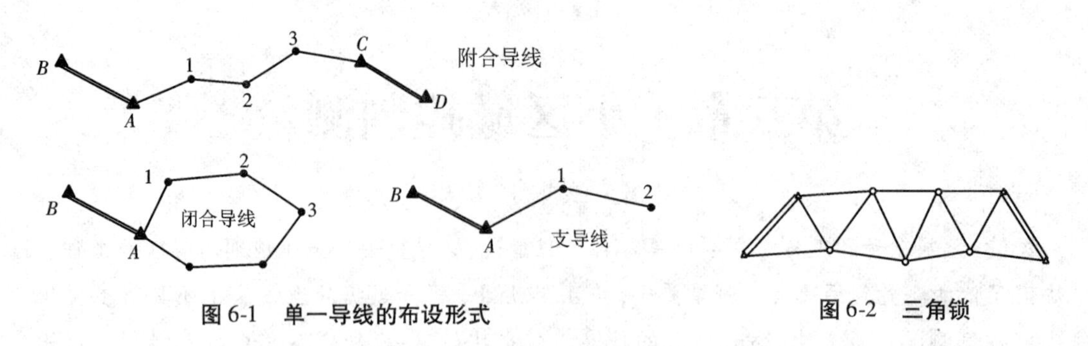

图6-1 单一导线的布设形式

图6-2 三角锁

2)三角测量

三角测量——将各控制点组成互相连接的一系列三角形,如图6-2所示,这种图形构成的控制网称为三角锁,是三角网的一种类型。所有三角形的顶点称为三角点。测量三角形的一条边和全部三角形内角,根据起算点的坐标与起算边的方位角,按正弦定律推算全部边长与方位角,从而计算出各点的坐标,这项工作称为三角测量。

3)三边测量

三边测量——使用全站型电子速测仪或光电测距仪,采取测边方式来测定各三角形顶点水平位置的方法。三边测量是建立平面控制网的方法之一,其优点是较好地控制了边长方面的误差、工作效率高等。三边测量只是测量边长,对于测边单三角网,无校核条件。

4)GPS测量

全球定位系统GPS测量——全球定位系统是具有在海、陆、空进行全方位实时三维导航与定位能力的新一代卫星导航与定位系统。GPS以全天候、高精度、自动化、高效率等显著特点,成功地应用于工程控制测量,如南京长江第三桥、西康铁路线18 km秦岭隧道、线路控制测量等方面。

GPS控制测量控制点是在一组控制点上安置GPS卫星地面接收机接收GPS卫星信号,计算求得控制点到相应卫星的距离,通过一系列数据处理取得控制点的坐标。

2. 高程控制测量

不同于平面坐标是纯粹的几何测量,高程值是有物理意义的量,两点高程相同,意味着水不会从一点流往另一点。高程系统采用独立于平面坐标的基准面——大地水准面。高程控制测量的任务是精确测定控制点的高程,根据高差测量方法的划分,也可以分为水准测量、三角高程测量、GPS高程测量等。为保证测量成果的精度和可靠性,高差观测值一般要布设成有检核条件的闭合图形,具体内容在第2章高程测量中有专门论述。

6.1.1 国家控制网

测量控制网按其控制的范围分为国家控制网、城市控制网、小地区控制网三类。国家控制网又分为国家平面控制网和国家高程控制网。

在全国范围内建立的平面控制网和高程控制网,称为国家控制网。国家控制网是为满足全国中小比例尺和大型工程建设需要而建立的基本控制,同时也为空间科学、军事等提供点的坐标、距离及方位资料,也可用于地震预报和研究地球形状大小。并为确定地球的形状和大小提供研究资料。由于我国幅员辽阔,不可能用最高的精度和较大的密度一次布满全国,必须采用"整体到局部"和"由高级到低级"的逐级控制原则。如图6-3所示为国家控制网的布设和逐级加密情况示意图。

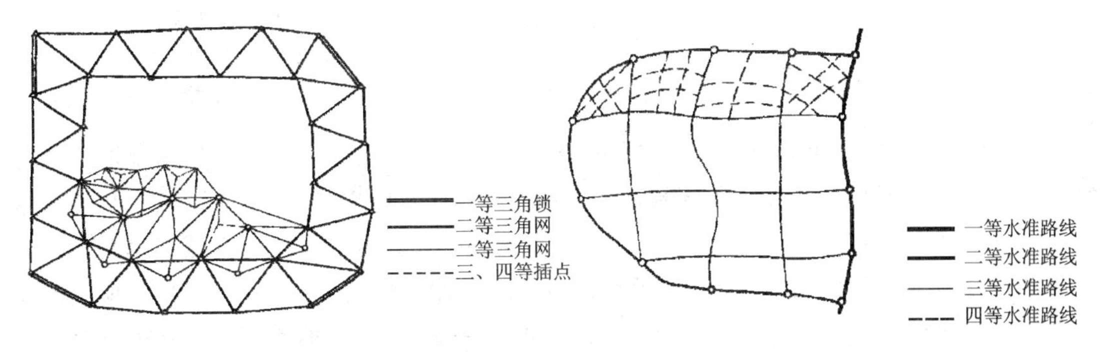

图6-3　国家平面控制网(三角网)和国家高程控制网(水准网)

在全站仪和GPS接收机普及以前,国家平面控制网主要是采用三角测量的方法建立的,称为国家三角网。按其精度可分为四个等级,一等精度最高,二、三、四等逐级降低。一等三角网基本是沿着经线和纬线的方向布设,而二、三、四等则是在一级网的控制下逐级加密,各级网的精度及技术指标如表6-1所示。

表6-1　三角测量的等级与技术指标

等级	平均边长/km	测角中误差/(″)	三角形最大闭合差/(″)	其实边相对中误差
一	20~25	±0.7	±2.5	1/350 000
二	13	±1.0	±3.5	1/250 000
三	8	±1.8	±7.0	1/150 000
四	2~6	±2.5	±9.0	1/100 000

由于三角测量网形结构复杂、控制点之间要求通视方向多,存在布点困难、外业观测工作量大的问题,近年来随着高精度GPS接收机的普及,已经不再适用了。

国家高程控制网也分为一、二、三、四共4个等级,其中一等和二等采用精密水准测量的方法建立,三等和四等采用普通水准测量的方法建立。一等水准网是布设成周长约为1 500 km的环形路线;二等水准网布设在一等水准环内,形成周长约为500~750 km的闭合环线;三等和四等均是与高一级水准点相连而形成附合路线。

6.1.2　城市控制网

在城市地区,为测绘大比例尺地形图、进行市政工程和建筑工程放样,在国家控制网的控制下而建立的控制网,称为城市控制网。

城市控制网的一般要求:

(1)城市平面控制网一般布设为导线网、GPS控制网;

(2)城市高程控制网一般布设为二、三、四等水准网;

(3)直接供地形测图使用的控制点,称为图根控制点,简称图根点;

(4)测定图根点位置的工作,称为图根控制测量;

(5)图根控制点的密度(包括高级控制点),取决于测图比例尺和地形的复杂程度。

6.1.3 小地区控制网

在面积小于10 km^2范围内为大比例尺测图和工程建设而建立的控制网,称为小地区控制网。建立小地区控制网时,应尽量与国家(或城市)的高级控制网连测,将高级控制点的坐标和高程,作为小地区控制网的起算和校核数据。如果不便连测时,可以建立独立控制网。在地形测量中,为满足地形测图精度的要求所布设的平面控制网,称为地形平面控制网。地形平面控制网分首级控制网、图根控制网。测区最高精度的控制网称为首级控制网。直接用于测图的控制网称为图根控制网,控制点称为图根点。

首级平面控制的等级选择,要根据测区面积大小,测图比例尺等方面考虑。一般情况下可采用一、二、三级导线作为首级控制网,在首级控制网的基础上建立图根控制网。当测区面积较小时,可以直接建立图根控制网。

图根控制点的密度取决于测图比例尺和地形的复杂程度,在平坦开阔地区不低于表6-1的规定。对地形复杂、山区参照表6-1的规定可适当增加图根点的密度,如表6-2所示。

表6-2 地形复杂、山区测量等级与技术指标

测区面积/km^2	首级控制	图根控制
1~10	一级小三角或一级导线	两级图根
0.5~2	二级小三角或二级导线	两级图根
0.5~以下	图根控制	

测图比例尺	1:500	1:1 000	1:2 000
图根点密度(点/km^2)	150	50	15

小区域高程控制测量的主要方法有水准测量和三角高程测量。一般是以国家水准点或相应等级的水准点为基础,在测区范围内建立三、四等水准路线,在三、四等的基础上建立图根高程控制点。

6.2 导线测量

6.2.1 概述

导线测量是进行平面控制测量的主要方法之一,通过测量导线各边长和各转折角,根据已知数据和观测值计算各导线点的平面坐标。它适用于平坦地区、城镇建筑密集区及隐蔽地区。

由于光电测距仪及全站仪的普及,导线测量的应用更为广泛。

导线就是在地面上按一定要求选择一系列控制点,将相邻点用直线连接起来构成的折线。折线的顶点称为导线点,相邻点间的连线称为导线边。导线分精密导线和普通导线,前者用于国家或城市平面控制测量,而后者多用于小区域和图根控制测量。用经纬仪测角和钢尺量边的导线称为经纬仪导线。如用光电测距仪测边的导线,称为光电测距导线;用于测图控制的导线,称图根导线,此时的导线点又称图根点。

6.2.2　导线的布设形式

根据测区的地形及已由高级控制点的情况,导线可布设成以下几种形式。

1. 附合导线

导线起始于一个高级控制点,最后附合到另一高级控制点的,称为附合导线(如图6-4所示)。

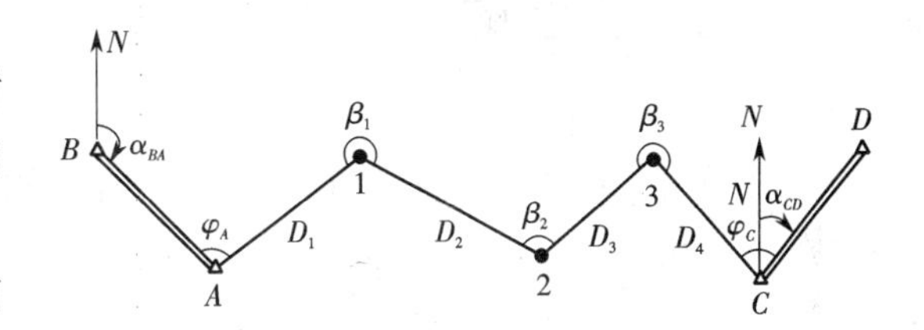

图6-4　附合导线

由于附合导线附合在两个已知点和两个已知方向上,所以具有自行检核条件,图形强度好,是小区域控制测量的首选方案。

2. 闭合导线

起止于同一已知点,中间经过一系列的导线点,形成一闭合多边形,这种导线称闭合导线(如图6-5所示)。闭合导线也有图形自行检核,是小区域控制测量的常用布设形式。

但由于它起止于同一点,产生图形整体偏转不易发现,因而图形强度不及附合导线。

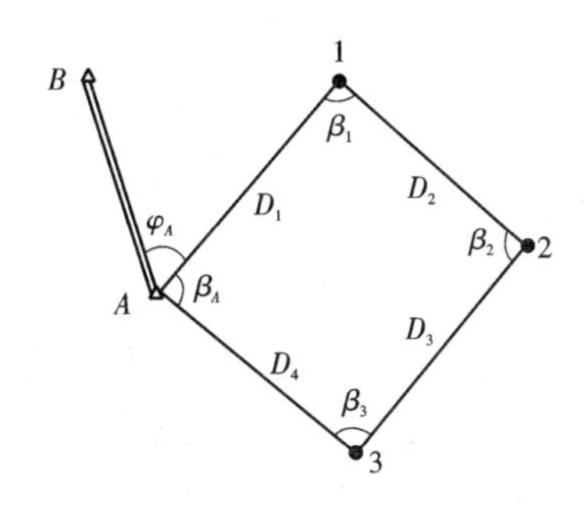

图6-5　闭合导线

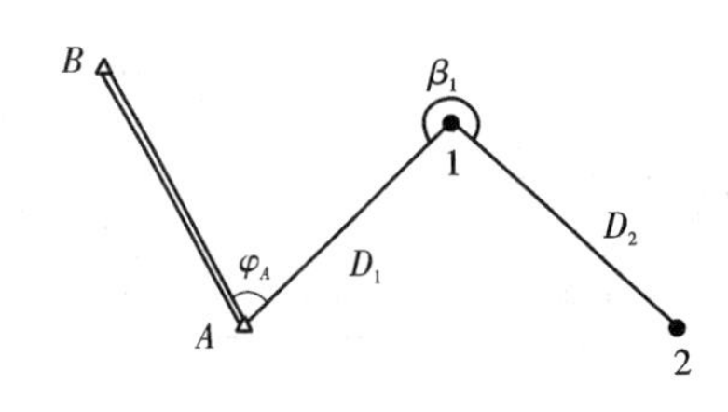

图6-6　支导线

3. 支导线

导线从一已知控制点开始,既不附合到另一已知点,又不回到原来起始点的,称支导线(如图6-6所示)。支导线没有图形自行检核条件,因此发生错误不易发现,一般只能用在无法布设附合或闭合导线的少数特殊情况,并且要对导线边长和边数进行限制。

以上三种是常用的布设形式,除此以外根据具体情况还可以布设成结点形式(如图6-7所示)和环形(如图6-8所示)。

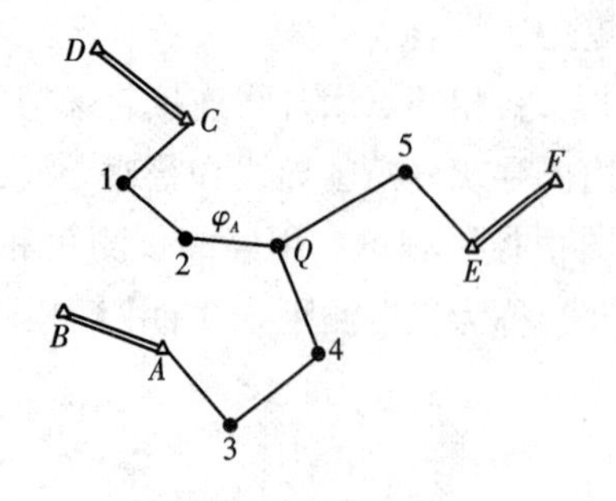

图 6-7　结点形导线

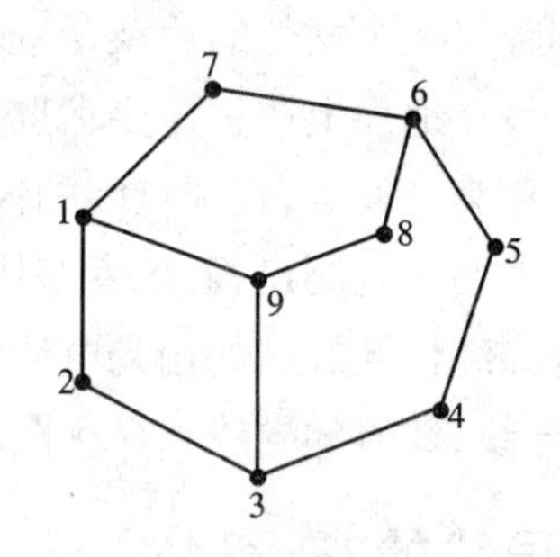

图 6-8　环形导线

6.2.3　导线测量的技术要求

表 6-3 是测量规范中对小区域和图根导线测量的技术要求。

在表 6-3 中,图根导线的平均边长和导线的总长度是根据测图比例尺所定的。因为图根导线点是测图时的测站点,测图中要求两相邻测站点上测定同一地物作为检核,而测 1:500 地形图时,规定测站到地物的最大距离为 40 m,即两测站之间的最大距离为 80 m,所以对应的导线边最长为 80 m,表中规定平均边长为 75 m。测图中又规定点位中误差不大于图上 0.5 mm,对 1:500 地形图上 0.5 mm 对应的实际点位误差为 0.25 mm。如果把 0.25 mm 视为导线的全长闭合差,根据全长相对闭合差则导线的全长为 500 m。

表 6-3　小区域和图根导线测量的技术要求

等级	测图比例尺	附合导线长度 m	平均边长 m	往返丈量较差相对中误差	测角中误差″	导线全长相对中误差	测回数		角度闭合差″
							DJ6	DJ2	
一级		2 500	250	1/20 000	±5	1/10 000	2	4	$\pm 10\sqrt{n}$
二级		1 800	180	1/15 000	±8	1/7 000	1	3	$\pm 16\sqrt{n}$
三级		1 200	120	1/10 000	±12	1/5 000	1	2	$\pm 24\sqrt{n}$
图根	1:500	500	75	1/3 000	±20	1/2 000		1	$\pm 60\sqrt{n}$
	1:1 000	1 000	110	1/3 000	±20	1/2 000		1	$\pm 60\sqrt{n}$
	1:2 000	2 000	180	1/3 000	±20	1/2 000		1	$\pm 60\sqrt{n}$

6.2.4　导线测量的外业工作

导线测量工作分为外业和内业,外业工作主要是布设导线,通过实地测量获取导线的有关数据,其具体工作包括以下几方面。

1. 选点

导线点的选择,一般是利用测区内已有地形图,先在图上选点,拟定导线布设方案,然后到实地踏勘,落实点位。当测区不大或无现成的地形图可利用时,可直接到现场,边踏勘,边选点。不论采用什么方法,选点时应注意下列几点。

(1)相邻点间通视要良好,地势平坦,视野开阔,其目的在于方便量边、测角和有较大的控制范围。

(2)点位应放在土质坚硬又安全的地方,其目的在于能稳固地安置经纬仪和有利于点位的保存。

(3)导线边长应符合表 6-3 的要求,导线边长应大致相等,相邻边长差不宜过大,点的密度要符合表 6-2 的要求,且均匀分布于整个测区。

当点位选定后,应马上建立和埋设标志。标志的形式,可以制成临时性标志,如图 6-9 所示,即在选的点位上打入 7 cm×7 cm×60 cm 的木桩,在桩顶钉一钉子或刻画"十"字,以示点位。如果需要长期保存点位,可以制成永久性标志,如图 6-10 所示,即埋设混凝土桩,在桩中心的钢筋顶面上刻"十"字,以示点位。

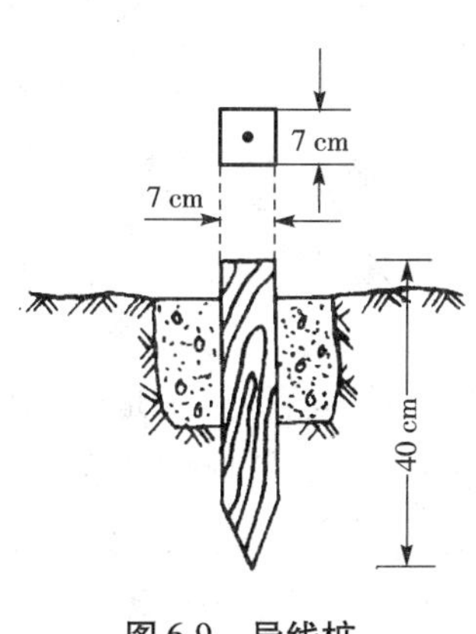

图 6-9　导线桩

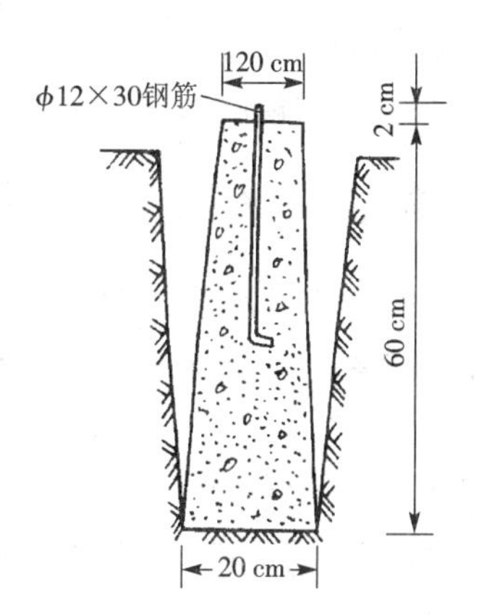

图 6-10　永久性控制桩

标志埋设好后,对作为导线点的标志要进行统一编号,并绘制导线点与周围固定地物的相关位置图,称为点之记,如图 6-11 所示,作为今后找点的依据。

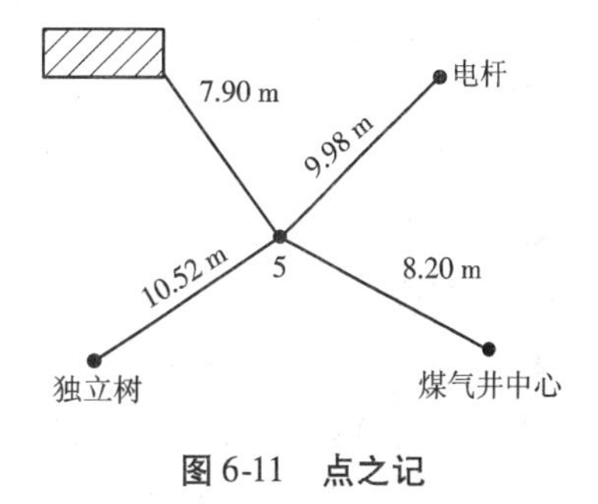

图 6-11　点之记

2. 测角

测角,就是测导线的转折角。转折角以导线点序号前进方向分为左角和右角。对附合导线和支导线测左角或测右角均可,但全线必须统一。对闭合导线,不论测左角或右角,都应该测闭合多边形的内角。

对导线角度测量的有关技术要求,可参考表 6-3。图根导线测量,一般用 DJ6 经纬仪测一个测回。上下半测回角差不大于 40″ 时,即可取平均值作为角值。

当测站上只有两个观测方向,即测单角时,用测回法观测;当测站上有三个观测方向时,用方向测回法观测,可以不归零;当观测方向超过三个时,方向测回法观测一定要归零。

3. 量边

导线边长一般要求用检定过的钢尺进行往返丈量。对图根导线测量,通常可以在同一方向丈量两次。当尺长改正数小于尺长的 1/10 000,测量时的温度与钢尺检定时的温度差小于

±10 ℃,边的倾斜小于1.5%时,可以不加三项改正,以其相对中误差不大于1/3 000为限差,直接取平均值即可。当然,如果有条件,可用光电测距仪测量边长,既能保证精度,又省力、省时。

4. 连测

导线连测,目的在于把已知点的坐标系传递到导线上来,使导线点的坐标与已知点的坐标形成统一系统。由于导线与已知点和已知方向连接的形式不同,连测的内容也不相同。

在图6-4、图6-5、图6-6中只测连接角 φ_A、φ_C,在图6-12中,除了测连接角 φ_A、φ_1 外还要测连接边 D_{A1}。连测工作可与导线测角、量边同时进行,要求相同。如果建立的是独立坐标系的导线,则要假定导线任一点的坐标值和某一条边的坐标方位角已知,方能进行坐标计算。

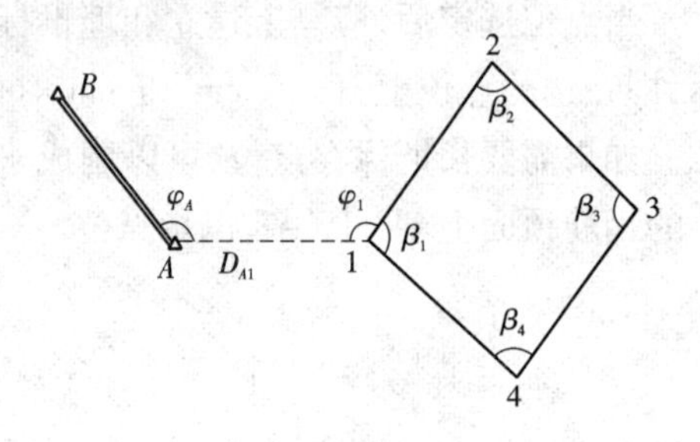

图6-12 边、角连测

6.2.5 导线测量的内业工作

导线测量的内业工作就是内业计算,又称导线平差计算,即用科学的方法处理测量成果,合理地分配测量误差,最后求出各导线点的坐标值。

为了保证计算的正确性和满足一定的精度要求,计算之前应注意两点:一是对外业测量成果进行复查,确认没有问题,方可在专用计算表格上进行计算;二是对各项测量数据和计算数据取到足够位数。对小区域控制和图根控制测量的所有角度观测值及其改正数取到整秒;距离、坐标增量及其改正数和坐标值均取到厘米。取舍原则:"四舍五入,单进双舍",即保留位后的数大于五就进,小于五就舍,等于五时,则看保留位上的数,是单数就进,是双数就舍。

1. 闭合导线计算

图6-13是实测图根闭合导线,图中各项数据是从外业观测手簿中获得的。已知A2边的坐标方位角为97°58′08″,x_A = 5 032.70,y_A = 4 537.66,现结合本例说明闭合导线计算步骤如下。

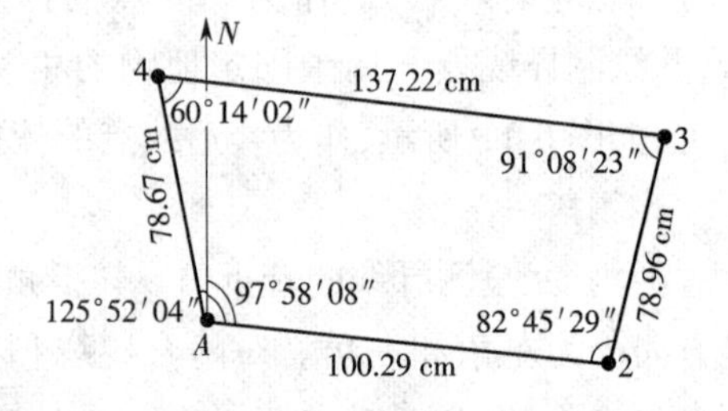

图6-13 图根闭合导线

1) 表中填入已知数据和观测数据

将已知边A2的坐标方位角填入表6-4中的第5栏,将已知点A的坐标值填入表6-4中第11、12栏,并在已知数据下边用红线或双线示明。将角度观测值和边长值分别填入表6-4中第2、6栏。

2) 角度闭合差的计算与调整

对于任意多边形,其内角和理论值的通项式可写成:

$$\sum \beta_{理} = (n-2) \times 180°。$$

由于此闭合导线为四边形,所以其内角和的理论值为(4 − 2) ×180° = 360°。如果用 $\sum \beta_{测}$ 表示四边形内角实测之和,由于存在测量误差,使得 $\sum \beta_{测}$ 不等于 $\sum \beta_{理}$,二者之差称为闭合导线的角度闭合差,通常用 f_β 表示,即

$$f_\beta = \sum \beta_{测} - \sum \beta_{理} = \sum \beta_{测} - (n-2) \times 180° \qquad (6\text{-}1)$$

根据误差理论，一般情况下，f_β 不会超过一定的界限，称之为容许闭合差或闭合差限差，如果用 F_β 表示这个界限值，那么当 $f_\beta \leqslant F_\beta$ 时，认为导线的角度测量是符合要求的，否则要对计算进行全面检查，若计算没有问题，就要对角度进行重测。本例 $f_\beta = +58''$。根据表 6-3 可知，$F_\beta = \pm 60''\sqrt{n} = \pm 120''$，则有 $f_\beta < F_\beta$，所以观测成果合格。

虽然 $f_\beta < F_\beta$，但 f_β 的存在，就是存在矛盾。因此，要根据误差理论，设法消除 f_β 这项工作叫角度闭合差的调整。调整前提是假定所有角的观测误差是相等的，则调整的方法是将 f_β 反符号平均分配到每个观测角上，即每个观测角改正 $-\dfrac{f_\beta}{n}$（n 为观测角的个数）。这项计算填在表 6-4 中的第 3 栏，并以改正数总和等于 $-f_\beta$ 作为检核。再将角度观测值加改正数求得改正后的角度值，填入表 6-4 中的第 4 栏，并以改正后角度总和等于理论值作为计算检核。

表 6-4　闭合导线坐标计算表

点号	观测左角 ° ′ ″	改正数 ″	改正后角值 ° ′ ″	方位角 ° ′ ″	距离 (m)	Δx (m)	Δy (m)	Δx′ (m)	Δy′ (m)	X	Y
1	2	3	4	5	6	7	8	9	10	11	12
A										5 032.70	4 537.66
				97 58 08	100.29	−13.90	99.32	−13.90	99.32		
2	82 46 29	−14	82 46 15							5 018.80	4 636.98
				0 44 23	78.96	78.95	1.02	78.95	1.02		
3	91 08 23	−15	91 08 08							5 097.75	4 638.00
				271 52 31	137.22	−1 −4.49	−137.15	−4.48	−137.15		
4	60 14 02	−14	60 13 48							5 102.23	4 500.85
				152 06 19	78.67	−69.53	36.81	−69.53	36.81		
A	125 52 04	−15	125 51 49							5 032.70	4 537.66
				97 58 08							
2											
Σ	360 00 58	−58	360 00 00		395.14	$f_x=0.01$	$f_y=0.00$	0	0		
辅助计算	$f_\beta = \Sigma = \beta_{测} \Sigma_{理} = +58''$					$f_D = \sqrt{f_x^2 + f_y^2} = 0.01$					
	$F_\beta = \pm 60''\sqrt{n} = \pm 120''\ f_\beta \leqslant F_\beta$					$K = \dfrac{f_D}{\sum D} = \dfrac{0.01}{395.14} = \dfrac{1}{39\,514} < \dfrac{1}{2\,000}$					

3）推算导线各边的坐标方位角

根据已知边坐标方位角和改正后的角值，按下面公式推算导线各边坐标方位角：

$$\left.\begin{aligned} \alpha_{前} &= \alpha_{后} + 180° + \beta_{左} \\ \alpha_{前} &= \alpha_{后} + 180° - \beta_{左} \end{aligned}\right\} \qquad (6\text{-}2)$$

式中，$\alpha_{前}$、$\alpha_{后}$ 表示导线前进方向的前一条边的坐标方位角和与之相连的后一条边的坐标方位角。$\beta_{左(右)}$ 为前后两条边所夹的左（右）角。由式(6-2)求得：

$$\alpha_{23} = \alpha_{A2} + 180° + \beta_2 = 97°58'08'' + 180° + 82°46'15'' = 0°44'23'',$$

$$\alpha_{34} = \alpha_{23} + 180° + \beta_3 = 271°52'31'',$$

$$\alpha_{4A} = \alpha_{34} + 180° + \beta_4 = 152°06'19'',$$

$$\alpha'_{A2}=\alpha_{4A}+180°+\beta_1=97°58'08''=\alpha_{A2}(检核)。$$

在运用公式(6-2)计算时,应注意以下两点。

(1)由于边的坐标方位角只能在0~360°之间,因此,当用式(6-2)第一式求出的$\alpha_{前}$大于360°时,应减去360°;当用式(6-2)第二式计算时,在$\alpha_{后}+180°<\beta_{右}$时,应先加360°,然后再减$\beta_{右}$。

(2)最后推算出的已知边坐标方位角,应与已知值相比,以此作为计算检核。此项工作填入表6-4的第5栏。

4)坐标增量计算

在图6-14中,设α_{12}、D_{12}为已知,则12边的坐标增量为:

$$\left.\begin{aligned}\Delta x_{12}&=D_{12}\cos\alpha_{12}\\\Delta y_{12}&=D_{12}\sin\alpha_{12}\end{aligned}\right\}\tag{6-3}$$

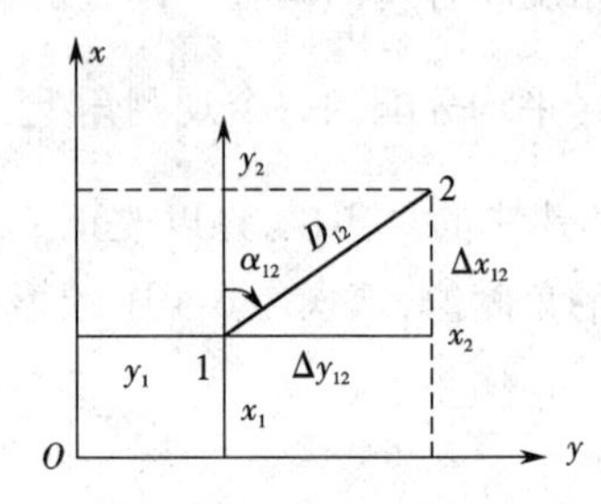

图6-14　坐标增量计算

式(6-3)说明,一条边的坐标增量,是该边边长和该边坐标方位角的函数。坐标增量的符号取决于边的坐标方位角,此项计算在表6-4中的第7、8栏。

5)坐标增量闭合差计算及其调整

对于闭合导线,由于起止于同一点,所以闭合导线的坐标增量总和理论上为零,即

$$\begin{cases}\sum\Delta x_{理}=0,\\\sum\Delta y_{理}=0。\end{cases}$$

如果用$\sum\Delta x_{测}$和$\sum\Delta y_{测}$分别表示计算的坐标增量总和,由于存在测量误差,计算出的坐标增量总和与理论值不相等,二者之差称为闭合导线坐标增量闭合差,分别用f_x、f_y表示,即有

$$\begin{cases}f_x=\sum\Delta x_{测}-\sum\Delta x_{理}\\f_y=\sum\Delta y_{测}-\sum\Delta y_{理}\end{cases}\tag{6-4}$$

坐标增量闭合差是坐标增量的函数,或者说是导线边长和边的坐标方位角的函数,而坐标方位角是通过已知边方位角和改正后的角值求得的,二者可以视为是正确的。这样,坐标增量闭合差可以认为是由导线边长误差引起的,也就是说,导线从A点出发,经过2、3、4点后,因各边丈量的误差,使导线没有回到A点,而是落在A'。如图6-15所示,AA'为导线全长闭合差,用f_D表示,可见f_x、f_y是f_D在x、y轴上的分量,所以有

$$f_D=\sqrt{f_x^2+f_y^2}\tag{6-5}$$

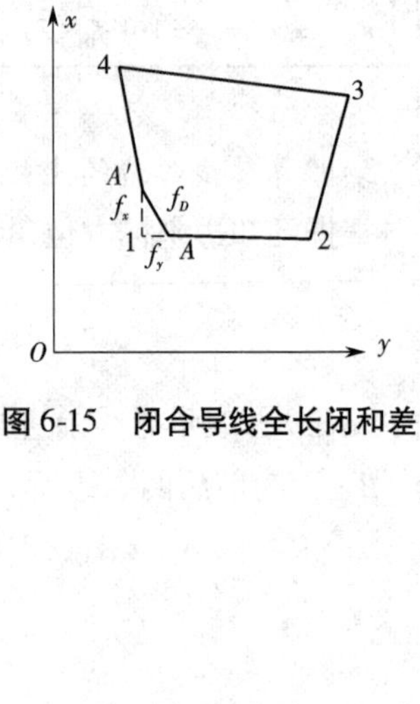

图6-15　闭合导线全长闭和差

既然所有边长误差总和为f_D,若用$\sum D$表示导线总长,则导线全长相对闭合差为:

$$K=\frac{f_D}{\sum D} \tag{6-6}$$

根据误差理论，导线全长相对闭和差不会超过一定界限，假设用 $K_容$ 表示这个界限值，则当 $K \leqslant K_容$ 时，我们认为导线边长丈量是符合要求的（本例中 $K_容=\frac{1}{2\ 000}$）。在这个前提下，本着边长误差与边的长度成正比的原则，将坐标增量闭合差 f_x、f_y 反符号按边长成正比例进行调整。

令 v_{x_i}、v_{y_i}为第 i 条边的坐标增量改正数，则有

$$\left.\begin{aligned} v_{x_i} &= -\frac{f_x}{\sum D}D_i \\ v_{y_i} &= -\frac{f_y}{\sum D}D_i \end{aligned}\right\} \tag{6-7}$$

此项计算填在表 6-4 中的第 7、8 栏坐标增量上面，并以 $\sum v_{x_i}=-f_{x'}$，$\sum v_{y_i}=-f_y$ 做检核。再将坐标增量加坐标增量改正数后填入表 6-4 中的第 9、10 栏，作为改正后的坐标增量，此时表 6-4 中的第 9、10 栏的总和为零，以此作为计算检核。

6）导线点坐标计算

在图 6-16 中，A 点的坐标是已知的，各边的坐标增量已经求得。所以有

$$\left.\begin{aligned} x_2 &= x_A+\Delta x_{A2} \\ y_2 &= y_A+\Delta y_{A2} \end{aligned}\right\} \tag{6-8}$$

同理类推，即可分别求出 3、4 点的坐标，用同样的方法，由 4 点推算 A 点的坐标，应与已知值相等，以此做计算检核。此项计算填入表 6-4 中的第 11、12 栏。

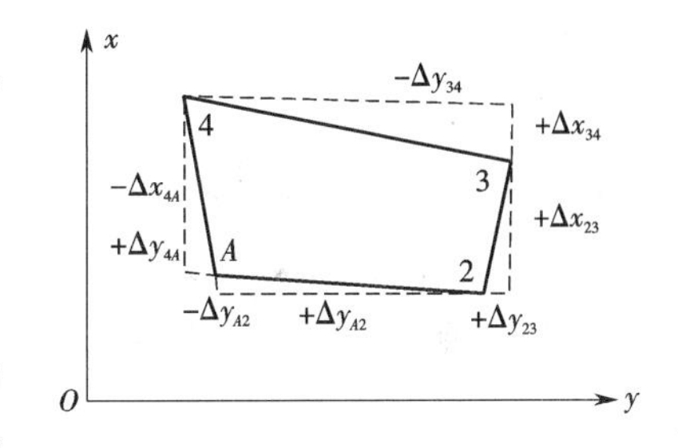

图 6-16　导线坐标计算

至此闭合导线内业计算全部结束。

2. 附合导线计算

附合导线计算方法和计算步骤与闭合导线计算相同，只是由于已知条件的不同，致使角度闭合差和坐标增量闭合差的计算略有不同。

1）角度闭合差的计算及其调整

如图 6-17 所示，附合导线是附合在两条已知坐标方位角的边上。也就是说 α_{BA}、α_{CD} 是已知的。由于我们已测出 β_A、β_1、β_2 和 β_C，所以从 α_{BA} 出发，经各转折角也可以求得 CD 边的坐标方位角，若用 α'_{CD}表示则有：

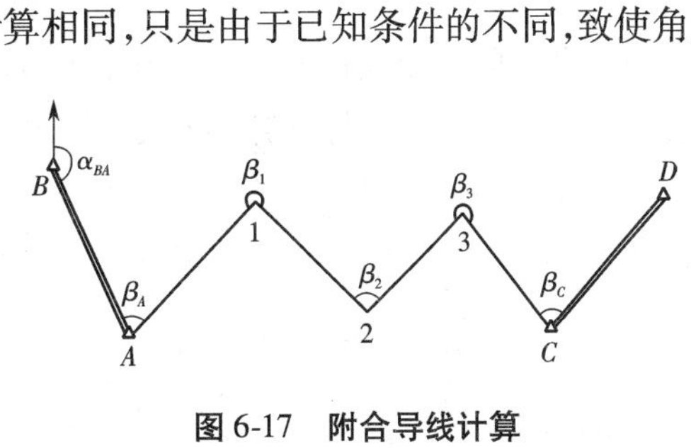

图 6-17　附合导线计算

$$a_{A1}=a_{BA}+180^\circ+\beta_A,$$
$$a_{12}=a_{A1}+180^\circ+\beta_1,$$
$$a_{23}=a_{12}+180^\circ+\beta_2,$$

$$a_{3C} = a_{23} + 180° + \beta_3,$$

$$a'_{CD} = a_{3C} + 180° + \beta_C = a_{BA} + 5 \times 180° + \sum \beta。$$

如果写成通项公式,即为:

$$\left.\begin{aligned} \alpha'_{终} &= \alpha_{始} + n \times 180° + \sum \beta_{左} \\ \alpha'_{终} &= \alpha_{始} + n \times 180° - \sum \beta_{右} \end{aligned}\right\} \tag{6-9}$$

或

式中,n 为测角个数(包括连接角个数)。

由于存在测量误差,致使 $\alpha'_{CD} \neq \alpha_{CD}$,二者之差叫附合导线角度闭合差,如用 f_β 表示,则

$$f_\beta = \alpha'_{CD} - \alpha_{CD} = \alpha_{BA} + 5 \times 180° + \sum \beta - \alpha_{CD} \tag{6-10}$$

和闭合导线一样,当 $f_\beta \leqslant F_\beta$ 时,说明附合导线角度测量是符合要求的,这时要对角度闭合差进行调整。其方法是:当附合导线测的是左角时,则将闭合差反符号平均分配,即每个角改正 $-\frac{f_\beta}{n}$;当测的是右角时,则将闭合差同符号平均分配,即每个角改正$\frac{f_\beta}{n}$。

2)坐标增量闭合差的计算

在图 6-17 中,由于 A、C 的坐标为已知,所以从 A 到 C 的坐标增量也就已知,即

$$\sum \Delta x_{理} = \Delta x_{AC} = x_C - x_A,$$

$$\sum \Delta y_{理} = \Delta y_{AC} = y_C - y_A。$$

然而通过附合导线测量也可以求得 A、C 间的坐标增量,假设用 $\sum \Delta x_{测}$、$\sum \Delta y_{测}$ 表示,则由于测量误差的缘故,致使

$$\sum \Delta x_{测} \neq \sum \Delta x_{理},$$

$$\sum \Delta y_{测} \neq \sum \Delta y_{理}。$$

二者之差称为附合导线坐标增量闭合差,即

$$\left.\begin{aligned} f_x &= \sum \Delta x_{测} - (x_C - x_A) \\ f_y &= \sum \Delta y_{测} - (y_C - y_A) \end{aligned}\right\} \tag{6-11}$$

附合导线的导线全长闭和差、全长相对闭和差的计算,以及坐标增量闭合差的调整与闭合导线相同。附合导线坐标计算的全过程见表 6-5。

表6-5　附合导线坐标计算表

点号	观测左角 ° ′ ″	改正数 ″	改正后角值 ° ′ ″	方位角 ° ′ ″	距离 (m)	Δx (m)	Δy (m)	Δx′ (m)	Δy′ (m)	X	Y
1	2	3	4	5	6	7	8	9	10	11	12
B											
				137 24 26							
A	67 54 44	+5	67 54 49							1 873.59	8 785.05
				25 19 15	161.01	-1 145.54	68.86	145.53	68.86		
1	248 28 06	+5	248 28 11							2 019.12	8 853.91
				93 47 26	239.51	-1 -15.83	-1 238.99	-15.84	238.98		
2	100 05 57	+5	100 06 02							2 003.28	9 092.89
				13 53 28	169.25	-1 164.30	-1 40.63	164.29	40.62		
3	279 07 09	+4	279 07 13							2 167.57	9 133.51
				113 00 41	132.62	-51.84	122.07	-51.84	122.07		
C	91 24 36	+5	91 24 41							2115.73	9 255.58
				24 25 22							
D											
Σ	787 00 32	+24	787 00 56		702.39	242.17	470.55	242.14	470.53		
辅助计算	$f_\beta = \alpha'_{CD} - _{CD} = \alpha_{BA} + 5 \times 180° + \sum\beta - \alpha_{CD} = -24'', f_x = 0.028, f_y = 0.017$, $F_\beta = \pm 60''\sqrt{n} = \pm 134'', f_D = 0.032$, $f_\beta < F_\beta, K = \frac{f_D}{\sum D} = \frac{0.032}{702.397} = \frac{1}{21\ 000} < \frac{1}{2\ 000}$										

6.3　小三角测量

将测区内各控制点组成互相连接的若干个三角形就构成三角网,这些三角形的顶点称为三角点。所谓小三角测量,是指在小范围内布设边长较短的三角网的测量。它是平面控制测量主要方法之一。在观测所有三角形的内角及测量若干必要的边长之后,根据起始边的已知坐标方位角和起始点的已知坐标,即可求出所有三角点的坐标。小三角测量的特点:主要是测角工作,而测距工作极少,甚至可以没有。它适用于山区或丘陵地区的平面控制。

6.3.1　小三角网的形式

根据测区的范围和地形条件,以及已有控制点的情况,小三角网可布置成三角锁(如图6-18(a)所示)、中点多边形(如图6-18(b)所示)、大地四边形(如图6-18(c)所示)和线形锁(如图6-18(d)所示)。

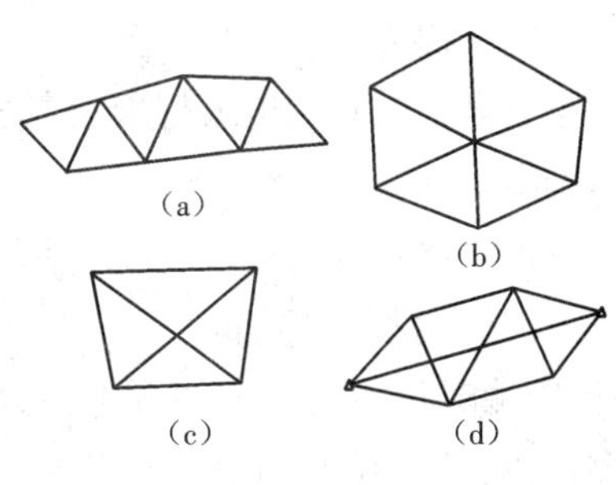

图6-18

三角网中直接测量的边称**基线**。三角锁一般在两端都布设一基线,中点多边形和大地四边形只需布设一条基线,线形锁则是两端附合在高级点上的三角锁,故不需设置基线。起始边附合在高级点上的三角网也不需设置基线。

6.3.2 小三角测量的等级及技术要求

小三角测量分成一级小三角、二级小三角和图根小三角三个等级。一二级小三角可作为国家等级控制网的加密,也可作为独立测区的首级控制。图根小三角可作为一二级小三角的进一步加密,在小范围的独立测区,也可直接作为测图控制。各级小三角测量的技术要求如表6-6所示,图根三角锁的三角形个数≤12,方位角闭合差≤ $\pm 40''\sqrt{n}$。

表6-6 各级小三角测量的主要技术要求

等级	平均边长 m	测角中误差 ″	三角形最大闭合差 ″	三角形个数	起始边相对中误差	最弱边相对中误差	测回数	
							DJ2	DJ6
一级	1 000	±5	±15	6~7	1/40 000	1/20 000	2	4
二级	500	±10	±30	6~7	1/20 000	1/10 000	1	2
图根	≤1.7最大视距	±20	±60	≤12	1/10 000	1/10 000		1

6.3.3 小三角测量的外业

1. 选点

选点前应搜集测区内已有的地形图和控制测量资料。在已有的地形图上初步拟定布网方案,然后到实地对照、修改,最后确定点位。如果测区没有可利用的地形图,则须到野外详细踏勘,综合比较,最后选定点位。选点时应考虑各级小三角测量的技术要求,又要考虑测图和用图方面的要求,一般应注意以下几点。

(1)三角形应接近等边三角形,困难地区三角形内角也不应大于120°或小于30°。

(2)三角形的边长应符合规范的规定。

(3)三角点应选在地势较高,视野开阔,便于测图和加密的地方,选在便于观测和便于保存点位的地方,三角点间应通视良好。

(4)基线应选在地势平坦而无障碍便于量距的地方,使用测距仪时还应避开发热体和强电磁场的干扰。

小三角网的起始边最好能直接丈量,采用测距仪不难实现。

三角点选定后应埋设标志,标志可根据需要采用大木桩或混凝土标石。小三角测量一般不建造觇标,观测时可用三根竹杆吊挂一大垂球,为便于观测,可在悬挂线上加设照准用的竹筒,也可用三根铁丝竖立一标杆作为照准标志,如图6-19所示。

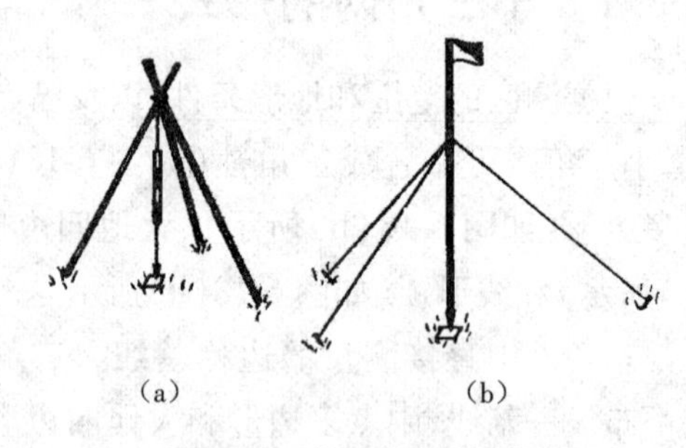

图6-19 小三角观测目标

2. 角度观测

角度观测是三角测量的主要工作。观测前应检校好仪器。观测一般采用方向观测法,观测方法详见第三章。当方向数超过三个时应归零。各级小三角角度观测的测回数可参考表6-6的规定,角度观测的各项限差如表6-7所示。三角形闭合差应不超过表6-6中的规定。以上条件满足后并不等于满足了角度测量的精度要求,而还应按菲列罗公式计算测角中误差,即

$$m_\beta = \sqrt{\frac{[ww]}{3n}} \tag{6-12}$$

计算得出的 m_β 应不超过表6-6中测角中误差规定的数值。

表6-7 小三角测量中水平角观测的限差

项目	DJ2(″)	DJ6(″)
半测归零差	12	18
一测回中2C互差	18	
同方向各测回归零方向值互差	12	24

3. 基线测量

基线是计算三角形边长的起算数据,要求保证必要的精度。各级小三角测量对起始边的精度要求如表6-6所示。起始边应优先采用光电测距仪观测,观测前测距仪应经过检定,观测方法同各级光电测距导线的边长测量。观测所得斜距应加气象、加常数、乘常数等改正,然后化算成平距。当用钢尺丈量基线时,应按钢尺精密丈量方法进行。钢尺应经过检定。丈量可用单尺进行往返丈量或双尺同向丈量。直接丈量三角网起始边时,应满足表6-6中规定的精度要求。

4. 起始边定向

与高级网联测的小三角网,可根据高级点的坐标,用坐标反算得出的高级点间的坐标方位角和所测的连接角,推算出起始边的坐标方位角。对于独立的小三角网,可直接测定起始边的真方位角或磁方位角进行定向。

6.3.4 小三角测量的内业计算

小三角测量内业计算的目的,是要求出各三角点的坐标。为此,首先要检查和整理好外业资料,准备好起算数据。计算工作包括检验各种闭合差,进行三角网的平差,计算边长及其坐标方位角,最后算出三角点的坐标。

小三角网的图形中存在各种几何关系,又称几何条件。由于观测值中均带有测量误差,所以往往不能满足这些几何条件。因此,必须对所测的角度进行改正,使改正后的角值能满足这些条件。这项工作称为平差,是三角测量内业计算中的一项主要工作。在小三角测量中,通常可采用近似平差。下面就大地四边形的近似平差方法进行说明。

1. 大地四边形的近似平差

大地四边形共测量了一条基线和八个角,如图6-20所示。这些观测值应满足的图形条件

是:(1)三个图形条件;(2)一个边长条件。根据大地四边形所测的八个角,可以列出很多图形条件式,只要有三个独立的条件能满足,其他都能满足。

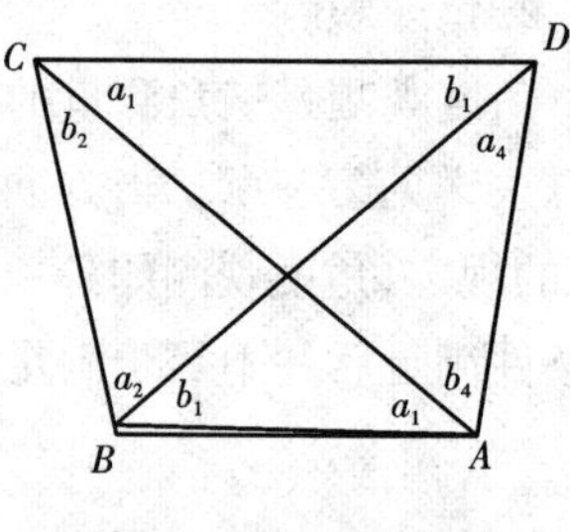

图 6-20 大地四边形

一般取下列三个条件式:

$$\left.\begin{aligned}\sum a+\sum b&=360^{\circ}\\ a_1+b_1&=a_3+b_3\\ a_2+b_2&=a_4+b_4\end{aligned}\right\}\tag{6-13}$$

2. 平差工作的两个步骤

1)闭合差的计算和调整

式(6-13)如果不能满足,则角度闭合差可按下式计算:

$$\left.\begin{aligned}f_1&=\sum a+\sum b=360^{\circ}\\ f_2&=a_1+b_1=a_3+b_3\\ f_3&=a_2+b_2=a_4+b_4\end{aligned}\right\}\tag{6-14}$$

若闭合差在容许范围内,按相反符号平均分配的原则,则各角的第一次改正数为:

$$\left.\begin{aligned}v_{a1}=v_{b1}&=-\frac{f_1}{8}-\frac{f_2}{4}\\ v_{a2}=v_{b2}&=-\frac{f_1}{8}+\frac{f_3}{4}\\ v_{a3}=v_{b3}&=-\frac{f_1}{8}-\frac{f_2}{4}\\ v_{a4}=v_{b4}&=-\frac{f_1}{8}+\frac{f_3}{4}\end{aligned}\right\}\tag{6-15}$$

各观测值加上第一次改正数,得出第一次改正后的角值。

2)边长闭合差的计算和调整

边长条件是按起始边 AB 和第一次改正后的 a'、b' 角,依次推算三角形的各边,最后推算出 AB 的长度等于 AB 原来的长度。由此边长条件可列为:

$$\frac{\sin a_1'\sin a_2'\cdots\sin a_4}{\sin b_1\sin b_2\cdots\sin b_4}-1=0\tag{6-16}$$

如果上述条件不能满足,则产生边长闭合差 W,即

$$W=\frac{\prod_{i=1}^{n}\sin\alpha_i'}{\prod_{i=1}^{n}\sin\alpha_i'}-1\tag{6-17}$$

边长闭合差的限差 $W_{限}$ 可按下式计算:

$$W_{限}=\pm 2\frac{m_{\beta}''}{\rho''}\sqrt{\sum_{i=1}^{n}\cot^2\alpha_i'+\sum_{i=1}^{n}\cot^2 b_i'}\tag{6-18}$$

第二次改正数的计算公式如下:

$$v''_{a_i} = -v''_{b_i} = -\frac{W_D \cdot \rho''}{\sum_{i=1}^{n} \cot a'_i - \sum_{i=1}^{n} \cot b'_i} \tag{6-19}$$

第一次改正后角值 a'_i、b'_i、c'_i 分别加上第二次改正数 v''_{a_i}、v''_{b_i} 和零，得第二次改正后的角值。

6.4　交会法定点

平面控制网是同时测定一系列点的平面坐标。但在测量中往往会遇到只需要确定一个或两个的平面坐标，如增设个别图根点。这时可以根据已知控制点，采用交会法确定点的平面坐标。

6.4.1　前方交会

所谓前方交会，就是在两个已知控制点上观测角度，通过计算求得待定的坐标值。在图6-21中，A、B 为已知控制点，P 为待定点。在 A、B 两点上安置经纬仪，测量 α、β 角，通过计算即可求得 P 点的坐标。

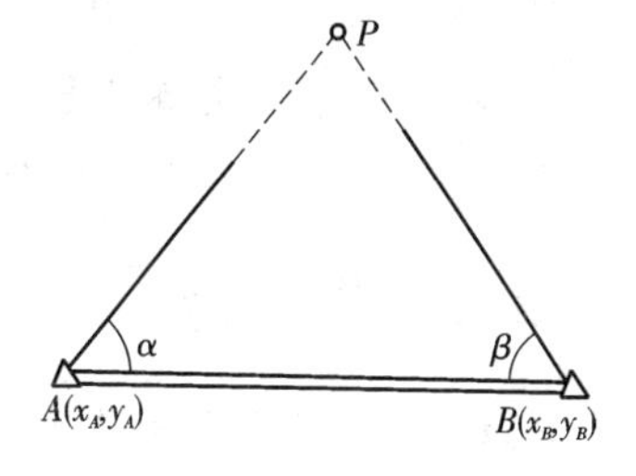

图6-21　通过两个已知控制点求待定点

从图6-21中可得：$x_p = x_A + D_{AP}\cos\alpha_{AP}$，

式中　$\alpha_{AP} = \alpha_{AB} - \alpha$。

按正弦定理 $D_{AP} = D_{AB}\dfrac{\sin\beta}{\sin(\alpha+\beta)}$，故

$$\begin{aligned} x_P &= x_A + D_{AB}\frac{\sin\beta}{\sin(\alpha+\beta)}\cos(\alpha_{AB}-\alpha) \\ &= x_A + D_{AB}\frac{\sin\beta}{\sin(\alpha+\beta)}(\cos\alpha_{AB}\cos\alpha + \sin\alpha_{AB}\sin\alpha) \end{aligned} \tag{6-20}$$

因　$D_{AB}\cos\alpha_{AB} = x_B - x_A$，$D_{AB}\sin\alpha_{AB} = y_B - y_A$，所以

$$x_P = x_A + \frac{(x_B - x_A)\sin\beta\cos\alpha + (y_B - y_A)\sin\beta\sin\alpha}{\cot\alpha + \cot\beta}。$$

$$\left.\begin{aligned} &\text{化简后得：}x_P = \frac{x_A\cot\beta + x_B\cot\alpha - y_A + y_B}{\cot\alpha + \cot\beta} \\ &\text{同理可得：}x_P = \frac{x_A\cot\beta + y_B\cot\alpha - x_A + x_B}{\cot\alpha + \cot\beta} \end{aligned}\right\} \tag{6-21}$$

利用上式计算时，需注意△ABP 是按逆时针编号的，否则公式中的加减号将有改变。为了得到检核，一般都要求从三个已知点做两组前方交会。如图6-22所示，分别按 A、B 和 B、C 求出 P 点的坐标。如果两组坐标求出的点位较差，在允许范围内，则可取平均值作为待定点的坐标。对于图根控制测量而言，其较差应不大于比例尺精度的2倍，即

$$\Delta = \sqrt{\delta_x^2 + \delta_y^2} \leqslant 2 \times 0.1M \quad (\text{mm}),$$

式中，δ_x、δ_y 为 P 点两组坐标之差，M 为测图比例尺分母。

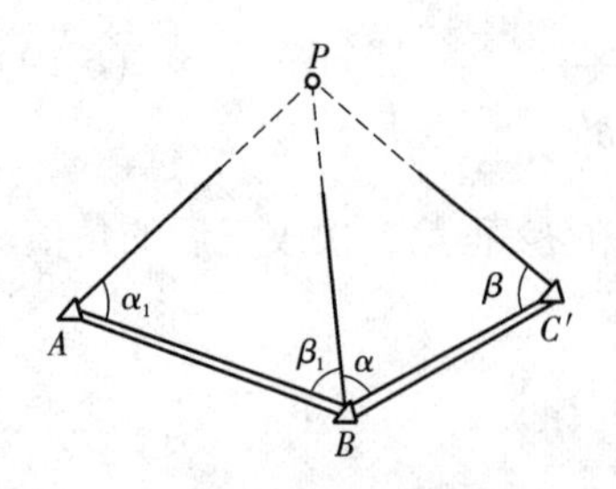

图 6-22 三个已知点两组前方交会

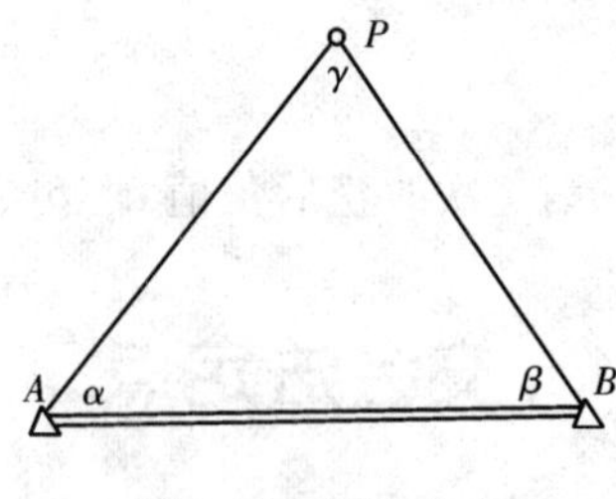

图 6-23 侧方交会

6.4.2 侧方交会

侧方交会是在一个已知控制点和待定点上测角来计算待定点坐标的一种方法。在图 6-23 中,如果在已知点 A 及待求点 P 上,分别观测了 α 和 γ 角,则可计算出 β 角。这样就和前方交会公式一样,根据 A、B 两点的坐标和 α、β 角,按前方交会的公式求出 P 点的坐标。

6.4.3 后方交会

后方交会是在待定点上对三个或三个以上的已知控制点进行角度观测,从而求得待定点的坐标。

如图 6-24 中,A、B、C 为三个已知控制点,P 点为待求点。现在 P 点观测了 α、β 角,下面给出有关的计算公式。

由图 6-24 可以列出下列各式

$$\left.\begin{aligned} y_P - y_B &= (x_P - x_B)\tan\alpha_{BP} \\ y_P - y_A &= (x_P - x_A)\tan(\alpha_{BP} + \alpha) \\ y_P - y_C &= (x_P - x_B)\tan(\alpha_{BP} - \beta) \end{aligned}\right\} \tag{6-22}$$

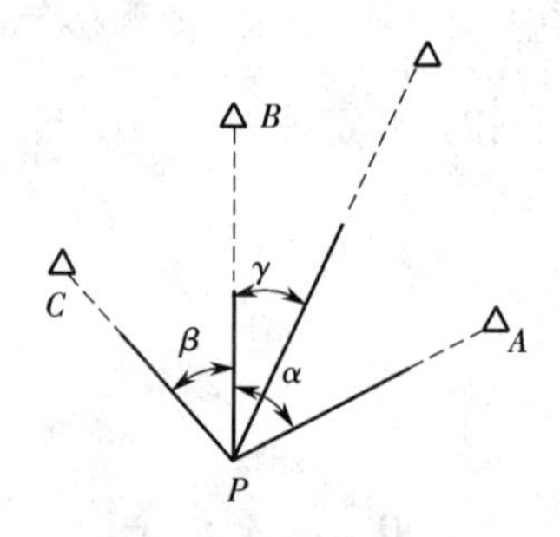

图 6-24 后方交会

上面的方程中有三个未知数,即 x_P、y_P 和 α_{BP},故可通过上述三个方程解算出三个未知数,从而得出 P 点的坐标。这里略去推导过程,直接给出计算公式如下:

$$\tan\alpha_{BP} = \frac{(y_B - y_A)\cot\alpha + (y_B - y_C)\cot\beta + (x_A - x_C)}{(x_B - x_A)\cot\alpha + (x_B - x_C)\cot\beta + (y_A - y_C)},$$

$$X_P = \frac{(y_B - y_A) + x_A\tan(\alpha_{BP} + \alpha) - x_B\tan\alpha_{BP}}{\tan(\alpha_{BP} + \alpha) - \tan(\alpha_{BP})} \tag{6-23}$$

$$\Delta x_{BP} = x_P - x_B = \frac{(y_B - y_A)(\cot\alpha - \tan\alpha_{BP} + \alpha) - \tan(\alpha_{BP})}{\tan(\alpha_{BP} + \alpha) - \tan(\alpha_{BP})} \tag{6-24}$$

$$\Delta y_{BP} = \Delta x_{BP}\tan\alpha_{BP} \tag{6-25}$$

$$\left.\begin{aligned} x_P &= x_B + \Delta x_{BP} \\ y_P &= y_B + \Delta y_{BP} \end{aligned}\right\} \tag{6-26}$$

实际计算中,利用式(6-21)至式(6-26)时,点号的安排应与图 6-24 一致,即 A、B、C、P 按逆时针排列,A、B 间为 α 角,B、C 间为 β 角。为了检核,实际工作中常要观测四个已知点,每次用三个点,共组成两组后方交会。对于图根控制,两组点位较差不得超过 2 ×0.1M(mm)。后方交会还有其他解法。在后方交会中,若 P 点与 A、B、C 点位于同一圆周上时,则在这一圆周上的任意点与 A、B、C 组成的 α 和 β 角的值都相等,故 P 点的位置无法确定。所以称这个圆为危险圆。在作后方交会时,必须注意勿使待求点位于危险圆附近。后方交会计算如表 6-8 所示。

表 6-8　后方交会计算

已知:x_A =4 374.87, y_A =6 564.14 x_B =5 144.96, y_B =6 083.70 x_C =4 512.97, y_C =5 541.71 x_D =5 684.10, y_D =6 860.08	α =118°58′18″ α =106°14′22″ α =36°24′29″
第一组(已知点 A、B、C)	第二组(已知点 D、B、C)
$\tan\alpha_{BP}$ +0.018 025	$\tan\alpha_{BP}$ = +0.017 978
Δx_{BP} =487.22	Δx_{BP} =487.19
Δy_{BP} =8.78	Δy_{BP} =8.76
x_P =4 657.74	x_P =4 657.77
y_P =6 074.29	y_P =6 074.31
$\Delta=\sqrt{3^2+4^2}$ =3.6 cm <(2 ×0.1 ×1 000 =200 mm),M =1 000 平均值 x_P =4 657.76　y_P =6 074.30	

6.4.4　距离交会法

距离交会法,就是在两已知的点上分别测定到待定点的距离,进而求定待定点的坐标。下面介绍其计算方法。

图 6-25 中,A、B 为已知点,P 点为待定点。根据 A、B 的已知坐标可反算出 A、B 的边长 D 和坐标方位角 α。

$$D=\sqrt{(x_B-x_A)^2+(y_B-y_A)^2},$$

$$\alpha=\arctan^{-1}\left(\frac{y_B-y_A}{x_B-x_A}\right)。$$

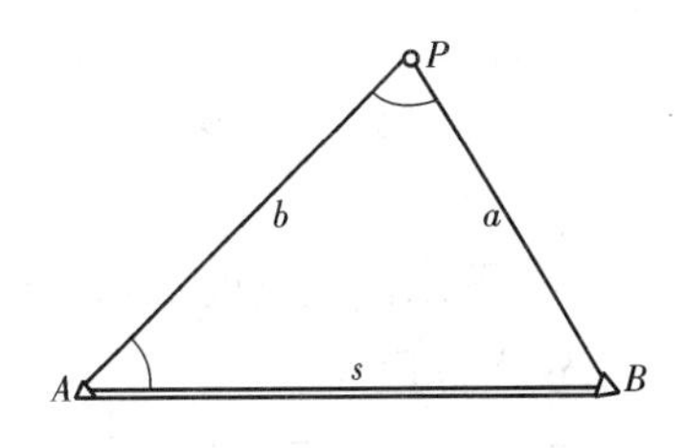

图 6-25　距离交会计算

做 $PQ\perp AB$,并令 $PQ=h$,$AQ=r$,则 $r=D_a\cos A$。按余弦定理 $D_b^2=D_a^2+D^2-2D_aD\cos A=D_a^2+D^2-2Dr$,故

$$\left.\begin{aligned}r&=\frac{D_a^2+D^2-D_b^2}{2D}\\h&=\sqrt{D_a^2-r^2}\end{aligned}\right\}\tag{6-27}$$

根据 r、h,求 A、P 的坐标增量如下:

$$\left.\begin{aligned}\Delta x_{AP}&=r\cos\alpha+h\sin\alpha\\\Delta y_{AP}&=r\sin\alpha-h\cos\alpha\end{aligned}\right\},$$

故

$$\left.\begin{aligned}x_P &= x_A + r\cos\alpha + h\sin\alpha\\ y_P &= y_A + r\sin\alpha - h\cos\alpha\end{aligned}\right\}\tag{6-28}$$

应用上述公式时,应注意点号的排列须与图6-25一致,即A、B、P按逆时针排列。为了检核,可选三个已知点,进行两组距离交会。两组所得点位误差规定如前所述。

6.5 高程控制测量

高程控制测量主要用水准测量方法。小区域高程控制测量,根据情况可采用三、四等水准测量和三角高程测量。本节仅就三、四等水准测量和三角高程测量予以介绍。

6.5.1 三、四等水准测量

前已述及,三、四等水准测量是国家高程控制网的加密方法,也可用作小区域的首级高程控制。

三、四等水准测量的外业工作和等外水准测量的外业工作基本上一样。三、四等水准点可以单独埋设标石,也可以用平面控制点标志代替,即平面控制点和高程控制点共用。三、四等水准测量应由二等水准点上引测。有关三、四等水准测量的技术要求,如表6-9所示。

表6-9 三、四等水准测量的技术要求

<table>
<tr><th rowspan="2">等级</th><th rowspan="2">附合路线总长(km)</th><th rowspan="2">仪器</th><th rowspan="2">视线长度(m)</th><th rowspan="2">视线距地面最低高度(m)</th><th rowspan="2">水准尺</th><th colspan="2">观测次数</th><th colspan="2">线路闭合差</th></tr>
<tr><th>与已知点连测</th><th>附合线路或环线</th><th>平地(mm)</th><th>山地(mm)</th></tr>
<tr><td rowspan="2">三等</td><td rowspan="2">≤50</td><td>DS1</td><td rowspan="2">75</td><td rowspan="2">0.3</td><td>铟瓦</td><td rowspan="2">往返一次</td><td>往一次</td><td rowspan="2">$\pm 12\sqrt{L}$</td><td rowspan="2">$\pm 4\sqrt{n}$</td></tr>
<tr><td>DS3</td><td>双面</td><td>往返各一次</td></tr>
<tr><td>四等</td><td>≤16</td><td>DS3</td><td>100</td><td>0.2</td><td>双面</td><td>往返一次</td><td>往一次</td><td>$\pm 12\sqrt{L}$</td><td>$\pm 6\sqrt{n}$</td></tr>
</table>

表中:L——水准线路总长度,以千米为单位;n——全线总测站数。

三、四等水准测量的观测方法、计算和检核说明如下。

1. 双面标尺法

双面标尺在第二章已做了介绍。这里只强调两点:一是两根标尺的两面零点差不相同,一般是一根为4.687,另一根为4.787;二是两根标尺应成对使用。

1)一个测站上的观测顺序、记录

三等水准测量一个测站上的观测顺序为:

第一步观测后标尺黑面,读上、下、中三丝,将读数记录在表6-10中的相应于(1)、(2)、(3)的位置;

第二步观测前标尺的黑面,读上、下、中三丝,将读数记录在表6-10中的相应于(5)、(6)、(4)的位置;

第三步观测前标尺的红面,只读中丝,将读数记录在表6-10中的相应于(8)的位置;

第四步观测后标尺的红面，也只读中丝，将读数记录在表6-10中的相应于(7)的位置。

上述四步8个读数。为便于记忆，可把观测顺序归纳为：后→前→前→后。

四等水准测量，由于精度较低，因此可以采用后→后→前→前的顺序。

2)一个测站上的计算与检核

(1)视距计算与检核。

后视距离：(9) = [(1) - (2)] ×100。

前视距离：(10) = [(5) - (6)] ×100。

前后视距差：(11) = (9) - (10)。

视距累差：$(12)_{本}$ = 上一站的(12) + 本站(11)。

限差检核：DS3仪器，三等水准(9)和(10)均小于75 m，(11)小于2 m，(12)小于5 m；四等水准的(9)和(10)均小于100 m，(11)小于3 m，(12)小于10 m。

(2)同一根标尺黑红面零点差检核计算。

黑面中丝读数加黑红面零点差K(4.787或4.687)，减去红面中丝读数，理论上应为零。但由于误差的影响，一般不为零，根据误差理论，在水准测量中规定同一根标尺黑红面零点差检核计算：

$$\left.\begin{aligned}(13) &= (3) + K - (7)\\ (14) &= (4) + K - (8)\end{aligned}\right\}\leqslant 2\ \text{mm}(三等)或3\ \text{mm}(四等)。$$

表6-10　四等水准测量记录薄

测站编号	测点编号	后尺 下丝 / 上丝 后视距 视距差d	前尺 下丝 / 上丝 前视距 $\sum d$	方向及尺号	水准尺读数(m) 黑面	水准尺读数(m) 红面	K+黑减红(mm)	高差中数(m)	备注
		(1)	(5)	后	(3)	(7)	(13)		
		(2)	(6)	前	(4)	(8)	(14)		
		(9)	(10)	后-前	(15)	(16)	(17)	(18)	
		(11)	(12)						
1	$BM1$	1.426	0.801	后 6	1.211	5.998	0		
	|	0.995	0.371	前 7	0.586	5.273	0		K_6 = 4.787
		4.3.1	43.1	后-前	0.625	0.725	0	0.625 0	K_7 = 4.687
	$TP1$	+0.1	+0.1						
2	$TP1$	1.812	0.570	后 7	1.554	6.241	0		
	|	1.296	0.052	前 6	0.311	5.097	+1		
		51.6	51.8	后-前	1.243	1.144	-1	1.243 5	
	$TP2$	-0.2	-0.1						

续表

测站编号	测点编号	后尺 下丝 / 上丝	前尺 下丝 / 上丝	方向及尺号	水准尺读数(m) 黑面	水准尺读数(m) 红面	K+黑减红(mm)	高差中数(m)	备注
		后视距	前视距						
		视距差 d	$\sum d$						
3	$TP2$—$TP3$	0.889	1.713	后 6	0.698	5.486	-1		
		0.507	1.333	前 7	1.523	6.210	0		
		38.2	38.0	后-前	-0.825	-0.724	-1	-0.824 5	
		+0.2	+0.1						$K_6=4.787$
4	$TP3$—A	1.891	0.758	后 7	1.708	6.395	0		$K_7=4.687$
		1.525	0.390	前 6	0.574	5.361	0		
		36.6	36.8	后-前	1.134	1.034	0	1.134	
		-0.2	-0.1						
检核	$\sum(9)-\sum(10)=169.5-169.6=-0.1$ m　$\sum[(15)+\sum(16)]$ $(9)+\sum(10)=339.1$ m　$\sum[(4)+(8)]=24.935$ $\sum[(3)+\sum(7)]=29.291$　$\sum[(3)+(7)]-\sum[(4)+(8)]=29.291-24.935=+4.356$　$\sum(18)=4.356$								

(3)高差计算与检核。

黑面高差:(15)=(3)-(4)。

红面高差为:(16)=(7)-(8)。

检核:(17)=(15)-[(16)±0.10]=(13)-(14)≤3 mm(三等)或5 mm(四等)。

±0.10为两根标尺零点之差,当检核符合要求后,取黑、红面高差的平均值作为该站的高差,即

$$(18)=\frac{1}{2}\{(15)+[(16)\pm 0.100]\}。$$

3)测段计算与检核

两水准点之间为测段,测段计算与检核的内容包括测段总长度、总高差和视距累差。

总长度计算:$D=\sum[(9)+(10)]$。

视距累差检核:末站的(12)$=\sum(9)-\sum(10)$。

总高差计算与检核:

$$h=\frac{1}{2}\left\{\sum(15)+\sum[(16)\pm 0.100]\right\}=\sum(18)。$$

4)线路成果计算

三、四等水准测量成果的计算方法与步骤同第二章等外水准测量,故不赘述。

2. 变动仪器高法

这种方法多用于四等水准和等外水准测量。该方法就是在同一测站上,仪器在某一高度测定两点间的高差后,又把仪器的高度变动约0.1 m,再测定两点间的高差。若两次高差之差

不超过 ±5 mm，则取平均值作为两点间的高差。

变动仪器高法中测量采用单面标尺，仪器在第一高度时的观测顺序和读数与双面尺法中黑面观测顺序和读数一样；第二高度时的观测顺序和读数与双面尺法中红面观测和读数一样。由于尺子不存在零点差，所以计算、检核较简单。为便于两种方法的对比，现将变动仪器高法的记录及计算形式列在表 6-11 中。

表 6-11　变动仪器高法记录

测站编号	测点编号	后尺 下丝 / 上丝 / 后视距 / 视距差 d	前尺 下丝 / 上丝 / 前视距 / $\sum d$	水准尺读数 后视	水准尺读数 前视	高差	高差中数	备注
1	BM1—TP1	1.541	0.709	1.241				
		0.941	0.107	1.363				
		60.0	60.2		0.408	0.833		
		−0.2	−0.2		0.532	0.831	0.832	
2	TP1—TP2	1.142	1.756	0.850				
		0.558	1.192	1.000				
		58.4	56.4		1.474	−0.624		
		+2.0	+1.8		1.622	−0.622	−0.623	
⋮	⋮	⋮	⋮	⋮	⋮	⋮	⋮	

6.5.2　三角高程测量

1. 三角高程测量的原理

在山区当无法采用水准测量做图根高程控制测量时，可采用三角高程测量做高程控制测量，精度可以满足测图要求。但是三角高程测量的起始点的高程需要用水准测量引测。

三角高程测量是根据两点间的水平距离和竖直角度求得两点间的高差，如图 6-26 所示，假设 A、B 之间的水平距离是已知的，在 A 点上安置经纬仪，在 B 点上立一标尺，经纬仪中丝在标尺上的读数为 v，此时测得的竖直角为 α，记 A 点的仪器高为 i（仪器横轴至地面点 A 的高度），则 A、B 间的高差为：

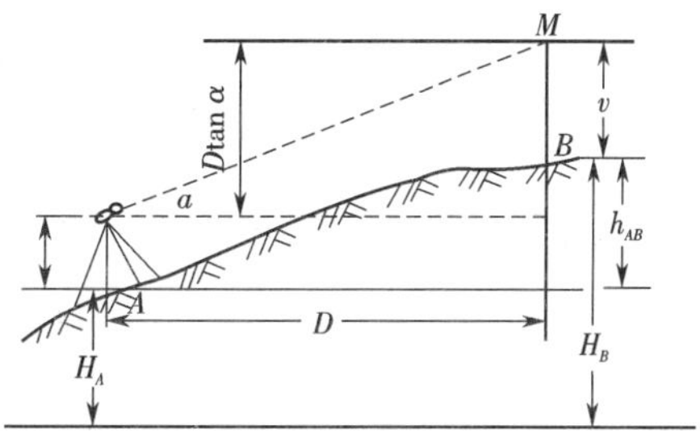

$$h_{AB} = D\tan\alpha + i - v \qquad (6\text{-}29)$$

图 6-26　三角高程测量

如果 A 点的高程已知，则 B 点的高程为：

$$H_B = H_A + h_{AB} = H_A D\tan\alpha + i - v。$$

当 $i = v$ 时，计算更简便。当两点间距离大于 300 m 时，应考虑地球曲率和大气折光对高差的影响。为了消除这个影响,三角高程测量应进行往返观测,即所谓对向观测。也就是由 A 观测 B,又由 B 观测 A。往返所测高差之差不大于 $0.1D$ m(D 以 km 为单位)时,取平均值作为两点间的高差。

用三角高程测量作图根高程时,应组成闭合或附合的三角高程路线。路线闭合差允许值为:

$$F_h = \pm 0.1h\sqrt{n},$$

式中:h——测图基本等高距;

n——路线边数。

当 $f_h \leq F_h$ 时,将 f_h 反号按边长成比例分配于各高差中。最后用改正后的高差,由已知高程点开始推算各点高程。

2. 光电三角高程测量

在三角高程测量时,水平距离是从图上量得或通过间接的方法求得的。有了红外测距仪与全站仪,就可以在测定竖直角的同时,直接测得 A、B 点的斜距,在求得平距的同时也就确定了高程。

图 6-27 表示了光电三角高程测量的原理。通常也是采用对向观测(往返观测),竖直角的观测应在盘左、盘右两个盘位进行,观测 2 ~ 3 个测回。当采用组合式红外测距仪时,应使测距仪中心与经纬仪水平轴之间的距离等于反光镜中心与照准觇牌中心之间的距离。

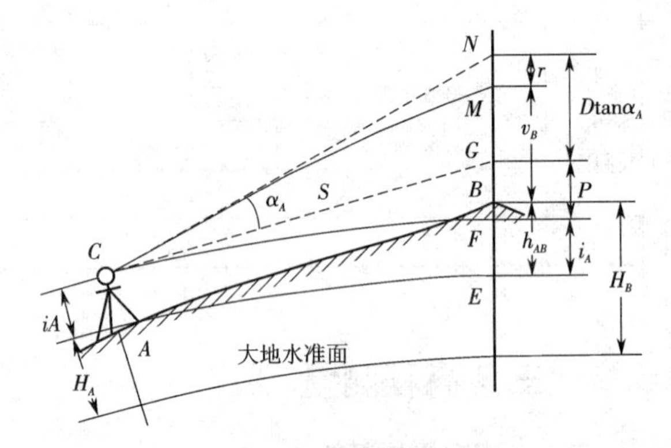

图 6-27 光电三角高程测量

光电三角高程测量的计算公式为:

$$h_{AB} = S\sin\alpha_A + i_A - v_B + f \quad (6\text{-}30)$$

或 $$h_{AB} = S\cos z_A + i_A - v_B + f,$$

式中,S 为用测距仪测得的斜距;α 为竖直角;z 为天顶距;i 为仪器高;v 为觇牌中心高;$f = p - r \approx 0.43\dfrac{D^2}{2R}$为大气折光与地球曲率改正,$D$ 为两点之间的水平距离。如果进行双向观测,则由 B 向 A 观测时可得:

$$h_{BA} = S_{返}\sin\alpha_B + i_B - v_A + f \quad (6\text{-}31)$$

取双向观测的平均值得:

$$\bar{h}_{AB} = \frac{1}{2}(h_{AB} - h_{BA})。$$

从而 $$H_B = H_A + \bar{h}_{AB}。$$

以上式(6-30)及式(6-31)的计算通常可由测距仪或全站仪的有关功能自动计算并显示结果。

众多的试验研究表明,如果精心地组织工作,则光电三角高程测量能达到三、四等水准测量的精度要求,这就使光电三角高程测量扩大了其使用范围。

6.6 建筑施工场地的控制测量

6.6.1 概述

在勘探设计阶段所建立的控制网，是为测图而建立的，有时并未考虑施工的需要，所以控制点的分布、密度和精度，都难以满足施工测量的要求；另外，在平整场地时，大多控制点被破坏。因此施工之前，在建筑场地应重新建立专门的施工控制网。

1. 施工控制网的分类

施工控制网分为平面控制网和高程控制网两种。

1）施工平面控制网

施工平面控制网可以布设成三角网、导线网、建筑方格网和建筑基线四种形式。

（1）三角网：对于地势起伏较大，通视条件较好的施工场地，可采用三角网。

（2）导线网：对于地势平坦，通视又比较困难的施工场地，可采用导线网。

（3）建筑方格网：对于建筑物多为矩形且布置比较规则和密集的施工场地，可采用建筑方格网。

（4）建筑基线：对于地势平坦且又简单的小型施工场地，可采用建筑基线。

2）施工高程控制网

施工高程控制网采用水准网。

2. 施工控制网的特点

与测图控制网相比，施工控制网具有控制范围小、控制点密度大、精度要求高及使用频繁等特点。

6.6.2 施工场地的平面控制测量

1. 施工坐标系与测量坐标系的坐标换算

施工坐标系亦称建筑坐标系，其坐标轴与主要建筑物主轴线平行或垂直，以便用直角坐标法进行建筑物的放样。

施工控制测量的建筑基线和建筑方格网一般采用施工坐标系，而施工坐标系与测量坐标系往往不一致，因此，施工测量前常常需要进行施工坐标系与测量坐标系的坐标换算。

如图 6-28 所示，设 xoy 为测量坐标系，$x'o'y'$ 为施工坐标系，x_o、y_o 为施工坐标系的原点 O' 在测量坐标系中的坐标，α 为施工坐标系的纵轴 $o'x'$ 在测量坐标系中的坐标方位角。设已知 P 点的施工坐标为（x'_P、y_P），则可按式（6-32）将其换算为测量坐标（x_P、y_P）：

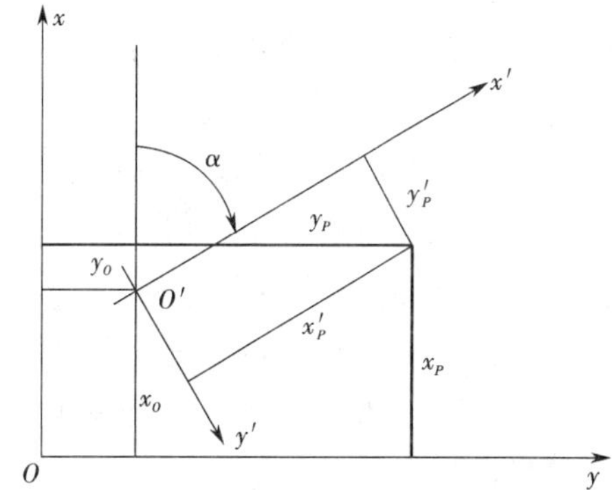

图 6-28　施工坐标系与测量坐标系的换算

$$\begin{cases} x_P = x_o + x'_P\cos\alpha - y'_P\sin\alpha \\ y_P = y_o + y'_P\sin\alpha - y'_P\cos\alpha \end{cases} \tag{6-32}$$

如已知 P 的测量坐标,则可按式(6-33)将其换算为施工坐标:

$$x'_P = (x_p - x_o)\cos\alpha + (y_P - y_o)\sin\alpha \tag{6-33}$$

2. 建筑基线

建筑基线是建筑场地的施工控制基准线,即在建筑场地布置一条或几条轴线。它适用于建筑设计总平面图布置比较简单的小型建筑场地。

1)建筑基线的布设形式

建筑基线的布设形式,应根据建筑物的分布、施工场地地形等因素来确定。常用的布设形式有"一"字形、"L"形、"十"字形和"T"形,如图6-29所示。

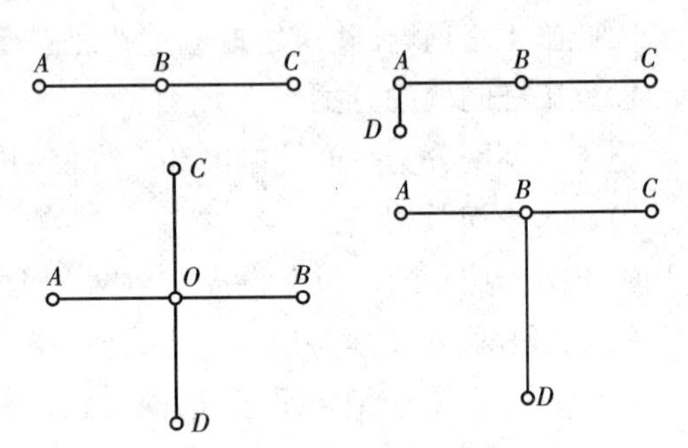

图6-29 建筑基线的布设形式

2)建筑基线的布设要求

(1)建筑基线应尽可能靠近拟建的主要建筑物,并与其主要轴线平行,以便使用比较简单的直角坐标法进行建筑物的定位。

(2)建筑基线上的基线点应不少于三个,以便相互检核。

(3)建筑基线应尽可能与施工场地的建筑红线相连系。

(4)基线点位应选在通视良好和不易被破坏的地方,为能长期保存,要埋设永久性的混凝土桩。

3)建筑基线的测设方法

根据施工场地的条件不同,建筑基线的测设方法有以下两种。

(1)根据建筑红线测设建筑基线。由城市测绘部门测定的建筑用地界定基准线,称为建筑红线。在城市建设区,建筑红线可用作建筑基线测设的依据。如图6-30所示,AB、AC 为建筑红线,1、2、3为建筑基线点,利用建筑红线测设建筑基线的方法如下。

首先,从 A 点沿 AB 方向量取 d_2 定出 P 点,沿 AC 方向量取 d_1 定出 Q 点。

然后,过 B 点做 AB 的垂线,沿垂线量取 d_1 定出2点,做出标志;过 C 点做 AC 的垂线,沿垂线量取 d_2 定出3点,做出标志;用细线拉出直线 P_3 和 Q_2,两条直线的交点即为1点,做出标志。

最后,在1点安置经纬仪,精确观测∠213,其与90°的差值应小于±20″。

(2)根据附近已有控制点测设建筑基线。在新建筑区,可以利用建筑基线的设计坐标和附近已有控制点的坐标,用极坐标法测设建筑基线。如图6-31所示,A、B 为附近已有控制点,1、2、3为选定的建筑基线点。测设方法如下。

首先,根据已知控制点和建筑基线点的坐标,计算出测设数据 β_1、D_1、β_2、D_2、β_3、D_3。然后,用极坐标法测设1、2、3点。

由于存在测量误差,测设的基线点往往不在同一直线上,且点与点之间的距离与设计值也不完全相符,因此,需要精确测出已测设直线的折角 β' 和距离 D',并与设计值相比较。如图6-

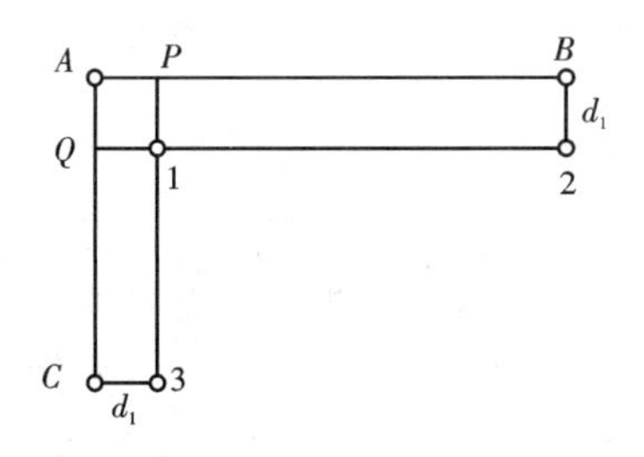

图 6-30　根据建筑红线测设建筑基线

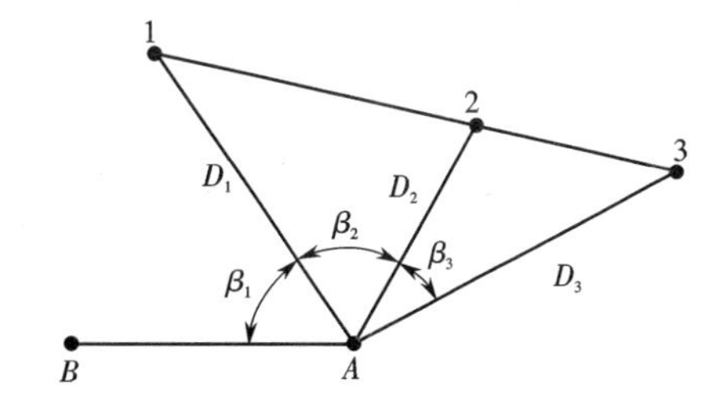

图 6-31　根据控制点测设建筑基线

32 所示,如果 $\Delta\beta=\beta'-180°$超过 $\pm15''$,则应对 1′、2′、3′点在与基线垂直的方向上进行等量调整,调整量按下式计算:

$$\delta=\frac{ab}{a+b}\times\frac{\Delta\beta}{2\rho} \tag{6-34}$$

式中　δ——各点的调整值(m);

a、b——分别为 12、23 的长度(m)。

如果测设距离超限,如$\frac{\Delta D}{D}=\frac{D'-D}{D}>\frac{1}{10\ 000}$,则以 2 点为准,按设计长度沿基线方向调整 1′、3′点。

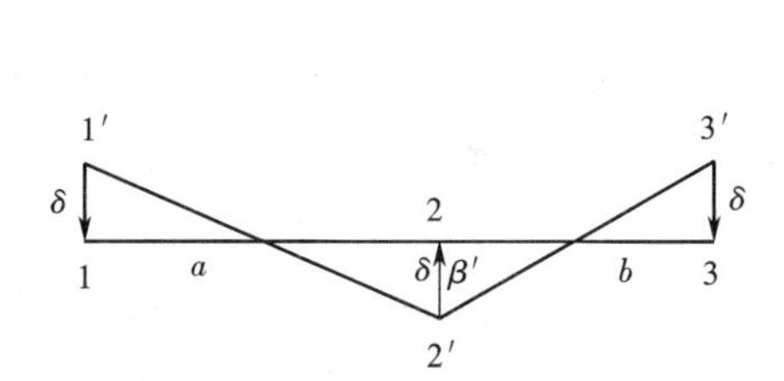

图 6-32　基线点的调整

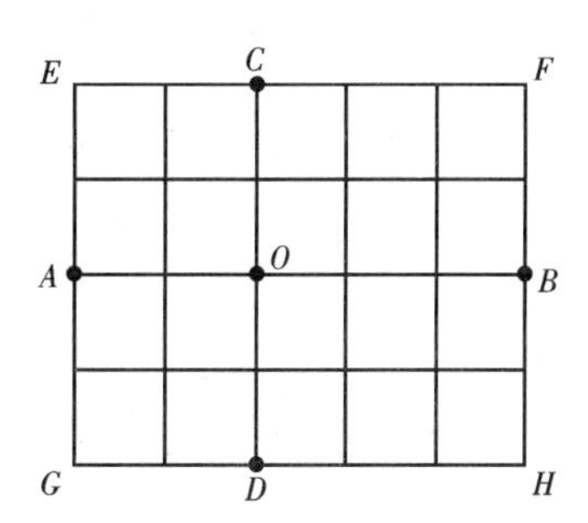

图 6-33　建筑方格网

2. 建筑方格网

由正方形或矩形组成的施工平面控制网,称为建筑方格网,或称矩形网,如图 6-33 所示。建筑方格网适用于按矩形布置的建筑群或大型建筑场地。

1)建筑方格网的布设

布设建筑方格网时,应根据总平面图上各建(构)筑物、道路及各种管线的布置,结合现场的地形条件来确定。如图 6-33 所示,先确定方格网的主轴线 *AOB* 和 *COD*,然后再布设方格网。

2)建筑方格网的测设

测设方法如下。

(1)主轴线测设。主轴线测设与建筑基线测设方法相似。首先,准备测设数据。然后,测设两条互相垂直的主轴线 *AOB* 和 *COD*,如图 6-33 所示。主轴线实质上是由 5 个主点 *A*、*B*、*O*、*C* 和 *D* 组成。最后,精确检测主轴线点的相对位置关系,并与设计值相比较,如果超限,则应进行调整。建筑方格网的主要技术要求如表 6-12 所示。

表 6-12 建筑方格网的主要技术要求

等级	边长/m	测角中误差	边长相对中误差	测角检测限差	边长检测限差
Ⅰ级	100～300	5″	1/30 000	10″	1/15 000
Ⅱ级	100～300	8″	1/20 000	16″	1/10 000

(2)方格网点测设。如图 6-33 所示,主轴线测设后,分别在主点 A、B 和 C、D 安置经纬仪,后视主点 O,向左右测设 90°水平角,即可交会出田字形方格网点。随后再做检核,测量相邻两点间的距离,看是否与设计值相等,测量其角度是否为 90°,误差均应在允许范围内,并埋设永久性标志。

建筑方格网轴线与建筑物轴线平行或垂直,因此,可用直角坐标法进行建筑物的定位,计算简单,测设比较方便,而且精度较高。其缺点是必须按照总平面图布置,其点位易被破坏,而且测设工作量也较大。

由于建筑方格网的测设工作量大,测设精度要求高,因此可委托专业测量单位进行。

6.6.3 施工场地的高程控制测量

1. 施工场地高程控制网的建立

建筑施工场地的高程控制测量一般采用水准测量方法,应根据施工场地附近的国家或城市已知水准点,测定施工场地水准点的高程,以便纳入统一的高程系统。

在施工场地上,水准点的密度,应尽可能满足安置一次仪器即可测设出所需的高程。而测图时敷设的水准点往往是不够的,因此,还需增设一些水准点。在一般情况下,建筑基线点、建筑方格网点及导线点也可兼作高程控制点。只要在平面控制点桩面上中心点旁边,设置一个突出的半球状标志即可。

为了便于检核和提高测量精度,施工场地高程控制网应布设成闭合或附合路线。高程控制网可分为首级网和加密网,相应的水准点称为基本水准点和施工水准点。

2. 基本水准点

基本水准点应布设在土质坚实、不受施工影响、无震动和便于实测的地方,并埋设永久性标志。一般情况下,按四等水准测量的方法测定其高程,而对于为连续性生产车间或地下管道测设所建立的基本水准点,则需按三等水准测量的方法测定其高程。

3. 施工水准点

施工水准点是用来直接测设建筑物高程的。为了测设方便和减少误差,施工水准点应靠近建筑物。

此外,由于设计建筑物常以底层室内地坪高 ±0 标高为高程起算面,为了施工引测设方便,常在建筑物内部或附近测设 ±0 水准点。±0 水准点的位置,一般选在稳定的建筑物墙、柱的侧面,用红漆绘成顶为水平线的“▼”形,其顶端表示 ±0 位置。

拓展阅读

静态GPS控制测量使用技术方法

控制点的布设

为了达到GPS测量高精度、高效益的目的，减少不必要的耗费，在测量中要遵循这样的原则：在保证质量的前提下，尽可能地提高效率、降低成本。所以对GPS测量各阶段的工作，都要精心设计，精心组织和实施。建议用户在测量实施前，对整个GPS测量工作进行合理的总体设计。

总体设计，是指对GPS网进行优化设计，主要是：确定精度指标，网的图形设计，网中基线边长度的确定及网的基准设计。在设计中用户可以参照有关规范灵活地处理，下面将结合国内现有的一些资料对GPS测量的总体设计简单地介绍一下。

1）确定精度标准

在GPS网总体设计中，精度指标是比较重要的参数，它的数值将直接影响GPS网的布设方案、观测数据的处理及作业的时间和经费。在实际设计工作中，用户可根据所作控制的实际需要和可能，合理地制定。既不能制定过低而影响网的精度，也不要盲目追求过高的精度造成不必要的支出。

2）选点

选点即观测站位置的选择。在GPS测量中并不要求观测站之间相互通视，网的图形选择也比较灵活，因此选点比经典控制测量简便得多。但为了保证观测工作的顺利进行和可靠地保持测量结果，用户注意使观测站位置具有以下条件。

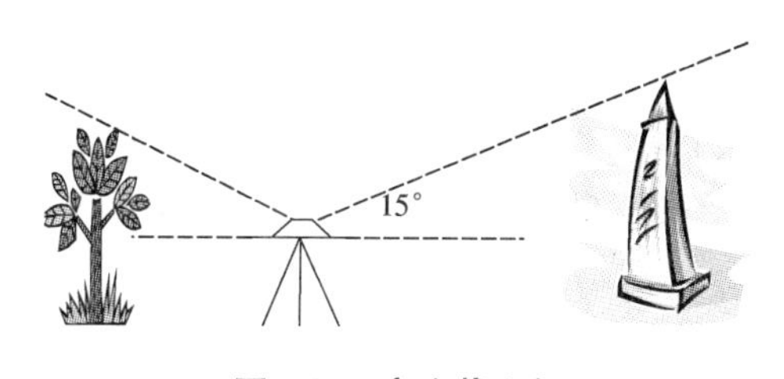

图6-34　高度截止角

（1）确保GPS接收机上方的天空开阔。GPS测量主要利用接收机所接收到的卫星信号，而且接收机上空越开阔，则观测到的卫星数目越多。一般应该保证接收机所在平面15°以上的范围内没有建筑物或大树的遮挡。

（2）周围没有反射面，如大面积的水域，或对电磁波反射（或吸收）强烈的物体（如玻璃墙，树木等），不致引起多路径效应。

（3）远离强电磁场的干扰。

GPS接收机接收卫星广播的微波信号，微波信号都会受到电磁场的影响而产生噪声，降低信噪比，影响观测成果。所以GPS控制点最好离开高压线、微波站或产生强电磁干扰的场所。邻近不应有强电磁辐射源，如无线电台、电视发射天线、高压输电线等，以免干扰GPS卫星信号。通常，在测站周围约200 m的范围内不能有大功率无线电发射源（如电视台、电台、微波站等）；在50 m内不能有高压输电线和微波无线电信号传递通道。

（4）观测站最好选在交通便利的地方，以利于其他测量手段联测和扩展。

（5）地面基础稳固，易于点的保存。

注意:用户如果在树木、觇标等对电磁波传播影响较大的物体下设观测站,当接收机工作时,接收的卫星信号将产生畸变,这样即使采集时各项指标,如观测卫星数、DOP 值等都较好,但观测数据质量很差。

建议用户可根据需要在 GPS 点大约 300 米附近建立与其通视的方位点,以便在必要时采用常规经典的测量方法进行联测。

在点位选好后,在对点位进行编号时必须注意点位编号的合理性,在野外采集时输入的观测站名由四个任意输入的字符组成,为了在测后处理时方便及准确,必须不使点号重复。建议用户在编号时尽量采用阿拉伯数字按顺序编号。

3)基线长度

GPS 接收机对收到的卫星信号量测可达毫米级的精度。但是,由于卫星信号在大气传播时不可避免地受到大气层中电离层及对流层的扰动,导致观测精度的降低。因此在使用 GPS 接收机测量时,通常采用差分的形式,用两台接收机来对一条基线进行同步观测。在同步观测同一组卫星时,大气层对观测的影响大部分都被抵消了。基线越短,抵消的程度越显著,因为这时卫星信号通过大气层到达两台接收机的路径几乎相同。

同时,当基线越长时,起算点的精度对基线的精度的影响也越大。起算点的精度常常影响基线的正常求解。

因此,建议用户在设计基线边时,应兼顾基线边的长度。通常,对于单频接收机而言,基线边应以 20 千米范围以内为宜。基线边过长,一方面观测时间势必增加,另一方面由于距离增大而导致电离层的影响有所增强。

4)提高 GPS 网可靠性的方法

可以通过下面的一些方法提高 GPS 网的可靠性。

(1)增加独立基线数。

在布设 GPS 网时,适当增加观测时段数,对于提高 GPS 网的可靠性非常有效。因为随着观测时段数的增加,所测得的独立基线数就会增加,而独立基线数的增加对网的可靠性的提高是非常有效的。

(2)保证一定的重复设站次数。

保证一定的重复设站次数,可确保 GPS 网的可靠性。一方面,通过在同一测站上的多次观测,可有效地发现设站、对中、整平、量测天线高等人为错误;另一方面,重复设站次数的增加,也意味着观测期数的增加。不过需要注意的是,当同一台接收机在同一测站上连续进行多个时段的观测时,各个时段间必须重新安置仪器,以更好地消除各种人为操作误差和错误。

(3)保证每个测站至少与三条以上的独立基线相连。

保证每个测站至少与三条以上的独立基线相连,这样可以使得测站具有较高的可靠性,在布设 GPS 网时,各个点的可靠性与点位无直接关系,而与该点上所连接的基线数有关,点上所连接的基线数越多点的可靠性则越高。

(4)在布网时要使网中所有最小异步环的边数不大于 6 条。

在布设 GPS 网时,检查 GPS 观测值基线向量质量的最佳方法是异步环闭合差。而随着组成异步环的基线向量数的增加,其检验质量的能力将逐渐下降,因此,要控制最小异步环的边数。

所谓最小异步闭合环,即构成闭合环的基线边是异步的,且边数又是最少的。

(5)提高GPS网精度的方法。

可以通过下列方法提高GPS网的精度:

① 为保证GPS网中各相邻点具有较高的相对精度,对网中距离较近的点一定要进行同步观测,以获得它们间的直接观测基线;

② 为提高整个GPS网的精度,可以在全面网之上布设框架网,以框架网作为整个GPS网的骨架;

③ 在布网时要使网中所有最小异步环的边数不大于6条;

④ 若要采用高程拟合的方法测定网中各点的正常高/正高,则需在布网时选定一定数量的水准点,水准点的数量应尽可能的多,且应在网中均匀分布,还要保证有部分点分布在网中的四周,将整个网包含在其中;

⑤ 为提高GPS网的尺度精度,可采用增设长时间、多时段的基线向量。

(6)布设GPS网时起算点的选取与分布。

若要求所布设的GPS网的成果与旧成果吻合最好,则起算点数量越多越好。若不要求所布设的GPS网的成果完全与旧成果吻合,则一般可选3~5个起算点,这样既可以保证新老坐标成果的一致性,也可以保持GPS网的原有精度。

为保证整网的点位精度均匀,起算点一般应均匀地分布在GPS网的周围。要避免所有的起算点分布在网中一侧的情况或连成一线的情况。

5)GPS基线解算

(1)基线解算的步骤。

基线解算的过程,实际上主要是一个利用最小二乘法进行平差的过程。平差所采用的观测值主要是双差观测值。在基线解算时,平差要分五个阶段进行。第一阶段,根据三差观测值,求得基线向量的初值。第二阶段,根据初值及双差观测值进行周跳修复。第三阶段进行双差浮点解算,解算出整周未知数参数和基线向量的实数解。第四阶段将整周未知数固定成整数,即整周模糊度固定。在第五阶段,将确定了的整周未知数作为已知值,仅将待定的测站坐标作为未知参数,再次进行平差解算,解求出基线向量的最终解——整数解。

(2)重复基线的检查。

同一基线边观测了多个时段得到的多个基线边称为重复基线边。对于不同观测时段的基线边的互差,其差值应小于相应级别规定精度的$2\sqrt{2}$倍。而其中任一时段的结果与各时段平均值之差不能超过相应级别的规定精度。

我们在进行基线处理时经常会遇到重复基线检查不合格的情况。而造成这种情况的主要有以下几种情况。①在架设仪器时由于对中整平的误差造成(该种情况一般对短基线影响很大),处理该种情况时需要在出外业前对基座进行检查并且进行外业观测架设仪器时严格对中整平。②由于点号及仪器高输错或外业记录时出错造成(这种情况最为普遍,并且由于该种情况还会造成异步环搜索时异步环不闭合),一般来说在软件上比较好检查出出错的观测点,如我们可以在软件上查看观测数据,通过观测数据的初始经纬度来判定点号是否出错。在搜索异步环时往往超限数据非常大。对于这种情况的处理一定要严格外业观测手簿的记录。

(3)闭合环搜索。

在GPS测量中,为了检验GPS野外实测数据的质量,往往需要计算GPS网中同步环或异步环闭合差。

为了使精度评估更准确,往往需要删除一些重复基线,通常的软件都要求手工输入,若网较复杂,则工作量就非常庞大,而且错误、遗漏也就难以避免。实际上,在软件中,可以结合图论的有关知识,采用深度优先搜索的方法搜索整个GPS网中的最小独立闭合环、最小独立异步闭合环、最小独立同步闭合环及手工选定环路和重复基线。

所谓最小独立闭合环,具有以下几方面的含义:

① 闭合环必须是最小的,即边数是最少的;

② 闭合环必须是独立的。

(4)GPS基线向量网平差。

在一般情况下,多个同步观测站之间的观测数据,经基线向量解算后,用户所获得的结果一般是观测站之间的基线向量及其方差与协方差。再者,在某一区域的测量工作中,用户可能投入的接收机数总是有限的,所以,当布设的GPS网点数较多时,则需在不同的时段,按照预先的作业计划,多次进行观测。而GPS解算不可避免地会带来误差、粗差及不合格解。在这种情况下,为了提高定位结果的可靠性,通常需将不同时段观测的基线向量连接成网,并通过观测量的整体平差,以提高定位结果的精度。这样构成的GPS网,将含有许多闭合条件,整体平差的目的,在于清除这些闭合条件的不符值,并建立网的基准。

另外,不管是静态解算还是动态解算,都是在WGS-84坐标系下进行的,而已有的经典地面控制网规模大,资料丰富;或者用户只进行小范围的测量,需要的仅仅是局部平面坐标;加之,GPS单点定位的坐标精度较低,远远不能满足高精度测量的要求。而且,通常用户需要的是国家坐标系下的大地坐标(或投影坐标)或地方坐标系下的投影坐标,高程坐标也不再是大地高(椭球高),而是水准高(正高)。有时还需要通过高精度GPS网与经典地面网的联合处理,加强和改善经典地面网,以满足用户的需要。这样就需要将WGS-84之间的坐标增量转换到大地坐标中去,从而得到用户所需要的坐标。由于坐标系之间的系统参数不一样及水准异常等原因,这种转换理所当然地会带来误差。

根据平差所进行的坐标空间,可将GPS网平差分为三维平差和二维平差。根据平差时所采用的观测值和起算数据的数量和类型,可将平差分为无约束平差、约束平差和联合平差等。

所谓三维平差是指平差在空间三维坐标系中进行。观测值为三维空间中的观测值,解算出的结果为点的三维空间坐标。GPS网的三维平差一般在三维空间直角坐标系或三维空间大地坐标系下进行。所谓二维平差,是指平差在二维平面坐标系下进行,观测值为二维观测值,解算出的结果为点的二维平面坐标。

所谓无约束平差,指的是在平差时不引入会造成GPS网产生由非观测量所引起的变形的外部起算数据。常见的GPS网的无约束平差,一般是在平差时没有起算数据或没有多余的起算数据。所谓约束平差,指的是平差时所采用的观测值完全是GPS基线向量,而且,在平差时引入了使得GPS网产生由非观测量所引起的变形的外部起算数据。

GPS 网的联合平差，指的是平差时所采用的观测值除了 GPS 观测值以外，还采用了地面常规观测值，这些地面常规观测值包括边长、方向、角度等观测值等。

6）常遇问题的解决办法

（1）如何处理不合格基线。

通过设置卫星高度角、采样间隔、有效历元等参数可以对基线进行优化。

（2）卫星高度截止角。

卫星高度角的截取对于数据观测和基线处理都非常重要，观测较低仰角的卫星有时会因为卫星信号强度太弱、信噪比较低而导致信号失锁，或者信号在传输路径上受到较大的大气折射影响而导致整周模糊度搜索的失败。但选择较大的卫星高度角可能出现观测卫星数的不足或卫星图形强度欠佳，因此同样不能解算出最佳基线。

一般情况下处理基线中高度截止角默认设置为 20 度。如果同步观测卫星数太少或者同步观测时间不足，对于短基线来说，可以适当降低高度角后重新试算，这样可能会获得满足要求的基线结果，此时应注意，要求测站的数据要稳定，且环视条件要好，解算后的基线应进行外部检核（如同步环和异步环检核）以保证其正确性。

如果用默认设置值解算基线失败，且连续观测时间较长、观测的卫星数较多、图形强度因子 GDOP 值较小，则适当提高卫星的高度角重新进行解算可能会得到较好的结果，这主要是观测环境和低仰角的卫星信号产生了较严重的多路径效应和时间延迟所引起的。

（3）采样间隔。

一般的接收机具有较高的内部采样率（指野外作业设置的数据采集间隔，由 1 秒至 255 秒自由设置，默认为 15 秒）。而处理基线并不是所有的数据都参与处理，而是从中根据优化原则选取其中一部分的数据采样进行处理。采集高质量的载波相位观测值是解决周跳问题的根本途径，而适当增加其采集密度，又是诊断和修复周跳的重要措施，因此在采用快速静态作业或者该基线观测时间较短的情况下，可以适当把采样间隔缩短。

（4）无效历元。

在某些情况下，如该卫星的健康情况恶劣，或者测站环境不理想、受电磁干扰而导致某些卫星数据信号经常失锁，又或者低仰角的卫星有时会因为卫星信号强度太弱、信噪比较低而导致信号失锁，或者信号在传输路径上受到较大的大气折射影响而导致整周模糊度搜索的失败。此时应该对该卫星的星历进行处理。

通过查看基线详解，可以对卫星观测中周跳的情况进行检查，对于失锁次数较多的卫星或者观测历元数过少的卫星进行剔除。

7）如何确定坐标系统

（1）标准坐标系统。

采用标准的 WGS－84、北京 54 及国家 80 坐标系可以直接在网平差设置里选择，但是必须按要求输入正确的原点经度（投影中央子午线）。

（2）自定义坐标系统（或工程椭球）。

① 已知参数。

一般的自定义坐标系（或工程椭球）是从标准的国家坐标系转换而来，大多数情形下是对加常数或中央子午线、投影椭球高重新进行定义，因此必须选择相应的参数，包括所用椭球的参数、加常数、投影中央子午线、投影椭球高等。

② 未知参数。

假如是完全独立自定义的工程坐标系，尤其是没有办法与国家点联测，又或者投影变形超过规范要求的，可以选用标准椭球，如北京54椭球参数，然后采用固定一点和一个方位角的办法来处理。具体方法如下。

采用基线某一端点的单点定位解作为起点，然后用高精度的红外激光测距仪测出到基线另一端点的边长，经过严格的改正后，投影到指定高度（一般是测区的平均高程面），然后假定一个方位角（一般是采用真北方向）算出基线终点的坐标，以此两点作为约束点，然后采用与前面一致的椭球参数，投影椭球高，此时注意原点经度（中央子午线）可以采用测区中央的子午线。这样，一方面使到其变形满足规范要求，另一方面在小比例尺的图上可以与国家标准坐标系联系起来。

工程施工单位经常使用的自定义坐标系统。如果设计单位在测设时候布设了控制点且提供控制坐标成果的情况下。施工单位在使用GPS加密控制点的时候进行网平差就比较简单。我们只需要联测设计院提供的成果进行平差就好。

但是如果设计单位没有提供控制点成果，我们使用GPS进行控制点的观测时，就一定要确定好坐标系统。通常我们选择自定义坐标系统中的第二项即未知参数的情况进行网平差。例如，某大桥的控制测量，我们布设好控制点后进行观测。数据处理完后进行网平差时。我们就可在某端选取一个点，将该点的大地坐标（经纬度）正算成平面直角坐标，然后用高精度的红外激光测距仪测出到基线另一端点的边长，经过严格的改正后，投影到指定高度（一般是测区的平均高程面），然后假定一个方位角（一般是采用真北方向）算出基线终点的坐标，以此两点作为约束点，然后采用与前面一致的椭球参数，投影椭球高，此时注意原点经度（中央子午线）可以采用测区中央的子午线。也可将该点的平面直角坐标作为约束点，然后在平差选择中选择角度约束指定另外一端点的坐标方位角和距离进行约束平差。

本章小结

1. 介绍了导线测量的基本知识和方法

不同等级的导线对测角和量边有不同的要求，参见测量规范。外业工作结束之后应全面检查记录手簿，并检查角度闭合差及全长闭合差是否在限差允许范围之内，若符合要求，则进行误差调整（即平差）。本章所述为近似平差，即首先调整角度闭合差，根据改正后的转折角计算各边的坐标方位角，然后根据各边坐标方位角与边长计算各边的坐标增量，根据改正后的坐标增量和已知坐标推算各导线点的坐标，这种将角度与坐标分别进行调整的方法，就是近似平差法。

2. 介绍了测角交会法

加密少量个别图根控制点时，可用测角交会法，在两个已知控制点上，分别观测两个角度，以求得待定点的坐标称为前方交会法，在待定点上照准三个已知控制点的方向，观测其间的两个角度，求待定点的坐标就是后方交会法。除此之外还有侧方交会法，还可采用单三角形等方法。为了进行校核，除了上述必须进行观测角度外，在前方交会法中，应在第三个已知控制点上观测第三个角度。在后方交会法中，照准第四个已知控制点，分别计算出待定点的两组坐标，并进行比较，其较差在允许范围内，可取平均值为最后结果。

3. 介绍了高程控制测量的基本知识和方法，介绍了施工场地控制测量的基本内容

习　　题

1. 控制测量的作用是什么？建立平面控制测量的方法有几种？

2. 导线有哪几种布设形式？各适用于什么情况？导线选点应注意哪些问题？

3. 导线计算的目的是什么？

4. 闭合导线和附合导线的计算有哪些不同？

5. 什么是坐标正算？什么是坐标反算？

6. 已知某附合导线的观测和已知数据如表6-14所示，试按图根导线精度要求衡量该导线是否满足要求，并计算各导线点的坐标。

7. 三、四等水准测量一测站的观测程序如何，如何进行计算和检核？

表6-14　附合导线已知数据

测站	观测右角 ° ′ ″	边　长 (m)	坐标(m)	
			x	y
A			619.60	4 347.01
B	102 29 00		278.45	1 281.45
		607.31		
1	190 12 00			
		381.46		
2	180 48 00			
		485.26		
C	79 13 00		1 607.99	658.68
D			2 302.37	2 670.87

第7章 地形图的识读和应用

导读:地形图是经济建设、国防建设和科学研究中不可缺少的工具;也是编制各种小比例尺地图、专题地图和地图集的基础资料。不同比例尺的地形图具体用途也不同。本章介绍了地形图的基本知识,地形图应用的基本内容及地形图在工程施工中的应用。认识地形图、并学会测绘它、利用它,是每个测绘工作者必须掌握的基本技能。

引例:2008 年 5 月 12 日我国四川汶川地区发生里氏 8.0 级大地震,城市遭到前所未有的大破坏,有些特别严重的地区比如北川甚至需要重新选址,重新进行城市规划,重新进行城市建设。

在对城市进行规划设计时,首先要按照城市各项建设对地形的要求并结合实地的地形进行分析,以便充分合理利用和改造原有地形。规划设计所用的地形图,根据城市用地范围的大小,在总体规划阶段,常选用 1∶10 000 或 1∶5 000 比例尺的地形图;在详细规划阶段,为了满足房屋建筑各项市政工程初步设计的需要,常选用 1∶2 000、1∶1 000 或 1∶500 比例尺的地形图。可见,地形图在城市各项建设中的作用是举足轻重的。那么地形图是如何测绘得到的呢? 本章我们将对地形图测绘及应用进行学习。

7.1 地形图的基本知识

7.1.1 地形图比例尺

地面上有各种各样的天然或人工的固定物体,通常我们称之为地物,如房屋、农田、道路等。地表面的高低起伏形态,如高山、丘陵、盆地等称为地貌。地物和地貌总称为地形。按一定的数学法则有选择在地面上表示地球表面各种自然要素和社会要素的图通称为地图。

地图可分为普通地图和专题地图。普通地图是综合反映地面上物体和现象一般特性的地图;专题地图则是着重表示自然现象和社会现象的某一种或几种要素的地图,如交通图,水系图等。

地形图是按一定比例,用规定符号表示地物和地貌平面位置和高程的正射投影图。地形图是普通地图的一种。如果仅仅表示地物的形状和平面位置,而不表示地面起伏的地图称为平面图。

图上任一线段 d 与地上相应线段水平距离 D 之比,称为图的比例尺。常见的比例尺有两种:数字比例尺和直线比例尺。

用分子为 1 的分数式来表示的比例尺,称为数字比例尺,即

$$\frac{d}{D}=\frac{1}{M},$$

式中 M 称为比例尺分母,表示缩小的倍数。M 愈小,比例尺愈大,图上表示的地物地貌愈详尽。通常把 1∶500,1∶1 000,1∶2 000,1∶5 000 的比例尺称为大比例尺,1∶10 000、1∶25 000、1∶50 000、1∶100 000 的称为中比例尺,小于 1∶100 000 的称为小比例尺。不同比例尺的地形图有不同的用途。大比例尺地形图多用于各种工程建设的规划和设计,为国防和经济建设等多种用途的多属中小比例尺地图。

为了用图方便,以及避免由于图纸伸缩而引起的误差,通常在图上绘制图示比例尺,也称直线比例尺。如图 7-1 为 1∶1 000 的图示比例尺,在两条平行线上分成若干 2 cm 长的线段,称为比例尺的基本单位,左端一段基本单位细分成 10 等分,每等分相当于实地 2 m,每一基本单位相当于实地 20 m。

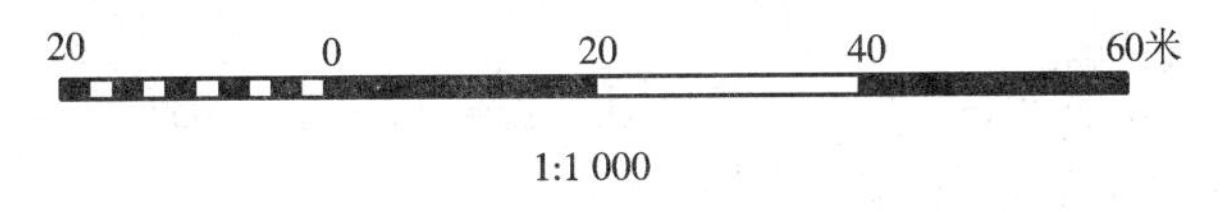

图 7-1　直线比例尺示意图

人眼正常的分辨能力,在图上辨认的长度通常认为 0.1 mm,它在地上表示的水平距离 0.1 mm × M,称为比例尺精度。利用比例尺精度,根据比例尺可以推算出测图时量距应准确到什么程度。例如,1∶1 000 地形图的比例尺精度为 0.1 m,测图时量距的精度只需 0.1 m,小于 0.1 m 的距离在图上表示不出来。反之,根据图上表示实地的最短长度,可以推算测图比例尺。例如,欲表示实地最短线段长度为 0.5 m,则测图比例尺不得小于 1∶5 000。

比例尺愈大,采集的数据信息愈详细,精度要求就愈高,测图工作量和投资往往成倍增加,因此使用何种比例尺测图,应从实际需要出发,不应盲目追求更大比例尺的地形图。

7.1.2　比例尺精度

比例尺精度就是比例尺的大小所反映的地图详尽程度。人眼能分辨的两点间的最小距离是 0.1 mm,通常就把地形图上 0.1 mm 所代表的实地水平距离称为比例尺精度。用公式表示为:ε =0.1 m(其中 ε 为比例尺精度,m 为比例尺的分母)。

比例尺精度的作用:根据比例尺精度,不但可以按照比例尺确定地面上量距应精确到什么程度,而且还可以按照量距的规定精度来确定测图比例尺。例如:测绘 1∶1000 比例尺的地形图时,地面上量距的精度为 0.1 mm × 1 000 = 0.1 m;又如要求在图上能表示出 0.5 m 的精度,则所用的测图比例尺为 0.1 mm/0.5 m = 1/5 000。

7.2　地 物 符 号

地面上的地物,如房屋、道路、河流、森林、湖泊等,其类别、形状和大小及其地图上的位置,都是用规定的符号来表示的,如图 7-2。根据地物的大小及描绘方法的不同,地物符号分为以下几类:

1. 比例符号

轮廓较大的地物,如房屋、运动场、湖泊、森林、田地等,凡能按比例尺把它们的形状、大小和位置缩绘在图上的，称为比例符号。这类符号表示出地物的轮廓特征。

2. 非比例符号

轮廓较小的地物，或无法将其形状和大小按比例画到图上的地物，如三角点、水准点、独立树、里程碑、水井和钻孔等，则采用一种统一规格、概括形象特征的象征性符号表示，这种符号称为非比例符号，只表示地物的中心位置，不表示地物的形状和大小。

3. 半比例符号

对于一些带状延伸地物，如河流、道路、通讯线、管道、垣栅等，其长度可按测图比例尺缩绘，而宽度无法按比例表示的符号称为半比例符号，这种符号一般表示地物的中心位置，但是城墙和垣栅等，其准确位置在其符号的底线上。

4. 地物注记

对地物加以说明的文字、数字或特定符号，称为地物注记。如地区、城镇、河流、道路名称；江河的流向、道路去向以及林木、田地类别等说明。

表 7-1　地物符号

编号	符号名称	图例	编号	符号名称	图例
1	三角点	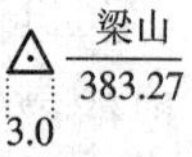 梁山 383.27 3.0	10	宝　塔	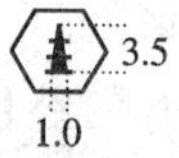 3.5 1.0
2	导线点	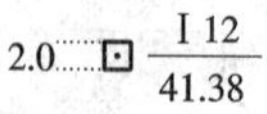 2.0 I 12 41.38	11	水　塔	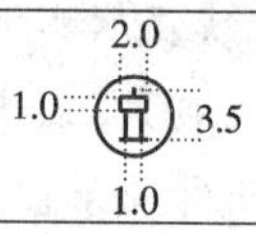 2.0 1.0 3.5 1.0
3	普通房屋	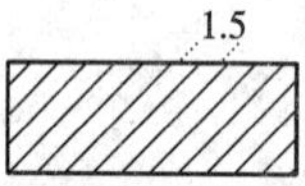 1.5	12	小三角点	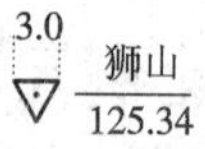 3.0 狮山 125.34
4	水　池	 水	13	水准点	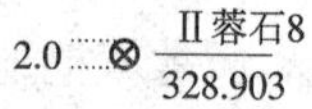 2.0 II蓉石8 328.903
5	村　庄	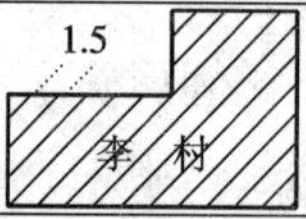 1.5 李　村	14	高压线	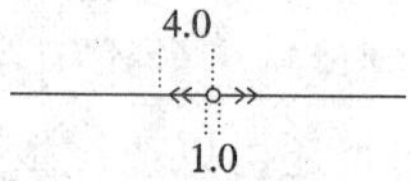 4.0 1.0
6	学　校	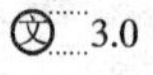 3.0	15	低压线	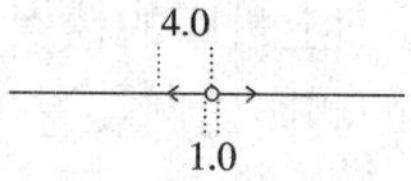 4.0 1.0
7	医　院	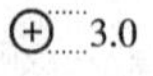 3.0	16	通讯线	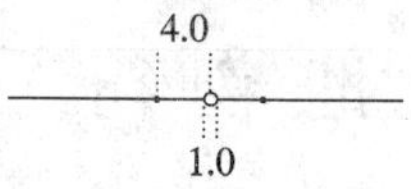 4.0 1.0
8	工　厂	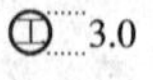 3.0	17	砖石及混凝土围墙	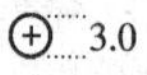 3.0
9	坟　地	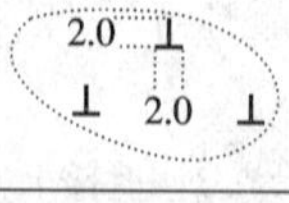 2.0 2.0	18	土　墙	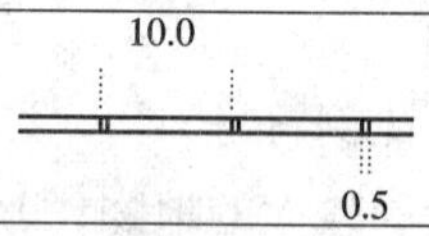 10.0 0.5

续表

编号	符号名称	图例	编号	符号名称	图例
19	等高线	首曲线 45 0.15 计曲线 6.0 0.3 间曲线 1.0 0.15	29	车行桥	45°
20	梯田坎	未加固的 加固的 1.5 3.0	30	人行桥	45°
21	垄	1.5 0.2	31	高架公路	0.3 0.5 1.0 1.5
22	独立树	阔叶 果树 针叶	32	高架铁路	1.0 1.5
23	公　路	0.15 沥　砾 0.3	33	路　堑	0.8
24	大车路	2.0 8.0 0.15 0.15	34	路　堤	1.5 0.8
25	小　路	0.3 4.0 1.0	35	土　堤	1.5 3.0 45.3
26	铁　路	10.0 0.8	36	人工沟渠	
27	隧　道	45° 6.0 2.0 0.3 1.5	37	输水槽	1.5 1.0 45°
28	挡土墙	0.3 5.0	38	水　闸	2.0 1.5

续表

编号	符号名称	图例	编号	符号名称	图例
39	河流 溪流	0.15 0.5 清 河 7.0	42	经济林	3.0 梨 1.5 10.0 10.0
40	湖泊 池塘	塘	43	水稻田	3.0 10.0 10.0
41	地类界	0.25 1.5	44	旱　地	3.0 2.0 10.0 10.0

7.3 等高线基本知识

7.3.1 等高线概念、等高距、等高线平距、坡度及等高线分类

等高线是地面相邻等高点相连接的闭合曲线。一簇等高线，在图上能表达地面起伏变化的形态，而且还具有一定立体感。如图 7-3，设有一座小山头的山顶被水恰好淹没时的水面高程为 50 m，水位每退 5 m，则坡面与水面的交线即为一条闭合的等高线，其相应高程为 45 m、40 m、35 m。将地面各交线垂直投影在水平面上，按一定比例尺缩小，从而得到一簇表现山头形状、大小、位置以及它起伏变化的等高线。

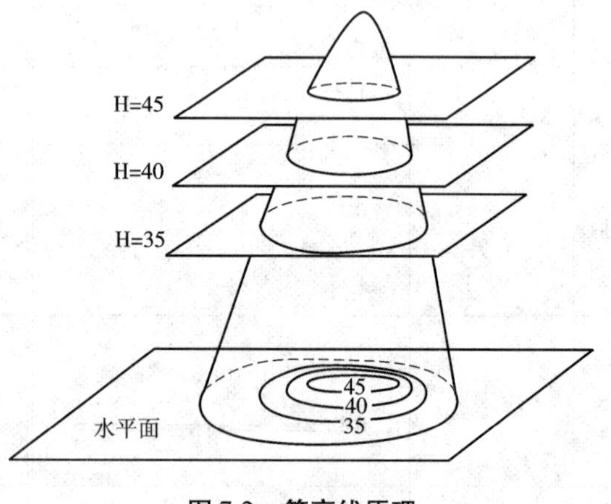

图 7-2　等高线原理

相邻等高线之间的高差 h，称为等高距或等高线间隔，在同一幅地形图上，等高距是相同的，相邻等高线间的水平距离 d，称为等高线平距。由图 7-2 可知，d 愈大，表示地面坡度愈缓，反之愈陡。坡度与平距成反比。

用等高线表示地貌，等高距选择过大，就不能精确显示地貌；反之，选择过小，等高线密集，失去图面的清晰度。因此，应根据地形和比例尺参照表 7-2 选用等高距。

表 7-2　地形图的基本等高距

地形类别	比例尺				备注
	1:500	1:1 000	1:2 000	1:5 000	
平地	0.5 m	0.5 m	1 m	2 m	等高距为 0.5 m 时，特征点高程可注至 cm，其余均为注至 dm
丘陵	0.5 m	1 m	2 m	5 m	
山地	1 m	1 m	2m	5 m	

按表 7-2 选定的等高距称为基本等高距，同一幅图只能采用一种基本等高距。等高线的高程应为基本等高距的整数倍。按基本等高距描绘的等高线称首曲线，用细实线描绘；为了读图方便，高程为 5 倍基本等高距的等高线用粗实线描绘并注记高程，称为计曲线；在基本等高线不能反映出地面局部地貌的变化时，可用二分之一基本等高距用长虚线加密的等高线，称为间曲线；更加细小的变化还可用四分之一基本等高距用短虚线加密的等高线，称为助曲线（图 7-3）。

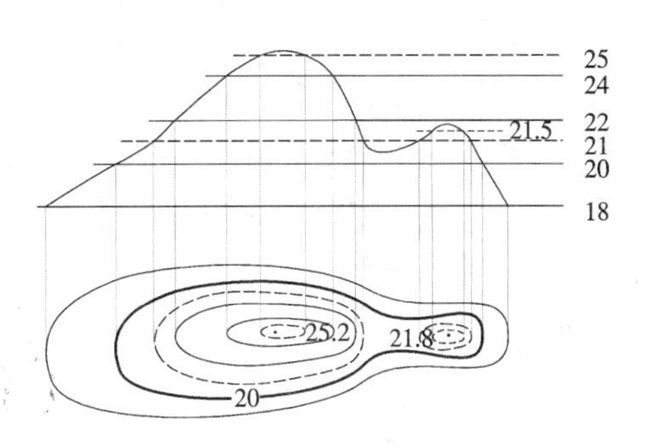

图 7-3　各种等高线图

7.3.2　几种典型地貌的等高线图

地貌形态繁多，但主要由一些典型地貌的不同组合而成。要用等高线表示地貌，关键在于掌握等高线表达典型地貌的特征。典型地貌有：山头和洼地（盆地）。如图 7-4 表示山头和洼地的等高线。其特征等高线表现为一组闭合曲线。

在地形图上区分山头或洼地可采用高程注记或示坡线的方法。高程注记可在最高点或最低点上注记高程，或通过等高线的高程注记字头朝向确定山头（或高处）；示坡线是从等高线起向下坡方向垂直于等高线的短线，示坡线从内圈指向外圈，说明中间高，四周低。由内向外为下坡，故为山头或山丘；示坡线从外圈指向内圈，说明中间低，四周高，由外向内为下坡，故为洼地或盆地。

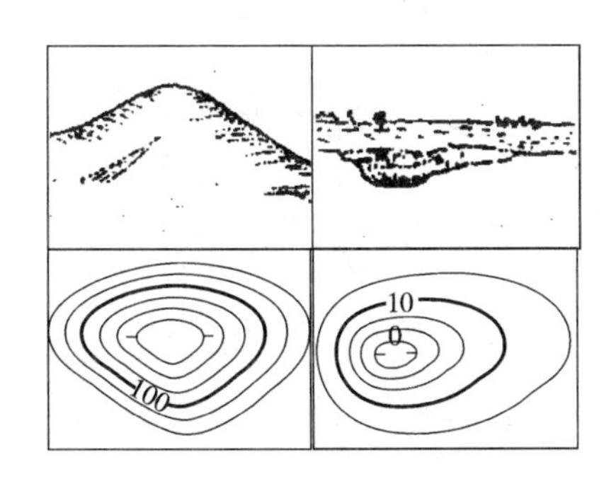

图 7-4　山头和洼地

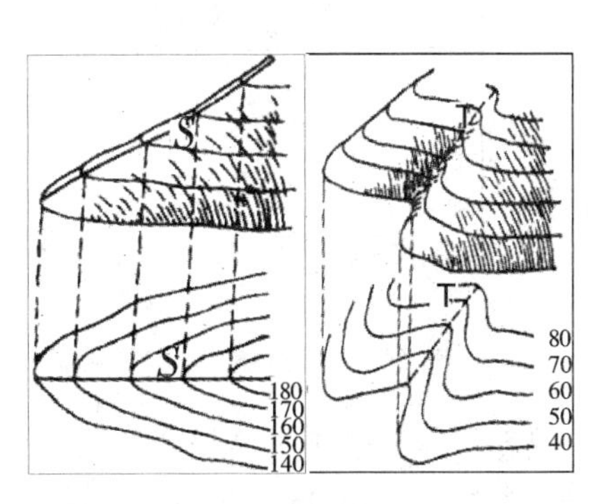

图 7-5　山脊和山谷

山脊和山谷。山脊是沿着一定方向延伸的高地，其最高棱线称为山脊线，又称分水线，如图7-5 S所示山脊的等高线是一组向低处凸出为特征的曲线。山谷是沿着一方向延伸的两个山脊之间的凹地，贯穿山谷最低点的连线称为山谷线，又称集水线，如图7-5中T所示，山谷的等高线是一组向高处凸出为特征的曲线。

山脊线和山谷线是显示地貌基本轮廓的线，统称为地性线，它在测图和用图中都有重要作用。

鞍部。鞍部是相邻两山头之间低凹部位呈马鞍形的地貌，如图7-6所示。鞍部（K点处）俗称垭口，是两个山脊与两个山谷的会合处，等高线由一对山脊和一对山谷的等高线组成。

陡崖和悬崖。陡崖是坡度在70°以上的陡峭崖壁，有石质和土质之分，图7-7是石质陡崖的表示符号。悬崖是上部突出中间凹进的地貌，这种地貌等高线如图7-8所示。

冲沟。冲沟又称雨裂，如图7-9，它是具有陡峭边坡的深沟，由于边坡陡峭而不规则，所以用锯齿形符号来表示。

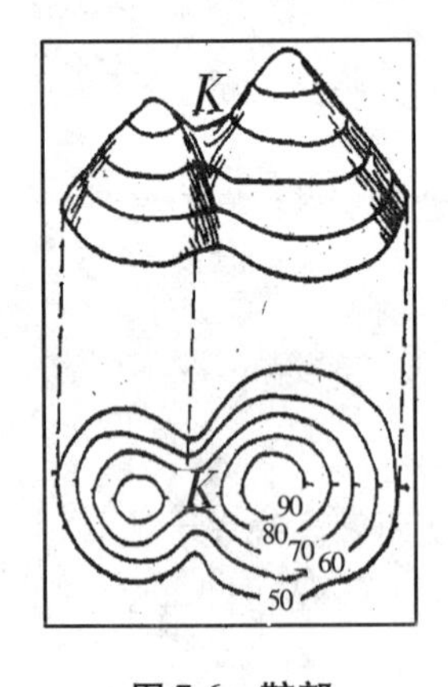

图7-6 鞍部

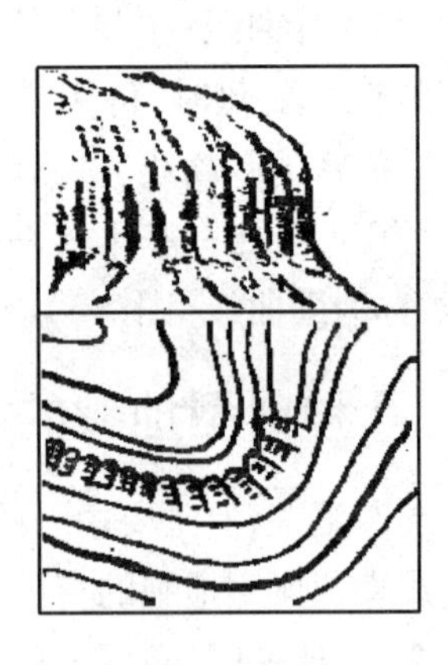

图7-7 陡崖

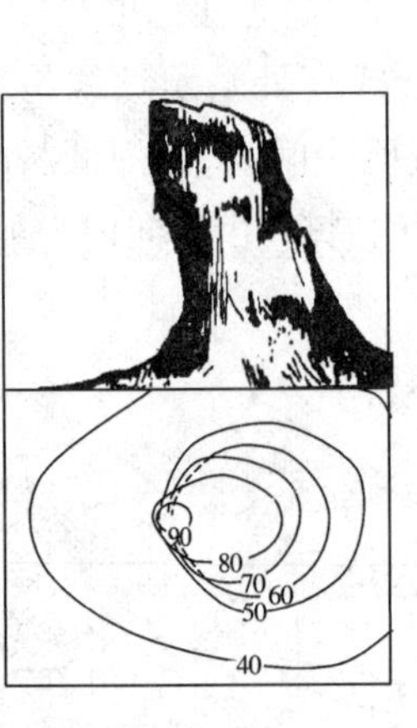

图7-8 悬崖

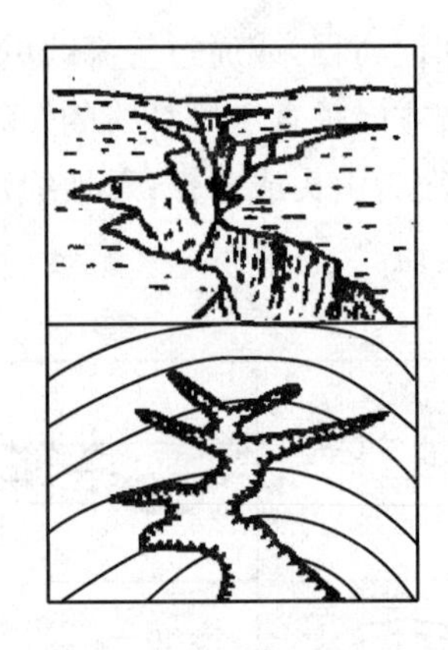

图7-9 冲沟

熟悉了典型地貌等高线特征，就容易识别各种地貌，图7-10是某地区综合地貌示意图及其对应的等高线图，读者可自行对照阅读。

根据等高线的原理和典型地貌的等高线，可得出等高线的特性：

图 7-10　地貌与等高线

同一条等高线上的点,其高程必相等。

等高线均是闭合曲线,如不在本图幅内闭合,则必在图外闭合,故等高线必须延伸到图幅边缘。

(1)除在悬崖或绝壁处外,等高线在图上不能相交或重合。

(2)等高线的平距小,表示坡度陡,平距大则坡度缓,平距相等则坡度相等,平距与坡度成反比。

(3)等高线和山脊线、山谷线成正交。如图 7-6 所示。

(4)等高线不能在图内中断,但遇道路、房屋、河流等地物符号和注记处可以局部中断。

7.3.3　地形图的分幅和编号

测区的面积较大时,为了便于地形图的使用和管理,应按统一的规定对地形图进行分幅和编号。区域性的大比例尺地形图,通常采用 50cm × 50 cm 正方形图幅。宽度较窄的带状地形图还可以采用 40 cm × 50 cm 的矩形图幅。

工程上使用的正方形或矩形图幅一般采用图廓西南角公里数编号法,即以图廓西南角坐标的公里数(1∶500 地形图取至 0.01 km,1∶1 000、1∶2 000 地形图取至 0.1 km,x 坐标在前,y 坐标在后,中以“ - ”连接)进行编号。如图 7-11 所示,该图幅西南角坐标 x = 3 355.0 km,y = 545.0 km,其编号即为 3 355.0 – 545.0。

7.3.4　图廓、坐标格网与注记

地形图一般绘有内外图廓。内图廓为图幅的边界线,也是坐标格网的边线;外图廓是加粗的图廓线。内图廓外四角处注有取至 0.1 km 的纵横坐标值,图内绘制 10 cm × 10 cm 一格的坐标格网。坐标格网是测图时展绘控制点和用图时图上确定点的坐标的依据。

图廓外的注记一般包括:(1)图名与图号;(2)图幅接合表;(3)其他注记。

7.4　地形图的测绘

大比例尺地形图的测绘,就是在控制测量的基础上,采用适宜的测量方法,测定每个控制点周围地形特征点的平面位置和高程,以此为依据,将所测地物、地貌逐一勾绘于图纸上。

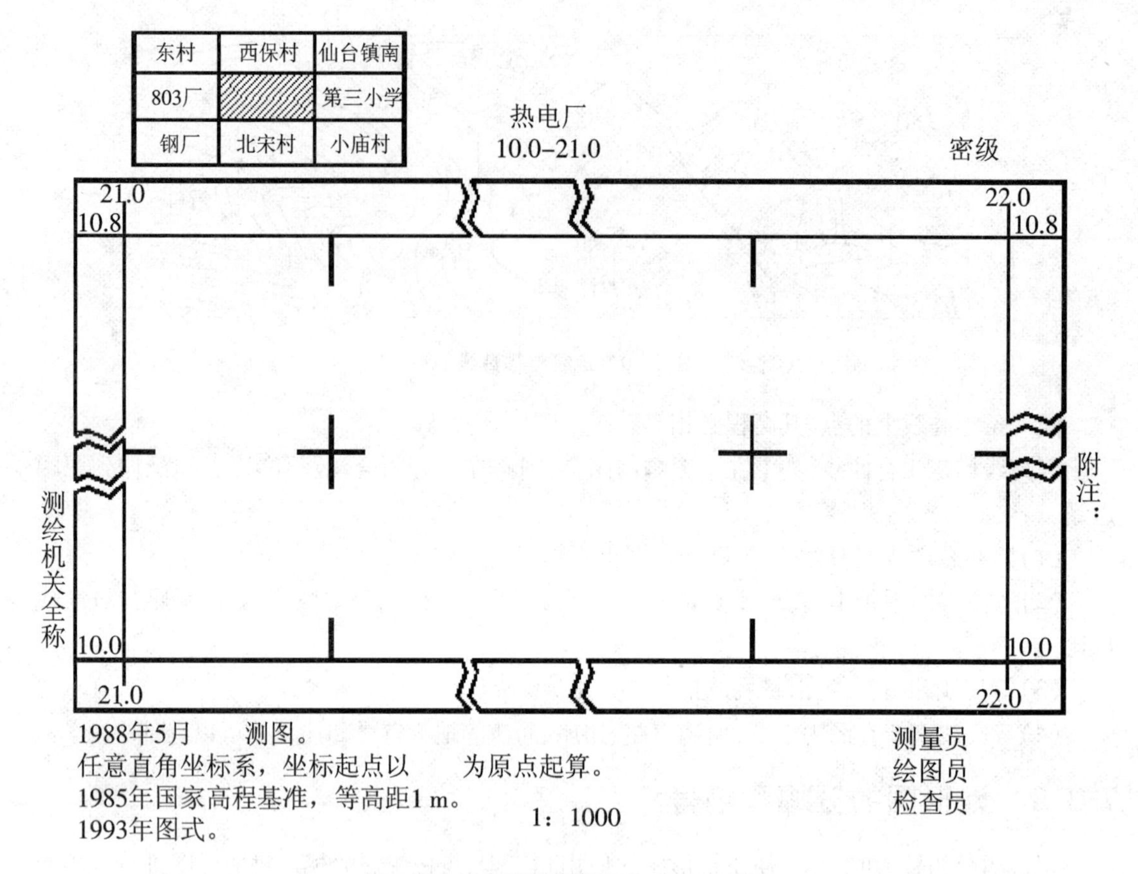

图 7-11 正方形图幅的图名、图号及图廓

7.4.1 测图前的准备工作

1. 图纸准备

大比例尺地形图的图幅大小一般为 50 cm×50 cm、50 cm×40 cm、40 cm×40 cm。为保证测图的质量，应选择优质绘图纸。一般临时性测图，可直接固定将图纸在图板上进行测绘；需要长期保存的地形图，为减少图纸的伸缩变形，通常将图纸裱糊在锌板、铝板或胶合板上。目前各测绘部门大多采用聚酯薄膜代替绘图纸，它具有透明度好、伸缩性小、不怕潮湿、牢固耐用等特点。聚酯薄膜图纸的厚度为 0.07～0.1 mm，表面打毛，可直接在底图上着墨复晒蓝图，如果表面不清洁，还可用水洗涤，因而方便和简化了成图的工序。但聚酯薄膜易燃，易折和老化，故在使用保管过程中应注意防火防折。

2. 绘制坐标格网

为了准确地将控制点展绘在图纸上，首先要在图纸上绘制 10 cm×10 cm 的直角坐标格网。绘制坐标格网的工具和方法很多，如可用坐标仪或坐标格网尺等专用仪器工具。坐标仪是专门用于展绘控制点和绘制坐标格网的仪器；坐标格网尺是专门用于绘制格网的金属尺。它们是测图的一种专用设备。下面介绍对角线法绘制格网。

图7-12　地形点的选择

如图7-13，先用直尺在图纸上绘出两条对角线，以交点 o 为圆心沿对角线量取等长线段，得 a、b、c、d 点，用直线顺序连接4点，得矩形 $abcd$。再从 a、d 两点起各沿 ab、dc 方向每隔10 cm定一点；从 d、c 两点起各沿 da、cb 方向每隔10 cm定一点，连接矩形对边上的相应点，即得坐标格网。坐标格网是测绘地形图的基础，每一个方格的边长都应该准确，纵横格网线应严格垂直。因此，坐标格网绘好后，要进行格网边长和垂直度的检查。小方格网的边长检查，可用比例尺量取，其值与10 cm的误差不应超过0.2 mm；小方格网对角线长度与14.14 cm的误差不应超过0.3 mm。方格网垂直度的检查，可用直尺检查格网的交点是否在同一直线上，其偏离值不应超过0.2 mm。如检查值超过限差，应重新绘制方格网。

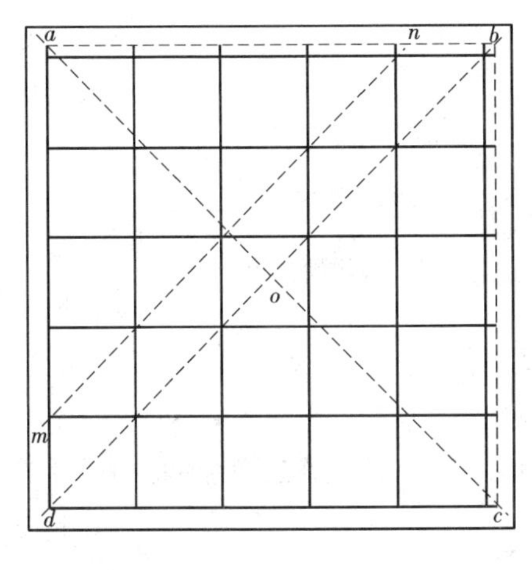

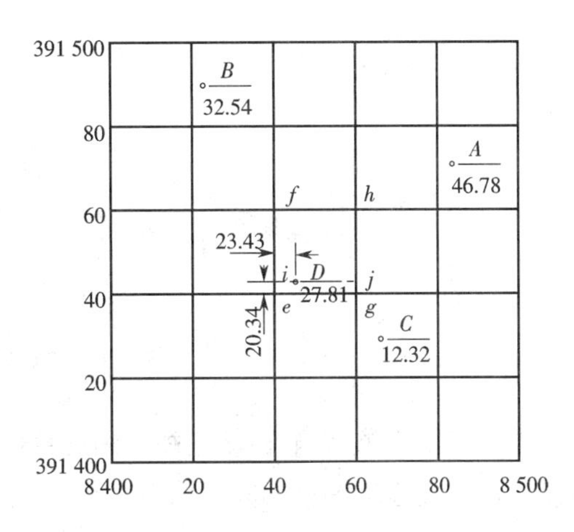

图7-13

3. 展绘控制点

展绘控制点前，首先要按图的分幅位置，确定坐标格网线的坐标值，也可根据测图控制点的最大和最小坐标值来确定，使控制点安置在图纸上的适当位置，坐标值要注在相应格网边线的外侧(图7-13)。

按坐标展绘控制点,先要根据其坐标,确定所在的方格。例如控制点 D 的坐标 x_D = 420.34 m,y_D = 423.43 m。根据 D 点的坐标值,可确定其位置在 $efhg$ 方格内。分别从 ef 和 gh 按测图比例尺各量取20.34 m,得 i、j 两点;然后从 i 点开始沿 ij 方向按测图比例尺量取23.43 m,得 D 点。同法可将图幅内所有控制点展绘在图纸上,最后用比例尺量取各相邻控制点间的距离作为检查,其距离与相应的实地距离的误差不应超过图上0.3 mm。在图纸上的控制点要注记点名和高程,一般可在控制点的右侧以分数形式注明,分子为点名,分母为高程,如图7-13中 A、B、C、D 点。

7.4.2 碎步测量

碎部测量是以控制点为测站,测定周围碎部点的平面位置和高程,并按规定的图示符号绘制成图。

1. 碎部点的选择

地物、地貌的特征点,统称为地形特征点,正确选择地形特征点是碎部测量中十分重要的工作,它是地形测绘的基础。地物特征点,一般选在地物轮廓的方向线变化处,如房屋角点、道路转折点或交叉点、河岸水涯线或水渠的转弯点等。连接这些特征点,就能得到地物的相似形状。对于形状不规则的地物,通常要进行取舍。一般的规定是主要地物凸凹部分在地形图上大于0.4 mm均应测定出来;小于0.4 mm时可用直线连接。一些非比例表示的地物,如独立树、纪念碑和电线杆等独立地物,则应选在中心点位置。地貌特征点,通常选在最能反映地貌特征的山脊线,山谷线等地性线上。如山顶、鞍部、山脊、山谷、山坡、山脚等坡度或方向的变化点,如图7-14所示的立尺点。利用这些特征点勾绘等高线,才能在地形图上真实地反映出地貌来。

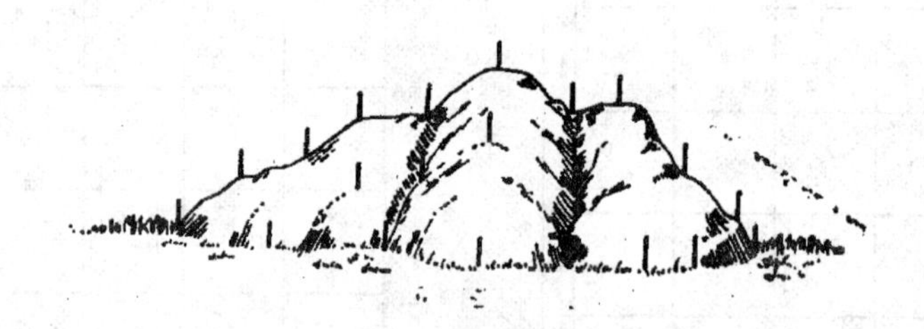

图7-14 地貌特征点

碎部点的密度应该适当,过稀不能详细反映地形的细小变化,过密则增加野外工作量,造成浪费。碎部点在地形图上的间距约为2~3 cm。

2. 地物地貌的描绘

工作中,当碎部点展绘在图上后,就可在碎部测量对照实地描绘地物和等高线。

1)地物描绘

描绘的地形图要按图式规定的符号表示地物。依比例描绘的房屋,轮廓要用直线连接,道路、河流的弯曲部分要逐点连成光滑的曲线。不依比例描绘的地物,需按规定的非比例符号表示。

2)等高线勾绘

由于等高线表示的地面高程均为等高距 h 的整倍数,因而需要在两碎部点之间内插以 h 为间隔的等高点。内插是在同坡段上进行。下面介绍两种常见方法:

(1)目估法,如图7-15(a),某局部地区地貌特征点的相对位置和高程已测定在图之上。首先连接地性线上同坡段的相邻特征点 ba、bc 等,虚线表山脊线,实线表山谷线,然后在同坡段上,按高差与平距成比例的关系内差等高点,勾绘等高线。已知 a、b 点平距为35 mm(图上量取),高差 $h_{ab}=48.5\text{ m}-43.1\text{ m}=2.4\text{ m}$,如勾绘等高距为1 m的等高线,共有五根线穿过 ab 段,两根间的平距 $d=6.7$ mm(由 $d:35=1:5.4$ 求得)。a 点至第一根等高线的高差为0.9 m,不是1 m,按高差1 m的平距 d 为标准,适当缩短(将 d 分为10份,取9份),目估定出44 m的点;同法在 b 点定出48 m的点。然后将首尾点间的平距4等分定出45 m、46 m、47 m各点;同理,在 bc、bd、be 段上定出相应的点(图7-15(b))。最后将相邻等高的点,参照实地的地貌用圆滑的曲线徒手连接起来,就构成一簇等高线(图7-5(c))。

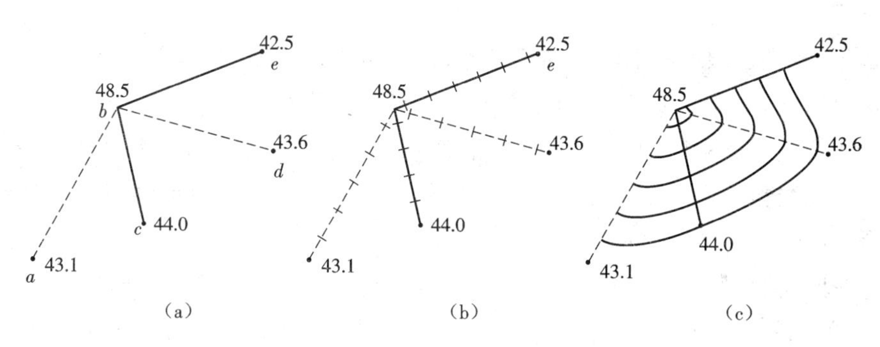

图7-15　目估法勾绘等高线

(2)图解法。绘一张等间隔若干条平行线的透明纸,蒙在勾绘等高线的图上,转动透明纸,使 a、b 两点分别位于平行线间的0.9和0.5的位置上,如图7-16所示,则直线 ab 和五条平行线的交点,便是高程为44 m、45 m、46 m、47 m及48 m的等高线位置。

3. 经纬仪(光电测距仪)测绘法

(1)仪器安置。如图7-16所示,在测站 A 安置经纬仪,量取仪器高 i,填入手簿,在视距尺上用红布条标出仪器高的位置 v,以便照准。将水平度盘读数配置为0°,照准控制点 B,作为后视点的起始方向,并用视距法测定其距离和高差填入手簿,以便进行检查。当测站周围碎部点测完后,再重新照准后视点检查水平度盘零方向,在确定变动不大于2′后,方能撤站。测图板置于测站旁。

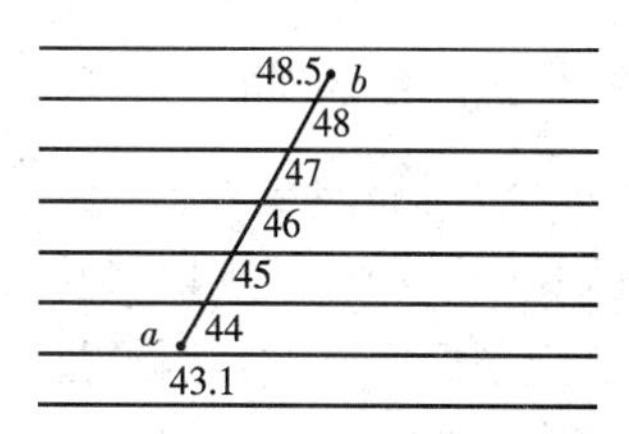

图7-16　图解法内插等高线

(2)跑尺。在地形特征点上立尺的工作通称为跑尺。立尺点的位置、密度、远近及跑尺的方法影响着成图的质量和功效。立尺员在立尺之前,应弄清实测范围和实地情况,选定立尺点,并与观测员、绘图员共同商定跑尺路线,依次将尺立置于地物、地貌特征点上。

(3)观测。将经纬仪照准地形点 P 的标尺,中丝对准视仪器高处的红布条(或另一位置读数),上下丝读取视距间隔 l,并读取竖盘读数 L 及水平角 b,记入手簿进行计算(表7-3)。然后将 bP、DP、HP 报给绘图员。同法测定其他各碎部点,结束前,应检查经纬仪的零方向是否符合要求。

表7-3　地形测量手簿

测站:$A4$　后视点:$A3$　仪器高 i:1.42 m　指标差 x:-1.0　测站高程 H:207.40 m

点号	视距 $K\times l$ /m	中丝读数 v	水平角 b	竖盘读数 L	竖直角 a	高差 h/m	水平距离 D/m	高程/m	备注
1	85.0	1.42	160°18′	85°48′	4°11′	6.18	84.55	213.58	水渠
2	13.5	1.42	10°58′	81°18′	8°41′	2.02	13.19	209.42	
3	50.6	1.42	234°32′	79°34′	10°25′	9.00	48.95	216.40	
4	70.0	1.60	135°36′	93°42′	-3°43′	-4.71	69.71	202.69	电杆
5	92.2	1.00	34°44′	102°24′	-12°25′	-18.94	87.94	188.46	

(4)绘图。绘图是根据图上已知的零方向,在 a 点上按用量角器定出 ap 方向,并在该方向上按比例尺针刺 DP 定出 p 点;以该点为小数点注记其高程 HP。同法展绘其他各点,并根据这些点绘图。测绘地物时,应对照外轮廓随测随绘。测绘地貌时,应对照地性线和特殊地貌外缘点勾绘等高线和描绘特征地貌符号。勾绘等高线时,应先勾出计曲线,经对照检查无误,再加密其余等高线。

用光电测距仪测绘地形图与用经纬仪的测绘方法基本一致,只是距离的测量方式不同。根据斜距 S、竖盘读数 L、仪器高 i 和棱镜高 v,就可算出 D 和 H,再加 b 角,即可展绘点位。

7.5　地形图的拼接,整饰和检查

在大区域内测图,地形图是分幅测绘的。为了保证相邻图幅的互相拼接,每一幅图的四边要测出图廓外 5 mm。测完图后,还需要对图幅进行拼接,检查与整饰,方能获得符合要求的地形图。

1.地形图的拼接

每幅图施测完后,在相邻图幅的连接处,无论是地物或地貌,往往都不能完全吻合。我们一般是取平均位置加以修正。修正时,通常用宽 5~6 cm 的透明纸蒙在左图幅的接图边上,用铅笔把坐标格网线、地物、地貌描绘在透明纸上,然后再把透明纸按坐标格网线位置蒙在右图幅衔接边上,同样用铅笔描绘地物、地貌。若接边差在限差内,则在透明纸上用彩色笔平均配赋,并将纠正后的地物地貌分别刺在相邻图边上,以此修正图内的地物、地貌。

2.地形图的检查

1)室内检查

观测和计算手簿的记载是否齐全、清楚和正确,各项限差是否符合规定;图上地物、地貌的真实性、清晰性和易读性，各种符号的运用、名称注记等是否正确，等高线与地貌特征点的高程是否符合，有无矛盾或可疑的地方，相邻图幅的接边有无问题等。如发现错误或疑点，应到野外进行实地检查修改。

2）外业检查

首先进行巡视检查，它根据室内检查的重点，按预定的巡视路线，进行实地对照查看。主要查看原图的地物、地貌有无遗漏；勾绘的等高线是否逼真合理，符号、注记是否正确等。然后进行仪器设站检查，除对在室内检查和巡视检查过程中发现的重点错误和遗漏进行补测和更正外，对一些怀疑点，地物、地貌复杂地区，图幅的四角或中心地区，也需抽样设站检查，一般为10%左右。

3. 地形图的整饰

当原图经过拼接和检查后，要进行清绘和整饰，使图面更加合理、清晰、美观。整饰应遵循先图内后图外，先地物后地貌，先注记后符号的原则进行。工作顺序为：内图廓、坐标格网，控制点、地形点符号及高程注记，独立物体及各种名称、数字的绘注，居民地等建筑物，各种线路、水系等，植被与地类界，等高线及各种地貌符号等。图外的整饰包括外图廓线、坐标网、经纬度、接图表、图名、图号、比例尺、坐标系统及高程系统、施测单位、测绘者及施测日期等。图上地物以及等高线的线条粗细、注记字体大小均按规定的图式进行绘制。

7.6　地形图应用的基本内容

7.6.1　地形图的识读

1. 图廓外注记的识读

了解测图比例尺、测图方法、坐标系统和高程基准、等高距、地形图图式的版本等成图要素。此外，通过测图单位与成图日期等，也可判别图纸的质量及可靠程度。

2. 地貌识读

判别图内各部分地貌的类别，属于平原、丘陵还是山地；如系山地、丘陵，则搜寻其山脊线、山谷线即地性线所在位置，以便了解图幅内的山川走向及汇水区域；再从等高线及高程注记，判别各部分地势的落差及坡度的大小等。

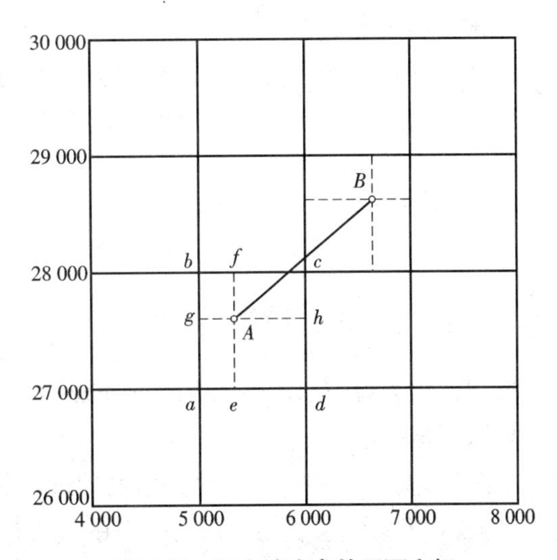

图7-17　图上确定点的平面坐标

3. 地物识读

主要是城镇及居民点的分布，道路、河流的级别、走向，以及输电线路、供电设备、水源、热源、气源的位置等。

7.6.2 地形图的基本应用

1. 图上确定点的平面坐标

根据点所在网格的坐标注记，按与距离成比例量出该点至上下左右格网线的坐标增量 Δx、Δy 即可得到该点坐标，如图 7-17 所示。

2. 图上确定点的高程

根据等高距 h、该点所在位置相邻等高线的平距 d 及该点与其中一根等高线的平距 d_1，按比例内插出该点至该等高线的高差

$$\Delta h = \frac{d_1}{d} \times h,$$

即可得到该点高程。

3. 图上确定直线的长度和方向

(1)直接量取法(即图解法)——用直尺。

直接在图上量取图上直线的距离，乘以比例尺分母即得，如图 7-18 图上确定点的高程线的实地长度；过直线的起始点作坐标纵轴的平行线，用半圆量角器自纵轴平行线起 始顺时针量取至直线的夹角，量取方法如图 7-19，即得直线的坐标方位角。

(2)坐标反算法(即解析法)——在图上量取直线两端点的纵、横坐标，代入坐标反算公式，计算两点之间的距离和方位角。

4. 图上确定直线的坡度

图上先确定直线两端点的高程，算得两端点之间的高差 h，再量取直线之间的平距 d，即可按下式计算该直线以百分数表示的坡度 i：

$$i = \frac{h}{d}。$$

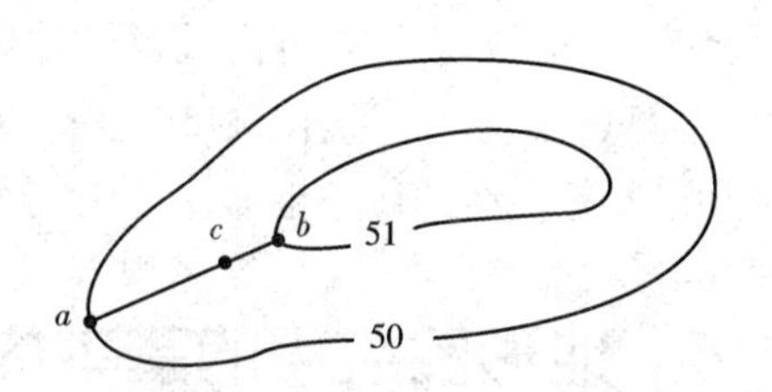

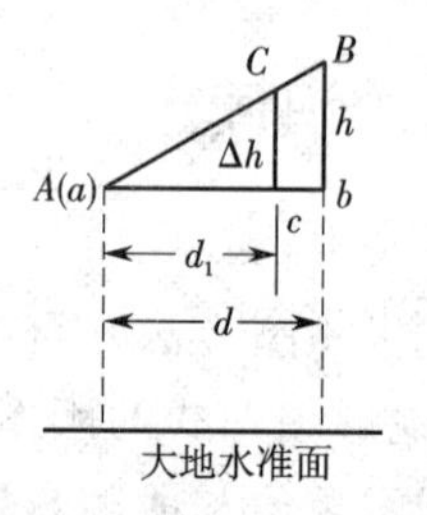

图 7.18 图上确定点高程

7.6.3 图上面积量算

在图上量算封闭曲线围成图形的面积，有以下方法。

1. 透明格网法

如图 7-20 所示，将一绘有毫米格网的透明胶片覆盖于需量算面积的图形上，数出图形所占有的整方格数 n_1 和其边界线上非完整的方格数 n_2，代入下式即可算得该图形的实地面积 A。

$$A = \left(n_1 + \frac{n_2}{2}\right) \times \frac{M^2}{10^6} \quad (\mathrm{m}^2)。$$

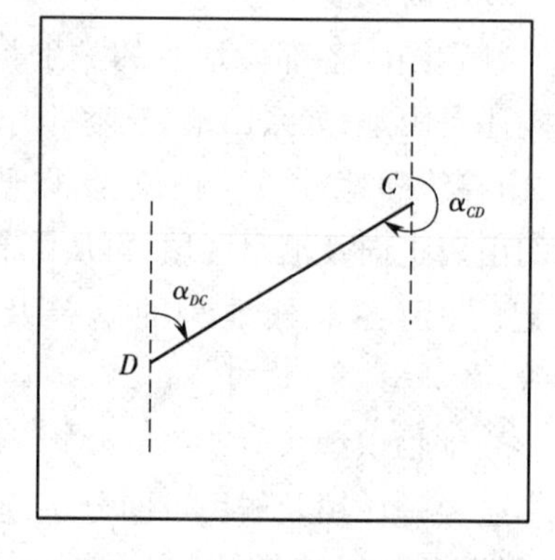

图 7-19 图上量取直线方位角

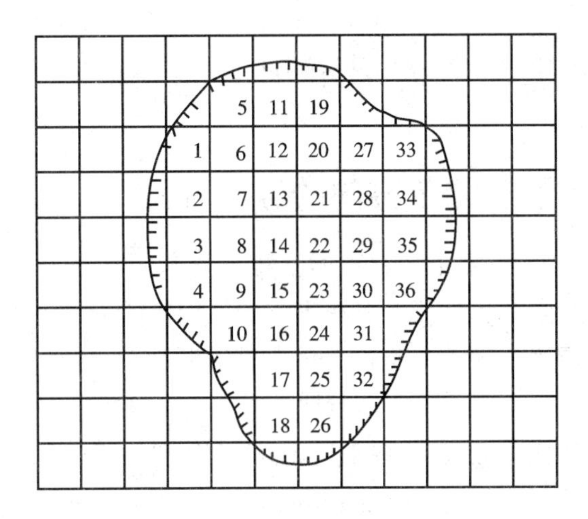

图 7-20　透明格网法量算面积

式中，M 为地形图比例尺分母。

2. 数字化仪法

用手扶跟踪的方法将图件上的点、线、面等几何要素转换成坐标数字的仪器称为矢量数字化仪，简称数字化仪。鼠标器外部装有十字丝及若干操作键。十字丝用于精确对准图纸上的点位，操作键可执行相关操作。

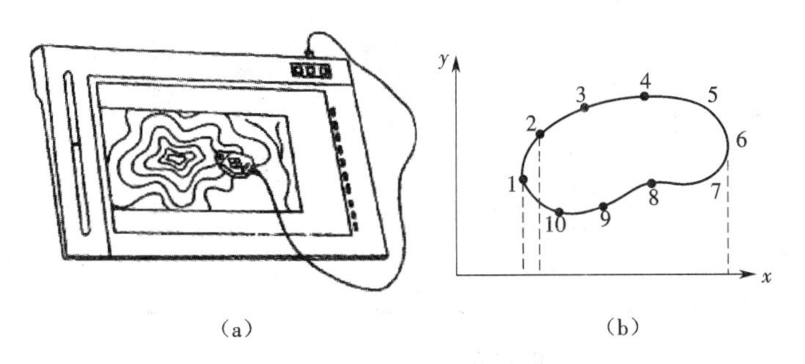

图 7-21　数字化仪量算面格

(a)矢量数字化仪；(b)图形边界拐点

面积量算时，首先在图形的边界线上将方向有明显变化处注为拐点(参见图 7－21(b))，然后手扶鼠标器自某点起始，沿封闭曲线顺时针移动，凡遇拐点，按下操作键，直至回到起点。此时，在计算机内即得所有拐点按序排列的在数字化仪面板坐标系统内的 X、Y 坐标(横轴为 X，纵轴为 Y)。并且代入以下梯形面积累加公式自动计算图形的面积 S(式中，当 $i=n$ 时，第 $i+1$ 点即为返回第 1 点)：

$$S=\frac{1}{2}\sum_{i=1}^{n}(X_{i+1}-X_i)\cdot(Y_{i+1}+Y_i)。$$

7.7 地形图在施工中的应用示例

7.7.1 利用地形图绘制特定方向的纵断面图

纵断面图可以更加直观、形象地反映地面某特定方向的高低起伏、地势变化,在道路、水利、输电线路等工程的规划、设计、施工中具有突出的使用价值。

如图 7-22(a)所示,*AB* 为某特定方向。为绘制其纵断面图,先在地形图上标出直线 *AB* 与相关等高线的交点 *b*、*c*、*d*…*p*,且沿 *AB* 方向量取 *A* 至各交点的水平距离。然后在另一图纸上绘制直角坐标系,横轴代表水平距离 *D*;纵轴代表高程 *H*(图 7-22(b))。按 *A* 至各等高线交点的水平距离在横轴上据横向比例尺依次展出 *b*、*c*、*d*……*p*、*B* 各点;再通过这些点作纵轴的平行线,在各平行线上,据纵向比例尺分别截取 *A*、*b*、*c*、*d*……*p*、*B* 等点的高程,最后将各高程点用光滑曲线连接,即得 *AB* 方向的纵断面图。

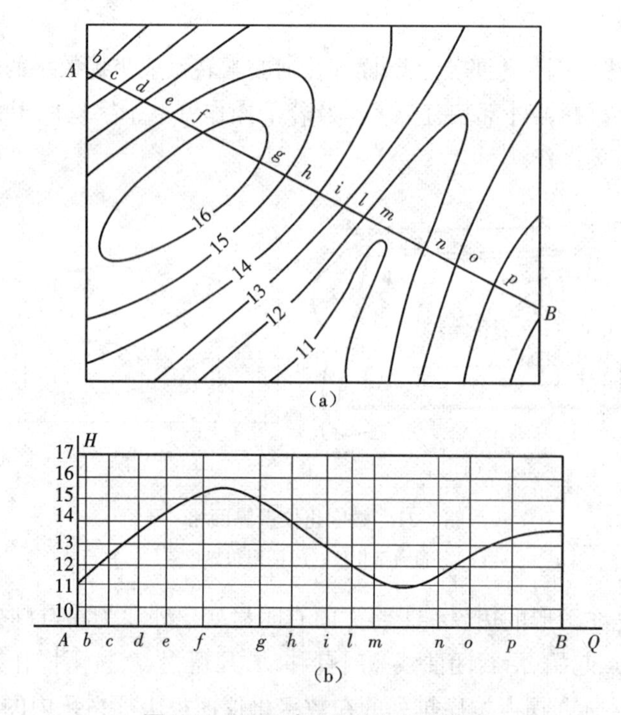

图 7-22 利用地形图绘制纵断面图

在绘制纵断面图时一般将纵向比例尺较横向比例尺放大 10 ~ 20 倍,譬如横向比例尺为 1∶2 000,而纵向比例尺则采用 1∶200,这样可以将地势的高低起伏更加突出地表现出来。

道路、管线工程中,往往需要在地形图上按设计坡度选定最佳路线。如图 7-23 所示,在等高距为 h、比例尺为 1∶M 的地形图上,有 A、B 二点,需在其间确定一条设计坡度等于 i 的最佳路线。首先计算满足该坡度要求的路线通过图上相邻两条等高线的最短平距 d:

$$d = \frac{h}{i} \cdot M。$$

首先在图上以 A 点为圆心，以 d 为半径画圆弧，交 84 m 等高线于 1 号点，再以 1 号点为圆心，以 d 为半径画圆弧，交 86 m 等高线于 2 号点，依此类推直至 B 点；再自 A 点始，按同法沿另一方向交出 1′、2′直至 B 点。这样得到的两条线路坡度都等于 i，同时距离也都最短，再通过现场踏勘，从中选择一条施工条件较好的线路为最佳路线。

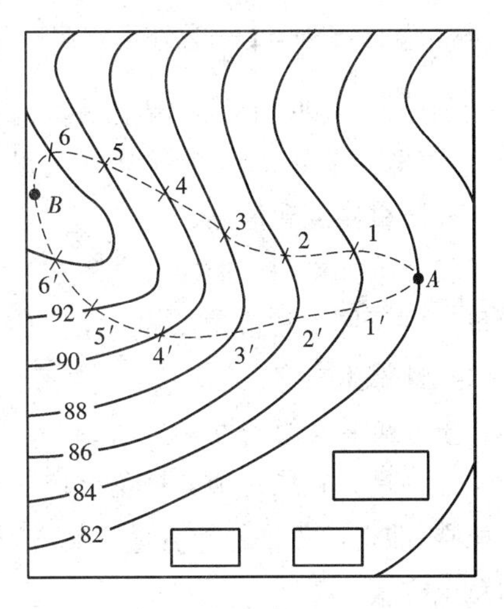

图 7-23　利用地形图选择最短路线

7.7.2　利用地形图进行场地平整设计

建筑工程施工必不可少的前期工作之一是场地平整，即按照设计的要求事先将施工场地的原始地貌，整治成水平或倾斜的平面。如图 7-24 所示，需将地形图范围内的原始地貌整治成水平场地，按挖方和填方基本相等的原则设计，其步骤如下：

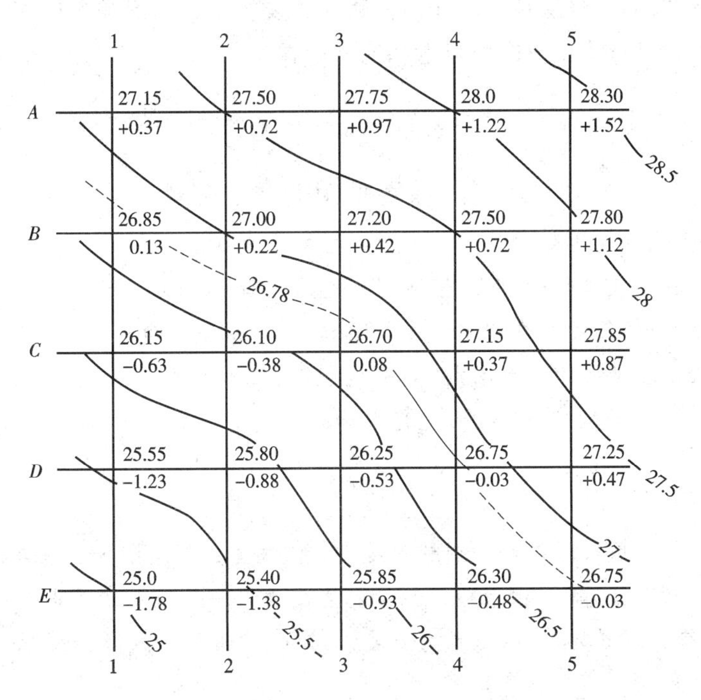

图 7-24　平整水平场地设计示意图

1. 确定图上网格角点的高程

在图上绘制方格网，网格的边长一般取实地 20 m（在 1∶1 000 地形图上为 2 cm）为宜。然后根据等高线逐一确定每个方格角点的高程，注于各方格角顶的右上方。

2. 计算设计高程

设计高程又称零线高程，即场地平整后的高程。为了满足挖方和填方基本相等的原则，设计高程实际上就是场地原始地貌的平均高程，计算公式为：

$$\text{设计高程}=\left(\frac{1}{4}\sum\text{外角点高程}+\frac{1}{2}\sum\text{边角点高程}+\sum\text{中角点高程}\right)\div\text{方格总数。}$$

随后，在地形图上插绘出该设计高程的等高线，称为零线，即挖、填土方的分界线（图7-24中，虚线即为零线，其高程为算得的设计高程26.78 m）。

3. 计算挖深和填高

将每个方格角点的原有高程减去设计高程，即得该角点的挖深（差值为正）或填高（差值为负），注于图上相应角点的右下方（单位：m）。

4. 计算土方量

土方量的计算有两种方法。

一种是分别取每个方格角点挖深或填高的平均值与每个方格内需要挖方或填方的实地面积相乘，即得该方格的挖方量或填方量；分别取所有方格挖方量与填方量之和，即得场地平整的总土方量。

另一种是在图上分别量算零线及各条等高线与场地格网边界线所围成的面积（如果零线或等高线在图内闭合，则量算各闭合线所围成的面积），根据零线与相邻等高线的高差，及各相邻等高线之间的等高距，分层计算零线与相邻等高线之间的体积及各相邻等高线之间的体积，即可通过累加，分别计算出总的填方量和挖方量。

拓展阅读

大比例尺数字测图的发展趋势

科学技术的进步，信息化测量仪器——全站型电子速测仪的广泛应用，以及微型计算机硬件和软件技术的迅猛发展与渗透，促进了地形测绘的自动化，并成为大比例尺地形测量全面革新的最积极、最有活力的因素和最可靠的技术保障，地形测量从白纸测图变革为数字测图，测量的成果不仅是绘制在纸上的地形图，更重要的是提交可供传输、处理、共享的数字地形信息，即以计算机磁盘为载体的数字地形图，这将成为信息时代不可缺少的地理信息的重要组成部分。

1. 数字测图的产生

传统的地形测量是用仪器在野外测量角度、距离、高差，作记录（称外业），在室内作计算、处理，绘制地形图（称内业）等。由于地形测量的主要成果——地形图是由测绘人员利用分度器、比例尺等工具模拟测量数据，按图式符号展绘到白纸（绘图纸或聚酯薄膜）上，所以又俗称白纸测图或模拟法测图。

近几年，全站仪作为当前应用最为广泛的测绘仪器，是电子技术与光学技术结合发展的光电测量仪器，集测距仪、电子经纬仪的优点于一体。在智能型全站仪中采用了光、电、磁、机的最新科学成果，具有了测距、测角功能。国际上先进的全站仪均以存储卡、内部存储器或电子手簿的方式记录数据，具有双路传输的通讯功能，可以与外部计算机或电子手簿进行数据的相互传递，也可以依靠外部计算机或电子手簿的指令进行测量工作。以全站仪为代表的智能化、数字化仪器是测量仪器今后的发展方向之一。有了全站仪等先进测量仪器和计算机技术的大力支持，就可以建立三维数据自动采集、传输、处理的测量数据处理系统，将传统的手簿记录、手工录入、繁琐计算等大量的重复性的工作交由计算机处理，在减轻工作人员工作强度的同时效益提高了，速度加快了，精度也得到了保证和提高。

2. 测量方法与手段的发展

在测量仪器发展的同时，测量方法与手段也在不断发展。以卫星遥感(RS)、全球定位系统(GPS)为代表的空间对大地观测技术在测绘科学中的应用日趋成熟，遥感包括卫星遥感和航空遥感，基于遥感资料建立数字地面模型(DTM)进而应用于测绘工作已获得了较多的应用。

GPS(Global Positioning System)是美国国防部于1973年组织研制的军用导航定位系统，20世纪80年代商品化并推广到民用，引起各界广泛的注意。GPS定位方法精度高，方便灵活。GPS定位技术在测绘中的应用和普及，是测绘科技的一个重大的突破性进展。GPS已经成为大地测量的主要技术手段，不仅具有全天候、高精度和高度灵活性的优点，而且与传统的测量技术相比，无严格的控制测量等级之分，不必考虑测点间通视，不需造标，不存在误差积累，可实进行三维定位等优点，在外业测量模式、误差来源和数据处理方面是对传统测量观念的革命性转变。

惯性测量系统(InerTIAl Surveying System:ISS)是一种导航定位技术，具有全天候、自主式、快速多能和机动灵活等优点。为大地测量、工程测量和矿山测量作业的自动化和全能型提供了另一种新的技术手段。它是一种利用惯性导航的原理同时获取多种大地测量数据(经纬度、高程、方位角、重力异常和垂线偏差等)的技术系统。ISS可分为两大类:平台式和捷联式。ISS在测绘领域主要应用于:①控制测量;②管线监测、定位、地壳变形、地表沉陷观测;③井下定位、各种工程和建筑测量;④地震、重力测量、地球物理研究;⑤井筒和管道梁的垂直性监测等。

GPS/ISS组合系统能够使GPS与ISS的性能得到很多互补，以整体大地测量模型进行数据处理，同时确定三维坐标和大地水准面，是满足高精度导航和定位要求的发展方向之一。

3. 大比例尺数字测图系统的发展与简化

这些测量仪器与测量技术的发展结果，显而易见的是外业的工作方式:携带的基本物品是一台全站仪、一个三脚架、两根标杆、两个棱镜和一卷钢尺(还可以加一个电子手簿或装有测量软件的便携式计算机)，测量的计算工作全部交给全站仪或计算机，如果电子手簿提供功能或使用便携式计算机，就可以同时编辑图形、加注属性，将测量的大部分工作在外业中完成，现在大量使用的一些电子平板测量系统就是这样的。虽然提高了效率、减轻了强度，可是外业人员还会抱怨要带的仪器过多，对于测图系统集成的呼声日益高涨。所谓测图系统，包括测量仪器和大比例尺测图软件以及软件的运行平台;所谓简化，是在不降低测量技术水平和工作效能的条件下使用最少的设备，提高测图软件的实用性和易用性，所以测图系统要简化，不但测图软件和软件运行平台的集成度要提高，而且测量仪器也要利用先进的电子技术和机械制造技术实现一机多能。

借鉴电子平板测量系统产生了全站仪自动跟踪测量模式。测站为自动跟踪式全站仪，可以无人操作;棱镜站有跑镜员和电子平板操作员(甚至平板操作员兼任司镜员)。全站仪自动跟踪照准立在测点上的棱镜，测量的数据由测站自动传输给棱镜站的电子平板记录、成图。瑞典捷创力(Geotronic)、日本拓普康(Top-con)等推出的自动跟踪全站仪的单人测量系统，再加上电子平板即可实现此模式。1997年徕卡(Leica)推出的TCA全站仪+RCS1000控制器(遥控器)，实现了遥控测量(remote control sur-veying,RCS)，使自动跟踪测量模式更趋于现实。测站无人操作，而在镜站遥控开机测量，全站仪自动跟踪，自动照准，自动记录，及时获取观测成果，还可在镜站遥控进行检查与编码。TCA遥控测量系统与电子平板连接，则可实现自动跟踪模式的电子平板数字测图。目前此种模式价格昂贵，适用于特定的应用场合。

FIG第21届大会于1998年7月19日~25日在英国南部沿海城市布莱顿召开，近百个国家和地区千余代表参加了会议。当时会议上有关GPS的论文较多，充分反映了GPS技术发展迅速、应用广泛，GPS系统仪真正成为高精度、全天候和全球性的无线电导航、定位、定时的多功能系统。当时会议中反映出的信息是：

1)一种GPS和GLONASS相结合的新型的GPS接收机在一个测站上可能利用多达20颗卫星，精度和适应性将大大提高。

2)GPS接收机与全站仪相结合的新型全站仪已经问世，这种仪器具有GPS和全站仪的特性，适应于任何测量工作。

3)无反射镜的全站仪已走向市场，而且精度有所提高，这使全站仪向自动化方向又迈进了一步。

4)能够自动照准天然目标的新一代测量机器人的设计思想已经成熟，不久将有仪器问世。

在如今的测绘作业中，工作方式正由全站仪单独作业向全站仪配合电子手簿或便携式计算机的电子平板方式过渡。在这一方式产生巨大经济效益的同时，也暴露出了该方式的不足之处，便携式计算机价格较高，保养维护要求高，装有测量软件的便携式计算机虽然功能强大，但在携带、操作、工作时间、工作环境要求等方面与电子手簿相比略显不足，而电子手簿虽然价格较低，但是功能有限，除了测量数据的计算功能外，只有少数的几种能够显示图形，大多数只是一个数据的载体。那么能否将便携式计算机与电子手簿的优势互补？可以，性能不断加强的掌上式电脑装上专业定制的测量软件后，就达到了便携式计算机和电子手簿的最佳组合。例如，海信新型HPC提供了20RAM(随机存取内存)，为操作系统及应用软件提供了足够的运行空间，极大的提高了应用软件的运行速度，减少手写输入的识别时间，真正实现了“即写即现”，这种掌上电脑尺寸小、低能耗、重量不足500 g。它的袖珍存储卡扩展槽提供掌上电脑功能的扩展，如网卡、快闪存储卡以及无线传输卡等，使用此项功能可以在任何时候插入或退出CF扩展卡。当插入快闪存储卡的时候，就可以将资料存进卡内；当需要使用其所对应的应用软件时，可以直接按下快捷键，系统会自动开机并进入相应的应用软件。掌上电脑使用图形用户操作界面的操作系统，具有良好的图形显示和交互操作的特性，由电子手簿的Yes或No的应答式操作改为人机交流的交互式操作；装载了专业测量软件后，就成为了小型的测图软件平台，在这个平台上可以利用测量软件的功能，将全站仪采集的离散点数据编辑成带有属性的图形数据，在编辑的同时就可显示在屏幕上，也就是“即测即现”；由于掌上电脑屏幕分辨率的提高，显示的图形将更细腻、更精确，使得在测量现场就可对数据进行检查；低能耗的优点，不仅是满足长时间作业的要求，而且保持了作业的连续性，在最佳的测量条件下进行最多的测量作业,减少测量环境对测量数据精度的影响。掌上电脑在测量中的使用必将推动测绘业的发展,产生巨大经济与社会效益,为国家基础设施建设、矿产资源调查利用、百姓交通旅行、国防建设、环境保护等与国家和个人息息相关的多方面提供有力支持。但从长远来看,这只是测图系统集成的一个阶段。

4. 大比例尺数字测图的美好未来

发展创造需求,需求指引发展,测图系统的集成是必然趋势。GPS和全站仪相结合的新型全站仪已被用于多种测量工作,掌上电脑和全站仪的结合或者全站仪自身的功能不断完善,到时如果全站仪的无反射镜测量技术进一步发展,精度达到测量标准要求,那么测量工作只需携带一台新型全站仪和一个三脚架,而操作员也只需一人。展望未来,随着科技的进一步发展,将来的大比例尺测图系统将没有全站仪和三脚架,只是操作员的工作帽上安着GPS接收器以及激光发射和接收器,用于测距和测角,眼前搭小巧的照准镜,手中拿着带握柄的掌上电脑处理数据、显示图形,腰上别着的无线数据传输器则将测得的数据实时传回测量中心,测量中心则收集各个测区的测量数据,生成整体大比例尺地形数据库。这就是大比例尺数字测图的美好明天。

本章小结

本章以大比例尺地形图为主,重点介绍地形图比例尺,地形图的分幅和编号方法,地形图上地物和地貌表示方法,地形图上注记的内容,地形图图式等内容。由于篇幅的原因,本章节主要讲述地形图的基本知识,传统的地形图测绘方法;近年来,随着科学技术的发展,全站仪、GPS等仪器在地形图的测绘中发挥了越来越重要的作用,已经逐步取代了传统的测图方法,但是,其基本的测图原理是不变的,笔者在拓展阅读中对数字测图的前景进行了相应说明,感兴趣的同学们可自行阅读。

习　　题

一、填空题

1. 地球表面自然形成或人工构筑的有明显轮廓的物体称为__________。

2. 地球表面的高低变化和起伏形状称为__________。

3. 地形分为__________和__________,仅表示地物平面位置的图,称为__________图,二者同时表示的图,称为__________。

4. 供测图、读图和用图的专门统一符号注记规范叫__________。

5. 地形图上任意线段的长度与它所代表的地面上实际水平长度之比称为__________。

6. 在1∶2 000地形图上,量得某直线的图上距离为18.17 cm,则实地长度为__________。

7. 若知道某地形图上线段AB的长度是2 cm,而该长度代表实地水平距离为20 m,则该地形图的比例尺为__________,比例尺精度为__________。

8. 图上0.1 mm所代表的实地水平距离称为__________,大小为$\delta = 0.1 \times M$ __________

表示。

9. 等高线密集表示地面的坡度__________，等高线稀疏表示地面的坡度__________，间隔相等的等高线表示地面的坡度__________。

10. 在地形图上量得 A 点的高程 $H_A=85.33$ m，B 点的高程 $H_B=61.87$ m，两点间的水平距离 $D_{AB}=156.40$ m，两点间的地面坡度__________。

二、名词解释

1. 山脊线
2. 山谷线
3. 地性线
4. 地籍图

三、选择题（把正确的答案填入括号内）

1. 比例尺精度的作用有（　　）。

A. 确定测图时测量实地距离应准确的程度　B. 确定测图比例尺
C. 只有 A 选项　D. 只有 B 选项

2. 根据地物大小及描绘方法的不同，地物符号可分为（　　）。

A. 比例符号　B. 半比例符号　C. 非比例符号　D. 地物注记

3. 地物注记包括（　　）。

A. 文字注记　B. 数字注记　C. 符号注记　D. 字母注记

4. 等高线表示地貌时，可以表示出（　　）。

A. 地面的起伏状态　B. 地面的坡度　C. 地面点的高程　D. 以上都不是

5. 等高线可以分为（　　）

A. 首曲线　B. 计曲线　C. 间曲线　D. 助曲线

四、判断题：（正确的在括号内打√，打错误的打×）

1. 地形图比例尺无单位，应注记在内下方正中央位置。（　　）
2. 数字或分数比例尺的大小与分母成反比。（　　）
3. 同一张图纸上数字或分数比例尺没有图示比例尺精度高。（　　）
4. 内图廓线是图幅大小的实际边界线，外图廓线是装饰线。（　　）
5. 比例尺愈大，表示地形变化的状况愈详细，精度也愈高；反之愈粗略，精度也愈低。（　　）

五、简答题

1. 什么是地图？什么是地形图？
2. 什么是地形图的比例尺？比例尺有哪些种类？
3. 什么是比例尺的精度？它在测绘工作中有何用途？
4. 什么是地物、地貌、地形？地形图上表示地貌、地物的方法？地物符号按特性和大小的分类类型？
5. 什么是等高线？什么是等高距？什么是等高线平距？等高线有哪些特性？

六、计算题

1. 试计算施测实地面积约为 2 km^2 的地形图，需要 1∶500、1∶2 000 比例尺正方形图幅各多少幅？

2. 试计算测 1∶500 比例尺的地形图时，测量实地距离时应当精确到多少？若要求把地面上 0. 2 m 以上的地物在地形图上表示出来，应选定多大的测图比例尺？

第 2 篇　工程应用篇

第 8 章　测设的基本工作

导读:测设又名放样,测设是根据工程设计图纸上待建的建筑物、构筑物的轴线位置、尺寸及其高程,算出待建的建筑物、构筑物各特征点(或轴线交点)与控制点(或已建成建筑物特征点)之间的距离、角度、高差等测设数据,然后以地面控制点为根据,将待建的建、构筑物的特征点在实地桩定出来,以便施工。不论测设对象是建筑物还是构筑物,测设的基本工作是测设已知的水平距离、水平角度和高程。本章主要讲解已知水平距离、水平角和高程的测设,要求同学们能够掌握直线和坡度线的常用测设方法以及平面点位的测设方法。

引例:利用已知高程点 A,欲测设出设计高程为 H 的 B 点,应该用什么仪器,如何操作呢?

8.1　水平距离、水平角和高程的测设

8.1.1　已知水平距离的测设

水平距离测设是从现场的一个已知点出发,沿着给定的方向,按已知的水平距离量距,并在地面上标出另一个端点的过程。水平距离测设的方法有钢尺测设、视距测设和光电测距测设等,下面主要介绍在建筑施工测量中最常用的钢尺测设和光电测距测设。

1. 钢尺测设

1)一般方法

当已知方向在现场已用直线标定,且测设的已知水平距离小于钢卷尺的长度时,测设距离的一般方法很简单的,只需将钢尺的零端与已知始点对齐,然后沿已知方向水平拉紧拉直钢尺,在钢尺上读出等于已知水平距离的位置最后定点即可。为了校核和提高测设的精度,可将钢尺移动 10 ~ 20 cm,然后用钢尺始端的另一个读数对准已知始点,再测设一次,定出另一个端点,若两次点位的相对误差在限差(1/5 000 ~ 1/3 000)以内,则取两次端点的平均位置作为端点的最后位置。如图 8-1 所示,A 为已知始点,A 至 B 为已知方向,D 为已知水平距离,P'为第一次测设所定的端点,P''为第二次测设所定的端点,则 P'和 P''的中点 P 即为最后所定的端点。AP 即为所要测设的水平距离 D。

图 8-1　钢尺测设的一般方法

若已知方向在现场已用直线标定,而已知水平距离大于钢卷尺的长度,则沿已知方向依次水平丈量若干个尺段,在尺段读数之和等于已知水平距离处定点即可。为了校核和提高测设精度,同样应进行两次或多次测设,然后取中点定点,方法同上。

当已知方向没有在现场标定出来，只是在较远处给出了另一定向点时，则要先进行直线定线再量距。对建筑工程来说，若始点与定向点的距离较短，一般可用拉一条细线绳的方法定线，若始点与定向点的距离较远，则要用经纬仪定线，方法是将经纬仪安置在 A 点上，对中整平，照准远处的定向点，固定照准部，这时望远镜视线即为已知方向，然后沿此方向一边定线一边量距，使终点至始点的水平距离等于要测设的水平距离，并且位于望远镜的视线上。

2)精密方法

当测设精度要求较高(1/10 000 ~1/5 000 以上)时，就必须要考虑尺长改正、温度改正和倾斜改正等改正系数，还要使用标准拉力来拉钢尺，才能达到相应的精度要求。

如图 8-2 所示，A 是始点，D 是设计的已知水平距离，精密测设一般分两步完成，第一步是按一般方法测设该已知水平距离，在地面上临时定出另一个端点 P'；第二步是按精密钢尺量距法，精确测量出 AP'的水平距离 D'。根据 D'与 D 的差值($\Delta D = D' - D$)沿 AP'方向进行改正。若 ΔD 为正值，说明实际测设的水平距离大于设计值，应从 P' 往回改正 ΔD，即可得到符合要求的 P 点；反之，若 ΔD 为负值，则应从 P'往前改正 ΔD 再定点。

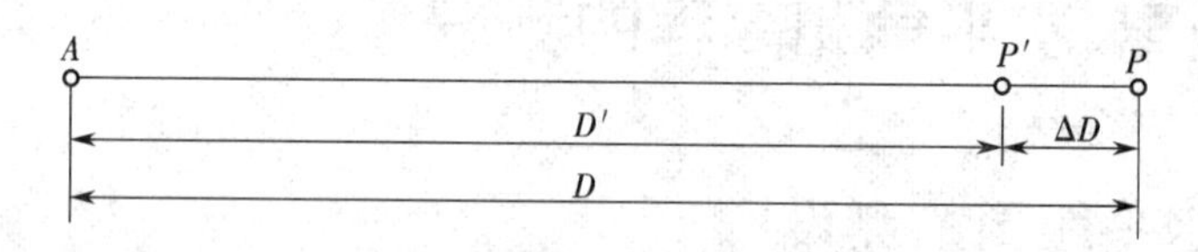

图 8-2　距离测设的精密方法

2. 光电测距仪测设

由于光电测距仪的普及，目前水平距离测设，尤其是长距离和坡度较大的测设多采用光电测距仪。

用光电测距仪放样已知水平距离与用钢尺放样已知水平距离的方式一致，先用跟踪法放出另外一端点，再精确测定其长度，最后进行改正。

如图 8-3 所示，安置光电测距仪于 A 点，瞄准并锁定已知方向，沿此方向移动反光棱镜，使仪器显示值为所放样水平距离时，则在棱镜所在位置定出端点 B。为了进一步提高放样精度，可用光电测距仪精确测定 AB 的水平距离，并与已知值比较算出差值 ΔD。根据 ΔD 的正负情况，再用钢尺从 B 点沿 AB 方向向内或向外量 ΔD 得 B'点。

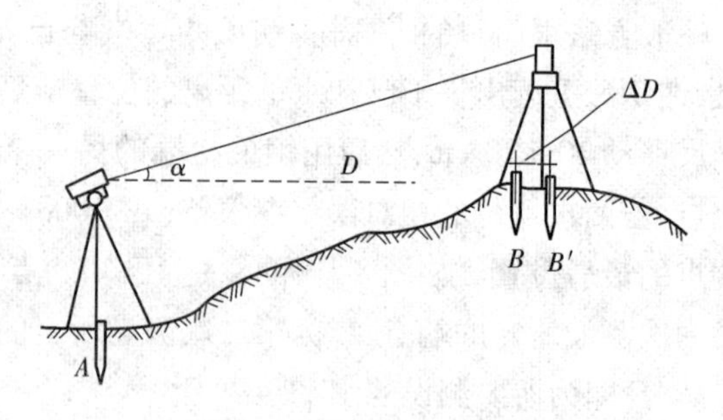

图 8-3　使用光电测距仪测设距离

将反光镜移到 B'点，精确测定 AB'水平距离，如果与 D 之差在限差之内，则 AB'为最后的测设结果；如果与 D 之差超过限差，则按上述方法再次测设，直到 ΔD 小于规定限差为止，从而定出已知水平距离的另一个端点。

8.1.2　已知水平角的测设

水平角测设是根据地面上已有的一个点和从该点出发的一个已知方向，按设计的已知水平角值,在地面上标定出另一个方向的过程。水平角测设用的主要仪器是经纬仪,测设时按精度要求的不同,也分为一般方法和精密方法。

1. 一般方法

如图 8-4 所示,设 O 为地面上的已知点,OA 为已知方向,要顺时针方向测设已知水平角 β(如 59°38′42″)的测设方法如下。

(1)在 O 点安置经纬仪,对中整平。

(2)盘左状态瞄准 A 点,调整水平度盘,使水平度盘读数为 0°00′00″,然后旋转照准部,当水平度盘读数为 β(例如 59°38′42″)时,固定照准部,在此方向上合适的位置定出 B' 点。

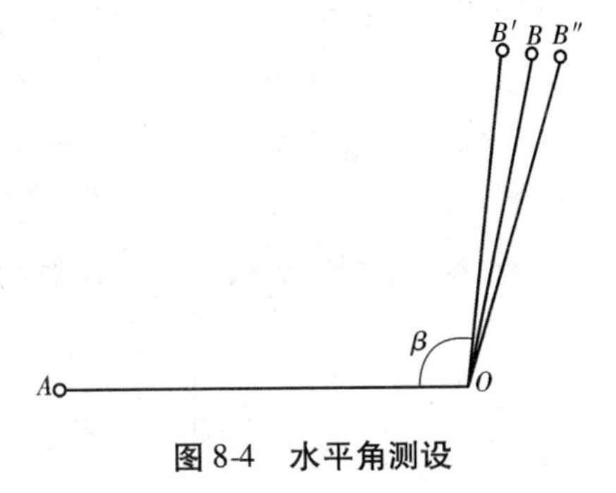

图 8-4　水平角测设

(3)倒转望远镜成盘右状态,用同上的方法测设 β 角,定出 B'' 点。

(4)取 B' 和 B'' 的中点 B,则 $\angle AOB$ 就是要测设的水平角。

采用盘左和盘右两种状态进行水平角测设并取其中点,是为了校核所测设的角度是否有误,同时可以消除由于经纬仪横轴与竖轴不垂直及视准轴与横轴不垂直等仪器误差所引起的水平角测设误差。

如果是逆时针方向测设水平角,则旋转照准部,使水平度盘读数为 360°减去所要测设的角值(如上例为 360° − 59°38′42″ = 300°21′18″),在此方向上定点。为了减少计算工作量和操作方便,也可在照准已知方向点时,将水平度盘读数配置为所要测设的角值(如上例的 59°38′42″),然后旋转照准部,使水平度盘读数为 0°00′00″时定点。

2. 精密方法

当测设水平角精度要求较高时,也和精密测设水平距离一样,分两步进行。如图 8-5 所示,第一步是用盘左按一般方法测设已知水平角,定出一个临时点 B'。第二步是用测回法精密测量出 $\angle AOB'$ 的水平角 β'(精度要求越高,则测回数越多),设 β' 与已知角 β 的差为:

$$\Delta\beta = \beta' - \beta \tag{8-1}$$

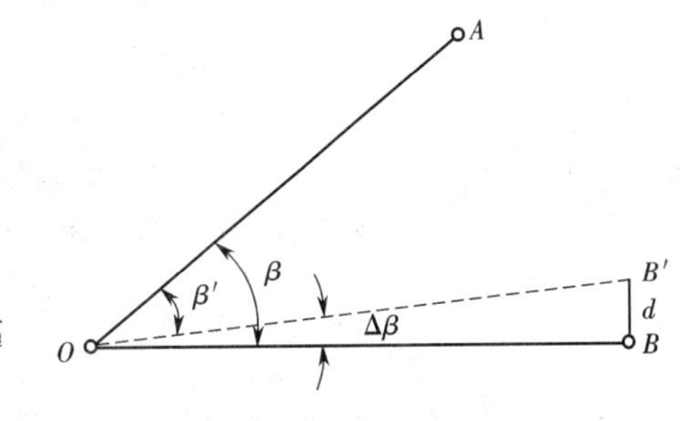

图 8-5　水平角精密测设

若 $\Delta\beta$ 超出了限差要求(Δ10″),则应对 B' 进行改正。改正方法是先根据 $\Delta\beta$ 和 AB' 的长度,计算从 B' 至改正后的位置 B 的距离:

$$d = AB' \times \frac{\beta'}{\rho''} \tag{8-2}$$

式中,$\rho'' = 206\ 265''$,以秒为单位,在现场过 B' 做 AB' 的垂线,若 $\Delta\beta$ 为正值,说明实际测设的角值比设计角值大,应沿垂线往内改正距离 d,反之,若 $\Delta\beta$ 为负值,则应沿垂线往外改正距离 d,改正后得到 B 点,$\angle AOB$ 即为符合精度要求的测设角。

8.1.3 已知高程的测设

高程测设是根据邻近已有的水准点或高程标志，在现场标定出某设计高程的位置的过程。高程测设是施工测量中常见的工作内容，一般用水准仪进行。

1. 高程测设的一般方法

如图 8-6 所示，某点 P 的设计高程为 $H_P = 82.300$ m，附近一水准点 A 的高程为 $H_A = 81.256$ m，现要将 P 点的设计高程测设在一个木桩上，其测设步骤如下。

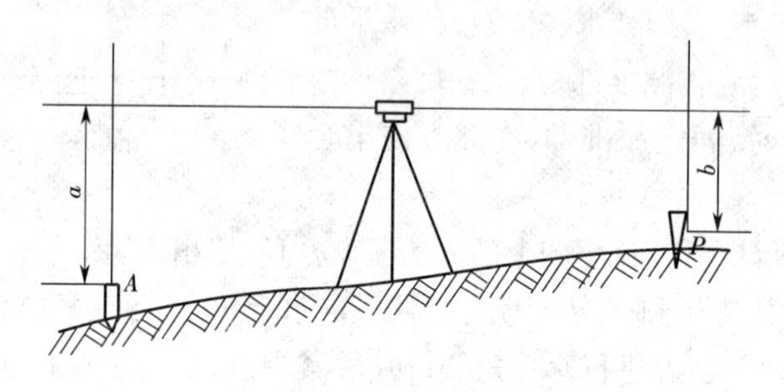

图 8-6 高程测设

（1）在水准点 A 和 P 点木桩之间安置水准仪，后视立于水准点 A 上的水准尺，调节水准仪气泡居中，读中丝读数 $a = 1.385$ m。

（2）计算水准仪前视 P 点木桩水准尺的应读读数 b。根据图 8-6 可列出下式：

$$b = H_A + a - H_P \tag{8-3}$$

将有关数据代入式(8-3)得：

$$b = 81.256 + 1.385 - 82.300 = 0.341。$$

前视靠在木桩一侧的水准尺，上下移动水准尺，当读数恰好为 $b = 0.341$ m 时，在木桩侧面沿水准尺底边画一横线，此线就是 P 点的设计高程 82.300 m。

也可先计算视线高程 H，再计算应读读数 b，即：

$$H_{视} = H_A + a \tag{8-4}$$

$$b = H_{视} - H_P \tag{8-5}$$

这种算法的好处是，当在一个测站上测设多个设计高程时，先按式(8-4)计算视线高程 $H_{视}$，然后每测设一个新的高程，只需将各个新的设计高程代入式(8-5)，便可得到相应的前视水准尺应读读数，简化了计算工作，因此在实际工作中用得更多。

2. 钢尺配合水准仪进行高程测设

当需要向深坑底或高楼面测设高程时，因水准尺长度是有限的，中间又不便于安置水准仪来转站观测，可用钢尺配合水准仪进行高程的传递和测设。

如图 8-7 所示，已知高处水准点 A 的高程 $H_A = 96.372$ m，需测设低处 P 的设计高程 $H_P = 89.700$ m，施测时，用检定过的钢尺，挂一个与要求拉力相等的重锤，悬挂在支架上，零点一端向下，先在高处安置水准仪，读取 A 点上水准尺的读数 $a_1 = 1.572$ m 和钢尺上的读数 $b_1 = 9.235$ m，然后在低处安置水准仪，读取钢尺上的读数 $a_2 = 1.643$ m，由图 8-7 所示，可得低处 P

点上水准尺的应读读数 b_2 的算式为：

$$b_2 = H_A + a_1 - (b_1 - a_2) - H_P \quad (8\text{-}6)$$

由式得

$b_2 = 96.372 + 1.572 - (9.235 - 1.643) - 89.700 = 0.652$。

上下移动低处水准尺，当读数恰好为 $b_2 = 0.652$ m 时，沿尺底边画一横线即是设计高程标志。

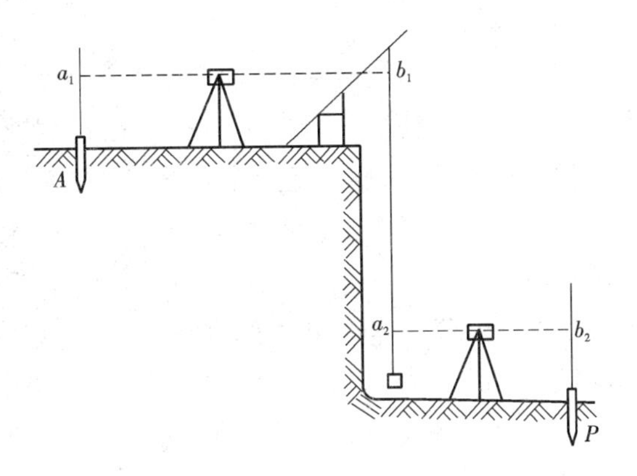

图 8-7　从高处向低处测设高程

从低处向高处测设高程的方法与此类似。如图 8-8 所示，已知低处水准点 A 的高程 H_A，需测设高处 P 的设计高程 H_P，先在低处安置水准仪，读取读数 a_1 和 b_1，再在高处安置水准仪，读取读数 a_2，则高处水准尺的应读读数 b_2 为：

$$b_2 = H_A + a_1 + (a_2 - b_1) - H_P \quad (8\text{-}7)$$

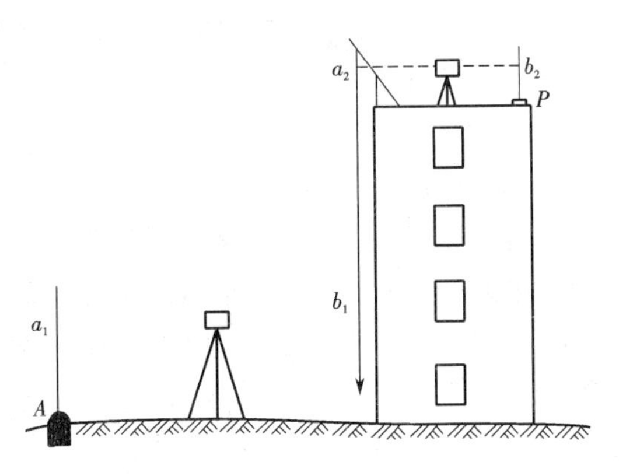

图 8-8　从低处向高处测设高程

钢尺配合水准仪进行高程测设，其算式(8-6)、式(8-7)与式(8-3)相比，只是中间多了一个往下$(b_1 - a_2)$或往上$(a_2 - b_1)$传递水准仪视线高程的过程。如果现场不便直接测设高程，也可先用钢尺配合水准仪将高程引测到低处或高处的某个临时点上，再在低处或高处按一般方法进行高程测设。

8.2　已知直线和已知坡度线的测设

8.2.1　已知直线的测设

在施工过程中，经常需要在两点之间测设直线或将已知直线延长，由于现场条件的不同及具体要求不同，有多种不同的测设方法，实际工程中应根据实际情况灵活应用，下面介绍一些常用的测设方法。

1. 在两点间测设直线

这是最常见的情况，如图 8-9 所示，A、B 为现场上已有的两个点，欲在其间再定出若干个点，这些点应与 AB 在同一条直线上，再根据这些点在现场标绘出一条直线来。

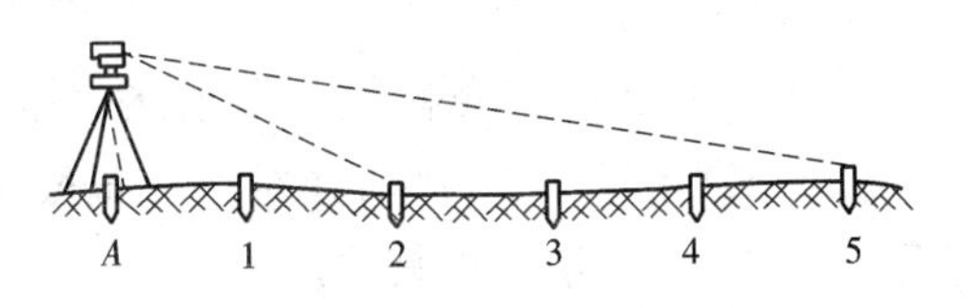

图 8-9　两点间测设直线

1）一般测设法

如果两点之间能通视，并且在其中一个点上能安置经纬仪，则可用经纬仪定线法进行测设。方法是先在其中一个点上安置经纬仪，照准另一个点，固定照准部，再根据需要，在现场合适的位置立测钎，用经纬仪指挥测钎左右移动，直到恰好与望远镜竖丝重合时定点，该点即在 AB 直线上，用同样的方法依次测设出其他直线点。如果需要的话，可在每两个相邻直线点之间用拉白线、弹墨线和撒灰线的方法，在现场将此直线标绘出来，作为施工的依据。

如果经纬仪与直线上的部分点不通视，如图 8-10 中深坑下面的 P_1、P_2 点，则可先在与 P_1、P_2 点通视的地方（如坑边）测设一个直线点 C，再搬站到 C 点测设 P_1、P_2 点。

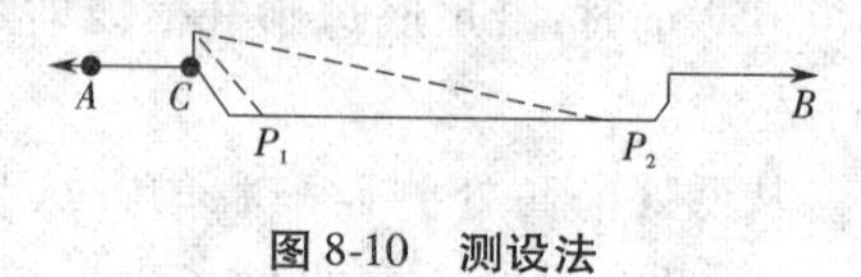

图 8-10　测设法

一般测设法通常只需在盘左（或盘右）状态下测设一次即可，但应在测设完所有直线点后，重新照准另一个端点，检验经纬仪直线方向是否发生了偏移，如果有偏移，应重新测设。此外，如果测设的直线点较高或较低（如深坑下的点），应在盘左和盘右状态下各测设一次，然后取两次的中点作为最后结果。

2）正倒镜投点法

如果两点之间不通视，或者两个端点均不能安置经纬仪，可采用正倒镜投点法来测设直线。如图 8-11 所示，A、B 为现场上互不通视的两个点，需在地面上测设以 A、B 为端点的直线，测设方法如下。

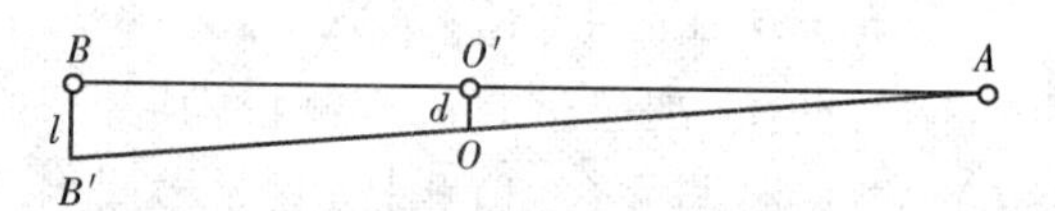

图 8-11　正倒镜投点法

在 A、B 之间选一个能同时与两端点通视的 O 点处安置经纬仪，这样就避开了障碍物的遮挡，尽量使经纬仪中心在 A、B 的连线上，最好是与 A、B 的距离大致相等。盘左（也称为正镜）瞄准 A 点并固定照准部，再倒转望远镜观测 B'点，若望远镜视线与 B 点的水平偏差 $BB'=l$，则根据距离 OA 与 AB'的比，计算经纬仪中心偏离直线的距离 d：

$$d = l \times \frac{OA}{AB'} \tag{8-8}$$

然后将经纬仪从 O 点往直线方向移动距离 d，重新安置经纬仪并重复上述步骤的操作，使经纬仪中心逐次往直线方向趋近。

最后，当瞄准 A 点，倒转望远镜便正好瞄准 B 点，不过这并不一定就说明仪器就在 AB 直线上，因为仪器还存在误差。因此还需要用盘右（也称为倒镜）瞄准 A 点，再倒转望远镜，看是否也正好瞄准 B 点。如果是，则证明正倒镜无仪器误差，且经纬仪中心已位于 AB 直线上。如果不是，则说明仪器有误差，这时可松开中心螺栓，轻微移动仪器，使得正镜与倒镜观测时，十字丝纵丝分别落在 B 点两侧，并对称于 B 点。这样就使仪器精确位于 AB 直线上，这时即可用前面所述的一般方法测设直线。

正倒镜投点法的关键是用逐渐趋近法将仪器精确地安装在直线上，在实际工作中，为了减少通过搬动脚架来移动经纬仪的次数，提高作业效率，在安装经纬仪时，可按图 8-12 所示的方式安置脚架，使一个脚架与另外两个脚架中点的连线与所要测设的直线垂直，当经纬仪中心需要往直线方向移动的距离比较小（10 ~ 20 cm 以内）时，就可通过伸缩该脚架来移动经纬仪，而当移动的距离更小（2 ~ 3 cm 以内）时，只须在脚架头上平移仪器即可。

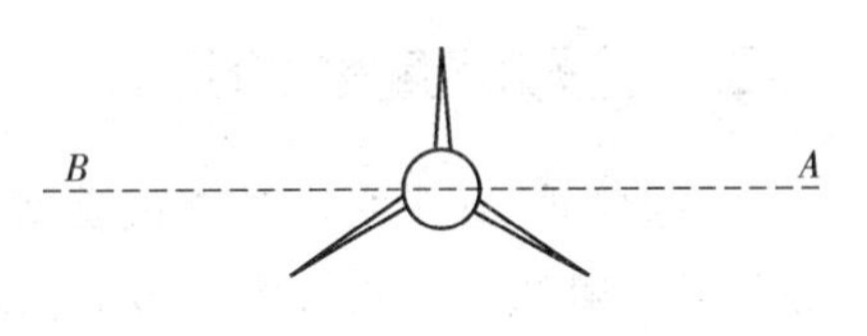

图 8-12　脚架安置示意图

3）直线加吊锤法

当距离较短时，测设直线的方法就可使用一种比较简便的方法，也就是使用一条细线绳，连接两个端点并拉直便得到所要测设的直线。如果地面高低不平，或者局部有障碍物，应将细线绳抬高，越过障碍物，以免碰线，此时要用吊锤线将地面点引至适宜的高度再拉线，拉好线后，还要用吊锤线将直线引到地面上，如图 8-13 所示。用细线绳和吊锤线测设直线的方法是比较简便的，在施工现场也用得很普遍，用经纬仪测设直线时也经常需要这些简易的方法和工具来配合。

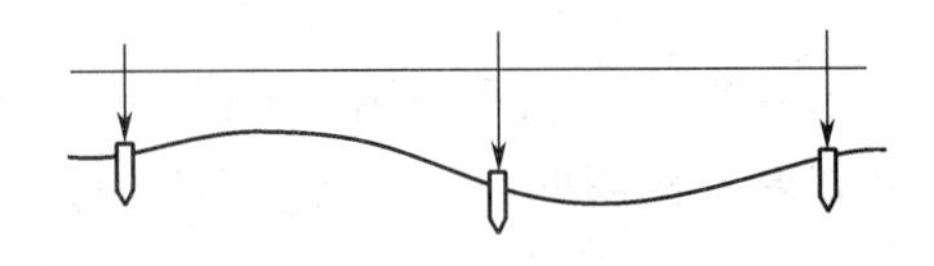

图 8-13　线绳加吊锤测设直线

2. 延长已知直线

如图 8-14 所示，在现场有已知直线 AB 需要延长至 C，根据 BC 是否通视，以及经纬仪设站位置不同，有几种不同的测设方法可供选择。

图 8-14　延长已知直线

1）顺延法

在 A 点安置经纬仪，照准 B 点，然后抬高望远镜，用视线（纵丝）指挥在现场上定出 C 点即可。这个方法与两点间测设直线的一般方法基本一样，但由于测设的直线点在两端点以外，因此更要注意测设精度问题。延长线长度一般不要超过已知直线的长度，否则误差会较大，当延长线长度较长或地面高差较大时，应用盘左、盘右各测设一次，以尽量减小误差。

2）倒延法

当 A 点无法安置经纬仪，或者当 AC 距离较远，使从 A 点用顺延法测设 C 点的照准精度降低时，可以用倒延法测设。如图 8-15 所示，在 B 点安置经纬仪，照准 A 点，倒转望远镜，用视线指挥在现场上定出 C 点，为了消除仪器误差，应用盘左和盘右各测设一次，取两次的中点。

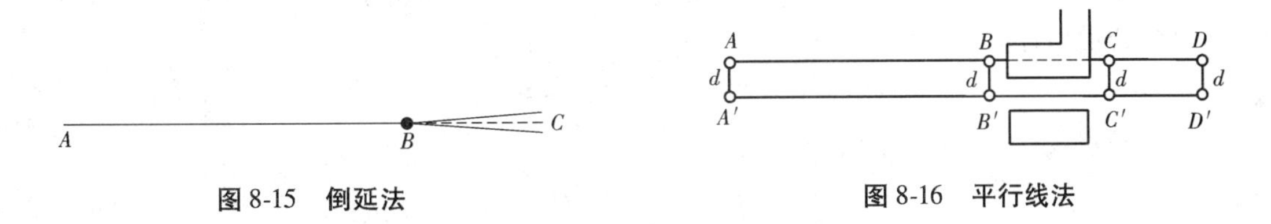

图 8-15　倒延法

图 8-16　平行线法

3）平行线法

当延长直线上不通视时，可用测设平行线的方法，延过障碍物。如图 8-16 所示，AB 是已知直线，先在 A 点和 B 点以合适的距离 d 做垂线，得 A' 和 B'，再将经纬仪安置在 A'（或 B'），用顺延法（或倒延法）测设 $A'B'$ 直线的延长线，得 C' 和 D'，然后分别在 C' 和 D' 以距离 d 做垂线，得 C 和 D，则 CD 就是 AB 的延长线。

8.2.2 已知坡度线的测设

在平整场地、铺设管道及修筑道路等工程中，往往要按一定的设计坡度（倾斜度）进行施工，这时需要在现场测设坡度线，作为施工的依据。根据坡度大小不同和场地条件不同，坡度线测设的方法有水平视线法和倾斜视线法。

1. 水平视线法

当坡度不大时，可采用水平视线法。如图8-17所示，A、B为设计坡度线的两个端点，A点设计高程为$H_A=56.487$ m，坡度线长度（水平距离）$D=110$ m，设计坡度为$i=-1.5\%$，要求在AB方向上每隔距离$d=20$ m打一个木桩，并在木桩上定出一个高程标志，使各相邻标志的连线符合设计坡度。设附近有一水准点M，其高程为$H_M=56.128$ m，测设方法如下。

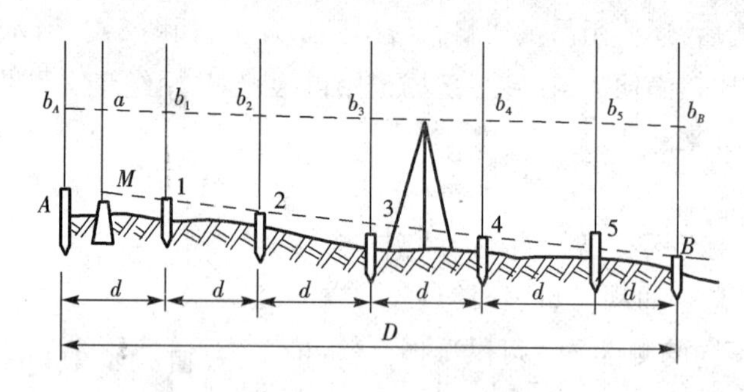

图8-17 水平视线法

（1）在地面上沿AB方向，依次测设间距为d的中间点1、2、3、4、5，在点上打好木桩。

（2）计算各桩点的设计高程：

先计算按坡度i或每隔距离d相应的高差：

$$h=i\times d=-1.5\%\times 20=-0.3\ \text{m}。$$

再计算各桩点的设计高程，其中：

$$第一点\ H_1=H_A+h=56.487-0.3=56.187\ \text{m};$$

$$第二点\ H_2=H_2+h=56.187-0.3=55.887\ \text{m};$$

……

同法算出其他各点设计高程为$H_3=55.587$ m，$H_4=55.287$ m，$H_5=54.987$ m，最后根据H_5和剩余的距离计算B点设计高程：

$$H_B=54.987+(-1.5\%)\times(110-100)=54.987\ \text{m}。$$

注意，B点设计高程也可用下式算出：

$$H_B=H_A+i\times D \tag{8-9}$$

用来检核上述计算是否正确。例如，这里为：

$$H_B=54.987+(-1.5\%)\times(110-100)=54.837\ \text{m},$$

说明高程计算正确。

（3）在合适的位置（与各点通视，距离相近）安置水准仪，后视水准点上的水准尺，设读数$a=0.866$ m，先代入式(8-4)计算仪器视线高程：

$$H_B = H_M + n = 56.128 + 0.866 = 56.994\ \text{m}。$$

再根据各点设计高程，依次代入式(8-5)计算测设各点时的应读前视读数，如 A 点为：

$$b_A = H_{视} - H_A = 56.994 - 56.487 = 0.507\ \text{m}。$$

1 号点位：

$$b_1 = H_{视} - H_1 = 56.994 - 56.187 = 0.807\ \text{m}。$$

同理得 $b_2 = 1.107$ m，$b_3 = 1.407$ m，$b_4 = 1.707$ m，$b_5 = 2.007$，$b_B = 2.157$ m。

(4)水准尺依次贴靠在各木桩的侧面，上下移动尺子，直至水准尺读数为 b 时，沿尺底在木桩上画一横线，该线即在 AB 坡度线上。也可将水准尺立于桩顶上，读前视读数 b'，再根据应读读数和实际读数的差 $z = b - b'$，用小钢尺自桩顶往下量取高度 z 画线即可。

2. 倾斜视线法

当坡度较大时，坡度线两端高差太大，不便按水平视线法测设，这时可采用倾斜视线法。如图 8-18 所示，A、B 为设计坡度线的两个端点，A 点设计高程为 $H_A = 132.600$ m，坡度线长度(水平距离)为 $D = 80$ m，设计坡度为 $i = -10\%$，附近有一水准点 M，其高程为 $H_M = 131.958$ m，测设方法如下。

(1)根据 A 点设计高程、坡度 i 及坡度线长度 D，计算 B 点设计高程，即

$$H_B = H_A + i \times D = 132.600 - 10\% \times 80 = 124.600\ \text{m}。$$

(2)按测设已知高程的一般方法，将 A、B 两点的设计高程测设在地面的木桩上。

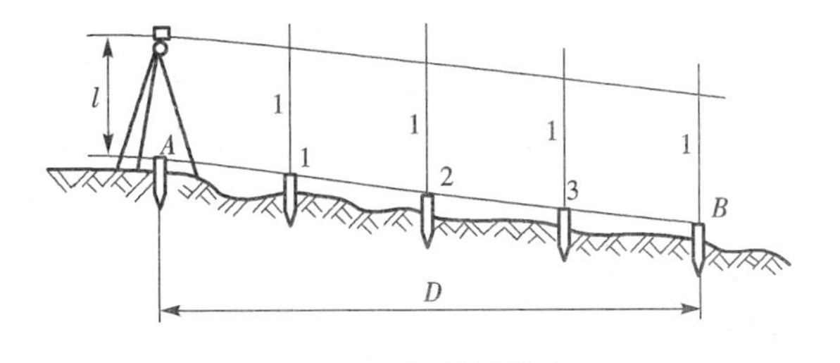

图 8-18　倾斜视线法

图 8-19　倾斜视线法水准仪的安置

(3)在 A 点(或 B 点)上安置水准仪，使基座上的一个脚螺旋在 AB 方向上，其余两个脚螺旋的连线与 AB 方向垂直，如图 8-19 所示，粗略对中并调节与 AB 方向垂直的两个脚螺旋基本水平，量取仪器高 z(设 $z = 1.453$ m)。通过转动 AB 方向上的脚螺旋和微倾螺旋，使望远镜十字丝横丝对准 B 点(或 A 点)水准尺上等于仪器高(1.453 m)处，此时仪器的视线与设计坡度线平行，同一点上视线比设计坡度线高 1.453 m。

(4)在 AB 方向的中间各点 1、2、3……的木桩侧面立水准尺，上下移动水准尺，直至尺上读数等于仪器高 1.453 m 时，沿尺底在木桩上画线，则各桩画线的连线就是设计坡度线。

由于经纬仪可方便地照准不同高度和不同方向的目标，因此也可在一个端点上安置经纬仪来测设各点的坡度线标志，这时经纬仪可按常规对中整平和量仪器高，直接照准立于另一个端点水准尺上等于仪器高的读数，固定照准部和望远镜，得到一条与设计坡度线平行的视线，据此视线在各中间桩点上绘坡度线标志线的方法同水准仪法。

8.3 平面点位的测设

在确定建筑物或构筑物的平面位置时，设计图上并不一定就直接提供了有关的水平距离和水平角数据，而只是提供了一些主要点的设计坐标(X, Y)，这时，如何根据点的设计坐标将其实际位置在现场测设出来呢？这也是施工测量的一个重要任务。

解决这个问题的方法是先根据设计坐标计算有关的水平距离和水平角，然后综合应用上一节所述的水平距离测设和水平角测设的方法，在现场测设点位。测设点位的基本方法有直角坐标法、极坐标法、角度交会法和距离交会法等，在实际工作中，可根据施工控制网的布设形式、控制点的分布、地形情况、放样精度要求及施工现场的实际条件等，选用适当的测设方法。

1. 直角坐标法

建筑物附近已有互相垂直的建筑基线或建筑方格网时，可采用直角坐标法来确定一点的平面位置。如图 8-20 所示，已知某建筑物角点 P 的设计坐标，又知现场 P 点周围有建筑方格网顶点 A、B 和 C，其坐标已知，且 AB 平行于 Y 轴，AC 平行于 X 轴，现介绍用直角坐标法测设 P 点的方法和步骤。

(1)根据 A 点和 P 点的坐标计算测设数据 a 和 b，其中 a 是 P 到 AB 的垂直距离，b 是 P 到 AC 的垂直距离，算式为：

$$a = X_P - X_A,$$
$$b = Y_P - Y_A \tag{8-10}$$

例如，若 A 点坐标为(568.267, 256.475)，P 点的坐标为(603.400, 297.500)，则代入式(8-10)中得：

$$a = 603.400 - 568.267 = 35.133 \text{ m},$$
$$b = 297.500 - 256.475 = 41.025 \text{ m}。$$

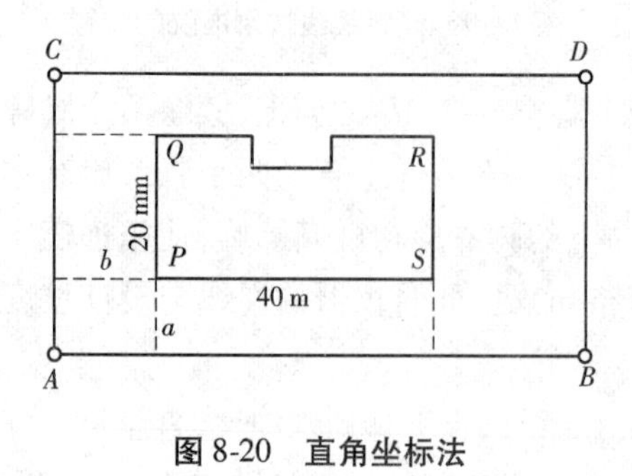

图 8-20 直角坐标法

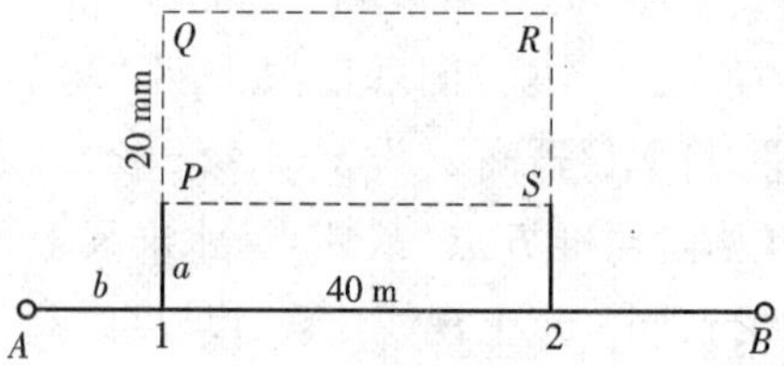

图 8-21 现场测设 P 点

(2)现场测设 P 点。

如图 8-21 所示，安置经纬仪于 A 点，照准 B 点，沿视线方向测设距离 b = 41.025 m，定出点 1。

安置经纬仪于点 1，照准 B 点，逆时针方向测设 90°角，沿视线方向测设距离 a = 35.133 m，即可定出 P 点。

也可根据现场情况，选择从 A 往 C 方向测设距离 a 定点，然后在该点测设 90°角，最后再测设距离 b，在现场定出 P 点。如要同时测设多个坐标点，只需综合应用上述测设距离和测设直角的操作步骤，即可完成。

直角坐标法计算简单，在建筑物与建筑基线或建筑方格网平行时应用得较多，但测设时设站较多，只适用于施工控制为建筑基线或建筑方格网，并且便于量边的情况下使用。

2. 极坐标法

极坐标法是根据水平角和水平距离来测设点的平面位置的方法。如图 8-22 所示，A、B 点是现场已有的两个测量控制点，其坐标为已知，P 点为待测设的点，其坐标为已知的设计坐标，测设方法如下。

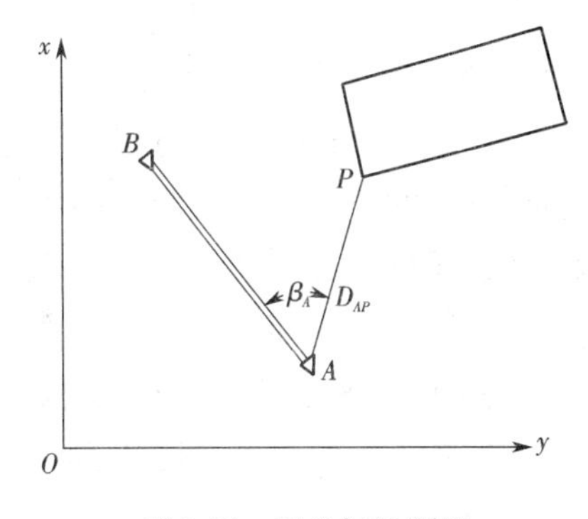

图 8-22　极坐标法测设

(1) 根据 A、B 点和 P 点来计算测设数据 D_{AP} 和 β_A，测站为 A 点，其中 D_{AP} 是 A、P 之间的水平距离，β_A 是 A 点的水平角 $\angle PAB$。根据坐标反算公式，水平距离 D_{AP} 为：

$$D_{AP}=\sqrt{\Delta x_{AP}^2+\Delta y_{AP}^2} \tag{8-11}$$

水平角 $\angle PAB$ 为：

$$\beta_A=\alpha_{AP}-\alpha_{AB} \tag{8-12}$$

式中，α_{AB} 为 AB 的坐标方位角；α_{AP} 为 AP 的坐标方位角。其计算式为：

$$\alpha_{AB}=\arctan\frac{\Delta y_{AB}}{\Delta x_{AB}},$$

$$\alpha_{AP}=\arctan\frac{\Delta y_{AP}}{\Delta x_{AP}} \tag{8-13}$$

(2) 现场测设 P 点。

安置经纬仪于 A 点，瞄准 B 点；顺时针方向测设 β_A 角定出 AP 方向，由 A 点沿 AP 方向用钢尺测设水平距离 D_{AP} 即得 P 点。

例如，设控制点 A 的坐标为(375.078, 914.733)，B 的坐标为(452.564,862.631)，待测设点 P 的坐标为(404.320,926.530)，代入上述各式计算可得水平距离 D_{AP} = 31.532 m，水平角 = 55°53′16″(先计算 AB 的方位角 = 326°04′58″，AP 的方位角 = 21°58′14″)。测设时安置经纬仪于 A 点，照准 B 点，顺时针方向测设水平角 55°53′16″，并在视线方向上用钢尺测设水平距离 31.532 m，即得 P 点。

也可在 A 点安置经纬仪后，先瞄准 B 点，将水平度盘读数配为 AB 方向的方位角值(如上例的 326°04′58″)，然后旋转照准部，当水平度盘读数为 AP 方向的方位角时，即为测设 P 点的视线方向，沿此方向用钢尺量水平距离 D_{AP} 即得 P 点，用此方法只需计算方位角而不必计算水平角，减少了计算工作量，当在一个测站上一次测设多个点时，节省的计算工作量更多，因此在实际工作中一般用此方法进行极坐标法测设。

如果在一个测站上测设建筑物的四个定位角点，测完后要用钢尺检核四条边的长度是否与设计值相符，用经纬仪检核四个角是否为 90°，边长误差和角度应在限差以内。

极坐标法只需在一个测站，就可以测设很多个点，效率很高，但要求量边方便。另外，采用电子全站仪测设坐标点时，由于全站仪测角量边都很方便，所以一般都采用极坐标法。

3. 角度交会法

角度交会法是在两个或多个控制点上安置经纬仪，通过测设两个或多个已知角度交会出待定点的平面位置，这种方法又称为方向交会法。在待定点离控制点较远或量距较困难的地区，常用此法。

如图8-23所示，根据控制点A、B、C和放样点P的坐标计算角值分别是β_1、β_2、β_3。将经纬仪安置在控制点A上，后视点B，根据已知水平角β_1盘左、盘右取平均值放样出AP方向线，在AP方向线上的P点附近打两个小木桩，桩顶钉小钉，如图8-23中1、2两点。同法，分别在B、C两点安置经纬仪，放样出3、4和5、6四个点，分别表示BP和CP的方向线。将各方向的小钉用细线拉紧，在地面上拉出三条线，若交会没有误差，三条线将交于一点，即为所求的P点。若三条方向线不相交于一点时，会出现一个很小的三角形，称为误差三角形。当误差三角形的边长不超过4 cm时，可取误差三角形的重心作为所求P点的位置。若误差三角形的边长超限，则应重新放样。

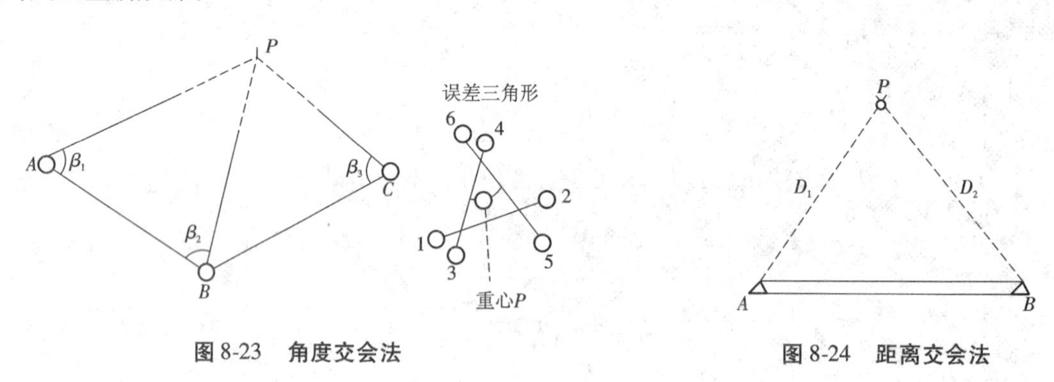

图8-23 角度交会法　　**图8-24 距离交会法**

4. 距离交会法

距离交会法是根据测设的两段距离交会出点的平面位置。这种方法在场地平坦，量距方便，且控制点离测设点不超过一尺段长时使用较多。

如图8-24所示，A、B为已知平面控制点，P为待测设点，其坐标均为已知。

首先，根据P点的设计坐标和控制点A、B的坐标，先计算放样数据D_1、D_2。放样时，用钢尺分别以控制点A、B为圆心，以D_1、D_2为半径，在地面上画弧，交出P点。距离交会法的优点是不需要仪器，但精度较低，在施工中放样细部时常用此法。

本章小结

测设的基本工作就是在地面上标定已知的水平距离、角度和高程。在地面上标定已知水平距离时，可以根据精度要求的不同，采用一般方法或精密方法，在仪器选用上，也可以选用钢尺或者光电测距仪；放样水平角时，采用盘左、盘右取其平均位置的方法，根据精度要求不同，也分为一般方法和精密方法；对已知高程的测设，主要采用水准测量的方法，根据已知高程点和待放样点的设计高程，计算出待放样点的水准尺读数。

坡度线的测设有水平测设法和倾斜视线法。

平面点位的测设采用直角坐标法、极坐标法、角度交会法和距离交会法。

习　　题

一、选择题

1. 在建筑工程中，一般以（　　）为假定水准面，设其高程为±0.00。

A. 底层室内地坪　B. 院落地面　C. 基础顶部　D. 地基最底部

2. 下列选项中，不属于施工测量内容的是（　　）。

A. 建立施工控制网　B. 建筑物定位和基础放线

C. 建筑物的测绘　D. 竣工图的编绘

3. 用角度交会法测设点的平面位置所需的测设数据是（　　）。

A. 一个角度和一段距离　B. 纵横坐标差

C. 两个角度　D. 两段距离

4. 在一地面平坦、无经纬仪的建筑场地，放样点位应选用（　　）。

A. 直角坐标法　B. 极坐标法　C. 角度交会法　D. 距离交会法

5. 采用极坐标法测设点的平面位置可使用的仪器包括（　　）。

A. 水准仪、测距仪　B. 全站仪　C. 经纬仪、钢尺　D. 电子经纬仪

E. 经纬仪、测距仪

6. 采用角度交会法测设点的平面位置可使用（　　）完成测设工作。

A. 水准仪　B. 全站仪　C. 光学经纬仪　D. 电子经纬仪

E. 测距仪

7.（　　）适用于建筑设计总平面图布置比较简单的小型建筑场地。

A. 建筑方格网　B. 建筑基线　C. 导线网　D. 水准网

8. 在布设施工控制网时，应根据（　　）和施工地区的地形条件来确定。

A. 建筑总平面设计图　B. 建筑平面图

C. 基础平面图　D. 建筑立面及剖面图

9. 对于建筑物多为矩形且布置比较规则和密集的工业场地，可以将施工控制网布置成（　　）。

A. GPS网　B. 导线网　C. 建筑方格网　D. 建筑基线

10. 施工平面控制网的布设，对于地形平坦而通视又比较容易的地区，如扩建或改建工程的工业场地，则采用（　　）。

A. 三角网　B. 水准网　C. 建筑基线　D. 导线网

11. 建筑方格网布网时，方格网的主轴线与主要建筑物的基本轴线平行，方格网之间应长期通视，方格网的折角应呈（　　）。

A. 45°　B. 60°　C. 90°　D. 180°

12. 建筑方格网布网时，方格网的边长一般为（　　）。

A. 80～120 m　B. 100～150 m　C. 100～200 m　D. 150～200 m

13. 建筑基线布设的常用形式有(　　)。

A. 矩形、十字形、丁字形、L形　　B. 山字形、十字形、丁字形、交叉形

C. 一字形、十字形、丁字形、L形　　D. X形、Y形、O形、L形

14. 在施工控制网中,高程控制网一般采用(　　)。

A. 水准网　　B. GPS网　　C. 导线网　　D. 建筑方格网

15. 建筑物的定位依据必须明确,一般有以下三种情况:(1)城市规划部门给定的城市测量平面控制点,(2)城市规划部门给定的建筑红线或规划路中线,(3)(　　)。

A. 甲方在现场随意指定的位置　　B. 原有永久性建(构)筑物

C. 场地四周临时围墙　　D. 原有人行小路

16. 建筑物的定位是指(　　)。

A. 进行细部定位　　B. 将地面上点的平面位置确定在图纸上

C. 将建筑物外廓的轴线交点测设在地面上　　D. 在设计图上找到建筑物的位置

17. 设已知水准点 A 的高程 $H_A=6.953$ m,道路起点 B 的设计高程 $H_B=7.381$ m,若水准仪后视 A 点水准尺读数为1.262 m,则 B 点的前视读数为(　　)时,水准尺尺底就是 B 点设计标高位置。

A. 0.834　　B. 1.690　　C. 1.262　　D. 0.417

18. 对施工测量的精度要求主要取决于建(构)筑物的(　　)、大小和施工方法等。

A. 结构　　B. 材料　　C. 性质　　D. 用途

E. 高度和位置

19. 在施工测量的拟定任务中,主要的工作内容就是测设建筑物的(　　)。

A. 平面位置　　B. 高程　　C. 距离　　D. 坐标

E. 方位角

20. 已知设计坡度线的放样方法有(　　)。

A. 水平视线法　　B. 高程确定法　　C. 水平距离测设法　　D. 倾斜视线法

E. 坐标测设法

二、简答题

1. 施工测量的主要内容有哪些?

2. 试述用精密方法进行水平角测设的步骤?

3. 测设点的平面位置有哪些基本方法?各适用于何种情况?

三、计算题

1. 如图8-25所示,欲利用龙门板 A 的 ±0.000 标高线,测设标高为 −5.2 m 的基坑水平桩为 T,设 T 为基坑边的转点水平桩,将水准仪安置在 A、T 两点之间,后视 A 的读数为1.128 m,前视 T 的读数为2.967 m;再将水准仪搬进坑内设站,把水准尺零端与 T 转点水平桩的上边对齐、倒立,后视其读数为2.628 m,在坑内 B 处直立水准尺,请问其前视读数为多少,尺底才是欲测设的标高线?

2. A、B 为控制点,其坐标 $X_A=485.389$ m,$Y_A=620.832$ m,$X_B=512.815$ m,$Y_B=882.320$ m。P 为待测设点,其设计坐标为 $X_P=704.485$ m,$Y_P=720.256$ m,计算用极坐标法测设所需

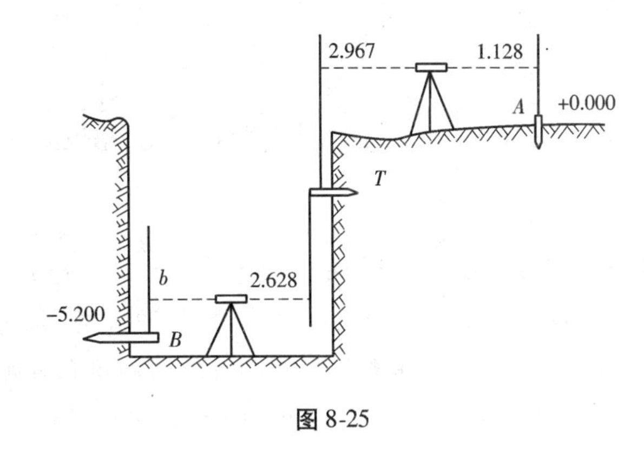

图 8-25

的测设数据,并说明测设步骤。

3. 用精密方法测设水平角 $\angle AOB$,其设计角值为 $\angle AOB = 90°00'00''$。测设后用测回法测得该角度 $\angle AOB' = 89°59'12''$。如新测设的角的边长为 50.00 m,问应该如何调整,才能满足设计要求?

第9章　民用与工业建筑施工测量

导读:在工程建设过程中,施工测量是一个很重要的工作环节。每项工程建设的设计经过论证、审查和批准后,即进入施工阶段,这时首先要将所设计的建(构)筑物按照施工要求在现场标定出来,作为实地建设的依据。本章主要结合前期所学的知识点讲述民用建筑和工业建筑施工测量的方法,希望同学们在实际工程中能够选用合适的方法进行施工测量。

引例:某工程为某房地产有限公司开发的商住楼工程,位于某市某干道13号,由主楼(A、B)两栋、裙楼和地下室组成。本工程总用地面积7000 m^2,总建筑面积20 378.19 m^2。A栋地上11层(含有顶层和跃层),B栋地下一层,地上15层,主体均为现浇框架剪力墙结构,基础均为桩基础;裙楼地下一层,地上三层,主体为现浇框架结构,基础为桩基础。其中,B栋和商场的负一层平时为地下车库,战时为人防工程,层高4.7 m;A栋、B栋的4层及4层以上为住宅,标准层高为3.0 m,A栋檐高15.250 m,建筑总高度为18.250 m。

我们该如何进行该工程的建筑施工测量工作呢?下面我们结合实际案例给大家介绍民用及工业建筑施工测量的相关工作。

9.1　建筑物的定位和放线

9.1.1　建筑物的定位

建筑物四周外轮廓主要轴线的交点决定了建筑物在地面上的位置,称为定位点或角点。建筑物的定位就是在地面上确定建筑物的位置,即根据设计条件,将建筑物外廓的各轴线交点测设到地面上,作为细部轴线放线和基础放线的依据。由于设计条件和现场条件不同,建筑物的定位方法也有所不同,下面介绍三种常见的定位方法。

1. 根据控制点定位

如果待定位建筑物的定位点设计坐标是已知的,且附近有可供利用的导线测量控制点和三角测量控制点,可根据实际情况选用极坐标法、角度交会法或距离交会法来测设定位点,测设数据的计算和现场测设方法见有关章节。在这三种方法中,极坐标法适用性最强,是用得最多的一种定位方法。

2. 根据建筑方格网和建筑基线定位

如果待定位建筑物的定位点设计坐标是已知的,且建筑场地已设有建筑方格网或建筑基线,可利用直角坐标法测设定位点,当然也可用极坐标法等其他方法进行测设,比较而言,直角坐标法所需要的测设数据计算较为方便,在用经纬仪和钢尺实地测设时,建筑物总尺寸和四大角的精度容易控制和检核。

3. **根据与原有建筑物和道路的关系定位**

如果设计图上没有提供建筑物定位点的坐标,周围也没有测量控制点、建筑方格网和建筑基线可供利用,只给出新建筑物与附近原有建筑物或道路的相互关系,可根据原有建筑物的边线或道路中心线,将新建筑物的定位点测设出来。

具体测设方法根据实际情况的不同而定,但基本过程是一致的,就是在现场先找出原有建筑物的边线或道路中心线,再用经纬仪和钢尺将其延长、平移、旋转或相交,得到新建筑物的一条定位轴线,然后根据这条定位轴线,用经纬仪测设角度(一般为 90°),用钢尺测设长度,得到其他定位轴线或定位点,最后检核四个大角和四条定位轴线长度是否与设计值一致。下面对两种情况进行具体分析。

1)根据与原有建筑物的关系定位

如图 9-1 所示,*ABCD* 为原有建筑物,*MNQP* 为新建高层建筑,*M′N′Q′P′* 为该高层建筑的矩形控制网(在基槽外,作为开挖后在各施工层上恢复中线或轴线的依据)。

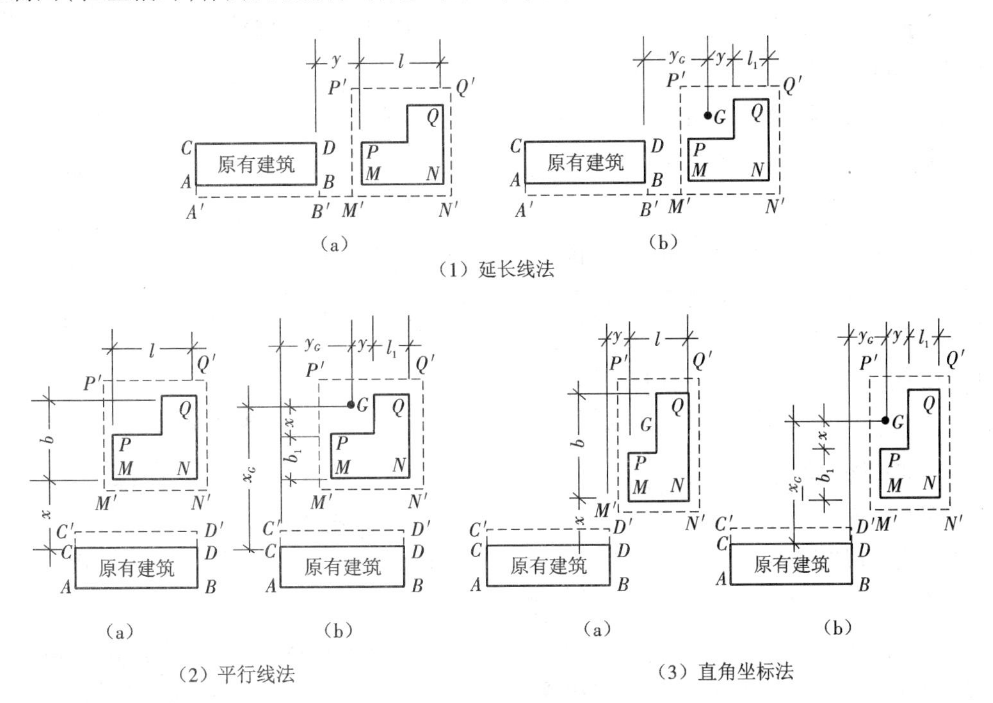

图 9-1　根据原有建筑物定位

根据原有建(构)筑物定位,常用的方法有三种:延长线法、平行线法、直角坐标法。而由于定位条件的不同,各种方法又可分成两类:一类如图 9-1 中所有(a)所示,它是仅以一栋原有建筑物的位置和方向为准,用图 9-1 中各(a)图中所示的 y、x 值确定新建高层建筑物位置;另一类则是以一栋原有建筑物的位置和方向为主,再加另外的定位条件,如图 9-1 中所有(b)中 G 为现场中的一个固定点,G 至新建高层建筑物的距离 y、x 是定位的另一个条件。

(1)延长线法。

如图 9-1(1)所示,是先根据 AB 边,定出其平行线 $A'B'$;安置经纬仪在 B',后视 A',用正倒镜法延长直线 $A'B'$ 至 M';若为图 9-1(1)(a)情况,则再延长至 N',移经纬仪在 M' 和 N' 上,定出

P'和 Q'，最后校测各对边长和对角线长；若为图 9-1(1)(b)情况，则应先测出 G 点至 BD 边的垂距 yG，才可以确定 M'和 N'的位置。一般可将经纬仪安置在 BD 边的延长点 B'，以 A'为后视，测出$\angle A'B'G$，用钢尺量出 $B'G$ 的距离，则 $yG = B'G \times \sin(\angle A'B'G - 90°)$。

(2)平行线法。

如图 9-1(2)所示，是先根据 CD 边，定出其平行线 $C'D'$。若为图 9-1(2)(a)情况，新建高层建筑物的定位条件是其西侧与原有建筑物西侧同在一直线上，两建筑物南北净间距为 x。则由 $C'D'$可直接测出 $M'N'Q'P'$矩形控制网；若为图 9-1(2)(b)情况，则应先由 $C'D'$测出 G 点至 CD 边的垂距和 G 点至 AC 延长线的垂距，才可以确定 M'和 N'的位置，具体测法与前基本相同。

(3)直角坐标法。

如图 9-1(3)所示，是先根据 CD 边，定出其平行线 $C'D'$。若为图 9-1(3)(a)情况，则可按图示定位条件，由 $C'D'$直接测出 $M'N'Q'P'$矩形控制网；若为图 9-1(3)(b)情况，则应先测出 G 点至 BD 延长线和 CD 延长线的垂距和，然后即可确定 M'和 N'的位置。

2)根据与原有道路的关系定位

如图 9-2 所示，拟建建筑物的轴线与道路中心线平行，轴线与道路中心线的距离见图，测设方法如下。

(1)在每条道路上选两个合适的位置，分别用钢尺测量该处道路宽度，其宽度的 1/2 处即为道路中心点，如此得到第一条路中心线的两个点 C_1和 C_2，同理得到另一条路中心线的两个点 C_3和 C_4。

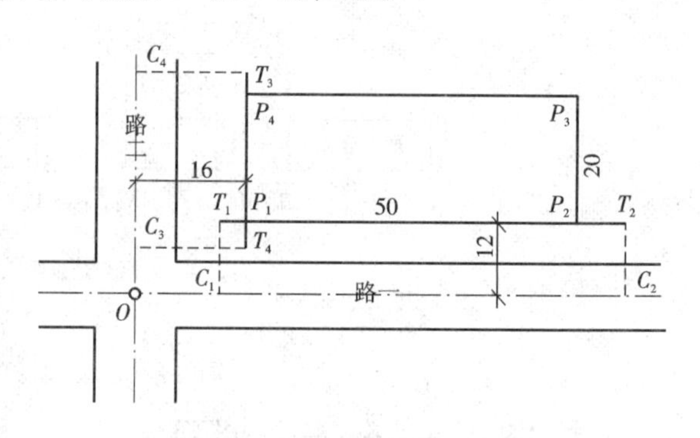

图 9-2 与原道路的关系定位

(2)分别在路的两个中心点 C_1、C_2 上安置经纬仪，测设 90°，用钢尺测设水平距离 12 m，在地面上得到路一的平行线 T_1T_2，用同样的方法做出路二的平行线 T_3T_4。

(3)用经纬仪内延或外延这两条线，其交点即为拟建建筑物的第一个定位点 P_1，再从距 P_1沿长轴方向的平行线 50 m，得到第二个定位点 P_2。

(4)分别在 P_1和 P_2点安置经纬仪，测设直角和水平距离 20 m，在地面上定出 P_3和 P_4点。在 P_1、P_2、P_3和 P_4点上安置经纬仪，检核角度是否为 90°，用钢尺丈量四条轴线的长度，检核长轴是否为 50 m，短轴是否为 20 m，误差值是否在限定的范围内。

9.1.2 建筑物的放线

建筑物的放线是指根据定位的主轴线桩，详细测设其他各轴线交点的位置，并用木桩（桩上钉小钉）标定出来，称为中心桩。并据此按基础宽和放坡宽用白灰线撒出基槽边界线。

1. 测设细部轴线交点

如图 9-3 所示，A 轴、E 轴、①轴和⑦轴是建筑物的四条外墙主轴线，其交点 A_1、A_7、E_1和 E_7是建筑物的定位点，这些定位点已在地面上测设完毕并打好桩点，各主次轴线间隔如图 9-3 所示，现欲将测设次要轴线与主轴线的交点。

在 A_1 点安置经纬仪，照准 A_7 点，把钢尺的零端对准 A_1 点，沿视线方向拉钢尺，在钢尺上读数等于①轴和②轴间距(4.2 m)的地方打下木桩，打的过程中要经常用仪器检查桩顶是否偏离视线方向，并不时的拉一下钢尺，钢尺读数是否还在桩顶上，如有偏移要及时调整。打好桩后，用经纬仪视线指挥在桩顶上画一条纵线，再拉好钢尺，在读数等于轴间距处画一条横线，两线交点即Ⓐ轴与②轴的交点 A_2。

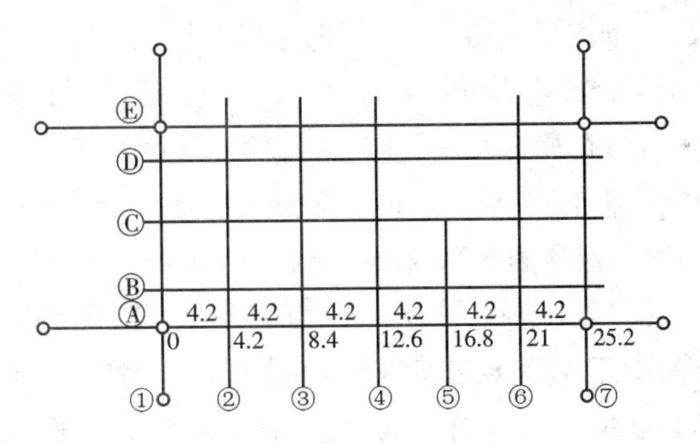

图 9-3　测设细部轴线交点

在测设Ⓐ轴与③轴的交点 A_3 时，方法同上，注意仍然要将钢尺的零端对准 A_1 点，并沿视线方向拉钢尺，而钢尺读数应为①轴和③轴间距(8.4 m)，这种做法可以减小钢尺对点误差，避免轴线总长度变化。如此依次测设Ⓐ轴与其他有关轴线的交点。测设完最后一个交点后，用钢尺检查各相邻轴线桩的间距是否等于设计值，相对误差应小于1/3 000。

测设完Ⓐ轴上的轴线点后，用同样的方法测设Ⓔ轴、①轴和⑦轴上的轴线点。如果建筑物尺寸较小，也可用拉细线绳的方法代替经纬仪定线，然后沿细线绳拉钢尺量距。此时要注意细线绳不要碰到物体，风大时也不宜作业。

2. 引测轴线

在基槽或基坑开挖时，定位桩和细部轴线桩均会被挖掉，为了使开挖后各阶段施工能准确地恢复各轴线位置，应把各轴线延长到开挖范围以外的地方并做好标志，这个工作称为引测轴线，具体有设置龙门板和轴线控制桩两种形式。

1) 龙门板法

如图9-4所示，在建筑物四角和中间隔墙的两端，距基槽边线约2 m以外，牢固地埋设大木桩，称为龙门桩，并使桩的一侧平行于基槽。

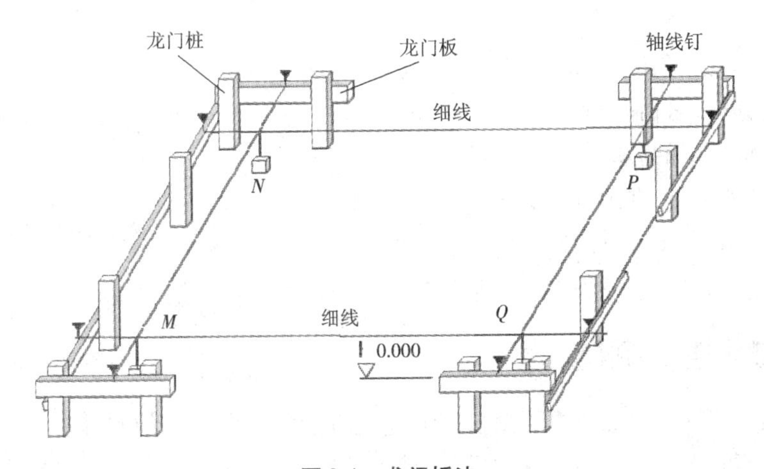

图 9-4　龙门板法

(1) 根据附近水准点，用水准仪将 ±0.000 标高测设在每个龙门桩的外侧上，并画出横线标志。如果现场条件不允许,也可测设比 ±0.000 高或低一定数值的标高线,同一建筑物最好只用一个标高,如因地形起伏大用两个标高时,一定要标注清楚,以免使用时发生错误。

(2)在相邻两龙门桩上钉设木板,称为龙门板,龙门板的上沿应和龙门桩上的横线对齐,使龙门板的顶面标高在一个水平面上,并且标高为 ±0.000,或高于、低于 ±0.000 一定的数值,龙门板顶面标高的误差应在 ±5 mm 以内。

(3)根据轴线桩,用经纬仪将各轴线投测到龙门板的顶面,并钉上小钉作为轴线标志,称为轴线钉,投测误差应在 ±5 mm 以内。对小型的建筑物,也可用拉细线绳的方法延长轴线,再钉上轴线钉,如事先已打好龙门板,可在测设细部轴线的同时钉设轴线钉,以减少重复安置仪器的工作量。

(4)用钢尺沿龙门板顶面检查轴线钉的间距,其相对误差不应超过 1/3 000。

(5)恢复轴线时,将经纬仪安置在一个轴线钉上方,照准相应的另一个轴线钉,其视线即为轴线方向,往下转动望远镜,便可将轴线投测到基槽或基坑内。也可用白线将相对的两个轴线钉连接起来,借助于垂球,将轴线投测到基槽或基坑内。

2)轴线控制桩法

由于龙门板需要较多木料,而且占用场地、使用机械开挖时容易被破坏,因此也可以在基槽或基坑外各轴线的延长线上测设轴线控制桩,作为以后恢复轴线的依据。即使采用了龙门板,为了防止被碰动,对主要轴线也应测设轴线控制桩。

轴线控制桩一般设在开挖边线 4 m 以外的地方,并用水泥砂浆加固。最好是附近有固定建筑物和构筑物,这时应将轴线投测在这些物体上,使轴线更容易得到保护,但每条轴线至少应有一个控制桩是设在地面上的,以便今后能安置经纬仪来恢复轴线。

轴线控制桩的引测主要采用经纬仪法,当引测到较远的地方时,要注意采用盘左和盘右两次投测取中法来引测,以减少引测误差和避免错误的出现。

3. 撒开挖边线

先按基础剖面图给出的设计尺寸,计算基槽的开挖宽度 d,如图 9-5 所示。

$$d = B + mh \tag{9-1}$$

式中,B 为基底宽度,可由基础剖面图查取;h 为基槽深度;m 为边坡坡度的分母。

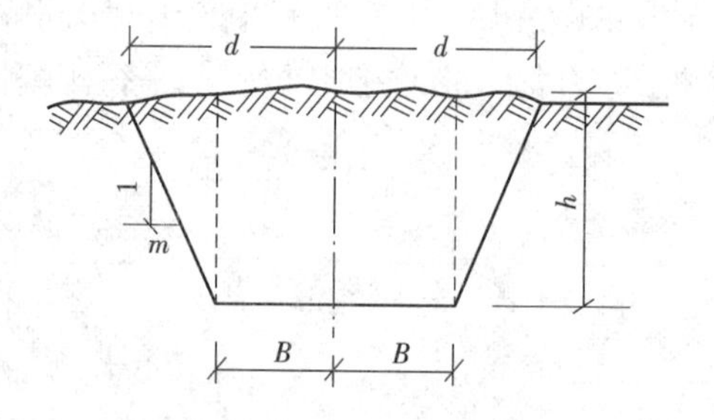

图 9-5 基槽的开挖宽度

然后根据计算结果,在地面上以轴线为中线往两边各量出 $d/2$,拉线并撒上白灰,即为开挖边线。如果是基坑开挖,则只需按最外围墙体基础的宽度及放坡确定开挖边线。

9.1.3 建筑物抄平测量

在建筑施工测量中,水准仪主要是担负各施工阶段中竖向高度的水准测量和标高测量工作,若将同一标高测出并标在不同的位置,这种水准测量工作称为抄平。在具体的建筑施工测量中,建筑各个部位的施工高度控制与测设,必须依据施工总平面图与建筑施工图上设计的数据进行,在测设前应弄清楚施工场地上各水准控制点的位置,以及各建筑标高之间的相互关系，同时掌握施工进度，提前做好测量和各项准备工作。水准测量的测设数据来源于建筑施工图，应对照建筑施工图反复检查核对有关测设数据，若发现施工图存在问题，应及时反映，得到设计方的设计变更通知后，才能按照制定的测设方案进行施测。

1. 施工水准点的测设

在施工场地上基本水准点的密度往往不能满足施工的要求，还需要增设一些水准点，这些水准点称为施工水准点。为了测设方便和减小误差，施工水准点应靠近建筑物，施工水准点的布置应尽可能满足安置一次仪器即可测设出所有点的高程，这样能提高施工水准点的精度。如果不能一次全部观测到，则应按照四等水准的精度要求测设各点且要布设成附合水准路线或闭合水准路线。如果是高层建筑物则应按照三等水准测量的精度测设各施工水准点。测设完毕检验合格后，画出测设略图以保证施工时能准确使用。

2. 室内地坪的测设

由于设计建筑物常以底层室内地坪标高 ±0.000 为高程起算面，为了施工引测方便，常在建筑物内部或建筑物附近测设 ±0.000 水准点。±0.000 水准点的位置一般设在原有建筑物的墙、柱的侧面，用红漆绘成顶为水平线的“▼”形，其顶面高程为 ±0.000。±0.000 的确定，实质上就是在施工现场测设出第一层室内地坪 ±0.000 等于绝对高程 $H_{设}$ 的位置，并标注在已有的建筑物上或木桩上。

已知施工现场的水准点 A 的高程为 H_A，在设计图纸上查得某建筑物第一层室内地坪 ±0.000 的高程等于绝对高程 $H_{设}$，现要求在木桩 B 上确定 $H_{设}$ 的位置，在 A、B 两点的中间位置安置水准仪，照准 A 点上的水准尺，精平后读出 a，利用 $b = H_A + a - H_{设}$ 算出 b 值，将 A 点水准尺移至 B 点位置，水准尺立直，并紧靠在桩的侧面，水准仪精平后指挥扶尺人上下移动水准尺，当视线方向（中丝）的读数刚好等于 b 时，指挥立尺人沿水准尺底部在 B 点木桩的侧面划一道线，此线即是 ±0.000 测设的位置，也就是 $H_{设}$ 的高程，最后做好 ±0.000 的标记。

9.2　建筑物基础施工测量

9.2.1　开挖深度和垫层标高控制

建筑物轴线放样完毕后，按照基础平面图上的设计尺寸，在地面放出的灰线的位置上进行开挖。为了控制基槽的开挖深度，当快挖到槽底设计标高，离槽底 0.3 ~ 0.5 m 时，在基槽边壁上每 3 ~ 5 m 及转角处，应根据地面上 ±0.000 m 点用水准仪在槽壁上测设一些水平小木桩（称为水平桩或腰桩），使木桩的上表面离槽底的设计标高为一固定值，如 0.5 m，如图 9-6 所示，其中：

$$a = 1.318\ \text{m};$$

$$h = -1.700 + 0.500 = -1.200\ \text{m};$$

$$b = 1.318 - (-1.200) = 2.518\ \text{m}。$$

测设时沿槽壁上下移动水准尺，当读数为 2.518 m 时沿尺底水平地将桩打进槽壁，然后检核该桩的标高，如超限便进行调整，直至误差在规定范围以内。

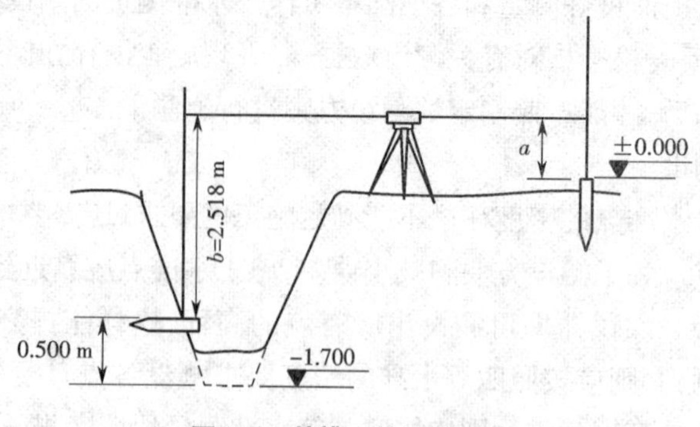

图 9-6 基槽开挖深度控制

垫层面标高的测设可以以水平桩为依据在槽壁上弹线,也可在槽底打入垂直桩,使桩顶标高等于垫层面的标高。如果垫层需安装模板,可以直接在模板上弹出垫层面的标高线。

如果是机械挖土,一般是一次挖到设计槽底或坑底的标高,因此要在施工现场安置水准仪,边挖边测,随时指挥挖土机调整挖土深度,使槽底或坑底的标高略高于设计标高(一般为 10 cm,留给人工清土),挖完后,为了给人工清底和打垫层提供标高依据,还应在槽壁或坑壁上打水平桩,水平桩的标高一般为垫层面的标高。当基坑底面积较大时,为便于控制整个底面的标高,应在坑底均匀地打一些垂直桩,使桩顶标高等于垫层面的标高。

9.2.2 在垫层上投测基础中心线

在基础垫层打好后,根据龙门板上的轴线钉或轴线控制桩,用经纬仪或用拉线挂吊锤的方法,把轴线投测到垫层面上,并用墨线弹出基础中心线和边线,以便砌筑基础或安装基础模板。

9.2.3 基础标高控制

基础砌筑到距 ±0.00 标高一层砖时用水准仪测设防潮层的标高。防潮层做好后,根据龙门板上的轴线钉或引桩将轴线和墙边线投测到防潮层上,并将这些线延伸到基础墙的立面上,以利墙身的砌筑。

基础墙的高度是用基础皮数杆来控制的。基础皮数杆的层数从 ±0.00 m 向下注记,并标出 ±0.00 m 和防潮层等的标高位置,如图 9-7 所示。

9.3 墙体施工测量

9.3.1 墙体定位

利用轴线控制桩或龙门板上的轴线和墙边线的标志,用经纬仪或用拉细线挂锤球的方法将轴线投测到基础面或防潮层上,然后用墨线弹出墙中线和墙边线。用经纬仪检查外墙轴线四个主要交角是否等于 90°,符合要求后,把墙轴线延伸并画在外墙基础上,如图 9-8 所示,作为向上投测轴线的依据。同时还应把门窗和其他洞口的边线,也在基础外墙侧面上做出标志。

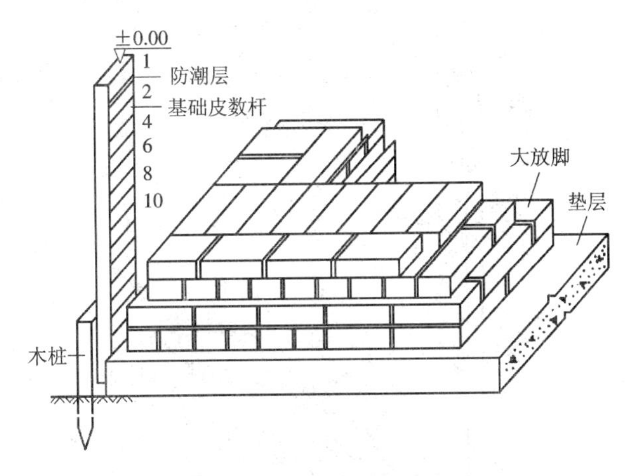

图9-7　基础标高控制

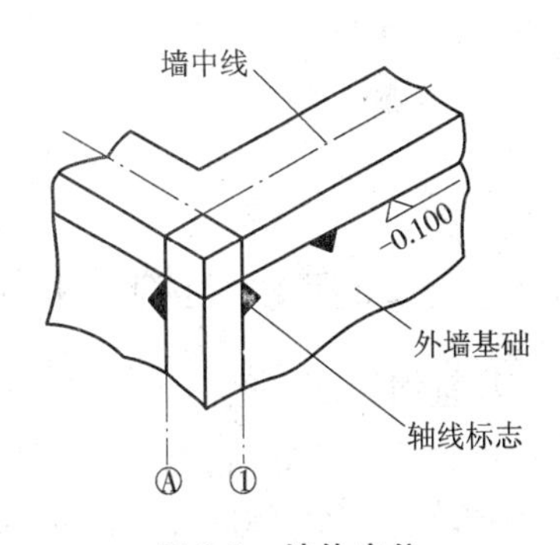

图9-8　墙体定位

墙体砌筑前，根据墙体轴线和墙体厚度，弹出墙体边线，照此进行墙体砌筑。砌筑到一定高度后，用吊锤线将基础外墙侧面上的轴线引测到地面以上的墙体上，以免基础覆土后看不到轴线标志。如果轴线处是钢筋混凝土桩，则在拆柱模后将轴线引测到桩身上。

9.3.2　墙体各部位的标高控制

在墙体砌筑时，先在基础上根据定位桩（或龙门板上轴线）弹出墙的边线和门洞的位置，并在内墙的转角处树立皮数杆，皮数杆上根据设计尺寸，按砖和灰缝厚度画线，并标明门、窗、过梁和楼板等的标高位置，如图9-9所示。杆上标高注记从±0.000向上增加。因此在砌墙时窗台面和楼板面等的标高，都是通过皮数杆来控制的。

当墙体砌到窗台时，要在外墙面上根据房屋的轴线量出窗的位置，以便砌墙时预留窗洞的位置。一般在设计图上窗口尺寸比实际尺寸大2 cm，因此只要按设计图上的窗洞尺寸砌筑墙体即可。

墙身皮数杆一般立在建筑物的拐角和内墙处，固定在木桩后的基础墙上。为了便于施工，采用里脚手架时，皮数杆立在墙的外边；采用外脚手架时，皮数杆立在墙里面。立皮数杆时，先用水准仪在立杆处的木桩或基础墙上测设±0.000标高线，测量误差在±3 mm以内，然后把皮数杆上的±0.000线与该线对齐，用吊锤校正并用钉子钉牢，必要时可在皮数杆上加两根斜撑，以保证皮数杆稳定。

墙体砌筑到一定高度后（1.5 mm左右）应在内外墙面上测设出+0.50 m标高的水平墨线，成为“+50线”。外墙的+50线作为向上传递楼层标高的依据，内墙的+50线作为室内地面施工及室内装修的标高依据。

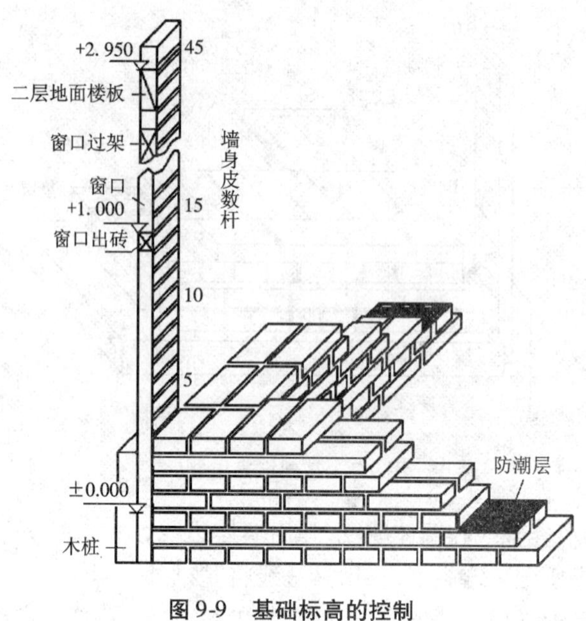

图 9-9 基础标高的控制

9.3.3 二层以上楼层墙体施工测量

1. 轴线投测

每层楼面建好后，为了保证继续往上砌筑墙体时，墙体轴线均与基础轴线在同一铅垂面上，应将基础或首层墙面上的轴线投测到楼面上，并在楼面上重新弹出墙体的轴线，检查无误后，以此为依据弹出墙体边线，再往上砌筑。在这个测量工作中，从下往上进行轴线投测是关键，一般多层建筑常用吊锤线。

将较重的垂球悬挂在楼面的边缘，慢慢移动，使垂球尖对准地面上的轴线标志，或者使吊锤线下部沿垂直墙面方向与底层墙面上的轴线标志对齐，吊锤线上部在楼面边缘的位置就是墙体轴线位置，在此画一短线作为标志，便在楼面上得到轴线的一个端点，同法投测另一端点，两端点的连线即为墙体轴线。

一般应将建筑物的主轴线都投测到楼面上来，并弹出墨线，用钢尺检查轴线间的距离，其相对误差不得大于1/3 000，符合要求之后，再以这些主轴线为依据，用钢尺内分法测设其他细部轴线。在困难的情况下至少要测设两条垂直相交的主轴线，检查交角合格后，用经纬仪和钢尺测设其他主轴线，再根据主轴线测设细部轴线。

吊锤线法受风的影响较大，楼层较高时风的影响更大，因此应在风小时作业，投测时应待吊锤稳定下来后再在楼面上定点。此外，每层楼面的轴线均应直接由底层投测上来，以保证建筑物的总竖直度，只要注意这些问题，用吊锤线法进行多层楼房的轴线投测的精度是有保证的。

2. 高程传递

多层建筑物施工中，要由下往上将标高传递到新的施工楼层，以便控制新楼层的墙体施工，使其标高符合设计要求。标高传递一般可有以下两种方法。

1)利用皮数杆传递标高

一层楼房墙体砌完并打好楼面后,把皮数杆移二层继续使用。为了使皮数杆立在同一水平面上,用水准仪测定楼面四角的标高,取平均值作为二楼的地面标高,并在立杆处绘出标高线,立杆时将皮数杆的 ±0.000 线与该线对齐,然后以皮数杆为标高依据进行墙体砌筑。如此用同样方法逐层往上传递高程。

2)利用钢尺传递标高

在标高精度要求较高时,可用钢尺从底层的 +50 标高线起往上直接丈量,把标高传递到第二层去,然后根据传递上来的高程测设第二层的地面标高线,以此为依据立皮数杆。在墙体砌到一定高度后,用水准仪测设该层的 +50 标高线,再往上一层的标高可以以此为准用钢尺传递,依次类推,逐层传递标高。

9.4　高层建筑的施工测量

9.4.1　高层建筑施工测量的特点

由于高层建筑的建筑物层数多、高度高、建筑结构复杂、设备和装修标准高,特别是高速电梯的安装要求最高,因此,在施工过程中对建筑物各部位的水平位置、垂直度及轴线位置尺寸、标高等的测设精度要求都十分严格。总体的建筑限差有较严格的规定,因而对质量检测的允许偏差也有严格要求。例如,层间标高测量偏差和竖向测量偏差均要求不超过 ±3 mm,建筑全高(H)测量偏差和竖向偏差不应超过 $3H/10\ 000$,且 $30\ m < H \leq 60$ m 时,不应超过 ±10 mm;60 m $< H \leq 90$ m 时,不应超过 ±15 mm;$H > 90$ m 时,不应超过 ±20 mm。特别是在竖向轴线投侧时,对测设的精度要求极高。

另外,由于高层建筑施工的工程量大,且多设地下工程,同时一般多是分期施工,周期长,施工现场变化大,因而,为保证工程的整体性和局部性施工的精度要求,进行高层建筑施工测量之前,必须谨慎地制定测设方案,选用适当的仪器,并拟出各种控制和检测的措施以确保放样精度。

高层建筑一般采用桩基础,上部主体结构为现场浇筑的框架结构工程,而且建筑平面、立面造型既新颖又复杂多变,因而,其施工测设方法与一般建筑既有相似之处,又有其自身独特的地方,按测设方案具体实施时,务必精密计算,严格操作,并应严格校核,方可保证测设误差在所规定的建筑限差允许的范围内。

9.4.2　高层建筑施工控制测量

在高层建筑施工过程中有大量的施工测量工作,为了达到指导施工的目的,施工测量应紧密配合施工,具体步骤如下。

1. 施工控制网的布设

高层建筑必须建立施工控制网。其平面控制一般布设建筑方格网较为实用,且使用方便,精度可以保证,自检也方便。建立建筑方格网,必须从整个施工过程考虑打桩、挖土、浇筑基础垫层及其他施工工序中的轴线测设要均能应用所布设的施工控制网。由于打桩、挖土对施工控制网的影响较大，除了经常进行控制网点的复测校核之外，最好随着施工的进行，将控制网延伸到施工影响区之外。而且，必须及时地伴随着施工将控制轴线投测到相应的建筑面层上，这样便可根据投测的控制轴线，进行柱列轴线等细部放样，以备绑扎钢筋、立模板和浇筑混凝土之用。为了将设计的高层建筑测设到实地，同时简化设计点位的坐标计算和在现场便于建筑物细部放样，该控制网的轴系应严格平行于建筑物的主轴线或道路的中心线。施工方格网的布设必须与建筑总平面图相配合，以便在施工过程中能够保存最多数量的方格控制点。

建筑方格网的实施，与一般建筑场地上所建立的控制网实施过程一样，首先在建筑总平面图上设计，然后依据高等级测图点用极坐标法或是直角坐标法测设在实地，最后进行校核调整，保证精度在允许的限差范围之内。

在高层建筑施工中，高程测设在整个施工测量工作中所占比例很大，同时也是施工测量中的重要部分。正确而周密地在施工场地上布置水准高程控制点，能在很大程度上使立面布置、管道铺设和建筑物施工得以顺利进行，建筑施工场地上的高程控制必须以精确的起算数据来保证施工的质量要求。

高层建筑施工场地上的高程控制点，必须联测到国家水准点上或城市水准点上。高层建筑物的外部水准点高程系统应与城市水准点的高程系统统一，因为要由城市向建筑场区铺设许多管道和电缆等。

一般高层建筑施工场地上的高程控制网用三、四等水准测量方法进行施测，且应把建筑方格网的方格点纳入到高程系统中，以保证高程控制点密度，满足工程建设高程测设工作所需。所建网型一般为附合水准或是闭合水准。

2. 高层建(构)筑物主要轴线的定位

在软土地基区的高层建筑其基础常用桩基，桩基础的作用在于将上部建筑结构的荷载传递到深处承载力较大的持力层中。其分为预制桩和灌注桩两种，二者都打入钢管桩或钢筋混凝土方桩。其一般特点是：基坑较深，且位于市区，施工场地不宽；建筑物的定位大都是根据建筑施工方格网或建筑红线进行。由于高层建筑的上部荷载主要由桩承受，所以对桩位的定位精度要求较高，一般规定，根据建筑物主轴线测设桩基和板桩轴线位置的允许偏差为 20 mm，对于单排桩则为 10 mm。沿轴线测设桩位时，纵向(沿轴线方向)偏差不宜大于 3 cm，横向偏差不宜大于 2 cm。位于群桩外周边上的桩，测设偏差不得大于桩径或桩边长(方形桩)的 1/10；桩群中间的桩则不得大于桩径或边长的 1/5。为此在定桩位时必须依据建筑施工控制网，实地定出控制轴线，再按设计的桩位图所示尺寸逐一定出桩位，实地控制轴线测设好后，务必进行校核，检查无误后，方可进行桩位的测设工作。

建筑施工控制网一般都确定一条或两条主轴线。因此，在建筑物放样时，按照建筑物柱列线或轮廓线与主控制轴线的关系，依据场地上的控制轴线逐一定出建筑物的轮廓线。对于目前一些几何图形复杂的建筑物，如“S”形、椭圆形、扇形、圆筒形、多面体形等，可以使用全站仪采用极坐标法进行建筑物的定位。具体做法是：通过图纸将设计要素如轮廓坐标、曲线半径、圆心坐标及施工控制网点的坐标等识读清楚，并计算各自的方向角及边长，然后在控制点上安置全站仪(或经纬仪)建立测站，按极坐标法完成各点的实地测设。将所有建筑物轮廓点定出后，再行检查是否满足设计要求。

总之，根据施工场地的具体条件和建筑物几何图形的繁简情况，可以选择最合适的测设方法完成高层建筑物的轴线定位。

9.4.3　高层建筑基础施工测量

1. 测设基坑开挖边线

高层建筑一般都有地下室，因此要进行基坑开挖。开挖前，先根据建筑物的轴线控制桩确定角桩，以及建筑物的外围边线，再考虑边坡的坡度和基础施工所需工作面的宽度，测设出基坑的开挖边线，并撒出灰线。

2. 基坑开挖时的测量工作

高层建筑的基坑一般都很深，需要放坡并进行边坡支护加固，开挖过程中，除了用水准仪控制开挖深度外，还应经常用经纬仪或拉线检查边坡的位置，防止出现坑底边线内收，致使基础位置不够的情况出现。

3. 基础放线及标高控制

1）基础放线

基坑开挖完成后，有三种情况：一是直接打垫层，然后做箱形基础或筏板基础，这时要求在垫层上测设基础的各条边界线、梁轴线、墙宽线和柱位线等；二是在基坑底部打桩或挖孔，做桩基础，这时要求在坑底测设各条轴线和桩孔的定位线，桩做完后，还要测设桩承台和承重梁的中心线；三是先做桩，然后在桩上做箱形基础或筏形基础，组成复合基础，这时的测量工作是前两种情况的结合，如图9-10所示。

不论是哪种情况，在基坑下均需要测设各种各样的轴线和定位线，其方法是基本一样的。先根据地面上各主要轴线的控制桩，用经纬仪向基坑下投测建筑物的四大角、四轮廓轴线和其他主轴线，经认真校核后，以此为依据放出细部轴线，再根据基础图所示尺寸，放出基础施工中所需的各种中心线和边线，例如桩心的交线以及梁、柱、墙的中线和边线等。

测设轴线时，有时为了通视和量距方便，不是测设真正的轴线，而是测设其平行线，这时一定要在现场标注清楚，以免用错。另外，一些基础桩、梁、柱、墙的中线不一定与建筑轴线重合，而是偏移某个尺寸，因此要认真按图施测，防止出错，如图9-10所示。

如果是在垫层上放线，可把有关轴线和边线直接用墨线弹在垫层上，由于基础轴线的位置决定了整个高层建筑的平面位置和尺寸，因此施测时要严格检核，保证精度。如果是在基坑下做桩基，则测设轴线和桩位时，宜在基坑护壁上设立轴线控制桩，以便能保留较长时间，也便于施工时用来复核桩位和测设桩顶上的承台和基础梁等。

从地面往下投测轴线时，一般是用经纬仪投测法，由于俯角较大，为了减小误差，每个轴线点均应盘左、盘右各投测一次，然后取中，如图9-11所示。

2）基础标高测设

基坑完成后，应及时用水准仪根据地面上的±0.000水平线，将高程引测到坑底，并在基坑护坡的钢板或混凝土桩上做好标高为负的整米数的标高线。由于基坑较深，引测时可多转几站观测，也可用悬吊钢尺代替水准尺进行观测。在施工过程中，如果是桩基，要控制好各桩

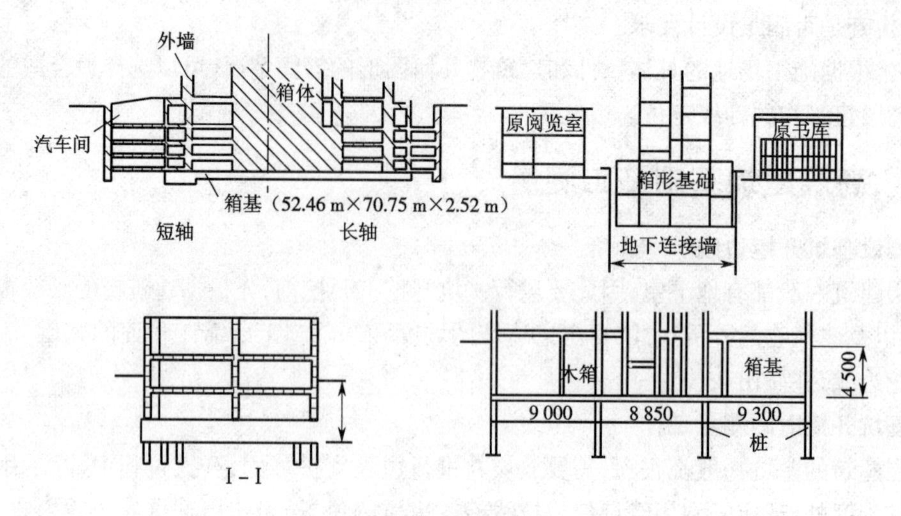

图 9-10　基础放线

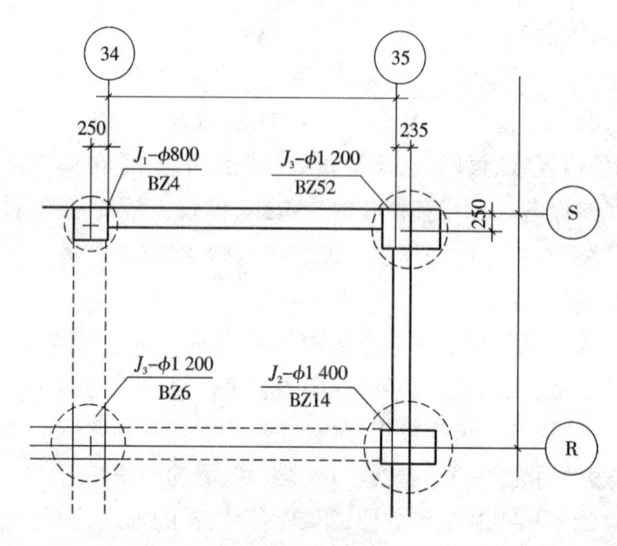

图 9-11　测设轴线

的顶面高程；如果是箱形基础和筏形基础，则直接将高程标志测设到竖向钢筋和模板上，作为安装模板、绑扎钢筋和浇筑混凝土的标高依据。

9.4.4　高层建筑的轴线投测

当高层建筑的地下部分完成后，根据施工方格网校测建筑物主轴线控制桩后，将各轴线测设到做好的地下结构顶面和侧面，又根据原有的 ±0.000 水平线，将 ±0.000 标高（或某整分米数标高）也测设到地下结构顶部的侧面上，这些轴线和标高线，是进行首层主体结构施工的定位依据。

随着结构的升高，要将首层轴线逐层往上投测，作为施工的依据。这当中建筑物主轴线的投测应更为重要，因为它们是各层放线和结构垂直度控制的依据。随着高层建筑物设计高度的增加，施工中对竖向偏差的控制要求就越高，轴线竖向投测的精度和方法就必须与其适应，以保证工程质量。

1. **经纬仪投测法**

当施工场地比较宽阔时，多使用此法进行竖向投测，如图9-12所示，安置经纬仪于轴线控制桩上，严格对中整平，盘左照准建筑物底部的轴线标志，往上转动望远镜，用其竖丝指挥在施工层楼面边缘上画一点，然后盘右再次照准建筑物底部的轴线标志，同法在该处楼面边缘上画出另一点，取两点的中间点作为轴线的端点。其他轴线端点的投测与此相同。

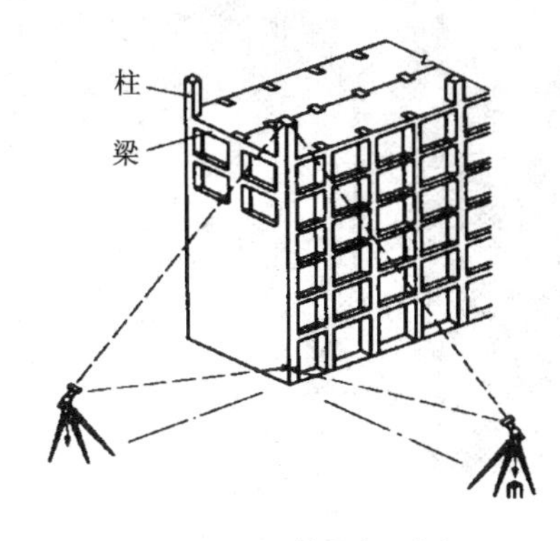

图9-12 经纬仪投测法

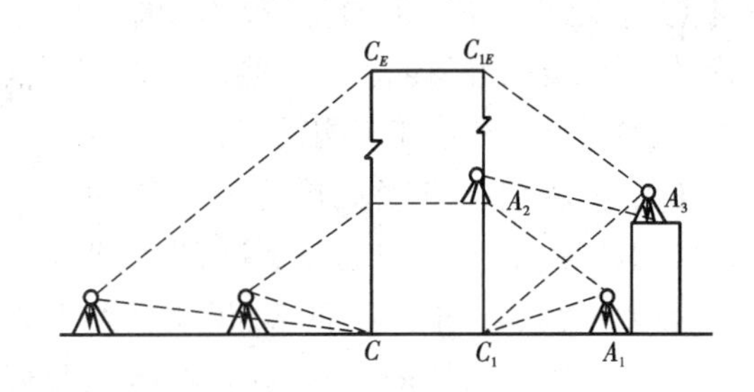

图9-13 高层建筑的轴线投测

当楼层建得较高时，经纬仪投测时的仰角较大，操作不方便，误差也较大，此时应将轴线控制桩用经纬仪引测到远处（大于建筑物高度）稳固的地方，然后继续往上投测。如果周围场地有限，也可引测到附近建筑物的屋面上。如图9-13所示，先在轴线控制桩A_1上安置经纬仪，照准建筑物底部的轴线标志，将轴线投测到楼面上A_2点处，然后在A_2上安置经纬仪，照准A_1点，将轴线投测到附近建筑物屋面上A_3点处，以后就可在A_3点安置经纬仪，投测更高楼层的轴线。注意上述投测工作均应采用盘左、盘右取中法进行，以减少投测误差。

所有主轴线投测上来后，应进行角度和距离的检核，合格后再以此为依据测设其他轴线。

2. **吊线坠法**

当周围建筑物密集、施工场地窄小、无法在建筑物以外的轴线上安置经纬仪时，可采用此法进行竖向投测。此种方法适用于高度在50～100 m的高层建筑施工中。它是利用钢丝悬挂重锤球的方法，进行轴线竖向投测。锤球重量随施工楼面高度而异，约15～25 kg，钢丝直径为1 mm左右。此外，为了减少风力的影响，应将吊锤线的位置放在建筑物内部。

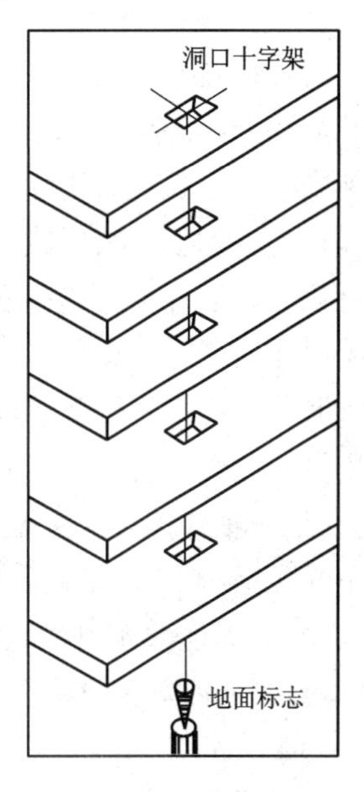

图9-14 吊线坠法

如图9-14所示，事先在首层地面上埋设轴线点的固定标志，标志的上方每层楼板都预留孔洞，供吊锤线通过。投测时，在施工层楼面上的预留孔上安置挂有吊线坠的十字架，慢慢移动十字架，当吊锤尖静止地对准地面固定标志时，十字架的中心就是应投测的点，在预留孔四周做上标志即可，标志连线交点，即为从首层投上来的轴线点。同理测设其他轴线点。

使用吊线坠法进行轴线投测，只要措施得当，防止风吹和振动，是既经济、简单又直观、准确的轴线投测方法。

3. 铅直仪法

铅直仪法就是利用能提供铅直向上（或向下）视线的专用测量仪器，进行竖向投测。常用的仪器有垂准经纬仪、激光经纬仪和激光铅直仪等。用铅直仪法进行高层建筑的轴线投测，具有占地小、精度高、速度快的优点，在高层建筑施工中用得越来越多。

1）垂准经纬仪

如图 9-15 所示，该仪器的特点是在望远镜的目镜位置上配有弯曲成 90°的目镜，使仪器铅直指向正上方时，测量员能方便地进行观测。此外该仪器的中轴是空心的，使仪器也能观测正下方的目标。

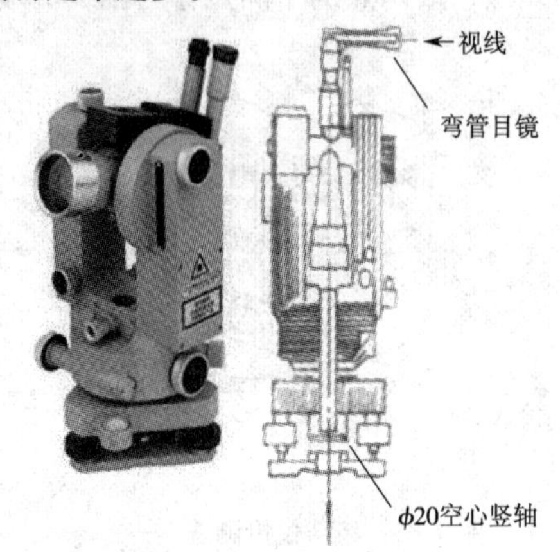

图 9-15 垂准经纬仪

使用时，将仪器安置在首层地面的轴线点标志上，严格对中整平，由弯管目镜观测，当仪器水平转动一周时，若视线一直指向一点上，说明视线方向处于铅直状态，可以向上投测。投测时，视线通过楼板上预留的孔洞，将轴线点投测到施工层楼板的透明板上定点，为了提高投测精度，应将仪器照准部水平旋转一周，在透明板上投测多个点，这些点应构成一个小圆，然后取小圆的中心作为轴线点的位置。同法用盘右再投测一次，取两次的中点作为最后结果。由于投测时仪器安置在施工层下面，因此在施测过程中要注意对仪器和人员的安全采取保护措施，防止落物击伤。

如果把垂准经纬仪安置在浇筑后的施工层上，将望远镜调成铅直向下的状态，视线通过楼板上预留的孔洞，照准首层地面的轴线点标志，也可将下面的轴线点投测到施工层上来。该法较安全，也能保证精度。

2）激光经纬仪

如图 9-16 所示为苏州一光仪器有限公司生产的 J2 – JDE 激光光学经纬仪，它是在望远镜筒上安装一个氦氖激光器，用一组导光系统把望远镜的光学系统联系起来，组成激光发射系统，再配上激光电源，便成为激光经纬仪。为了测量时观测目标方便，激光束进入发射系统前设有遮光转换开关。遮去发射的激光束，就可在目镜（或通过弯管目镜）处观测目标，而不必关闭电源。

激光经纬仪用于高层建筑轴线竖向投测，其方法与配弯管目镜的经纬仪是一样的，只不过是用可见激光代替人眼观测。投测时，在施工层预留孔中央设置用透明聚酯膜片绘制的接收靶，在地面轴线点处对中整平仪器，起辉激光器，调节望远镜调焦螺旋，使投射在接收靶上的激光束光斑最小，再水平旋转仪器，检查接收靶上光斑中心是否始终在同一点，或画出一个很小的圆圈，以保证激光束铅直，然后移动接收靶使其中心与光斑中心或小圆圈中心重合，将接收靶固定，则靶心即为欲投测的轴线点。

3）激光铅直仪

激光铅直仪是一种专用的铅直定位的仪器，适用于烟囱、塔架和高层建筑的竖直定位测量。它是由氦氖激光器、竖轴、发射望远镜、水准器和基座等部件组成，基本构造如图 9-17 所

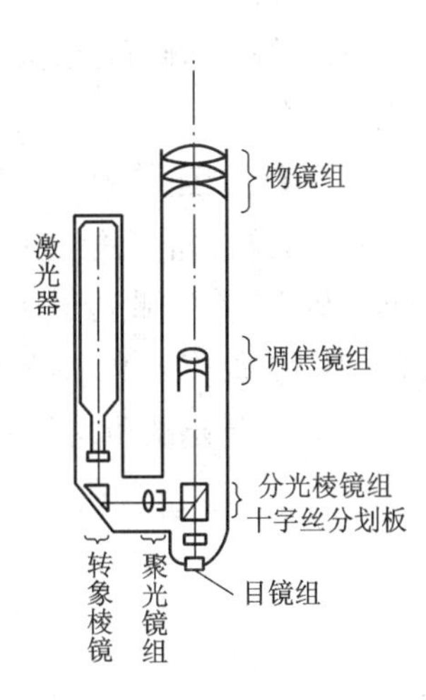

图 9-16　激光经纬仪

示。仪器竖轴是空心筒轴，将激光器安在筒轴的下端，望远镜安在上方，构成向上发射的激光铅直仪。也可以反向安装，成为向下发射的激光铅直仪。仪器上有两个互成 90°的水准器，并配有专用激光电源，使用时，利用激光器底端所发射的激光束进行对中，通过调节脚螺旋使气泡严格居中。接通激光电源便可铅直发射激光束。

激光铅直仪用于高层建筑轴线竖向投测时，其原理和方法与激光经纬仪基本相同，主要区别在于对中方法。激光经纬仪一般用光学对中器，而激光铅直仪用激光管尾部射出的光束进行对中。

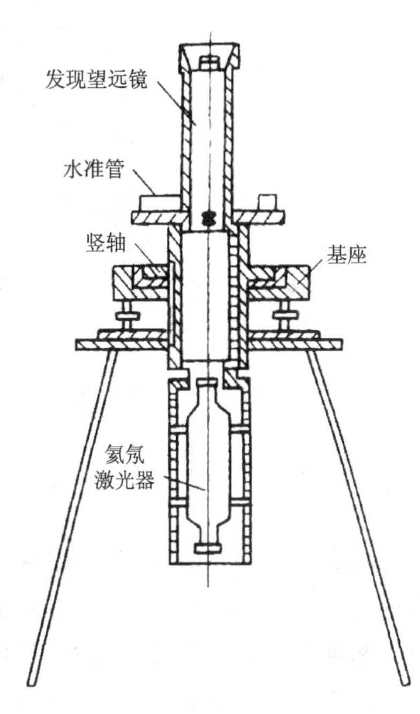

图 9-17　激光铅直仪

9.4.5　高层建筑物的高程传递

高层建筑施工中，要由下层楼面向上层传递高程，以使上层楼板、门窗、室内装修等工程的标高符合设计要求。传递高程的方法有以下几种。

1. 利用钢尺直接丈量

在标高精度要求较高时，可用钢尺沿某一墙角自 ±0.000 标高处起直接丈量，把高程传递上去。然后根据下面传递上来的高程立皮数杆，作为该层墙身砌筑和安装门窗、过梁及室内装修、地坪抹灰时控制标高的依据。

2. 悬吊钢尺法（水准仪高程传递法）

根据高层建筑物的具体情况也可用水准仪高程传递法进行高程传递，不过此时需用钢尺代替水准尺作为数据读取的工具，从下向上传递高程。如图 9-18 所示，由地面已知高程点 A 向建筑物楼面 B 传递高程，先从楼面上（或楼梯间）悬挂一支钢尺，钢尺下端悬重锤。观测时，为了使钢尺稳定，可将重锤浸于一盛满油的容器中。然后在地面及楼面上各安置一台水准仪，按水准测量方法同时读取 a_1、b_1、a_2、b_2读数，则可计算出楼面 B 上设计标高为 H_B的测设数值，$H_B = H_A + a_1 - b_1 + a_2 - b_2$，据此可采用测设已知高程的测设方法放样出楼面 B 的标高位置。

3. 全站仪天顶测高法

如图 9-18 所示，利用高层建筑中的传递孔（或电梯井等），在底层高程控制点上安置全站仪，置平望远镜（显示屏上显示垂直角为 0°或天顶距为 90°），然后将望远镜指向天顶方向（天顶距为 0°或垂直角为 90°），在需要传递高程的层面传递孔上安置反射棱镜，即可测得仪器横轴至棱镜横轴的垂直距离，加仪器高，减棱镜常数（棱镜面至棱镜横轴的间距），就可以算得两层面间的高差，据此即可计算出测量层面的标高，最后与该层楼面的设计标高相比较，进行调整即可。

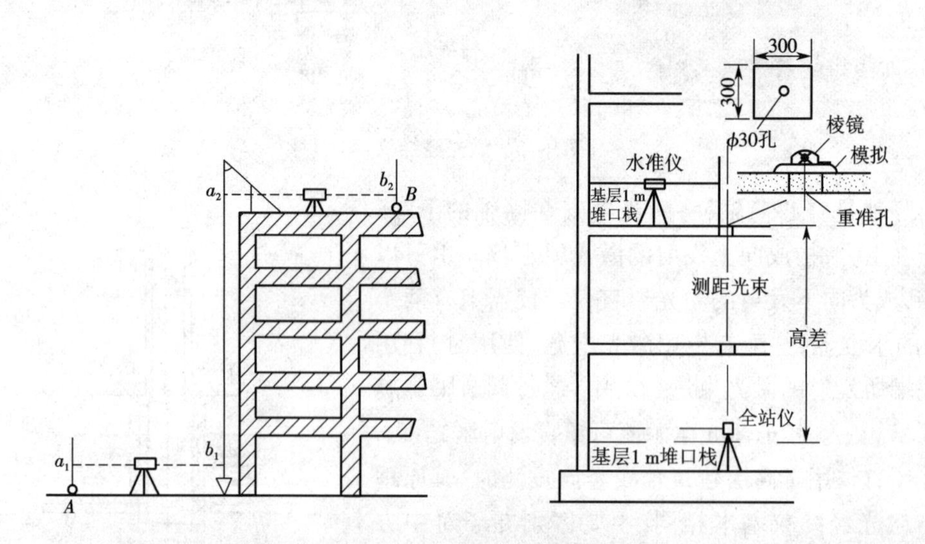

图 9-18 水准仪高程传递法与全站仪高程传递法

9.4.6 滑模施工中的测量工作

在高层建筑施工中，经常采用滑模施工工艺。滑模施工就是在现浇混凝土结构施工中，一次装设 1 m 多高的模板，浇筑一定高度的混凝土，通过一套提升设备将模板不断向上提，在模板内不断绑扎钢筋和浇筑混凝土，随着模板的不断向上滑升，逐步完成建筑物的混凝土浇筑工作。在施工过程中所做的测量工作主要有铅直度和水平度的观测，现介绍如下。

1. 铅直度观测

滑模施工的质量关键在于保证铅直度。可采用经纬仪投测法，但最好采用激光铅直仪投测方法。

2. 标高测设

首先在墙体上测设 +1.00 m 的标高线，然后用钢尺从标高线沿墙体向上测量，最后将标高测设在滑模的支撑杆上。为了减少逐层读数误差的影响，可采用数层累计读数的测法，如每三层读一次尺寸。

3. 水平度观测

在滑升过程中,若施工平台发生倾斜,则滑出来的结构就会发生偏扭,将直接影响建筑物的垂直度,所以施工平台的水平度也是十分重要的。在每层停滑间歇,用水准仪在支撑杆上独立进行两次抄平,互为校核,标注红三角,再利用红三角,在支撑杆上弹设一分划线,以控制各支撑点滑升的同步性,从而保证施工平台的水平度。

9.5　厂房施工控制网的建立

9.5.1　控制网建立的准备工作

1. 制定厂房矩形控制网的测设方案及计算测设数据

厂房矩形控制网的测设方案,通常是根据厂区的总平面图、厂区控制网、厂房施工图和现场地形情况等资料来制定的。其主要内容为:确定主轴线位置、矩形控制网位置、距离指标桩的点位、测设方法和精度要求。在确定主轴线点及矩形控制网位置时,要考虑控制点能长期保存,应避开地上和地下管线;位置应距厂房基础开挖边线以外1.5~4 m。距离指标桩即沿厂房控制网各边每隔若干柱间距埋设一个控制桩,故其间距一般为厂房柱距的倍数,但不要超过所用钢尺的整尺长。

2. 绘制测设略图

根据厂区的总平面图、厂区控制网、厂房施工图等资料,按一定比例绘制测设略图,为测设工作做好准备。

9.5.2　控制网建立的方法

控制网的测设方法主要有单一的厂房矩形控制网和主轴线组成的矩形控制网两种。

1. 单一厂房矩形控制网的测设方法

(1)基线(长边线)的测设,根据厂区控制网定出一条边长(如图9-19中的*A*—*B*)作为基线推出其余三边。

(2)矩形控制网的测设在基线的两端*A*与*B*测设直角,设置矩形的两条短边,并定出*C*、*D*,最后在*C*、*D*安置仪器检查角度,并丈量*CD*边长进行检查。在丈量矩形网各边长时,应同时测出距离指标桩。此种形式的矩形网只适用于一般中小型厂房。

2. 主轴线组成的矩形控制网的测设方法

先根据厂区控制网定出矩形控制网的主轴线,然后根据主轴线测设矩形控制网(如图9-20所示)。大型厂房或系统工程一般多用这种形式的控制网。

1)主轴线的测设

现以图9-20的十字轴线为例:首先将长轴*AOB*测定于地面,再以长轴为基线测出*COD*,并进行方向改正,使纵横两轴线严格垂直。轴线的方向调整好以后,应以*O*点为起点,进行精密距离丈量,以确定纵横轴线各端点的位置。其具体测设方法与误差处理与主轴线法相同。

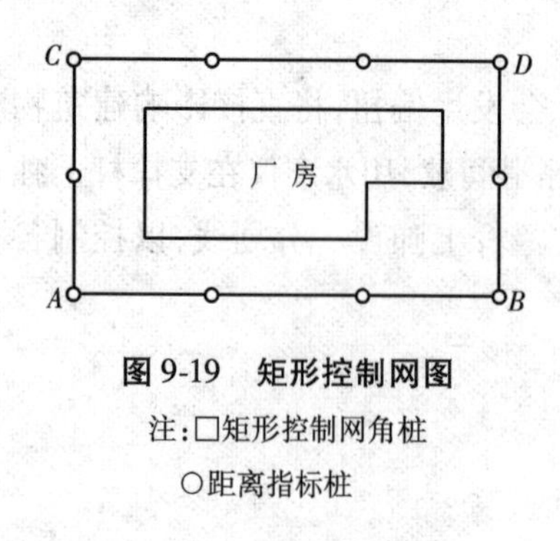

图 9-19 矩形控制网图

注:□矩形控制网角桩

○距离指标桩

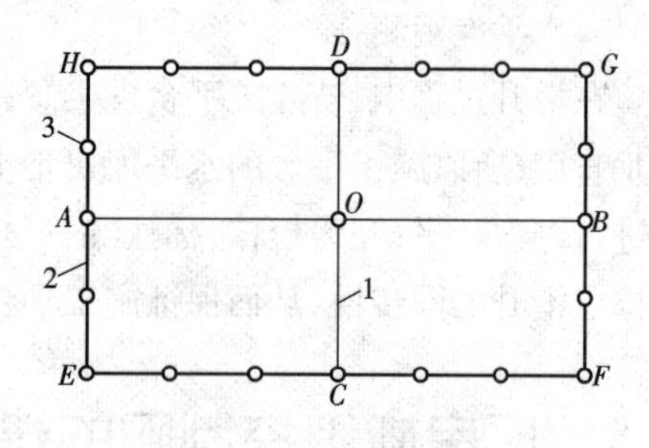

图 9-20 主轴线的测设

1—主轴线;2—矩形控制网;3—距离指标桩

2)矩形控制网的测设

在纵横轴线的端点 A、B、C、D 分别安置经纬仪,都以 O 点为后视点,分别测设直角交会定出 E、F、G、H 四个角点。然后再精密丈量 AH、AE、BG……各段距离。其精度要求与主轴线相同。若角度交会与测距精度良好,则所量距离的长度与交会定点的位置能相适应,否则应按照轴线法中所述方法予以调整。

为了便于以后进行厂房细部的施工放线,在测定矩形网各边长时,应按施测方案确定的位置与间距测设距离指标桩。距离指标桩的间距一般是等于厂房柱子间距的整倍数(但以不超过使用尺子的长度为限)。使指标桩位于厂房柱行列线或主要设备中心线方向上。厂房矩形控制网的精度要求严格,矩形控制网的允许误差应符合表 9-1 的规定。

表 9-1 厂房矩形控制网允许误差

矩形网等级	矩形网类型	厂房类型	主轴线、矩形边长精度	主轴线交角允许差	矩形角允许差
Ⅰ	根据主轴线测设的控制网	大型	1:50 000,1:30 000	±3″~ ±5″	±5″
Ⅱ	单一矩形控制网	中型	1:20 000		±7″
Ⅲ	单一矩形控制网	小型	1:10 000		±10″

9.5.3 中小型工业厂房控制网的建立

如图 9-21 所示,根据测设方案与测设略图,将经纬仪安置在建筑方格网点 E 上,分别精确照准 D、H 点。自 E 点沿视线方向分别量取 E_b = 35.00 m 和 E_c = 28.00 m,定出 b、c 两点。然后,将经纬仪分别安置于 b、c 两点上,用测设直角的方法分别测出 bⅣ、cⅢ方向线,沿 bⅣ方向测设出Ⅳ、Ⅲ两点,沿 cⅢ方向测设出Ⅱ、Ⅲ两点,分别在Ⅰ、Ⅱ、Ⅲ、Ⅳ四个点上钉上木桩,做好标志。最后检查控制桩Ⅰ、Ⅱ、Ⅲ、Ⅳ各点的直角是否符合精度要求,一般情况下其误差不应超过 ±10″,各边长度相对误差不应超过 1/10 000 ~1/25 000。

9.5.4 大型工业厂房控制网的建立

对于大型或设备基础复杂的厂房,由于施测精度要求较高,为了保证后期测设的精度,其矩形厂房控制网的建立一般分两步进行。应先依据厂区建筑方格网精确测设出厂房控制网的

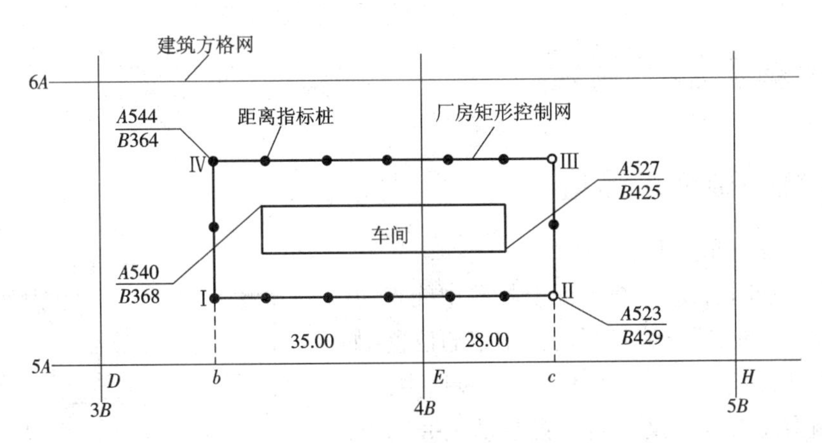

图9-21　矩形控制网示意图

主轴线及辅助轴线(可参照建筑方格网主轴线的测设方法进行),当校核达到精度要求后,再根据主轴线测设厂房矩形控制网,并测设各边上的距离指示桩,一般距离指示桩位于厂房柱列轴线或主要设备中心线方向上。最终应进行精度校核,直至达到要求。大型厂房的主轴线的测设精度,边长的相对误差不应超过1/30 000,角度偏差不应超过±5″。

如图9-22所示,主轴线*MON*和*HOG*分别选定在厂房柱列轴线Ⓒ和③轴上,Ⅰ、Ⅱ、Ⅲ、Ⅳ为控制网的四个控制点。

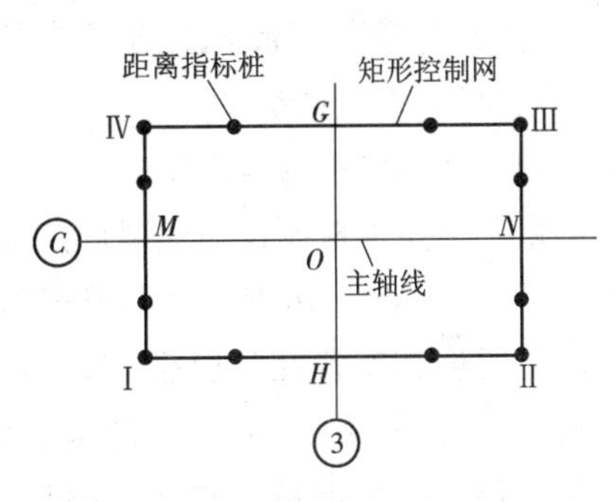

图9-22　大型厂房矩形控制网的测设

测设时,首先按主轴线测设方法将*MON*测设于地面上,再以*MON*轴为依据测设短轴*HOG*,并对短轴方向进行方向改正,使轴线*MON*与*HOG*正交,限差为±5″。主轴线方向确定后,以*O*点为中心,用精密丈量的方法测定纵、横轴端点*M*、*N*、*H*、*G*位置,主轴线长度相对精度为1/5 000。主轴线测设后,可测设矩形控制网,测设时分别将经纬仪安置在*M*、*N*、*H*、*G*四点,瞄准*O*点测设90°方向,交会定出Ⅰ、Ⅱ、Ⅲ、Ⅳ四个角点,精密丈量*M*Ⅰ、*M*Ⅱ、*N*Ⅱ、*N*Ⅳ、*H*Ⅰ、*H*Ⅳ、*G*Ⅳ、*G*Ⅲ的长度,精度要求同主轴线,不满足时应进行调整。

9.5.5　厂房扩建与改建时控制网的恢复

在旧厂房进行扩建或改建前,最好能找到原有厂房施工时的控制点,作为扩建与改建时进行控制测量的依据,但原有控制点必须与已有的吊车轨道及主要设备中心线联测,将实测结果提交设计部门。

如原厂房控制点已不存在,应按下列不同情况,恢复厂房控制网。

(1)厂房内有吊车轨道时,应以原有吊车轨道的中心线为依据。

(2)扩建与改建的厂房内的主要设备与原有设备有联动或衔接关系时,应以原有设备中心线为依据。

(3)厂房内无重要设备及吊车轨道,可以以原有厂房柱子中心线为依据。

9.6 厂房基础施工测量

9.6.1 钢柱基础施工测量

1. 垫层中线投点和抄平

垫层混凝土凝固后,应在垫层面上投测中线点,并根据中线点弹出墨线,绘出地脚螺栓固定架的位置(如图9-23所示),以便下一步安置固定架并根据中线支立模板。投测中线时经纬仪必须安置在基坑旁(这样视线才能看到坑底),然后照准矩形控制网上基础中心线的两端点。用正倒镜法,先将经纬仪中心导入中心线内,而后进行投点。

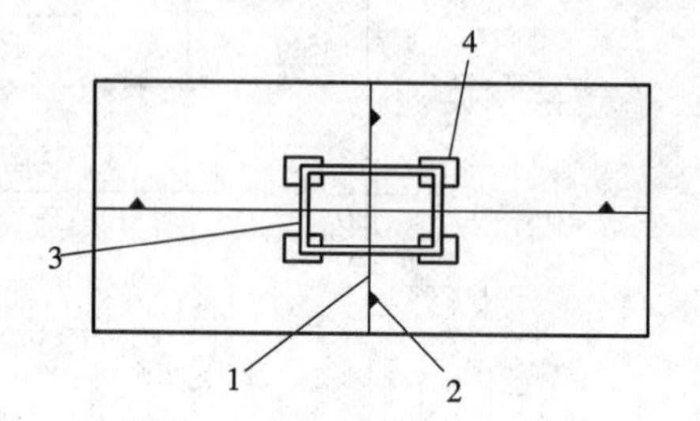

图9-23 地脚螺栓固定架位置

1—墨线;2—中线点;3—螺栓固定架;4—垫层抄平位置

螺栓固定架位置在垫层上绘出后,即在固定架外框四角处测出四点标高,以便用来检查并整平垫层混凝土面,使其符合设计标高,便于固定架的安装。如基础过深,从地面上引测基础底面标高,标尺不够长时,可采取挂钢尺法。

2. 固定架中线投点与抄平

固定架是用钢材制作的用以固定地脚螺栓及其他埋设件的框架(如图9-24所示)。根据垫层上的中心线和所画的位置将其安置在垫层上,然后根据在垫层上测定的标高点,借以找平地脚,将高的地方混凝土打去一些,低的地方垫以小块钢板并与底层钢筋网焊牢,使符合设计标高。

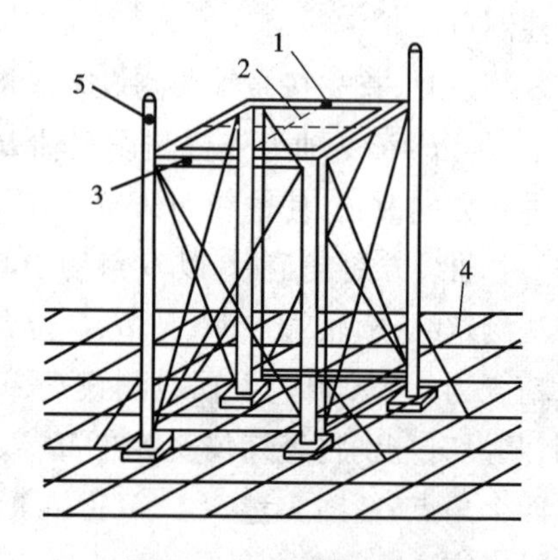

图9-24 固定架的位置

1—固定架中线投点;2—拉线;3—横梁抄平位置;4—钢筋网;5—标高点

固定架安置好后,用水准仪测出四根横梁的标高,以检查固定架标高是否符合设计要求,允许偏差为5 mm,但不应高于设计标高。固定架标高满足要求后,将固定架与底层钢筋网焊牢,并加焊钢筋支撑。若是深坑固定架,在其脚下需浇筑混凝土,使其稳固。

在投点前,应对矩形边上的中心线端点进行检查,然后根据相应两端点,将中线投测于固定架横梁上,并刻绘标志。其中线投点偏差(相对于中线端点)为±1 ~ ±2 mm。

3. 地脚螺栓的安装与标高测量

根据垫层上和固定架上投测的中心点,把地脚螺栓安放在设计位置。为了测定地脚螺栓的标高,在固定架的斜对角处焊两根小角钢,在两角钢上引测同一数值的标高点,并刻绘标志,其高度应比地脚螺栓的设计高度稍低一些。然后在角钢上两标点处拉一细钢丝,以定出螺栓的安装高度。待螺栓安好后,测出螺栓第一丝扣的标高。地脚螺栓不宜低于设计标高,允许偏

高 +5 ~ +25 mm。

4. 支立模板与浇筑混凝土时的测量工作

重要基础在浇筑过程中,为了保证地脚螺栓位置及标高的正确,应进行看守观测,如发现变动应立即通知施工人员及时处理。

9.6.2　杯形基础施工测量

1. 柱基础定位

首先在矩形控制网边上测定基础中心线的端点(基础中心线与矩形边的交点),如图 9-25 中的 A、A′和 1′等点。端点应根据矩形边上相邻两个距离指标桩,以内分法测定(距离闭合差应进行配赋),然后用两台经纬仪分别置于矩形网上端点 A 和 2,分别瞄准 A′和 2′进行中心线投点,其交点就是②号柱基的中心。再根据基础图进行柱基放线,用灰线把基坑开挖边线在实地标出。在离开挖边线约 0.5 ~ 1.0 m 处方向线上打入四个定位木桩,钉上小钉标示中线方向,供修坑立模之用。

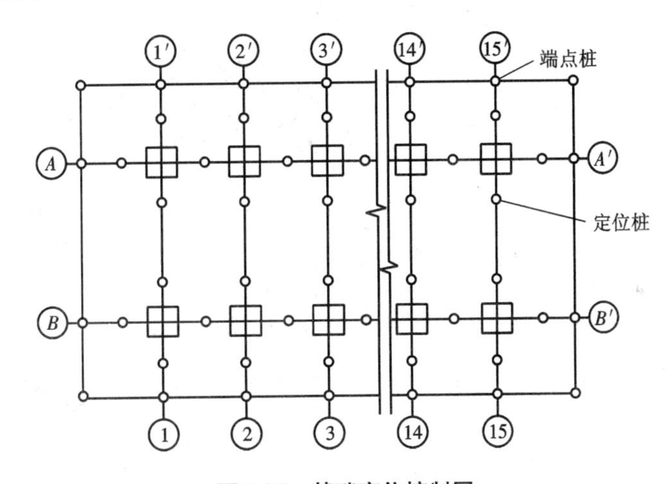

图 9-25　基础定位控制网

2. 基坑抄平图

基坑开挖后,当基坑快要挖到设计标高时,应在基坑的四壁或坑底边沿及中央打入小木桩,在木桩上引测同一高程的标高,以便根据标点拉线修整坑底和打垫层。

3. 支立模板测量工作

打好垫层后,根据柱基定位桩在垫层上放出基础中心线,并弹墨线标明,作为支模板的依据。支模上口还可由坑边定位桩直接拉线,用吊垂球的方法检查其位置是否正确。然后在模板的内表面用水准仪引测基础面的设计标高,并画线标明。在支杯底模板时,应注意使实际浇筑出来的杯底顶面比原设计的标高略低 3 ~5 cm,以便拆模后填高修平杯底。

4. 杯口中线投点与抄平

在柱基拆模以后,根据矩形控制网上柱中心线端点,用经纬仪把柱中线投到杯口顶面,并绘标志标明,以备吊装柱子时使用(如图 9-26 所示)。中线投点有两种方法:一种是将仪器安置在柱中心线的一个端点,照准另一端点而将中线投到杯口上;另一种是将仪器置于中线上的适当位置，照准控制网上柱基中心线两端点，采用正倒镜法进行投点。

9.6.3 混凝土基础施工测量

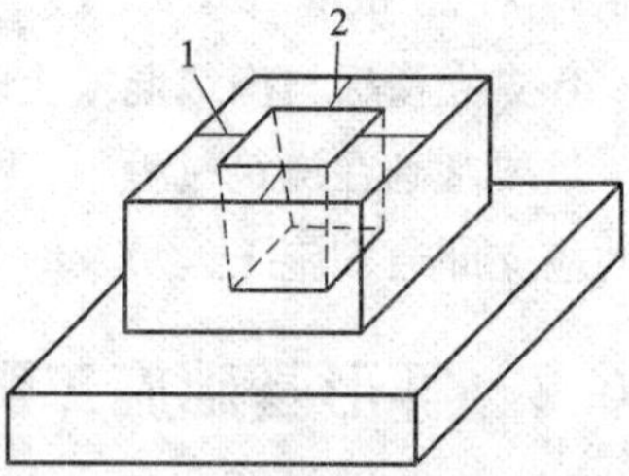

1. 中线投点及标高测量

当基础混凝土凝固拆模以后，即根据控制网上的柱子中心线端点，将中心线投测在靠近柱底的基础面上，并在露出的钢筋上抄出标高点，以供在支柱身模板时定柱高及对正中心之用（如图9-27所示）。

图9-26 桩基中线投点与抄平

1—桩中心线；2—标高线；3—混凝土柱基础施工测量

2. 柱顶及平台模板抄平

柱子模板校正以后，应选择不同行列的二三根柱子，从

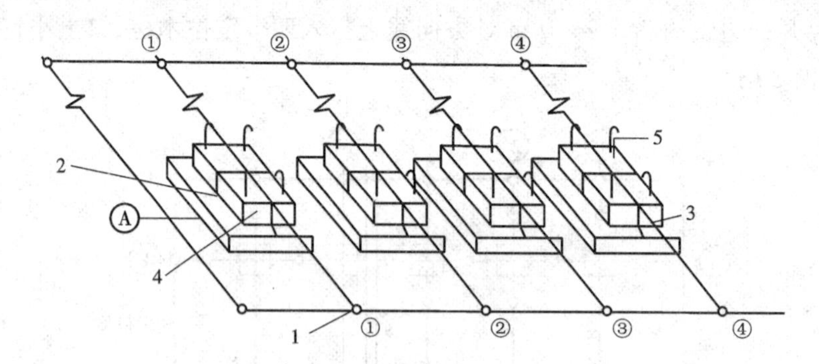

图9-27 柱基础投点及标高测量

1—中线端点；2—基础面上中线；3—柱身下端中线点；4—柱身下端标高点；5—钢筋上标高点

柱子下面已测好的标高点，用钢尺沿柱身向上量距，引测二三个同一高程的点于柱子上端模板上。然后在平台模板上设置水准仪，以引上的任一标高点作后视，施测柱顶模板标高，再闭合于另一标高点以资校核。平台模板支好后，必须用水准仪检查平台模板的标高和水平情况，其操作方法与柱顶模板抄平相同。

3. 柱子垂直度测量

柱身模板支好后，必须用经纬仪检查柱子垂直度。由于现场通视困难，一般采用平行线投点法来检查柱子的垂直度，并将柱身模板校正。其施测步骤如下：先在柱子模板上端根据外框量出柱中心点，和柱下端的中心点相连弹以墨线（如图9-28所示）。然后根据柱中心控制点A、B测设AB的平行线$A'B'$，其间距为1～1.5 m。将经纬仪安置在B'点，照准A'。此时由一人在柱上持木尺，并将木尺横放，使尺的零点水平地对正模板上端中心线。纵转望远镜仰视木尺，若十字丝正好对准1 m或1.5 m处，则柱子模板正好垂直，否则应将模板向左或向右移动，达到十字丝正好对准1 m或1.5 m处为止。

若由于通视困难，不能应用平行线法投点校正时，则可先按上述方法校正一排或一列首末两根柱子，中间的其他柱子可根据柱行或列间的设计距离丈量其长度并加以校正。

4. 高层标高引测与柱中心线投点

第一层柱子与平台混凝土浇筑好后，须将中线及标高引测到第一层平台上，以作为施工人

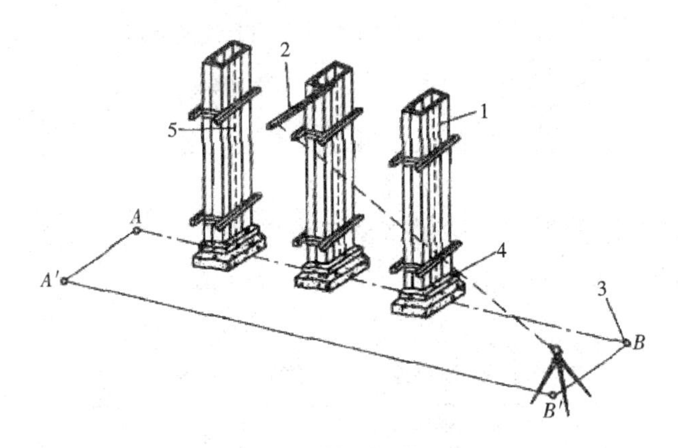

图9-28　柱身模板校正

1—模板;2—木尺;3—柱中线控制点;4—柱下端中线点;5—柱中线

员支第二层柱身模板和第二层平台模板的依据，如此类推。高层标高根据柱子下面已有的标高点用钢尺沿柱身量距向上引测。向高层柱顶引测中线，其方法一般是将仪器置于柱中心线端点上，照准柱子下端的中线点，仰视向上投点（如图9-29所示）。若经纬仪与柱子之间距离过短，仰角大、不便投点时，可将中线端点A用正倒镜法延长至A'，然后置仪器于A'向上投点。标高引测及中线投点的测设允许偏差应符合下列规定：标高测量允许偏差为±5 mm；纵横中心线投点允许偏差，当投点高度在5 m及5 m以下时为±3 mm，5 m以上为5 mm。

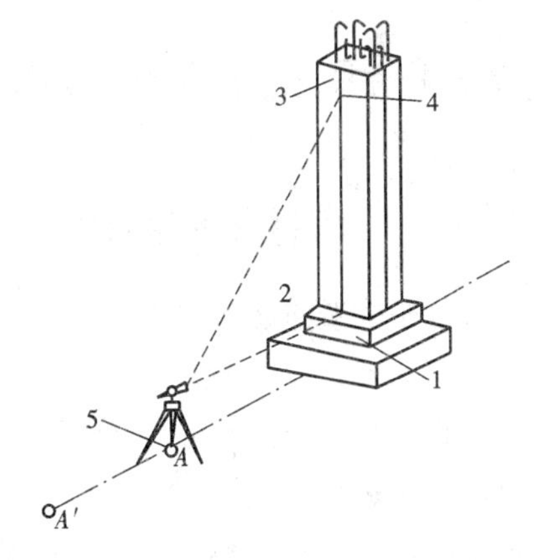

图9-29　柱子中心线投点

1—柱子下端标高点;2—柱子下端中线点;3—柱上端标高点;4—柱上端中线投点;5—柱中心线控制点

9.6.4　施工测量允许偏差

（1）基础工程各工序中心线及标高测设的允许偏差应符合表9-2的规定。

表9-2　基础中心线及标高测量允许偏差　（单位:mm）

项目	基础定位	垫层面	模板	螺栓
中心线端点测设	±5	±2	±1	±1
中心线投点	±10	±5	±3	±2
标高测设	±10	±5	±3	±3

（2）基础标高及中心线的竣工测量允许偏差。

① 基础标高的竣工测量允许偏差应符合表9-3的规定。

表 9-3 基础竣工标高测量允许偏差 （单位：mm）

杯口底标高	钢柱、设备基础面标高	地脚螺栓标高	工业炉基础面标高
±3	±2	±3	±3

②基础中心线竣工测量的允许偏差应符合下列规定：根据厂房内、外控制点测设基础中心线的端点，其允许偏差为 ±1 mm；基础面中心线投点允许偏差，应符合表 9-4 的规定。

表 9-4 基础竣工中心线投点允许偏差 （单位：mm）

预埋螺栓基础	预留螺栓孔基础	基础杯口	烟囱、烟道、沟槽
±2	±3	±3	±5

9.7 厂房预制构件（柱、梁及屋架）安装测量

9.7.1 厂房柱子安装测量

1. 柱子安装前准备工作

1）弹出柱基中心线和杯口标高线

根据柱列轴线控制桩，用经纬仪将柱列轴线投测到每个杯形基础的顶面上，弹出墨线，当柱列轴线为边线时，应平移设计尺寸，在杯形基础顶面上加弹出柱子中心线，作为柱子安装定位的依据。根据 ±0.000 标高，用水准仪在杯口内壁测设一条标高线，标高线与杯底设计标高的差应为一个整分米数，以便从这条线向下量取，作为杯底找平的依据。

2）弹出柱子中心线和标高线

在每根柱子的三个侧面，用墨线弹出柱身中心线，并在每条线的上端和接近杯口处，各画一个红“▲”标志，供安装时校正使用。从牛腿面起，沿柱子四条棱边向下量取牛腿面的设计高程，即为 ±0.000 标高线，弹出墨线，画上红“▼”标志，供牛腿面高程检查及杯底找平用。

2. 柱子吊装与校正

柱子被吊装进入杯口后，先用木楔或钢楔暂时进行固定。用铁锤敲打木楔或钢楔，使柱在杯口内平移，直到柱中心线与杯口顶面中心线平齐。并用水准仪检测柱身已标定的标高线。

然后用两台经纬仪分别在相互垂直的两条柱列轴线上，相对于柱子的距离为 1.5 倍柱高进行柱子垂直校正测量时，应将两架经纬仪安置在柱子纵横中心轴线上，且在距离柱子约为柱高的 1.5 倍的地方，如图 9-30 所示，先照准柱底中线，固定照准部，再逐渐仰视到柱顶，若中线偏离十字丝竖丝，表示柱子不垂直，可指挥施工人员采用调节拉绳、支撑或敲打楔子等方法使柱子垂直。经校正后，柱的中线与轴线偏差不得大于 ±5 mm；柱子垂直度容许误差为 $H/1\,000$，当柱高在 10 m 以上时，其最大偏差不得超过 ±20 mm；柱高在 10 m 以内时，其最大偏差不得超过 ±10 mm。满足要求后，要立即灌浆，以固定柱子位置。

3. 柱子安装测量技术要求

(1)柱子中心线应与相应的柱列中心线一致,其允许偏差为 4 ~ 5 mm。如图 9-30 所示,柱子垂直校正测量。

(2)牛腿顶面及柱顶面的实际标高应与设计标高一致,其允许偏差为:当柱高小于等于 5 m 时应不大于 ±5 mm;柱高大于 5 m 时应不大于 ±8 mm。

(3)柱身垂直允许误差:当柱高≤5 m 时应不大于 ±5 mm;当柱高在 5 ~ 10 m 时应不大于 ±10 mm;当柱高超过 10 m 时,限差为柱高的 1‰,且不超过 20 mm。

图 9-30　柱子垂直校正测量

9.7.2　吊车梁安装测量

1. 吊车梁安装时的标高测设

吊车梁顶面标高应符合设计要求。根据 ±0.000 标高线,沿柱子侧面向上量取一段距离,在柱身上定出牛腿面的设计标高点,作为修平牛腿面及加垫板的依据,同时在柱子的上端比梁顶面高 5 ~ 10 cm 处测设一标高点,据此修平梁顶面。梁顶面置平以后,应安置水准仪于吊车梁上,以柱子牛腿上测设的标高点为依据,检测梁面的标高是否符合设计要求,其容许误差应不超过 ±3 mm。

2. 吊车梁安装的轴线投测

安装吊车梁前先将吊车轨道中心线投测到牛腿面上,作为吊车梁定位的依据。

(1)用墨线弹出吊车梁面中心线和两端中心线,如图 9-31 所示。

(2)根据厂房中心线和设计跨距,由中心线向两侧量出 1/2 跨距 d,在地面上标出轨道中心线。

(3)分别安置经纬仪于轨道中心线两个端点上,瞄准另一端点,如图 9-31 所示,吊车梁中心线固定照准部,抬高望远镜将轨道中心投测到各柱子的牛腿面上。

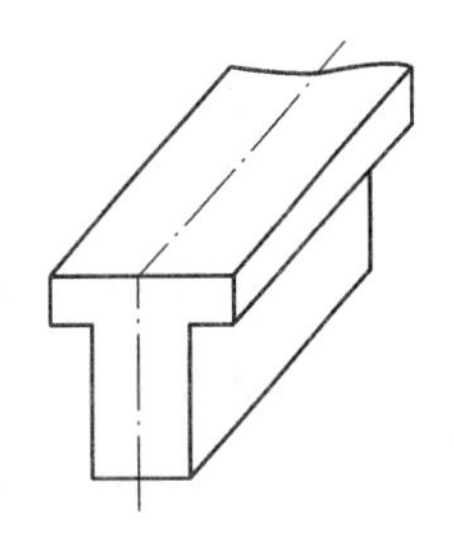

图 9-31　吊车梁中心线

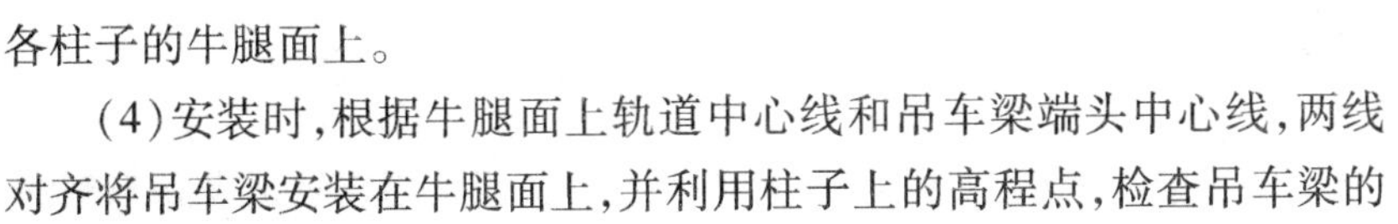

(4)安装时,根据牛腿面上轨道中心线和吊车梁端头中心线,两线对齐将吊车梁安装在牛腿面上,并利用柱子上的高程点,检查吊车梁的高程。

3. 吊车轨道安装测量

安装前先在地面上从轨道中心线向厂房内测量出一定长度(a = 0.5 ~ 1.0 m),得两条平行线,称为校正线,然后分别安置经纬仪于两个端点上,瞄准另一端点,固定照准部,抬高望远镜瞄准吊车梁上横放的木尺,移动木尺,当视准轴对准木尺刻划 n 时,木尺零点应与吊车梁中心线重合,如不重合,予以纠正并重新弹出墨线,以示校正后吊车梁中心线位置。

吊车轨道按校正后中心线就位后,用水准仪检查轨道面和接头处两轨端点高程,用钢尺检查两轨道间跨距,其测定值与设计值之差应满足规定要求。

9.7.3 屋架安装测量

屋架安装是以安装后的柱子为依据,使屋架中心线与柱子上相应中心线对齐。为保证屋架竖直,可用吊垂球的方法或用经纬仪进行校正。

9.8 厂房内设备基础施工测量

9.8.1 基础设备控制网的设置

1. 内控制网的设置

厂房内控制网根据厂房矩形控制网引测,其投点允许偏差应为 ±2 ~ ±3 mm,内控制标点一般应选在施工不易破坏的稳定柱子上,标点高度最好一致,以便于量距及通视。点的稀密程度根据厂房的大小与厂内设备分布情况而定,在满足施工定线的要求下,尽可能少布点,减少工作量。

1) 中小型设备基础内控制网的设置

内控制网的标志一般采用在柱子上预埋标板,如图 9-32 所示。然后将柱中心线投测于标板之上,以构成内控制网。

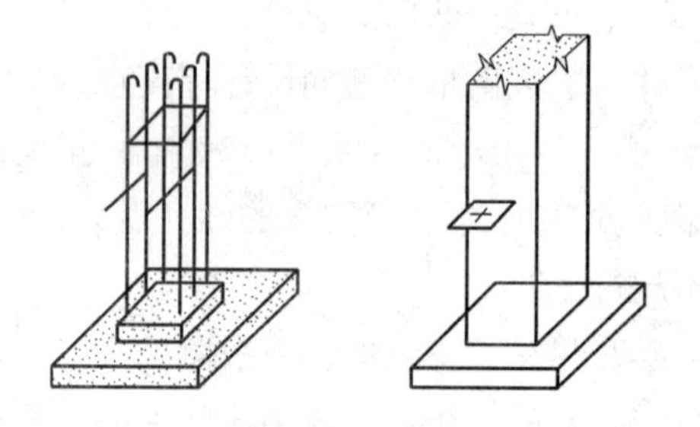

图 9-32 柱子标板设置

2) 大型设备基础内控制网的设置

大型连续生产设备基础中心线及地脚螺栓组中心线很多,为便于施工放线,将槽钢水平地焊在厂房钢柱上,然后根据厂房矩形控制网,将设备基础主要中心线的端点,投测于槽钢上,以建立内控制网。

先在设置内控制网的厂房钢柱上引测相同高程的标点,其高度以便于量距为原则,然后用边长为 50 mm × 100 mm 的槽钢或 50 mm × 50 mm 的角钢,将其水平地焊牢于柱子上。为了使其牢固,可加焊角钢于钢柱上。柱间跨距大时,钢材会发生挠曲,可在中间加一木支撑。图 9-33 所示为内控制网立面布置图。

2. 线板架设

大型设备基础有时与厂房基础同时施工,不可能设置内控制网,而采用在靠近设备基础的周围架设钢线板或木线板的方法。根据厂房控制网,将设备基础的主要中心线投测于线板上,然后根据主要中心线用精密量距的方法,在线板上定出其他中心线和螺栓组中心的位置,由此拉线来安装螺栓。

1) 钢线板的架设

用预制钢筋混凝土小柱子作固定架,在浇筑混凝土垫层时,即将小柱埋设在垫层内(如图 9-34 所示)。在混凝土柱上焊以角钢斜撑(须先将混凝土表面凿开露出钢筋,而后将斜撑焊在钢筋上),再于斜撑上铺焊角钢作为线板。架设钢线板时,最好靠近设备基础的外模,这样可

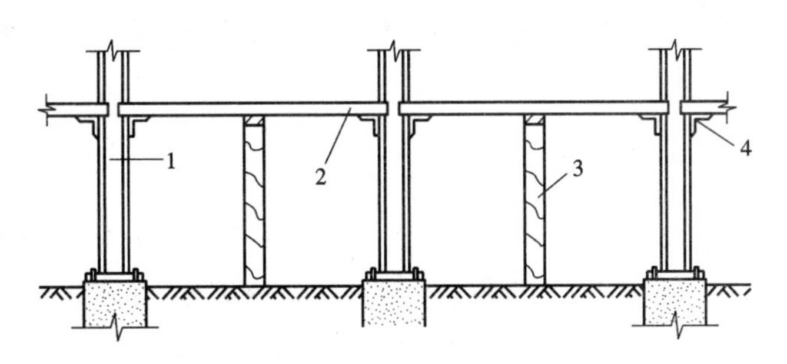

图9-33　内控制网立面布置

1—钢柱；2—槽钢；3—木支撑；4—角钢

依靠外模的支架顶托，以增加稳固性。

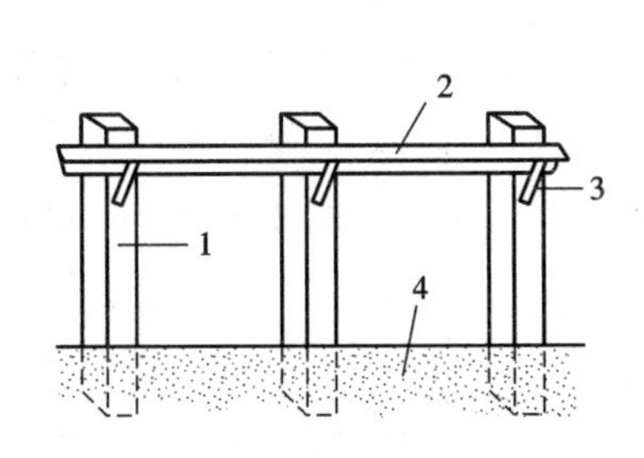

图9-34　钢线板架设

1—钢筋混凝土预制小柱子；2—角钢；3—角钢斜撑；4—垫层

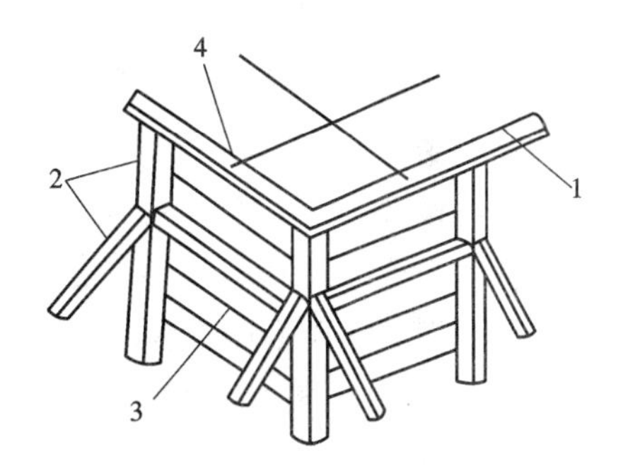

图9-35　木线板架设

1—5 cm×10 cm 木线板；2—支撑；3—模板；4—地脚螺栓组中心线点

2）木线板的架设

木线板可直接支架在设备基础的外模支撑上，支撑必须牢固稳定。在支撑上铺设截面为5 cm×10 cm且表面刨光的木线板（如图9-35所示）。为了便于施工人员拉线来安装螺栓，线板的高度要比基础模板高5～6 cm，同时纵横两方向的高度必须相差2～3 cm，以免挂线时纵横两钢丝在相交处相碰。

9.8.2　基坑开挖和基础底层放线

当基坑采用机械挖土时，测量工作及允许偏差按下列要求进行：根据厂房控制网或场地上其他控制点测定挖土范围线，其测量允许偏差为±5 cm；标高根据附近水准点测设，允许偏差为±3 cm。在基坑挖土中应经常配合检查挖土标高，挖土竣工后，应实测挖土面标高，测量允许偏差为±2 cm。

9.8.3　中小型设备基础定位

中小型设备基础定位的测设方法与厂房基础定位相同。不过在基础平面图上，如设备基础的位置是以基础中心线与柱子中心线关系来表示的，这时测设数据，需将设备基础中心线与柱子中心线关系换算成与矩形控制网上距离指标桩的关系尺寸，然后在矩形控制网的纵横对应边上测定基础中线的端点。对于采用封闭式施工的基础工程(即先厂房而后进行设备基础施工),则根据内控制网进行基础定位测量。

9.8.4 大型设备基础定位

大型设备基础中心线较多,为了便于施测,防止产生错误,在定位以前,须根据设计原图编绘中心线测设图。将全部中心线及地脚螺栓组中心线统一编号,并将其与柱子中心线和厂房控制网上距离指标桩的尺寸关系注明定位放线时,按照中心线测设图,在厂房控制网或内控制网对应边上测出中心线的端点,然后在距离基础开挖边线约 1 ~ 1.5 m 处,定出中心桩,以便开挖。

9.8.5 设备基础中心线标板的埋设与投点

中心线标板可采用小钢板下面加焊两锚固脚的形式(如图 9-36(a)所示),或用 $\Phi18$ ~ $\Phi22$ 的钢筋制成卡钉(如图 9-36(b)所示),在基础混凝土未凝固前,将其埋设在中心线的位置(如图 9-36(c)所示),埋标时应使顶面露出基础面 3 ~ 5 mm,至基础的边缘为 50 ~ 80 mm。若主要设备中心线通过基础凹形部分或地沟时,则埋设 50 mm × 50 mm 的角钢或 100 mm × 50 mm 的槽钢(如图 9-36(d)所示)。

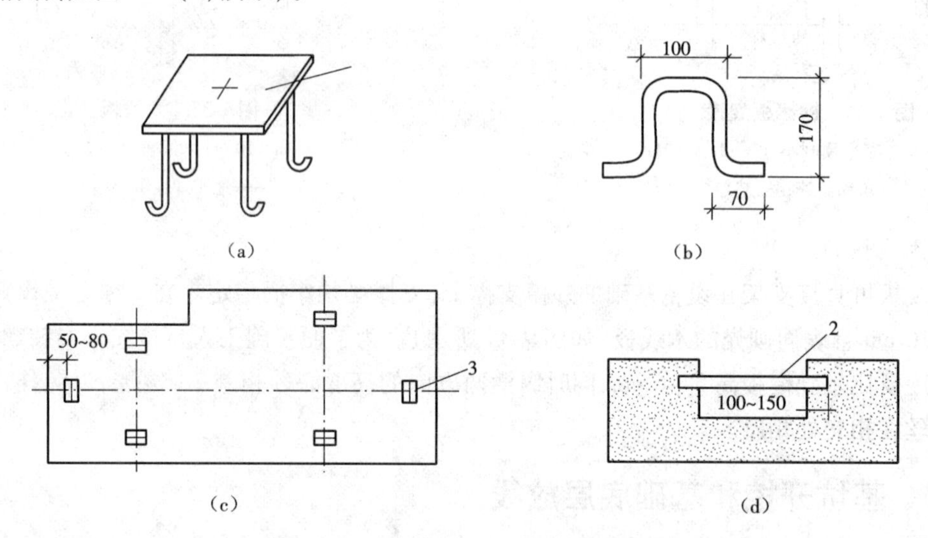

图 9-36 设备基础中心线标桩的埋设

1—60 × 80 钢板加焊钢筋脚;2—角钢或槽钢;3—中线标板

应埋设必要数量的中心线标板的情况有以下几种。

(1)联动设备基础的生产轴线。

(2)重要设备基础的主要纵横中心线。

(3)结构复杂的工业炉基础纵横中心线,环形炉及烟囱的中心位置等。

中线投点的方法与柱基中线投点法相同,即以控制网上中线端点为后视点,采用正倒镜法,将仪器移置于中线上,而后投点;或者将仪器置于中线一端点上,照准另一端点,进行投点。

拓展阅读

1. 背景材料

鸡西市跃进小学位于鸡西市区，楼高5层，建筑高度22.7 m，规划1号楼为教学楼，2号楼为综合楼，总建筑面积1 280 m^2，集教学、办公于一体，由鸡西市巨业建筑工程设计有限公司按国际二级标准设计，其南面紧邻河道，北面紧邻城镇主干道，西面紧邻学林雅苑。

作为鸡西市跃进路唯一的小学教育机构，鸡西市跃进小学总投资将达到1 300万元，占地面积10 146 m^2，设计的建筑基本平面经过层层演化，通过竖向曲线，实现沿城市主干道、河道的收和分，犹如轻帆远洋，轻灵而不失稳重。

吉兴建筑安装工程有限公司，通过竞标获得该项目建设权，为了保证工程的质量，施工放样工作内容包括：首级GPS平面控制网布置测量、施工控制网布置测量、楼体垂直度检测、建筑物主体工程沉降监测、建筑物主体工程日周期摆动测量（此拓展阅读只做部分案例分析）。

2. 施工测量的目的、任务、内容及其对测量人员的要求

1）施工测量的目的

各种工程在施工阶段所做的测量工作，称为施工测量。其目的就是把设计好的建筑物、构筑物的平面位置和高程，按设计的要求，以一定的精度测设到地面上，作为施工的依据。

2）施工测量任务

（1）施工场地平整测量。利用勘测阶段所测绘的地形图来求场地的设计高程，并估算土石方量。

（2）建立施工控制网。在施工场地建立平面控制网和高程控制网，作为建（构）筑物定位及细部测设的依据。

（3）建（构）筑物定位和细部放样测量。建筑物定位，就是把建（构）筑物外轮廓各轴线的交点，其平面位置和高程在实地标定出来，然后根据这些点进行细部放样。

（4）竣工测量。通过实地测量检查施工质量并进行验收，同时根据检测验收的记录整理竣工资料和编绘竣工图。

（5）变形观测。对于高层建筑、大型厂房或其他重要建（构）筑物，在施工过程中及峻工后一段时间内，应进行变形观测。

3）施工测量的内容

平面放样：本案例的主要内容是长度和角度的放样。

高程放样：原则上采用水准测量，三等网下加密四等，密度上保证一次放样就可放出要放的点。

4）对测量人员的要求

施工放样对测量人员要求非常严格，应有强烈的责任心，不能出错，但必须避免过分强调高精度，一般精度不够的情况下很少出现。放样中一般要对放出的点、线进行检核。

3. 施工测量前准备工作

1）熟悉设计图纸

（1）总平面图，是施工测量的总体依据，建筑物就是根据总平面图上所给的尺寸关系进行

定位的。

(2)建筑平面图,给出建筑物各定位轴线间的尺寸关系及室内地坪标高等。

(3)基础平面图,给出基础轴线间的尺寸关系和编号。

(4)基础详图(即基础大样图),给出基础设计宽度、形式、设计标高及基础边线与轴线的尺寸关系,是基础施工的依据。

(5)立面图和剖面图,给出基础、地坪、门窗、楼板、屋架和屋面等设计高程,是高程测设的主要依据。

2)现场踏勘

目的是为了解施工现场周围地物及测量控制点的分布情况,并对测量控制点的点位进行检核,以取得正确的起始数据。

3)拟定放样方案,绘制放样略图

根据总平面图给定的建筑物位置及现场控制情况,拟定放样方案,绘制放样略图。在略图上标出建筑物轴线间的主要尺寸及有关的放样数据,供现场放样时使用。

4. 放样测量中测量误差的影响差异

1)测量时,点位固定,测量误差影响(距离,角度,高度)

(1)如图 9-37 所示,测量误差影响实测的角度值 $\alpha \neq \alpha' \alpha = \alpha' + \delta_1 + \delta_2$;

(2)放样时,数据一定,测设误差影响放样的点位,如图 9-38 所示,对中误差 e 使放样点 P 变成了 P'。

2)重复观测问题

对放样而言,多一个测回将增加很大的工作量。

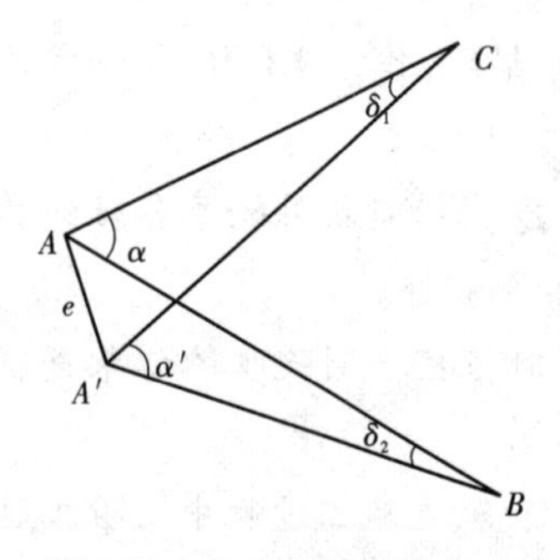

图 9-37 角度测量误差示意

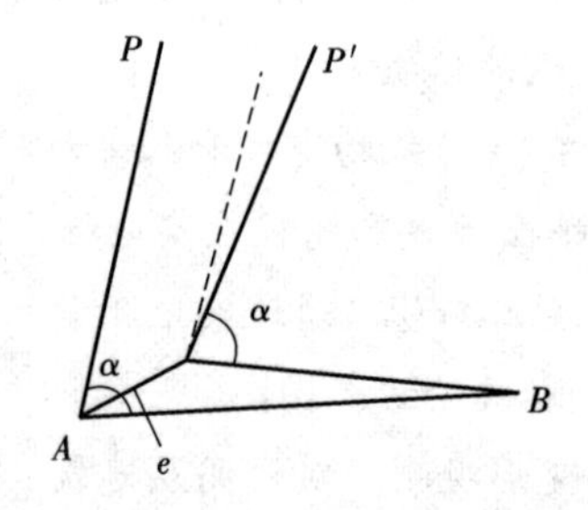

图 9-38 对中误差对点放样的影响

怎样提高放样精度? 而对测量而言,多测回有助于提高精度。

3)放样转换成测量问题(归化法)

方法:

(1)初步位置一个测回放出;

(2)多测回观测,平差,算出平差坐标与设计坐标的比较值;

(3)在实地上将初步位置改正到设计位置,改正后点位精度取决于测量精度。

高精度放样与测量混在一起,高精度放样的实质是通过测量手段来提高放样精度。

主要用于:

(1)要快速放样,角差图解法;

(2)精度要求高的部位,矩形方格网(布导线,观测,平差,改正到设计位置)。

4）确定放样方法

（1）熟悉建筑物的总体布置图和细部结构设计图；

（2）找出主要轴线和主要点的设计位置；

（3）各部件之间的几何关系；

（4）结合现场条件、控制点的分布；

（5）现有的仪器设备。

5. 建筑限差和精度分配

1）建筑限差

一般工程：总误差允许约为10～30 mm。

高层建筑物：轴线的倾斜度要求高于1/1 000～1/2 000。

钢结构：允许误差在1～8 mm之间；

土石方：施工误差允许达10 cm；

特殊要求的工程项目：其设计图纸都有明确的限差要求。

2）精度分配及放样精度要求

在精度分配处理中，一般先采用“等影响原则”“忽略不计原则”处理，然后把计算结果与实际作业条件对照。或凭经验做些调整（即不等影响）后再计算。如此反复直到误差分配比较合理为止。

6. 常用的施工放样方法：直接放样方法

1）高程放样：水准仪放样

本工程±0.000所对应的绝对高程为201.800 m，在±0.000的基础上可以用钢尺放出每层的高度。

例如，已知水准点A的高程$H_A=24.376$ m，要测设某设计地坪标高$H_B=25.000$ m。测设过程如下：

在A、B间安置水准仪，在A处竖水准尺，在B处设木桩，如图9-39所示；

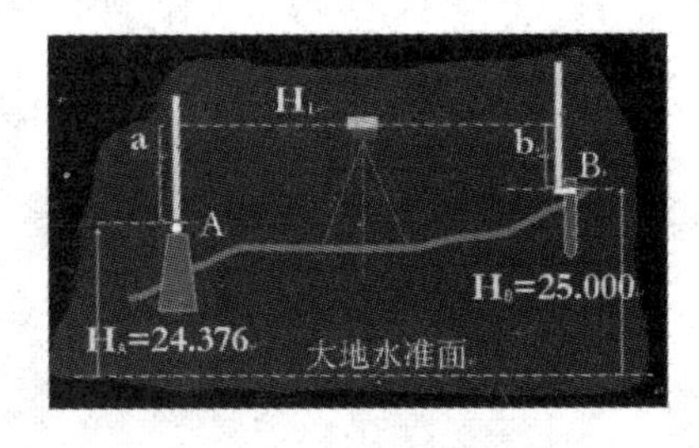

图9-39　高程放样

对水准尺A读数，设为$a=1.534$ m，则：

水平视线高$H_i=H_A+a=24.376+1.534=25.910$ m；

B点应读数$b=H_i-H_B=25.910-25.000=0.910$ m。

调整B尺高度，至$b=0.910$时，沿尺底做标记即设计标高H_B。

2）角度放样：经纬仪放样

控制线的测量与检验控制线的测量与检验。

如图9-40所示，该层的控制线为x、y。该控制线是用线锤从1层垂引上来，具体操作如下:将线锤固定在2层,左右调整线锤位置,使线锤与1层控制点重合,则2层该点位为2层控制线的控制A点,用同样的方法得出2层的控制点B、C、D,检核用白线连接,AC、BD交于点E,将经纬仪架于点E。用物镜瞄准任意一点,规定该点的方向为正北方向。假设瞄准A点,规定EA方向为北方向,在旋转90°、180°、270°,逐渐观测点B、C、D点,若B、C、D点都在90°、180°、270°方位上时,则证明次层控制点A、B、C、D均正确,控制线可用,反之则不可用该重复复线锤引控制点操作。(注:在误差允许的范围内,B、C、D点即可用,为正确控制点。)AC、BD则为本层的控制线x、y。

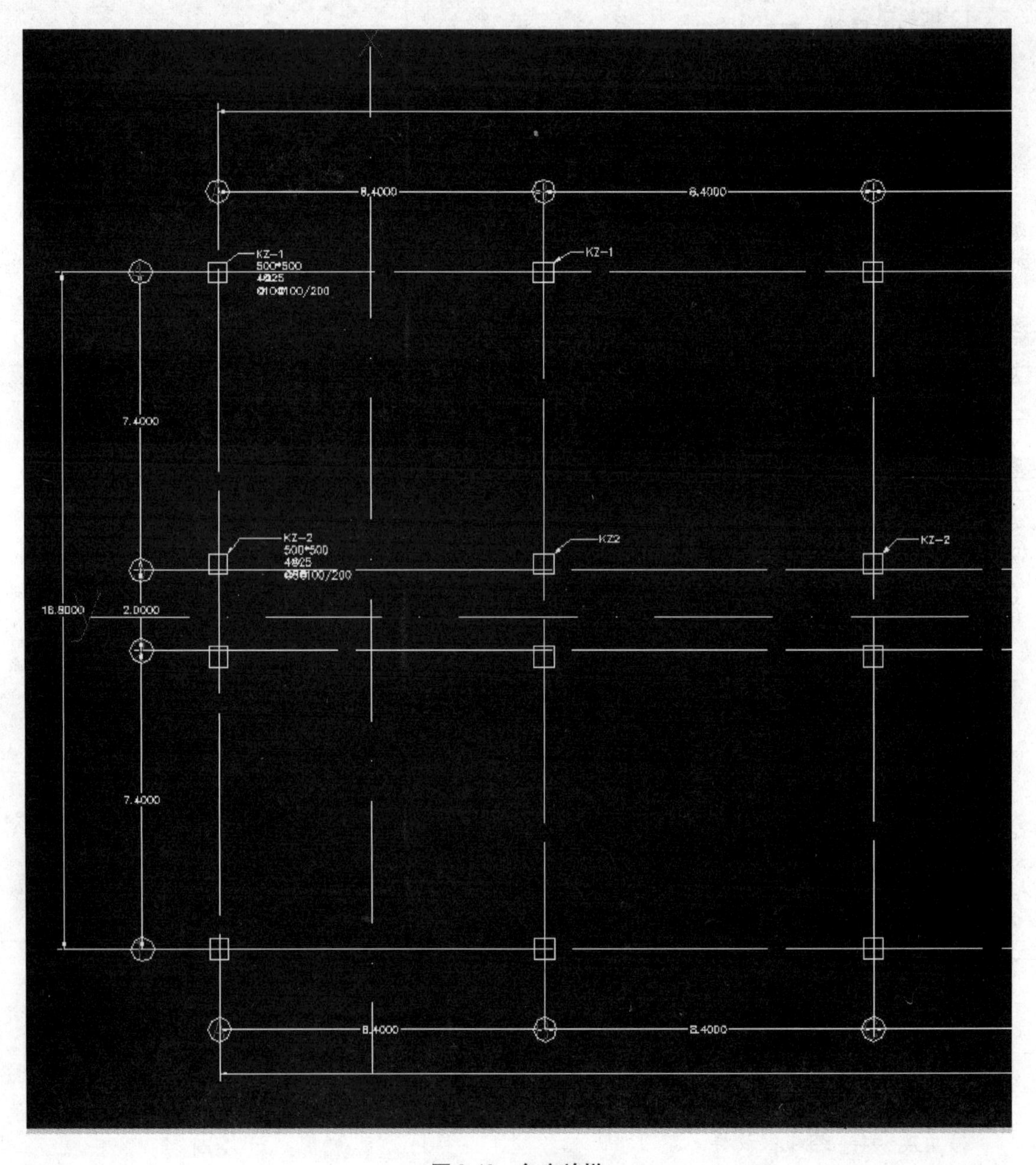

图9-40 角度放样

3）距离放样：钢尺放样

钢尺放样是在本层控制线 x、y 的基础上进行的，如图 9-40 所示，x 轴线与 A 轴线间距为 4 000 mm，则由 x 轴线向左移动 4 000 mm 可放出 A 轴轴线；y 轴轴线与 2 轴轴线间距为 1 000 mm，则由 y 轴轴线向下移动 1 000 mm 可以放出 2 轴轴线。同理可以得出 B、C、D、F、G、H、I、J、1、2、3、4 轴轴线。（注：因 A—J 轴间距太大为减小误差，提高工程精度，应用 100 m 钢尺一次性量得。）

本章小结

工业建筑工程包括各种厂房及工业设施，而民用建筑工程主要指居民住宅、办公楼、医院、学校、影剧院等。前者多为基础、柱子、梁及门窗等结构，后者多为基础、墙壁、楼板及门窗等结构。虽然施工方法各有特点，但从施工测量工作来看，有许多相似之处，如平整场地、定位轴线放样、基础轴线放样及高程的传递等测设工作都是相同的。它们的施工测量精度，应根据工程性质和设计要求而定。

在本章的学习过程中，需要大家了解施工控制网的种类，熟悉建筑基线、建筑方格网的布设及测设方法，掌握建筑物的定位和基础放线方法、基础工程施工测量方法、墙体的施工测量方法、高层建筑轴线投测和高程传递的方法，能进行工业和民用建筑施工的细部测设工作。

习　　题

一、选择题

1. 建筑物分为（　　）和（　　）两大类。

A. 建筑物　　B. 构筑物　　C. 工业建筑　　D. 民用建筑

2. 建筑红线是（　　）的界限。

A. 施工用地范围　　B. 规划用地范围

C. 建筑物占地范围　　D. 建设单位申请用地范围

3. 施工测量的任务是按照设计的要求，把建筑物的（　　）到地面上，作为（　　）并配合施工进度（　　）。

A. 平面位置和高程测设　　B. 施工的依据

C. 保证施工安全　　D. 保证施工质量

4. 不是民用建筑施工测量中高层建筑轴线投测方法的有（　　）。

A. 吊线坠投测法　　B. 铅垂仪投测法　　C. 交会投点法

5. 用极坐标法测设点位时，要计算的放样数据为（　　）。

A. 距离和高程　　B. 距离和角度　　C. 角度

6. 厂房基础施工测量有（　　）几项。

A. 柱列轴线的测设　　B. 基础定位

C. 基坑放样和抄平　　D. 基础模板的定位

7. 厂房预制构件的吊装测量包括(　　)几项。

A. 柱子吊装测量　　B. 吊车梁安装测量

C. 吊车轨道安装测量　　C. 屋架吊装测量

8. 柱子吊装中的测量包括(　　)工作。

A. 定位测量　　B. 标高控制

C. 柱子垂直度的控制　　C. 柱子垂直偏差的测算

二、简答题

1. 建筑场地平面控制网的形式有哪几种？它们各适合于哪些场合？

2. 试述厂房矩形控制网的测设方法。

3. 试述厂房杯形基础定位放线的基本方法。

4. 试述柱子安装测量的方法。

5. 试述吊车梁和屋架安装测量工作的主要内容。

6. 某建筑方格网主轴线 A—O—B 三个主点初步测设后,在中间点 O 检测水平角 $\angle AOB$ 为 $179°59'36''$,已知 $AO=150$ m,$OB=100$ m,试计算调整数据。

7. 在安装测量前应进行哪几项测量验收工作？

8. 如何保证柱身的垂直？

第10章　道路与桥梁工程测量

导读：道路是陆上交通的主要设施。他是由路、桥、涵、隧道、安全设施、交通标志及其附属工程组成。在道路建设中我们力求在满足使用功能的前提条件下，使道路所经路线最短、建设费用最省、质量最优，为此就要从路线的勘察、设计阶段进行多方面的比较，选出最优方案。因此需要有具体全面的地形、地质、水文、建筑材料、经济和建设等资料，作为分析比较优选方案的依据。对测量来说，在设计之前 要对拟建路线所在地测绘带状地形图。选线之后，要进行中线的纵断面测量和横断面测量。在施工当中进行曲线的测设，路基的放线及路面高程控制测量，对于桥、涵和隧道在施工之前还要做地面的控制测量。

10.1　概述

道路工程在勘测设计、施工建造和运营管理各阶段中所进行的测量工作总称为道路工程测量，也称为路线测量。路线测量，在勘测设计阶段是为道路工程的各设计阶段提供充分、详细的地形资料；在施工建造阶段是将道路中线及其构筑物按设计要求的位置、形状和规格，准确测设于地面；在运营管理阶段，是检查、监测道路的运营状态，并为道路上各种构筑物的维修、养护、改建、扩建提供资料。道路工程测量的主要任务包括以下几方面。

(1)控制测量：根据道路工程的需要，进行平面控制测量和高程控制测量；

(2)地形图测绘：根据设计需要，实地测量道路附近的带状地形图；

(3)中线测量：按照设计要求将道路位置测设于实地；

(4)纵、横断面图测绘：测定道路中心线方向和垂直于中心线方向的地面高低起伏情况，并绘制纵、横断面图；

(5)施工测量：按照设计要求和施工进度及时放样各种桩点作为施工依据。

此外，有些道路工程还需进行竣工测量、变形观测等。

桥梁工程测量主要包括桥位勘测和桥的施工测量两个部分。前者是根据勘测资料选出最优的桥址方案和做出经济合理的设计。城市立交桥和高架道路则主要决定于城市的道路规划和受制于城市原有的建(构)筑物。后者施工测量，就是要根据设计图纸在复杂的施工现场和复杂的施工过程中，保证施工质量达到设计要求的平面位置、标高和几何尺寸。

10.2　初测阶段的测量工作

初测是根据勘测设计任务书，对方案研究中确定的一条主要道路及有价值的比较道路，结合现场实际情况予以标定，沿线测绘大比例尺带状地形图并收集地质、水文等方面的资料，供初步设计使用。道路初测中的测量工作主要包括：选点插旗、导线测量、高程测量、带状地形图测绘。

10.2.1 选点插旗

根据方案研究阶段在已有地形图上规划的道路位置，结合实地情况，选择道路交点和转点的位置并插旗，标出道路走向和大概位置，为导线测量及各专业调查指出行进方向。选点插旗是一项十分重要的工作，一方面要考虑道路的基本方向，另一方面要考虑导线测量、地形测量的要求。

10.2.2 导线测量

1. 初测导线的外业工作

初测导线是测绘道路带状地形图和定线、放线的基础，导线应全线贯通。导线的布设一般是沿着大旗的方向采用附合导线的形式，导线点位尽可能接近道路中线位置，在桥隧等工点还应增设加点，相邻点位间距以 50～400 m 为宜，相邻边长不宜相差过大。采用全站仪或光电测距仪观测导线边长时，导线点的间距可增加到 1 000 m，但应在不长于 500 m 处设置加点。当采用光电导线传递高程时，导线边长宜在 200～600 m 之间。

铁路和公路初测导线的水平角观测，习惯上均观测导线右角，应使用不低于 DJ6 型经纬仪或精度相同的全站仪观测一个测回。两半测回间角值较差的限差：J_2 型仪器为 15″，J_6 型仪器为 30″，在限差以内时取平均值作为导线转折角。

导线的边长测量通常采用光电测距，相邻导线点间的距离和竖直角应往返观测各一测回，距离一测回读数 4 次，边长采用往测平距，返测平距仅用于检核。检核限差为 $2\sqrt{2}m_D$，m_D 为仪器标称精度。采用其他测距方法时，精度要求为 1/2 000。

由于初测导线延伸很长，为了检核导线的精度并取得统一坐标，必须设法与国家平面控制点或 GPS 点进行联测。一般要求在导线的起、终点及每延伸不远于 30 km 处联测一次。当联测有困难时，应进行真北观测，以限制角度测量误差的累积。

当前，随着测量仪器设备的发展，在铁路和公路道路平面控制测量中，初测导线越来越多地使用 GPS 和全站仪配合施测。从起点开始沿道路方向直至终点，每隔 5 km 左右布设 GPS 对点（每对 GPS 点间距三四百米），在 GPS 对点之间按规范要求加密导线点，用全站仪测量相邻导线点间的边长和角度，之后使用专用测量软件，进行导线精度校核及成果计算，最终获得各初测导线点的坐标。若条件允许，在对点之间的导线点，也可全部使用 RTK 施测。

2. 初测导线的成果检核

《工程测量规范》中对一般公路初测导线的主要技术要求见表 10-1。在《公路勘测规范》中，对不同等级公路测量的各项技术指标均有明确要求，具体应用时，可查阅有关规定。

表10-1　一般公路初测导线的主要技术要求

方位角闭合差(″)			相对闭合差
附　合	两端测真北	一端测真北	
$30\sqrt{n}$	$30\sqrt{n+10}$	$30\sqrt{n+5}$	1/2 000

注：n 为测站数。

10.2.3　导线方位角闭合差

1. 两端与国家控制点联测

对于两端与国家控制点联测的附合导线，如图10-1所示，其方位角闭合差为

$$f_\alpha = \alpha'_{CD} - \alpha_{CD} = \alpha_{AB} + n \cdot 180° - \sum \beta - \alpha_{CD} \tag{10-1}$$

式中　α'_{CD}——根据导线转折角推算出的导线终止边的坐标方位角；

α_{AB}、α_{CD}——导线起始边和终止边的坐标方位角；

β——导线转折角(右角)；

n——导线观测角的个数，包括连接角。

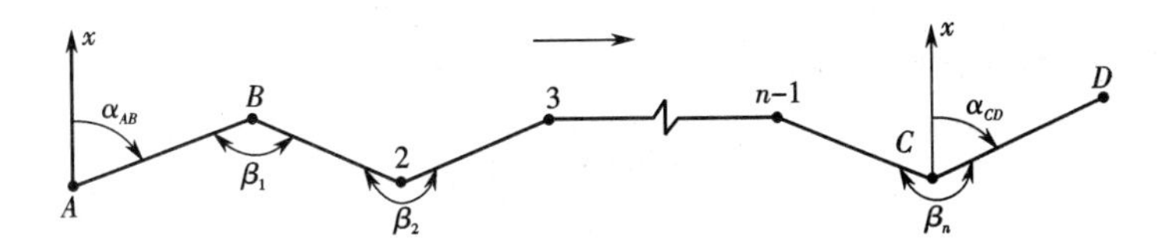

图10-1　初测附合导线

2. 两端测真北

对于两端测真北的延伸导线，如图10-2所示，其方位角闭合差为：

$$f_\alpha = A_{AB} + n \cdot 180° - \sum \beta - A_{CD} + \gamma \tag{10-2}$$

式中　A_{AB}、A_{CD}——进行真北观测得到的起始边 AB 和终止边 CD 的真方位角；

γ——子午线收敛角。

$$\gamma = \frac{1}{R}\tan\phi = \frac{y_C - y_A}{R}\tan\phi \tag{10-3}$$

式中　Φ——两真北观测点 A 点和 C 点的平均纬度；

l——两真北观测点的横坐标差 $l = y_C - y_A$；

R——地球的平均半径，$R = 6371$ km。

3. 一端与国家控制点联测另一端观测真北

当导线一端与国家控制点联测另一端只观测真北时，仍采用式(10-2)、式(10-3)计算方位角闭合差。但式中 $A_{AB} = \alpha_{AB}$，l 为真北观测点与该带中央子午线的横坐标差，Φ 为真北观测点的纬度。

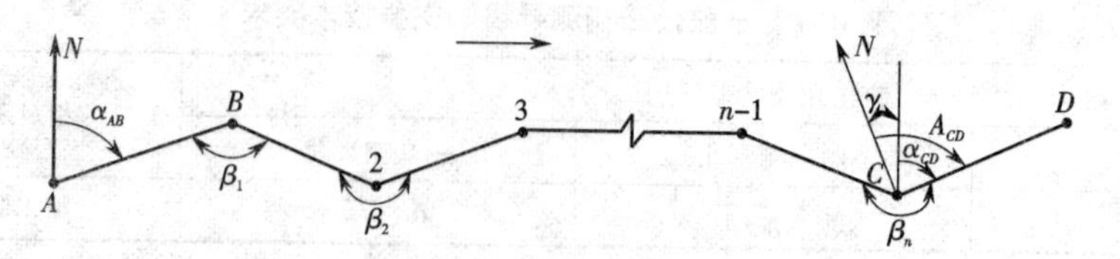

图 10-2 初测延伸导线

10.2.4 导线长度闭合差

国家控制点或其他高级控制点一般采用高斯坐标，当初测导线与高级控制点联测进行校核时，应首先将导线测量成果化算到大地水准面上，然后再归化到高斯投影面上，才能进行校核。

设导线在地面上的实际长度为 D，改化到大地水准面的长度 D_0 可按下式计算：

$$D_0 = D\left(1 - \frac{H_m}{R}\right) \tag{10-4}$$

式中 H_m——导线的平均高程；

R——地球的平均半径。

再改化到高斯平面上，可按下式计算：

$$D_g = D_0\left(1 + \frac{y_m^2}{2R^2}\right) \tag{10-5}$$

式中 y_m——导线两端点横坐标实际值（高斯坐标减去带号及附加值 500 km）的平均值。

初测导线是用坐标增量计算导线长度闭合差的，因此应该将导线坐标增量总和进行量和改正。两次改化后的坐标增量总和按下式计算：

$$\left.\begin{aligned} \sum \Delta x_g &= \sum \Delta x\left(1 - \frac{H_m}{R} + \frac{y_m^2}{2R^2}\right) \\ \sum \Delta y_g &= \sum \Delta y\left(1 - \frac{H_m}{R} + \frac{y_m^2}{2R^2}\right) \end{aligned}\right\} \tag{10-6}$$

式中 $\sum \Delta x_g$、$\sum \Delta y_g$——量化改正后的纵、横坐标增量总和；

$\sum \Delta x$、$\sum \Delta y$——实测的导线纵、横坐标增量总和。

求出改化后的坐标增量总和之后，计算闭合差进行校核。

另外，还要注意所用的高级控制点是否位于同一高斯投影带内，若不在同一投影带，则应进行坐标换带计算，把邻带控制点的坐标换算为同一带的坐标，之后再进行校核计算。

10.2.5 高程测量

初测高程测量的任务：一是沿道路布设水准点构成道路的高程控制网；二是测定导线点和加桩的高程，为地形测绘和专业调查使用。初测高程测量通常采用水准测量或光电测距三角高程测量方法进行。

1. **水准点高程测量**

道路高程系统宜采用1985年国家高程基准。水准点应沿线布设，一般间距为1~2 km，并设在距道路中心线一定范围内，每延伸不远于30 km处应与国家水准点或相当于国家等级的水准点联测，构成附合水准路线。采用水准测量时，以一组往返观测或两组并测的方式进行；采用光电测距三角高程测量时，可与平面导线测量合并进行，导线点应作为高程转点，高程转点之间及转点与水准点之间的距离和竖直角必须往返观测。

2. **导线点高程测量**

在水准点高程测量完成后，进行导线点与加桩的高程测量。无论采用水准测量还是光电测距三角高程测量方法，测量路线均应起闭于水准点，导线点必须作为转点（转点高程取至mm，加桩高程取至cm）。水准测量时，采用单程观测；光电测距三角高程测量时，只须单向测量；其中距离和竖直角可单向正镜观测两次，也可单向观测一测回。

若采用光电测距三角高程测量方法，同时进行水准点高程测量、导线点与中桩高程测量，导线点与中桩高程测量宜在水准点高程测量的返测中进行。

道路初测中高程测量的主要技术要求见表10-2。

表10-2 初测线路高程测量限差

项目		往返侧高差不符值	附合路线闭合差	检测
水准点	水准测量	$30\sqrt{K}$	$30\sqrt{L}$	$30\sqrt{K}$
	光电测距三角高程测量	$60\sqrt{D}$	$30\sqrt{L}$	$30\sqrt{D}$
加桩	水准测量		$50\sqrt{L}$	100
	光电测距三角高程测量		$50\sqrt{L}$	100

注：K为相邻水准点间水准路线长度；L为附合水准路线长度；D为光电测距边的长度；K、L、D均以km为单位。

10.2.6 带状地形图测绘

道路的平面和高程控制建立之后，即可进行带状地形图测绘。测图常用比例尺有1∶1 000、1∶2 000、1∶5 000，应根据实际需要选用。测图宽度应满足设计的需要，一般情况下，平坦地区为导线两侧各200~300 m，丘陵地区为导线两侧各150~200 m。测图方法可采用全站仪数字化测图、经纬仪测图等。

10.3 定测阶段的测量工作

初测与初步设计之后进行道路的定测与施工设计等工作。定测阶段的主要测量工作是中线测量和纵横断面测量。中线测量的任务是把带状地形图上设计好的道路中线测设到地面上，并用木桩标定出来。中线测量包括定线测量和中桩测设。定线测量就是把图纸上设计中线的各交点间直线段在实地上标定出来，也就是把道路的交点、转点测设到地面上；中桩测设则是在已有交点、转点的基础上，详细测设直线和曲线，即在地面上详细钉出中线桩。

10.3.1 道路的平面线形及桩位标志

1. 道路的平面线形

如图 10-3 所示，道路中线的平面线型由直线、圆曲线和缓和曲线组成，其中圆曲线是一段圆弧，其曲率半径在该段圆弧中是定值，缓和曲线是一段连接直线与圆曲线的过渡曲线，其曲率半径从无穷大渐变为圆曲线半径。

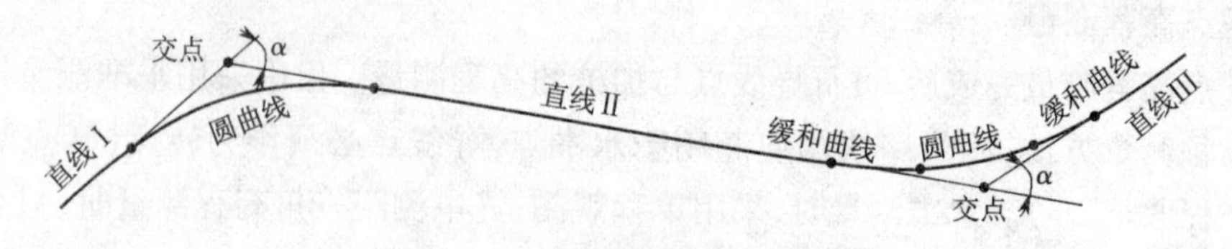

图 10-3 道路平面线形的组成

2. 里程、里程桩、中线桩

里程，是指道路中线上点位沿中线到起点的水平距离。里程桩，指钉设在道路中线上注有里程的桩位标志。里程桩上所注的里程也称为桩号，以公里数和公里以下的米数相加表示，若里程为 1 234.56 m，则该桩的桩号记为 K1 +234.56。里程桩设在道路中线上，又称中线桩，简称中桩。

中桩分为整桩和加桩。整桩是由道路的起点开始，每隔 10 m、20 m 或 50 m 的整倍数桩号设置的里程桩，其中里程为整百米的称百米桩，里程为整公里的称公里桩。加桩分为地形加桩、地物加桩、曲线加桩和关系加桩。地形加桩是在中线地形变化处设置的桩；地物加桩是在中线上桥梁、涵洞等人工构造物处以及与其他地物交叉处设置的桩；曲线加桩是在曲线各主点设置的桩；关系加桩是在转点和交点上设置的桩。所有中桩中，对道路位置起控制作用的桩点可视为中线控制桩，通常直线上的控制桩有交点桩（*JD*）和转点桩（*ZD*），曲线上的控制桩有直圆点（*ZY*）和圆直点（*YZ*）、直缓点（*ZH*）和缓直点（*HZ*）、缓圆点（*HY*）和圆缓点（*YH*）、曲中点（*QZ*）。

钉设中桩时，所有控制桩点均使用方桩，将方桩钉至与地面齐平，顶面钉一小钉精确表示点位，在距控制桩点约 30 cm 处还应钉设指示桩（板桩），如图 10-4 所示。指示桩上应写明该桩的名称和桩号，字面朝向方桩，直线上钉设在道路前进方向的左侧，曲线上钉设在曲线外侧。除控制桩外，其他中桩一般不设方桩，通常使用板桩，直接钉设在点位上并露出地面 20 ~ 30 cm，桩顶不需要钉小钉，在朝向道路起点的一侧桩面上写明桩号。

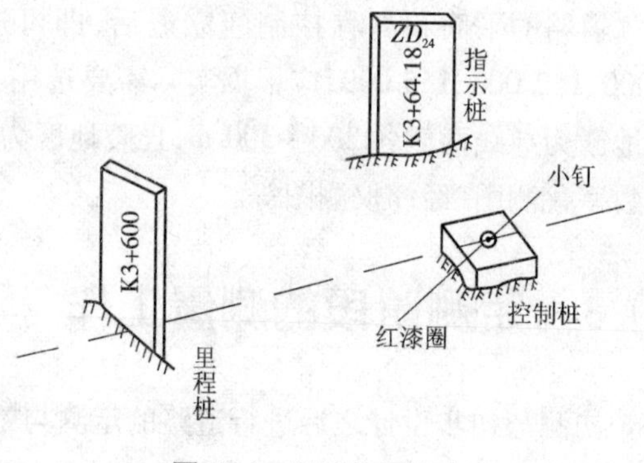

图 10-4 平面位置标志

10.3.2　中线测量

1. 交点和转点的测设

定线测量中，应先测设出交点（JD）。当相邻两交点间互不通视或直线段较长时，需要在其连线上测定一个或几个转点（ZD），以便在交点测量转向角和直线量距时作为照准和定线的目标。直线上一般每隔 200～300 m 设一转点，在道路与其他道路交叉处以及需要设置桥涵等处，也要设置转点。

测设交点和转点时，先根据设计图纸求出交点、转点的测量坐标（或者通过计算机直接在数字化地形图上点击获得交点、转点的测量坐标），之后再根据交点、转点、导线点的坐标计算出采用极坐标法放样的有关角度和距离值，外业测设时，将全站仪安置在导线点上，瞄准另一导线点定向，测设出交点、转点。

计算出交点、转点的测量坐标后，也可使用 RTK 施测。

2. 道路转向角的测定

转向角是指道路由一个方向偏转至另一方向时，偏转后的方向与原方向间的夹角，用 α 表示。如图 10-5 所示，当偏转后的方向位于原方向右侧时，为右转角 α_y（道路向右转）；当偏转后的方向位于原方向左侧时，为左转角 α_z（道路向左转）。在道路测量中，习惯上是通过观测道路的右角 β 计算出转向角。右角 β 通常用精度不低于 DJ6 级经纬仪采用测回法观测一个测回，两半测回间应变动度盘位置。当 $\beta<180°$时为右转向角，$\alpha_y=180°-\beta$；当 $\beta>180°$时为左转向角，$\alpha_z=\beta-180°$。

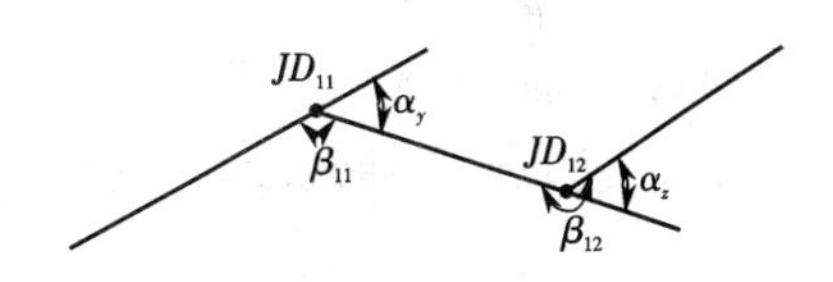

图 10-5　路线转向角

10.3.3　中桩测设

为了详细标出道路中线位置及里程，通常按整桩在直线上每 50 m、曲线上每 20 m 钉设中桩，在地形明显变化以及与地物相交处、曲线主点等位置上设置加桩。

1. 曲线要素及曲线坐标计算

1）圆曲线

（1）圆曲线要素计算。

如图 10-6 所示，圆曲线的主点有：

直圆点——按道路里程增加方向由直线进入圆曲线的分界点，以 ZY 表示；

曲中点——圆心和交点的连线与圆曲线的交点，以 QZ 表示；

圆直点——按道路里程增加方向由圆曲线进入直线的分界点，以 YZ 表示。

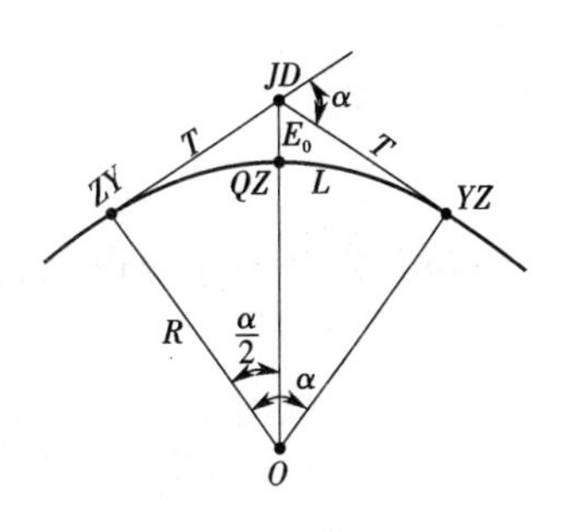

图 10-6　圆曲线主点及要素

圆曲线的要素有：

切线长——JD 至 ZY（或 YZ）的线段长度，以 T 表示；

曲线长——ZY 至 YZ 的圆弧长度，以 L 表示；

外矢距——QZ 至 JD 的线段长度，以 E_0 表示；

切曲差——始、末两端切线总长与曲线长度之差值，以 D 表示，$D=2T-L$。

根据图10-6，可得圆曲线要素的计算公式如下：

$$\left.\begin{aligned} &T=R\cdot\tan\frac{\alpha}{2}\\ &L=R\cdot\alpha\cdot\frac{\pi}{180^\circ}\\ &E_0=R\cdot\sec\frac{\alpha}{2}-R=R\left(\sec\frac{\alpha}{2}-1\right)\\ &D=2T-L \end{aligned}\right\} \tag{10-7}$$

式中 R——设计时选配的圆曲线半径；

α——道路的转向角，通常在现场实测得到。

2）圆曲线主点里程计算

在中线测量中，曲线段的里程是按曲线长度传递的，圆曲线各主点里程可采用下式计算：

$$\left.\begin{aligned} &ZY_{里程}=JD_{里程}-T\\ &QZ_{里程}=ZY_{里程}+\frac{L}{2}\\ &YZ_{里程}=QZ_{里程}+\frac{L}{2} \end{aligned}\right\} \tag{10-8}$$

主点里程的检核，可用切曲差 D 来验算，$YZ_{里程}=JD_{里程}+T-D$。

例10-1 已知某圆曲线设计选配的半径 $R=500$ m，实测转向角 $\alpha_y=28°45'20''$，交点的里程为 K6+899.73，试计算该圆曲线的要素、推算各主点的里程。

解：由式(10-7)可求得圆曲线要素为：

$$T=R\cdot\tan\frac{\alpha}{2}=128.17(\text{m})$$

$$L=R\cdot\alpha\cdot\frac{\pi}{180^\circ}=250.94(\text{m})$$

$$E_0=R\left(\sec\frac{\alpha}{2}-1\right)=16.17(\text{m})$$

$$D=2T-L=5.40(\text{m})$$

由式(10-8)推算得各主点的里程为：

JD	K6+899.73
$-T$	128.17
ZY	K6+771.56
$+L/2$	125.47
QZ	K6+897.03
$+L/2$	125.47

YZ	K7 +022.50
$-(T-D)$	122.77
JD	K6 +899.73(检核计算)

3)圆曲线在切线直角坐标系中的坐标计算

如图10-7所示,以ZY(或YZ)点为坐标原点,以过ZY(或YZ)的切线为x轴(指向JD),切线之垂线为y轴(指向圆心),建立直角坐标系。圆曲线上任一点i的坐标(x_i,y_i),可由式(10-9)计算:

$$\left.\begin{aligned} x_i &= R\cdot\sin\varphi_i \\ y_i &= R(1-\cos\varphi_i) \\ \varphi_i &= \frac{l_i}{R}\cdot\frac{180^\circ}{\pi} \end{aligned}\right\} \tag{10-9}$$

式中 R——圆曲线半径;

l_i——曲线点i至ZY(或YZ)点的曲线长。

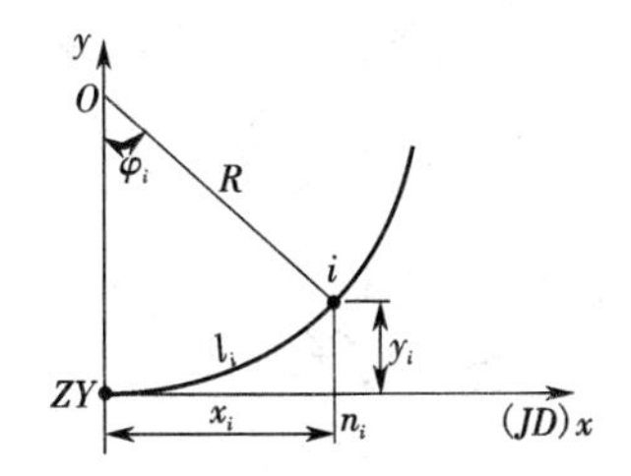

图10-7 圆曲线在切线直角坐标系中的坐标

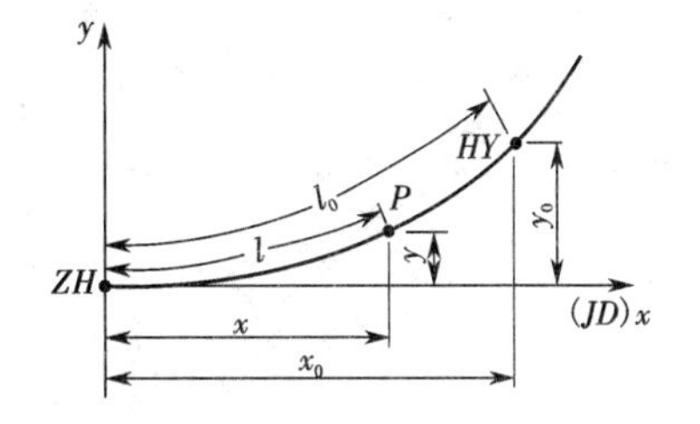

图10-8 缓和曲线方程

2.圆曲线加缓和曲线测设

1)缓和曲线

(1)缓和曲线方程。

如图10-8所示,以缓和曲线与直线的分界点(ZH或HZ)为坐标原点,以过原点的切线为x轴(指向JD),切线之垂线为y轴(指向曲线内侧),建立直角坐标系。在缓和曲线上以曲线长l为参数,任意一点P的坐标计算公式为:

$$\left.\begin{aligned} x &= l-\frac{l^5}{40Rl_0^2} \\ y &= \frac{l^3}{6Rl_0} \end{aligned}\right\} \tag{10-10}$$

式中 x、y——缓和曲线上任一点P的直角坐标;

R——圆曲线半径;

l——缓和曲线上任一点P到ZH(或HZ)的曲线长;

l_0——缓和曲线长。

当$l=l_0$时,$x=x_0$,$y=y_0$,代入式(10-10)得:

$$\left.\begin{aligned} x_0 &= l_0 - \frac{l_0^3}{40R^2} \\ y_0 &= \frac{l_0^2}{6R} \end{aligned}\right\} \tag{10-11}$$

式中 x_0、y_0——缓圆点(HY)或圆缓点(YH)的坐标。

(2)缓和曲线的插入。

缓和曲线是在不改变直线段方向和保持圆曲线半径不变的条件下,插入到直线段和圆曲线之间的。缓和曲线的一半长度处在原圆曲线范围内,另一半处在原直线段范围内,这样就使圆曲线沿垂直于其切线的方向,向里移动距离 p,圆心由 O 移至 O_1。如图 10-9 所示,图 10-9(b)为没有加设缓和曲线的圆曲线,图 10-9(a)为加设缓和曲线后曲线的变化情况。在圆曲线两端加设了等长的缓和曲线后,使原来的圆曲线长度变短,而曲线的主点变为:直缓点(ZH)、缓圆点(HY)、曲中点(QZ)、圆缓点(YH)、缓直点(HZ)。

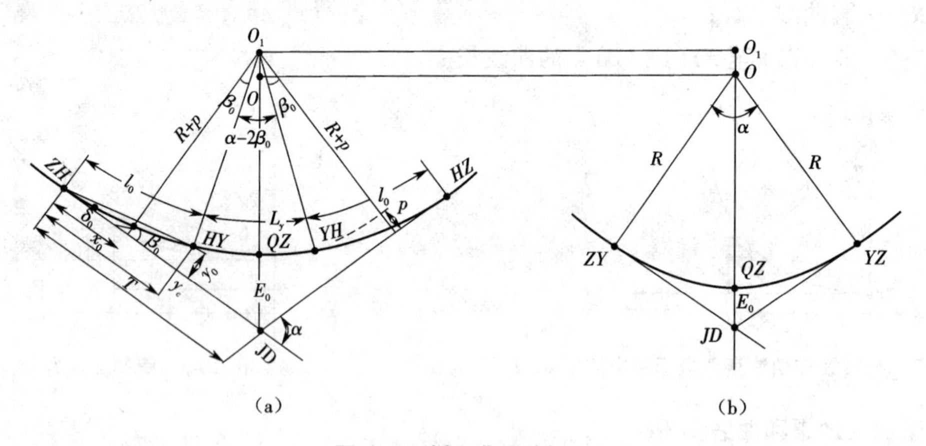

图 10-9 缓和曲线的插入

确定缓和曲线与直线和圆曲线相连的主要数据 β_0、p、q、δ_0、x_0、y_0 统称为缓和曲线常数。其中 β_0 为缓和曲线的切线角,即 HY(或 YH)的切线与 ZH(或 HZ)切线的交角;p 为圆曲线的内移距,即垂线长与圆曲线半径 R 之差;q 为切垂距,即圆曲线内移后,过新圆心作切线的垂线,其垂足到 ZH(或 HZ)点的距离;δ_0 为缓和曲线总偏角,即缓和曲线的起点 ZH(或 HZ)和终点 HY(或 YH)的弦线与缓和曲线起点 ZH(或 HZ)的切线间的夹角。

缓和曲线常数中,x_0、y_0 的计算由式(10-11)求出,其余的计算公式为:

$$\left.\begin{aligned} \beta_0 &= \frac{l_0}{2R} \cdot \frac{180^\circ}{\pi} \\ p &= \frac{l_0^2}{24R} \\ q &= \frac{l_0}{2} - \frac{l_0^3}{240R^2} \\ \delta_0 &\approx \frac{\beta_0}{3} = \frac{l_0}{6R} \cdot \frac{180^\circ}{\pi} \end{aligned}\right\} \tag{10-12}$$

2)圆曲线加缓和曲线的要素计算

圆曲线加缓和曲线构成综合曲线,其曲线要素有:切线长 T、曲线长 L、外矢距 E_0、切曲差 D。根据图 10-9(a)的几何关系,可得曲线要素的计算公式如下:

$$\left.\begin{aligned}
&T=(R+p)\tan\frac{\alpha}{2}+q\\
&L=L_y+2l_0=R(\alpha-2\beta_0)\frac{\pi}{180^\circ}+2l_0\\
&E_0=(R+p)\sec\frac{\alpha}{2}-R\\
&D=2T-L
\end{aligned}\right\}\qquad(10\text{-}13)$$

3)曲线主点里程计算

曲线的主点里程计算,仍是从一个已知里程的点开始,按里程增加方向逐点向前推算。

例 10-2　已知道路某转点 ZD 的里程为 K26 + 532.18,ZD 沿里程增加方向到 JD 的距离为 $D_{ZD\text{-}JD}=263.46$ m。该 JD 处设计时选配的圆曲线半径 $R=500$ m、缓和曲线长 $l_0=60$ m,实测转向角 $\alpha_z=28°36'20''$,试计算曲线要素并推算各主点的里程。

解:先根据式(10-12),计算得缓和曲线常数:

$$\beta_0=3°26'16'',\delta_0=1°08'45'',p=0.300\ \text{m},q=29.996\ \text{m}。$$

再根据式(10-13)计算得曲线要素:

$$T=157.55\ \text{m},L=309.63\ \text{m},E_0=16.30\ \text{m},D=5.47\ \text{m}。$$

主点里程推算:

ZD	K26 + 532.18
$+(D_{ZD\text{-}JD}-T)$	105.91
ZH	K26 + 638.09
$+\ l_0$	60
HY	K26 + 698.09
$+(L-2l_0)/2$	94.815
QZ	K26 + 792.905
$+(L-2l_0)/2$	94.815
YH	K26 + 887.72
$+l_0$	60
HZ	K26 + 947.72
$-(2T-D)$	309.63
ZH	K26 + 638.09 (检核计算)

4)圆曲线加缓和曲线在切线直角坐标系中的坐标计算

如图 10-10 所示,在以 ZH(或 HZ)为坐标原点的切线直角坐标系中,缓和曲线上任一点 P 的坐标可用公式(10-10)计算:

$$\left.\begin{aligned} x &= l - \frac{l^5}{40Rl_0^2} \\ y &= \frac{l^3}{6Rl_0} \end{aligned}\right\}$$

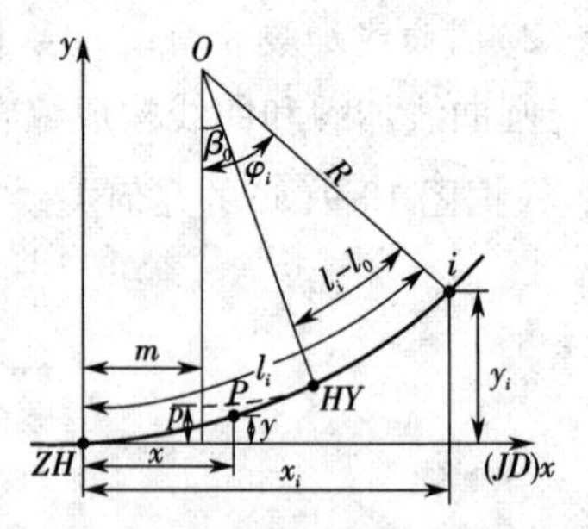

图 10-10 圆曲线加缓和曲线在切线直角坐标系中的坐标

圆曲线上任一点 i 的坐标可由下式计算：

$$\left.\begin{aligned} x_i &= R\sin\varphi_i + m \\ y_i &= R(1-\cos\varphi_i) + p \end{aligned}\right\} \quad (10\text{-}14)$$

式中 $\varphi_i = \dfrac{l_i - l_0}{R} \cdot \dfrac{180^\circ}{\pi} + \beta_0$，$l_i$为圆曲线上点 i 至曲线起点 ZH（或 HZ）的曲线长。

3. 全站仪极坐标法测设中线

当前，随着计算机辅助设计和全站仪的普及，能够同时进行定线测量和中桩测设的全站仪极坐标法，已成为进行中线测量的一种简便、迅速、精确的方法，在道路测量中得以应用。

1）测设原理

全站仪极坐标法测设中线，是将仪器安置在导线点上，应用极坐标法测设道路上各中桩。

如图 10-11 所示，当要测设道路上 P 点中桩时，首先计算出 P 点在测量坐标系中的坐标(X_P, Y_P)，之后根据导线点 C_i、C_{i+1}和 P 点的坐标求出夹角 β 和距离 D：

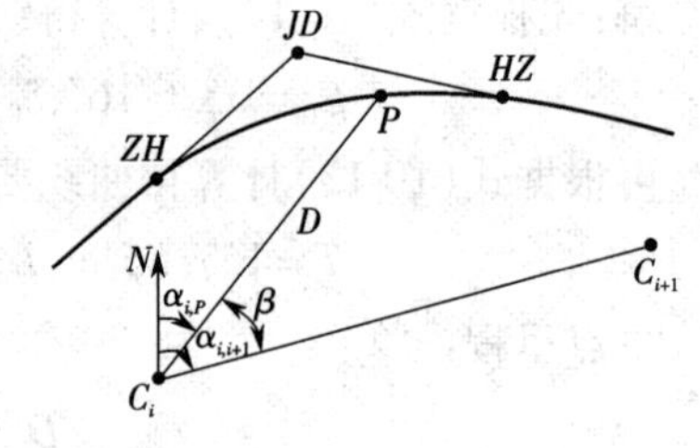

图 10-11 极坐标法测设中桩

$$\beta = \alpha_{i,i+1} - \alpha_{i,p},$$

$$D = \sqrt{(X_P - X_{C_i})^2 + (Y_P - Y_{C_I})^2}。$$

在导线点 C_i安置仪器，后视 C_{i+1}点，根据夹角 β 得到 C_iP 方向，沿此方向测设距离 D，即可定出 P 点。

若是利用全站仪的坐标放样功能测设点位，只需输入有关点的坐标值即可，现场不需要做任何手工计算，而是由仪器自动完成有关数据计算。具体操作可参照全站仪使用手册。

2）中桩点坐标计算

（1）直线上桩点坐标的计算。

如图 10-12 所示，各交点的坐标已经测定或在地形图上量算出，按坐标反算公式求得道路相邻交点连线的坐标方位角和边长。HZ 点至 ZH 点为直线段，可先由下式计算 HZ 点的坐标：

$$\left.\begin{aligned} X_{HZ_{i-1}} &= X_{JD_{i-1}} + T_{i-1}\cos\alpha_{i-1,i} \\ X_{HZ_{i-1}} &= Y_{JD_{i-1}} + T_{i-1}\sin\alpha_{i-1,i} \end{aligned}\right\} \quad (10\text{-}15)$$

式中 X_{JDi-1}、Y_{JDi-1}——交点 JD_{i-1}的坐标；

T_{i-1}——交点 JD_{i-1}处的切线长；

$\alpha_{i-1,i}$——交点 JD_{i-1}至 JD_i的坐标方位角。

然后按下式计算直线上桩点的坐标：

$$\left.\begin{aligned} X &= X_{HZ_{i-1}} + D\cos\alpha_{i-1,i} \\ Y &= Y_{NZ_{i-1}} + D\sin\alpha_{i-1,i} \end{aligned}\right\} \quad (10\text{-}16)$$

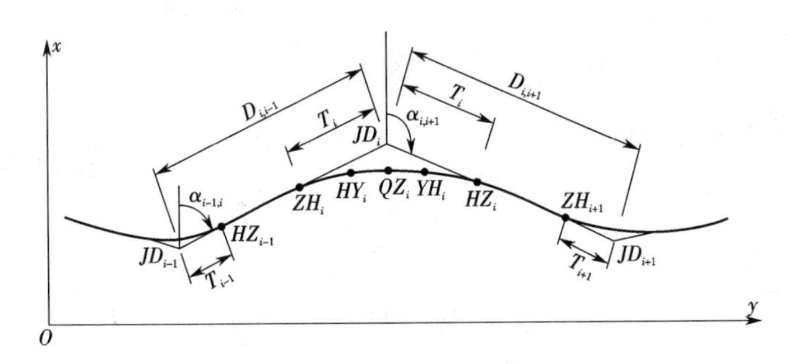

图 10-12　中桩坐标计算

式中　D——计算桩点至 HZ_{i-1} 点的距离，即桩点里程与 HZ_{i-1} 点里程之差。

ZH 点为该段直线的终点，其坐标除可按式(10-16)计算外，还可按下式计算：

$$\left.\begin{aligned}X_{ZH_i} &= X_{JD_{-1}} + (D_{i-1,i} - T_i)\cos \alpha_{i-1,i}\\ Y_{ZH_i} &= Y_{JD_{-1}} + (D_{i-1,i} - T_i)\sin \alpha_{i-1,i}\end{aligned}\right\} \tag{10-17}$$

式中　$D_{i-1,i}$——道路交点 JD_{i-1} 至 JD_i 的距离；

　　T_i——交点 JD_i 处的切线长。

(2)曲线上桩点坐标的计算。

首先根据式(10-10)或式(10-14)，求出曲线上任一桩点在以 ZH(或 HZ)为原点的切线直角坐标系中的坐标(x,y)，然后通过坐标变换将其转换成测量坐标系中的坐标(X,Y)。

坐标变换的公式为：

$$\left.\begin{aligned}X &= X_{ZH_i} + x\cdot\cos\alpha_{i-1,i} - \zeta\cdot y\cdot\sin\alpha_{i-1,i}\\ Y &= Y_{ZH_i} + x\cdot\sin\alpha_{i-1,i} + \zeta\cdot y\cdot\cos\alpha_{i-1,i}\end{aligned}\right\} \tag{10-18}$$

或

$$\left.\begin{aligned}X &= X_{HZ_I} - x\cdot\cos\alpha_{i,i+1} - \zeta\cdot y\cdot\sin\alpha_{i,i+1}\\ Y &= Y_{HZ_I} - x\cdot\sin\alpha_{i,i+1} + \zeta\cdot y\cdot\cos\alpha_{i,i+1}\end{aligned}\right\} \tag{10-19}$$

式中　ζ——当曲线右转时 $\zeta=1$，左转时 $\zeta=-1$；

　　$\alpha_{i,i+1}$——交点 JD_i 至 JD_{i+1} 的坐标方位角。

计算第一缓和曲线及上半圆曲线上桩点的测量坐标时用式(10-18)，计算下半圆曲线及第二缓和曲线上桩点的测量坐标时用式(10-19)。

计算曲线上桩点的测量坐标时，求得桩点在其切线直角坐标系中的坐标(x,y)之后，也可先将以 HZ 点为原点的切线直角坐标系中下半圆曲线及第二缓和曲线上桩点坐标，转换成以 ZH 点为原点的切线直角坐标系中的坐标，然后再利用式(10-18)进行坐标变换，求得曲线上各桩点在测量坐标系中的坐标。

例 10-3　在图 10-13 所示曲线中，有关的交点和导线点的测量坐标及交点里程见表 10-3，在 JD_{32} 处道路转向角 $\alpha_{左}=29°30'23''$，设计选配半径 $R=300$ m，缓和曲线长 $l_0=70$ m，试计算详细测设曲线时各桩点的测量坐标。

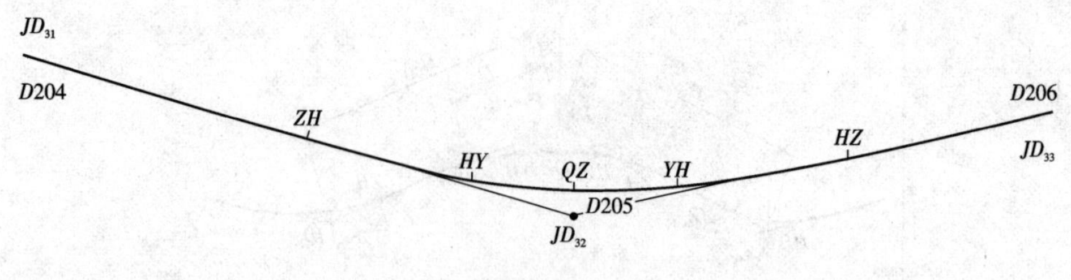

图 10-13

表 10-3 已知交点、导线坐标表

点名	JD_{31}	JD_{32}	JD_{33}	D204	D205	D206
里程	K52 + 833. 140	K53 + 408. 720	K54 + 546. 810			
X	4 357 150. 236	4 356 982. 241	4 357 233. 268	4 357 139. 802	4 356 989. 693	4 357 120. 772
Y	587 040. 122	587 596. 301	588 710. 268	587 058. 475	587 603. 032	588 196. 411

解:根据 JD_{31}、JD_{32}、JD_{33}坐标,可反算出:

$\alpha_{31,32} = 106°48'25''$,$\alpha_{32,33} = 77°18'03''$,$D_{31,32} = 580.997$ m,$D_{32,33} = 1141.901$ m。

根据式(10-12)计算出缓和曲线常数:

$\beta_0 = 6°41'04''$,$p = 0.680$ m,$q = 34.984$ m。

根据式(10-13)计算出曲线要素:

$T = 114.165$ m,$L = 224.496$ m,$E_0 = 10.931$ m,$D = 3.834$ m。

根据 JD_{32}的里程和曲线要素推算出曲线主点的里程:

ZH K53 + 294. 555;*HY* K53 + 364. 555;*QZ* K53 + 406. 803;

YH K53 + 449. 050;*HZ* K53 + 519. 050。

根据式

$$x = l - \frac{l^5}{40Rl_0^2},$$

$$y = \frac{l^3}{6Rl_0},$$

式中 x、y——缓和曲线上任一点 P 的直角坐标;

R——圆曲线半径;

l——缓和曲线上任一点 P 到 ZH(或 HZ)的曲线长;

l_0——缓和曲线长。

和式(10-14)

$$x_i = R\sin\varphi_i + q,$$

$$y_i = R(1 - \cos\varphi_i) + p,$$

式中 $\varphi_i = \dfrac{l_i - l_0}{R} \cdot \dfrac{180°}{\pi} + \beta_0$,$l_i$为圆曲线上点 i 至曲线起点 ZH(或 HZ)的曲线长。

分别计算出曲线的第一缓和曲线及上半圆曲线、下半圆曲线及第二缓和曲线上的细部桩点在其切线直角坐标系中的坐标(x,y)，结果见表10-4。

根据式(10-17)计算出 ZH 点的测量坐标：

$$X_{ZH}=X_{JD_{31}}+(D_{31,32}-T_{32})\cos\alpha_{31,32}=4\ 357\ 015.252\ \text{m},$$
$$Y_{ZH}=Y_{JD_{31}}+(D_{31,32}-T_{32})\sin\alpha_{31,32}=587\ 487.013\ \text{m}。$$

根据式(10-15)计算出 HZ 点的测量坐标：

$$X_{HZ}=X_{JD_{32}}+T_{32}\cos\alpha_{32,33}=4\ 357\ 007.338\ \text{m},$$
$$Y_{HZ}=Y_{JD_{32}}+T_{32}\sin\alpha_{32,33}=587\ 707.673\ \text{m}。$$

根据式(10-18)、式(10-19)分别将各桩点的切线直角坐标(x,y)进行转换计算，得到其测量坐标(X,Y)，结果见表10-4。

表10-4 各桩点的切线直角坐标和测量坐标

桩 号	x	y	X	Y
ZH K53 +294.555	0.000	0.000	4357015.252	587 487.013
K53 +300	5.445	0.001	4357013.679	587492.226
K53 +320	25.444	0.131	4357008.020	587511.408
K53 +340	45.434	0.745	4357002.828	587530.721
K53 +360	65.377	2.225	4356998.478	587550.240
HY K53 +364.555	69.904	2.719	4356997.642	587554.717
K53 +380	85.191	4.911	4356995.320	587569.985
K53 +400	104.783	8.913	4356993.486	587589.897
QZ K53 +406.803	111.381	10.571	4356993.164	587596.692
K53 +420	98.548	7.491	4356992.982	587609.889
K53 +440	78.876	3.908	4356993.811	587629.868
YH K53 +449.050	69.905	2.722	4356994.626	587638.880
K53 +460	59.009	1.634	4356995.960	587649.748
K53 +480	39.045	0.473	4356999.216	587669.479
K53 +500	19.050	0.055	4357003.204	587689.077
HZ K53 +519.050	0.000	0.000	4357007.338	587707.673

现在，越来越多的初测带状地形图采用数字化测图，设计人员直接在数字化地形图上进行设计，因而中线上各桩点的坐标可以通过计算机及相关软件，直接在数字化设计图上点击获取，十分简便，且所得桩点坐标的精度较高。

3)现场测设

当导线点和待测设中桩点的测量坐标数据均准备好后，即可进行中线测量。测设图10-13是曲线时，可在导线点 $D205$ 上安置全站仪，后视导线点 $D204$(或 $D206$)进行定向；输入测站点和定向点的坐标，输入待测设中桩点 P 的坐标，仪器可以计算出夹角 β 和距离 D 并自动存储起来；在测站点到 P 点的方向上置反射棱镜并测距，测距时将量测到的距离 D' 自动与 D 进行比较,面板显示其差值 $\Delta D = D' - D$,当 $\Delta D > 0$ 时,应向测站方向移动反射棱镜,当 $\Delta D < 0$ 时,应向远离测站方向移动反射棱镜,直到面板显示的 ΔD 值为 0.000 m 时,即为 P 点的准确位置。

另外,求得整个道路桩点的统一测量坐标之后,也可使用 RTK 进行中桩测设。

4)现场检核

中桩测设的检核限差要求见表 10-5、表 10-6。

表 10-5　中线量距精度和中桩桩位限差

道路等级	距离限差	桩位纵向误差(m)		桩位横向误差(cm)	
		平原微丘区	山岭重丘区	平原微丘区	山岭重丘区
高速公路、一级公路	1/2 000	S/2 000 +0.05	S/2 000 +0.10	5	10
二级及以下公路	1/1 000	S/1 000 +0.10	S/1 000 +0.10	10	15

注:表中 S 为交点或转点至桩位的距离,以 m 记。

表 10-6　曲线测量闭合差

道路等级	纵向闭合差		横向闭合差(cm)		曲线偏角闭合差(″)
	平原微丘区	山岭重丘区	平原微丘区	山岭重丘区	
高速公路、一级公路	1/2000	1/1000	10	10	60
二级及以下公路	1/1000	1/500	10	15	120

中线测设后进行现场检核,一般是在其他测站上安置仪器,定向后实测各桩点的坐标与计算值比较,如果出现较大偏差,说明存在测设错误,应查找原因予以纠正。由于用全站仪极坐标法进行中桩测设时,实际的点位误差主要是测设时的测量误差,误差一般很小,完全能够达到精度要求,可不做调整。

10.4　道路纵横断面测量

中线测量将设计道路中线的平面位置标定在实地上之后,还需进行道路纵横断面测量,为施工设计提供详细资料。

10.4.1　道路纵断面测量

道路纵断面测量,就是测定中线各里程桩的地面高程,绘制道路纵断面图,供道路纵向坡度、桥涵位置、隧道洞口位置等的设计之用。

纵断面测量一般分两步进行:一是高程控制测量,又称基平测量,即沿道路方向设置水准点并测量水准点的高程;二是中桩高程测量,又称中平测量,即根据基平测量设立的水准点及其高程,分段进行测量,测定各里程桩的地面高程。

1. **基平测量**

基平测量水准点的布设应在初测水准点的基础上进行。先检核初测水准点，尽量采用初测成果，对于不能再使用的初测水准点或远离道路的点，应根据实际需要重新设置。在大桥、隧道口及其他大型构造物两端还应增设水准点。定测阶段基平测量水准点的布设要求和测量方法均与初测水准点高程测量中的相同。

2. **中平测量**

中平测量是测定中线上各里程桩的地面高程，为绘制道路纵断面提供资料。道路中桩的地面高程，可采用水准测量的方法或光电测距三角高程测量的方法进行观测。无论采用何种方法，均应起闭于水准点，构成附合水准路线，路线闭合差的限差为 $50\sqrt{L}$ mm（L 为附合路线的长度，以 km 为单位）。

1）*水准测量方法*

中平测量一般是以两相邻水准点为一测段，从一个水准点出发，逐个测定中桩的地面高程，直至附合于下一个水准点上。施测时，在每一个测站上首先读取后、前两转点的尺上读数，再读取两转点间所有中间点的尺上读数。转点尺应立在尺垫、稳固的桩顶或坚石上，尺读数至毫米，视线长不应大于 150 m；中间点立尺应紧靠桩边的地面，读数可至厘米，视线也可适当放长。

如图 10-14 所示，将水准仪安置于①站，后视水准点 BM_1，前视转点 ZD_1，将读数记入表 10-7 中后视、前视栏内，然后观测 BM_1 与 ZD_1 间的中间点 K0 + 000、+ 050、+ 100、+ 123. 6、+ 150，将读数记入中视栏；再将仪器搬至②站，后视转点 ZD_1、前视转点 ZD_2，然后观测各中间点 K0 + 191. 3、+ 200、+ 243. 6、+ 260、+ 280，将读数分别记入后视、前视和中视栏；按上述方法继续往前测，直至闭合于水准点 BM_2，完成一测段的观测工作。

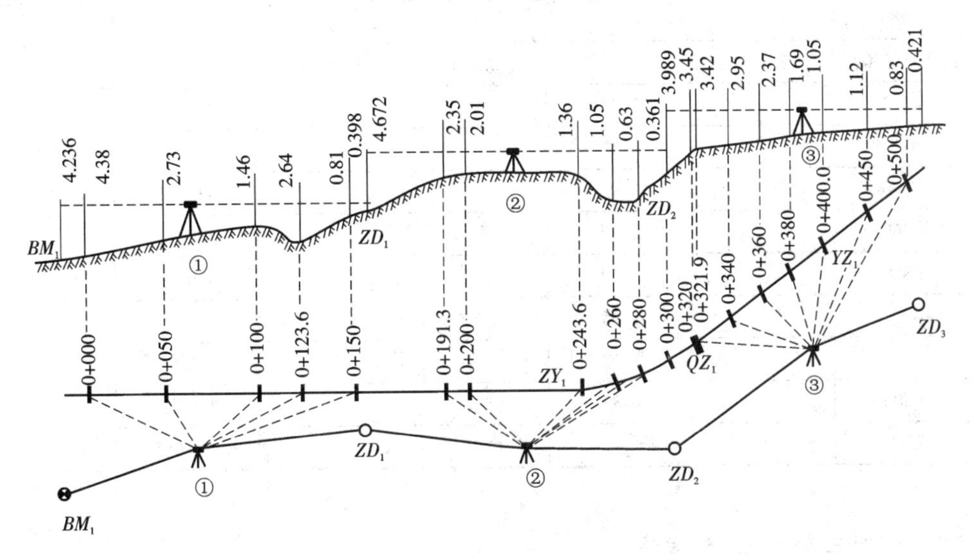

图 10-14　**中平测量**

每一测站的各项计算依次按下列公式进行：

视线高程 = 后视点高程 + 后视读数；

转点高程 = 视线高程 − 前视读数；

中桩高程 = 视线高程 − 中视读数。

各站记录后，应立即计算出各点高程，每一测段记录后，应立即计算该段的高差闭合差。若高差闭合差超限，则应返工重测该测段；若 $f_h \leqslant f_{h容} = \pm 50\sqrt{L}$ mm，施测精度符合要求，则不需进行闭合差的调整，中桩高程仍采用原计算的各中桩点高程。一般中桩地面高程允许误差，对于铁路、高速公路、一级公路为 ±5 cm，其他道路工程为 ±10 cm。

表 10-7　道路纵断面水准(中平)测量记录

测站	测点	水准尺读数(m)			视线高程	高程	备注
		后视	中视	前视			
	BM1	4.236			330.174	325.938	
	K0 +000		4.38			325.79	BM_1 位于 K0 +000 桩右侧 50 m 处
	+050		2.73			327.44	
I	+100		1.46			328.71	
	+123.6		2.64			327.53	
	+150		0.81			329.36	
	ZD1	4.672		0.398	334.448	329.776	
	+191.3		2.35			332.10	
	+200		2.01			332.44	
Ⅱ	+243.6		1.36			333.09	ZY_1
	+260		1.05			333.40	
	+280		0.63			333.82	
	ZD2(+300)	3.989		0.361	338.076	334.087	
	+320		3.45			334.63	
	+321.9		3.42			334.66	QZ_1
	+340		2.95			335.13	
	+360		2.37			335.71	
Ⅲ	+380		1.69			336.39	
	+400.0		1.05			337.03	YZ_1
	+450		1.12			336.96	
	+500		0.83			337.25	
	ZD3			0.421		337.655	

2)光电测距三角高程测量方法

在两个水准点之间，选择与该测段各中线桩通视的一导线点作为测站，安置好全站仪或测距仪，量仪器高并确定反射棱镜的高度，观测气象元素，预置仪器的测量改正数并将测站高程、仪器高及反射棱镜高输入仪器，以盘左位置瞄准反射镜中心，进行距离、角度的一次测量并记录观测数据,之后根据光电测距三角高程测量的单方向测量公式(4-17)计算两点间高差,从而获得所观测中桩点的高程。

为保证观测质量,减少误差影响,中平测量的光电边长宜限制在 1 km 以内。另外,中平测量亦可利用全站仪在放样中桩同时进行,它是在定出中桩后利用全站仪的高程测量功能随即测定中桩地面高程。

3. 纵断面图的绘制

道路纵断面图以中桩的里程为横坐标、其高程为纵坐标进行绘制。常用的里程比例尺有 1∶5 000、1∶2 000、1∶1 000 几种,为了明显表示地面的起伏,一般取高程比例尺为里程比例尺的 10～20 倍。

通常纵断面图的绘制步骤如下:

(1)打格制表。按照选定的里程比例尺和高程比例尺打格制表,根据里程按比例标注桩号,按中平测量成果填写相应里程桩的地面高程,用示意图表示道路平面。

在道路平面中,位于中央的直线表示道路的直线段,向上或向下凸出的折线表示道路的曲线,折线中间的水平线表示圆曲线,两端的斜线表示缓和曲线,上凸表示道路右转,下凸表示路线左转。

(2)绘出地面线。首先选定纵坐标的起始高程,使绘出的地面线位于图上适当位置。为便于绘图和阅图,通常是以整米数的高程标注在高程标尺上。然后根据中桩的里程和高程,在图上依次点出各中桩的地面位置,再用直线将相邻点连接就得到地面线。

根据表 10-7 中数据所绘制的纵断面图,如图 10-15 所示。

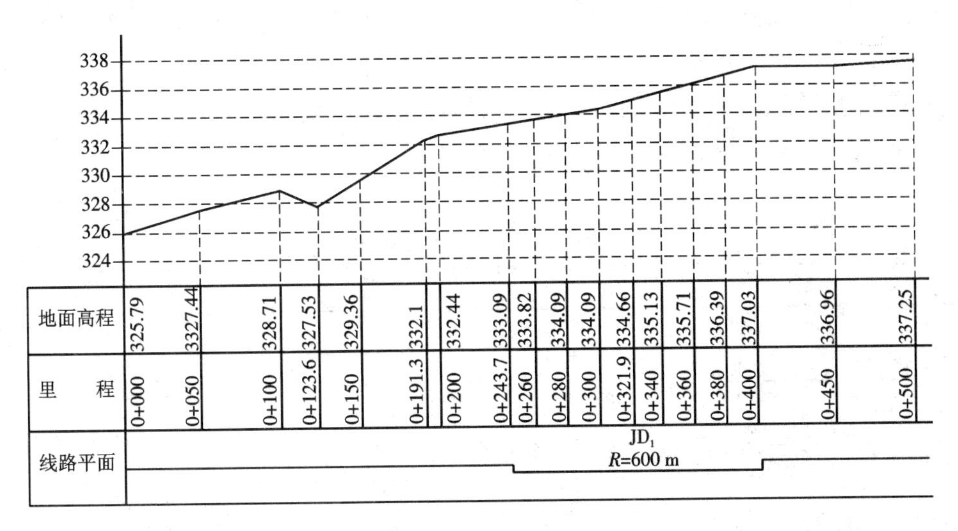

图 10-15　道路纵断面示意图

10.4.2　道路横断面测量

道路横断面测量,就是测定中线各里程桩两侧一定范围的地面起伏形状并绘制横断面图,供路基等工程设计、计算土石方数量以及边坡放样之用。

横断面的方向,在直线段是中线的垂直方向,在曲线段是道路切线的垂线方向。

1. **横断面测量的密度、宽度**

横断面测量的密度，应根据地形、地质及设计需要确定，一般除施测各中桩处横断面外，在大、中桥头、隧道洞口、高路堤、深路堑、挡土墙、站场等工程地段和地质不良地段，应适当加大横断面的测绘密度。

横断面测量的宽度，根据道路宽度、填挖高度、边坡大小、地形情况以及有关工程的特殊要求而定，应满足路基及排水设计的需要。

2. **横断面测量的方法**

横断面测量的实质，是测定横断面方向上一定范围内各地形特征点相对于中桩的平距和高差。根据使用仪器工具的不同，横断面测量可采用水准仪皮尺法、经纬仪视距法、全站仪法等。无论采用何种方法，检测限差应符合表 10-8 的规定。

表 10-8　横断面检测限差　（单位：m）

道路等级	距离	高　程
高速公路、一级公路	$\pm(L/100+0.1)$	$\pm(h/100+L/200+0.1)$
二级及以下公路	$\pm(L/50+0.1)$	$\pm(h/50+L/100+0.1)$

注：L 为测点至中桩的水平距离；h 为测点至中桩的高差。L、h 单位均为 m。

1）水准仪皮尺法

此法适用于地势平坦且通视良好的地区。使用水准仪施测时，以中桩为后视，以横断面方向上各变坡点为前视，测得各变坡点与中桩间高差，水准尺读数至厘米，用皮尺分别量取各变坡点至中桩的水平距离，量至分米位即可。在地形条件许可时，安置一次仪器可测绘多个横断面。测量记录格式见表 10-9，表中按道路前进方向分左、右侧记录，分式的分子表示高差，分母表示水平距离。

表 10-9　横断面测量记录

左侧	桩号	右侧
⋮	⋮	⋮
$\frac{2.35}{20.0}$ $\frac{1.84}{12.7}$ $\frac{0.81}{11.2}$ $\frac{1.09}{9.1}$ $\frac{1.35}{6.8}$	K0 + 340	$\frac{-0.46}{12.4}$ $\frac{0.15}{20.0}$
$\frac{2.16}{20.0}$ $\frac{1.78}{13.6}$ $\frac{1.25}{8.2}$	K0 + 360	$\frac{-0.7}{7.2}$ $\frac{-0.33}{11.8}$ $\frac{0.12}{20.0}$

2）经纬仪视距法

此法适用于地形起伏较大、不便于丈量距离的地段。将经纬仪安置在中桩上，用视距法测出横断面方向各变坡点至中桩的水平距离和高差。

3）全站仪法

此法适用于任何地形条件。将仪器安置在道路附近任意点上，利用全站仪的对边测量功能可测得横断面上各点相对于中桩的水平距离和高差。

3. 横断面图的绘制

横断面图的水平比例尺和高程比例尺相同,一般采用1:200或1:100。绘图时,先将中桩位置标出,然后分左、右两侧,依比例按照相应的水平距离和高差逐一将变坡点标在图上,再用直线连接相邻各点,即得横断面地面线。根据表10-11中数据所绘制的横断面图,如图10-16所示。

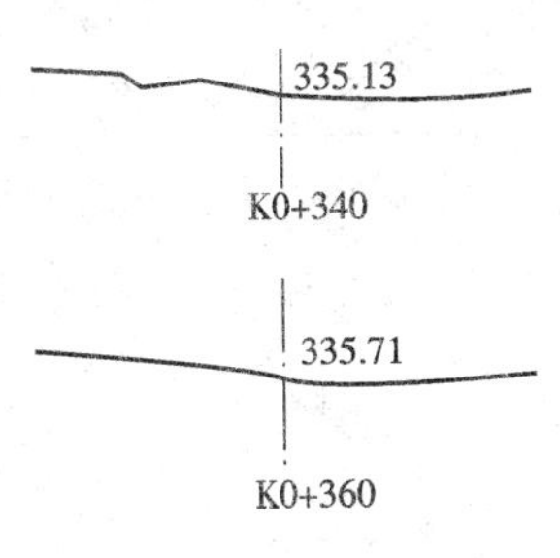

图10-16　横断面图

10.5　道路施工测量

道路施工测量的主要任务,是按设计要求和施工进度,及时测设作为施工依据的各种桩点。其主要内容包括:道路施工复测、路基放样、路面放样。

10.5.1　道路施工复测

由于定测以后往往要经过一段时间才进行施工,定测时所钉设的某些桩点难免丢失或被移动,因此在道路施工开始之前,必须检查、恢复全线的控制桩和中线桩,进行复测。施工复测的工作内容、方法、精度要求与定测的基本相同。

施工复测的主要目的是检验原有桩点的准确性,而不是重新测设。经过复测,凡是与原来的成果或点位的差异,在允许的范围时,一律以原有的成果为准,不作改动。当复测与定测成果不符值超出容许范围时,应多方寻找原因,如确属定测资料错误或桩点发生移动,则应改动定测成果,且改动尽可能限制在局部的范围内。复测与定测成果的不符值的限差如下:

①交点水平角:高速及一级公路为±20″,二级及以下公路为±60″,铁路为±30″;

②转点点位横向差每100 m不应大于5 mm,当点间距离超过400 m时,最大点位误差应小于20 mm;

③中线量距及中桩桩位限差见表10-5;

④曲线测量闭合差见表10-6;

⑤中桩高程限差为±10 cm。

施工复测后,中线控制桩必须保持正确位置,以便在施工中经常据此恢复中线。因此,复测过程中还应对道路各主要桩橛(如交点、直线转点、曲线控制点等)在土石方工程范围之外设置护桩。护桩一般设置两组,连接护桩的直线宜正交,困难时交角不宜小于60″,每组护桩不得少于3个。根据中线控制桩周围的地形条件等,护桩按图10-17所示的形式进行布设。对于地势平坦、填挖高度不大、直线段较长的地段,可在中线两侧一定距离处,测设两排平行于中线的施工控制点,如图10-18所示。

10.5.2　路基放样

1. 路基边桩的测设

路基边桩测设就是在地面上将每一个横断面的路基边坡线与地面的交点用木桩标定出来。边桩的位置由两侧边桩至中桩的距离来确定。边桩测设的方法很多,常用的有图解法和

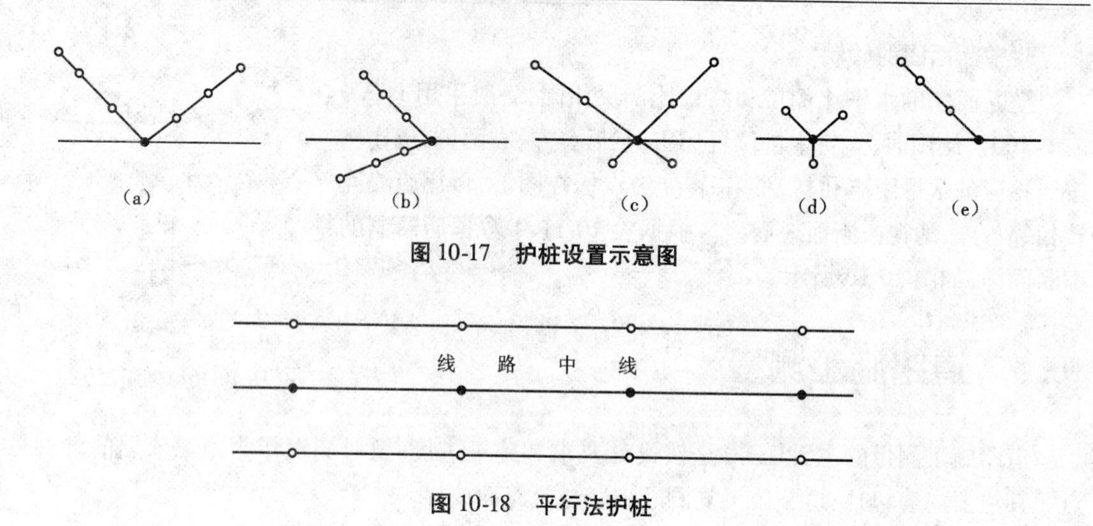

图 10-17 护桩设置示意图

图 10-18 平行法护桩

解析法。

1)图解法

在地势比较平坦的地段,如果横断面测绘精度较高,可以在路基横断面设计图上直接量取中桩到边桩的水平距离,然后到实地在横断面方向用皮尺量距进行边桩放样。

2)解析法

(1)平坦地段路基边桩的测设。

填方路基称为路堤,挖方路基称为路堑,如图 10-19(a)、(b)所示。

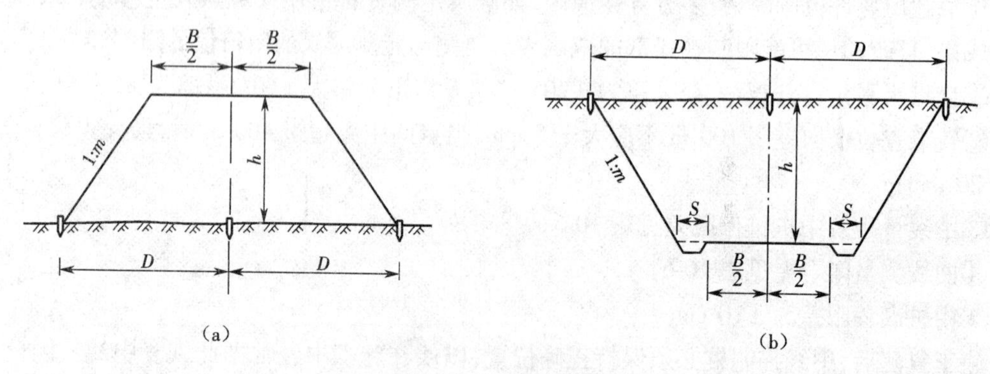

图 10-19 路堤、路堑

(a)路堤;(b)路堑

路堤边桩至中桩的距离为: $D = B/2 + mh$ (10-20)

路堑边桩至中桩的距离为: $D = B/2 + S + mh$ (10-21)

式中 B——路基设计宽度;

S——路堑边沟顶宽;

$1:m$——路基边坡坡度;

h——填土高度或挖土深度。

以上是横断面位于直线段时求算 D 值的方法。若横断面位于曲线上有加宽时,在按上面公式求出 D 值后,在曲线内侧的 D 值中还应加上加宽值。

(2)倾斜地段路基边桩的测设。

在倾斜地段,边桩至中桩的距离随着地面坡度的变化而变化。

如图 10-20 所示,路堤边桩至中桩的距离为:

$$\left.\begin{aligned}\text{斜坡上侧 } D_{上} &= B/2 + m(h_{中} - h_{上})\\ \text{斜坡下侧 } D_{下} &= B/2 + m(h_{中} - h_{下})\end{aligned}\right\} \tag{10-22}$$

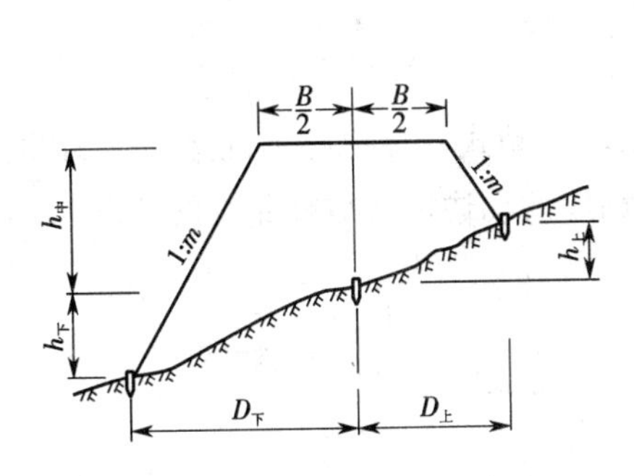

图 10-20　斜坡地段路堤边桩测设

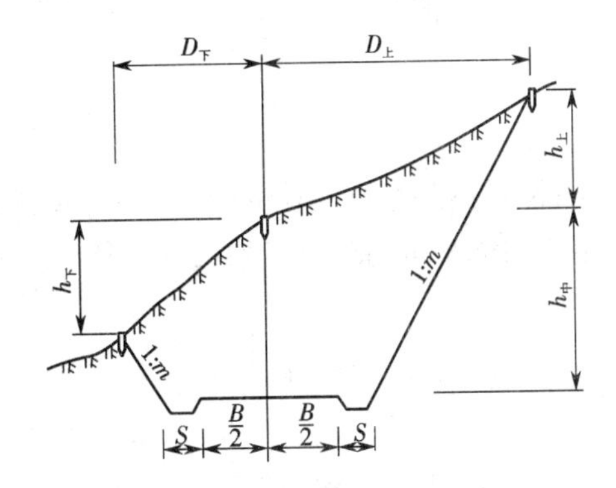

图 10-21　斜坡地段路堑边桩测设

如图 10-21 所示,路堑边桩至中桩的距离为:

$$\left.\begin{aligned}\text{斜坡上侧 } D_{上} &= B/2 + S + m(h_{中} - h_{上})\\ \text{斜坡下侧 } D_{下} &= B/2 + S + m(h_{中} - h_{下})\end{aligned}\right\} \tag{10-23}$$

式中 B、S、m、$h_{中}$(中桩处的填挖高度)为已知;$h_{上}$、$h_{下}$为斜坡上、下侧边桩与中桩的高差,在边桩未定出之前为未知数。由于 $h_{上}$、$h_{下}$未知,不能计算出边桩至中桩的距离值,因此在实际工作中采用逐点趋近法测设边桩。

逐点趋近法测设边桩位置的步骤是:先根据地面实际情况并参考路基横断面图,估计边桩的位置 D',然后测出该估计位置与中桩的高差 h,按此高差 h 可以计算出与其相对应的边桩位置 D。若计算值 D 与估计值 D'相符,即得边桩位置。若 $D > D'$,说明估计位置需要向外移动,再次进行试测,直至 $\Delta D = |D - D'| < 0.1$ m 时,可认为该估计位置即为边桩的位置。逐点趋近法测设边桩,需要在现场边测边算,有经验后试测一两次即可确定边桩位置。

逐点趋近法测设边桩,若使用全站仪,利用其对边测量功能,可同时获得估计位置与中桩的高差和水平距离,较之使用尺子量距、水准仪测高差的测设速度快,并且可以任意设站,一测站测设多个边桩,工作效率较高。

2. 路基边坡的测设

边桩测设后,为保证路基边坡施工按设计坡率进行,还应将设计边坡在实地上标定出来。

1)挂线法

如图 10-22(a)所示,O 为中桩,A、B 为边桩,CD 为路基宽度。测设时,在 C、D 两点竖立标杆,在其上等于中桩填土高度处作 C'、D'标记,用绳索连接 A、C'、D'、B,即得出设计边坡线。当挂线标杆高度不够时,可采用分层挂线法施工,见图 10-22(b)。此法适用于放样路堤边坡。

2)边坡样板法

边坡样板按设计坡率制作,可分为活动式和固定式两种。固定式样板常用于路堑边坡的

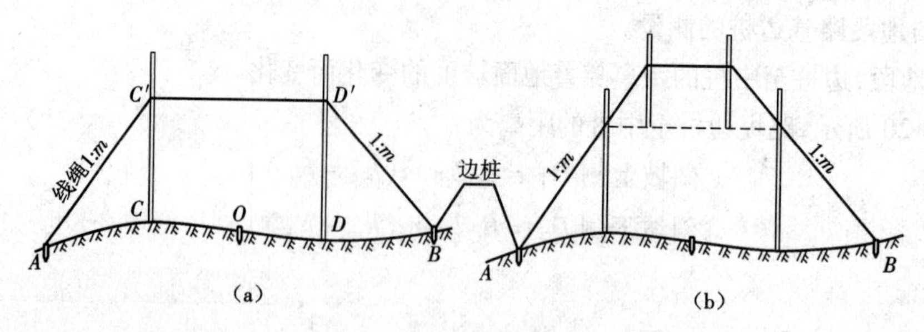

图 10-22 挂线法测设边桩

放样,设置在路基边桩外侧的地面上,如图 10-23(a)所示。活动式样板也称活动边坡尺,它既可用于路堤又可用于路堑的边坡放样,图 10-23(b)表示利用活动边坡尺放样路堤的情形。

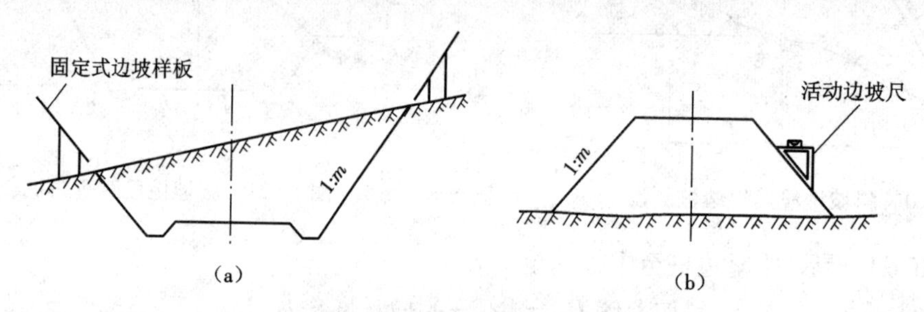

图 10-23 边坡样板法测设边坡

3)插杆法

机械化施工时,宜在边桩外插上标杆以表明坡脚位置,每填筑 2 ~ 3 m 后,用平地机或人工修整边坡,使其达到设计坡度。

3. 路基高程的测设

根据道路附近的水准点,在已恢复的中线桩上,用水准测量的方法求出中桩的高程,在中桩和路肩边上竖立标杆,杆上画出标记并注明填挖尺寸,在填挖接近路基设计高时,再用水准仪精确标出最后应达到的标高。

机械化施工时,可利用激光扫平仪来指示填挖高度。

4. 路基竣工测量

路基土石方工程完成后应进行竣工测量。竣工测量的主要任务是最后确定道路中线的位置,同时检查路基施工是否符合设计要求,其主要内容有:中线测设、高程测量和横断面测量。

1)中线测设

首先根据护桩恢复中线控制桩并进行固桩,然后进行中线贯通测量。在有桥涵、隧道的地段,应从桥隧的中线向两端贯通。贯通测量后的中线位置,应符合路基宽度和建筑限界的要求。中线里程应全线贯通,消灭断链。直线段每 50 m、曲线段每 20 m 测设一桩,还要在平交道中心、变坡点、桥涵中心等处以及铁路的道岔中心测设加桩。

2)高程测量

全线水准点高程应该贯通,消灭断高。中桩高程测量按复测方法进行。路基面实测高程与设计值相差应不大于 5 cm,超过时应对路基面进行修整,使之符合要求。

3）横断面测量

主要检查路基宽度、边坡、侧沟、路基加固和防护工程等是否符合设计要求。横向尺寸误差均不应超过 5 cm。

10.5.3　路面放样

公路路基施工之后，要进行路面的施工。公路路面放样是为开挖路槽和铺筑路面提供测量保障。

在道路中线上每隔 10 m 设立高程桩，由高程桩起沿横断面方向各量出路槽宽度一半的长度 $b/2$，钉出路槽边桩，在每个高程桩和路槽边桩上测设出铺筑路面的标高，在路槽边桩和高程桩旁钉桩（路槽底桩），用水准仪抄平，使路槽底桩桩顶高程等于槽底的设计标高，如图 10-24 所示。

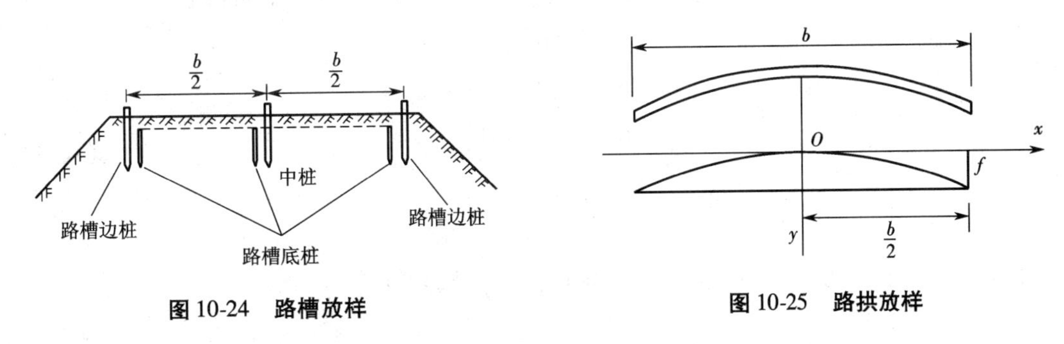

图 10-24　路槽放样　　图 10-25　路拱放样

为了顺利排水，路面一般筑成中间高两侧低的拱形，称为路拱。路拱通常采用抛物线型，如图 10-25 所示。将坐标系的原点 O 选在路拱中心，横断面方向上过 O 点的水平线为 x 轴、铅垂线为 y 轴，由图可见，当 $x = b/2$ 时，$y = f$，代入抛物线的一般方程式 $x^2 = 2py$ 中，可解出 y 值为：

$$y = \frac{4f}{b^2} \cdot x^2 \tag{10-24}$$

式中　b——铺装路面的宽度；

f——路拱的高度；

x——横距，代表路面上点与中桩的距离；

y——纵距，代表路面上点与中桩的高差。

在路面施工时，量得路面上点与中桩的距离按式（10-24）求出其高差，据以控制路面施工的高程。公路路面的放样，一般预先制成路拱样板，在放样过程中随时检查。铺筑路面高程放样的容许误差，碎石路面为 ±1 cm，混凝土和沥青路面为 3 mm，操作时应认真细致。

10.5.4　竖曲线的测设

在路线纵坡变更处，为了行车的平稳和视距的要求，在竖直面内应以曲线衔接，这种曲线称为竖曲线。竖曲线有凸形和凹形两种，如图 10-26 所示。

竖曲线一般采用圆曲线，这是因为在一般情况下，相邻坡度差都很小，而选用的竖曲线半径都很大,因此即使采用二次抛物线等其他曲线,所得到的结果也与圆曲线相同。

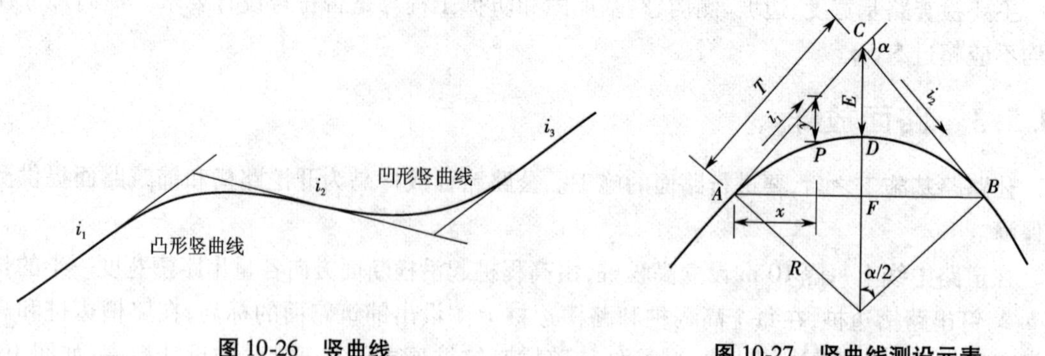

图 10-26 竖曲线　　图 10-27 竖曲线测设元素

如图 10-27 所示,两相邻纵坡的坡度分别为 i_1、i_2,竖曲线半径为 R,则曲线长

$$L=\alpha R。$$

$$\left.\begin{aligned}\alpha&=i_1-i_2\\L&=R(i_1-i_2)\\T&=R\tan\frac{\alpha}{2}\end{aligned}\right\}\tag{10-25}$$

由于竖曲线的转角 α 很小,因 α 很小,$\tan\frac{\alpha}{2}\approx\frac{\alpha}{2}$,则切线长

$$T=R\frac{\alpha}{2}=\frac{L}{2}=\frac{1}{2}R(i_1-i_2)\tag{10-26}$$

又因为 α 很小,可以认为 $DF\approx E$,$AF\approx T$,根据 ΔACO 与 ΔACF 相似,可以列出

$$R:T=T:2E。$$

$$外距\ E=\frac{T^2}{2R}\tag{10-27}$$

同理可导出竖曲线上任一点 P 距切线的纵距(亦称高程改正值)的计算公式为

$$y=\frac{x^2}{2R}\tag{10-28}$$

式中　x——竖曲线上任一点 P 至竖曲线起点或终点的水平距离。

y 值在凹形竖曲线中为正号;在凸形竖曲线中为负号。

10.6 桥梁施工测量

桥梁按其轴线长度一般分为特大型桥(>500 m)、大型桥(100 ~500 m)、中型桥(30 ~100 m)和小型桥(<30 m)4 类,按平面形状可分为直线桥和曲线桥,按结构形式又可分为简支梁桥、连续梁桥、拱桥、斜拉桥、悬索桥等。随着桥梁的长度、类型、施工方法以及地形复杂情况等因素的不同,桥梁施工测量的内容和方法也有所不同,概括起来主要有:桥梁施工控制测量、墩台定位及轴线测设、墩台细部放样等。

10.6.1　桥位控制测量

桥位控制测量的目的,就是要保证桥梁轴线(即桥梁的中心线)、墩台位置在平面和高程位置上符合设计要求而建立的平面控制和高程控制。

1. 平面控制形式

桥位平面控制一般是采用三角网中的测边网或边角网的平面控制形式,如图 10-28 所示,*AB* 为桥梁轴线,双实线为控制网基线,(a)图为双三角形,(b)图为大地四边形,(c)图为双四边形。各网根据测边、测角,按边角网或测边网进行平差计算,最后求出各控制网点的坐标,作为桥梁轴线及桥台、桥墩施工测量的依据。

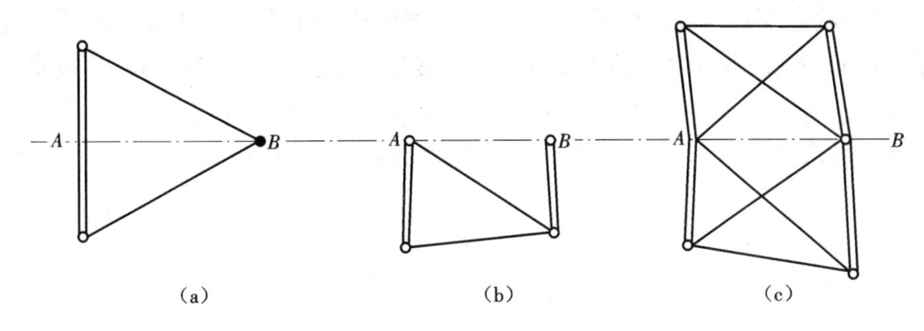

图 10-28　桥位平面控制网

2. 高程控制

桥位高程控制一般是在道路勘测中的基平测量时已经建立。桥梁施工前,一般还应根据现场工作情况增加施工水准点。在桥位施工场地附近的所有水准点应组成一个水准网,以便定期检测,及时发现问题。高程控制应采用国家高程基准。

跨河水准测量必须按照《国家水准测量规范》,采用精密水准测量方法进行观测。如图 10-29 所示,在河的两岸各设测站点及观测点各一个,两岸对应观测距离尽量相等。测站应选在视野开阔处,两岸仪器的水平视线距水面的高度应相等,且视线距水面高度不应小于 2 m。

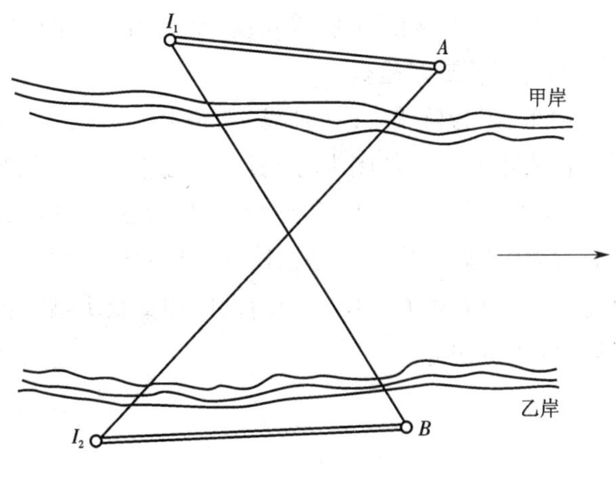

图 10-29　跨河水准测量

水准观测:在甲岸,仪器安置在 I_1,观测 A 点,读数为 a_1,观测对岸 B 点,读数为 b_1,则高差 $h_1 = a_1 - b_1$。搬仪器至乙岸,注意搬站时望远镜对光不变,两水准尺对调。仪器安置在 I_2,先观测对岸 A 点,读数为 a_2,再观测 B 点读数为 b_2,则 $h_2 = a_2 - b_2$。

四等跨河水准测量规定,两次高差不符值应≤ ±16 mm。在此限量以内,取两次高差平均值为最后结果,否则应重新观测。

10.6.2 桥梁墩台中心的测设

桥梁墩台中心的测设即桥梁墩台定位,是建造桥梁最重要的一项测量工作。测设前,应仔细审阅和校核设计图纸与相关资料,拟订测设方案,计算测设数据。

直线桥梁的墩台中心均位于桥梁轴线上,而曲线桥梁的墩台中心则处于曲线的外侧。直线桥梁如图 10-30 所示,墩台中心的测设可根据现场地形条件,采用直接测距法或交会法。在陆地、干沟或浅水河道上,可用钢尺或光电测距方法沿轴线方向量距,逐个定位墩台。如使用全站仪,应事选将各墩台中心的坐标列出,测站可设在施工控制网的任意控制点上(以方便测设为准)。

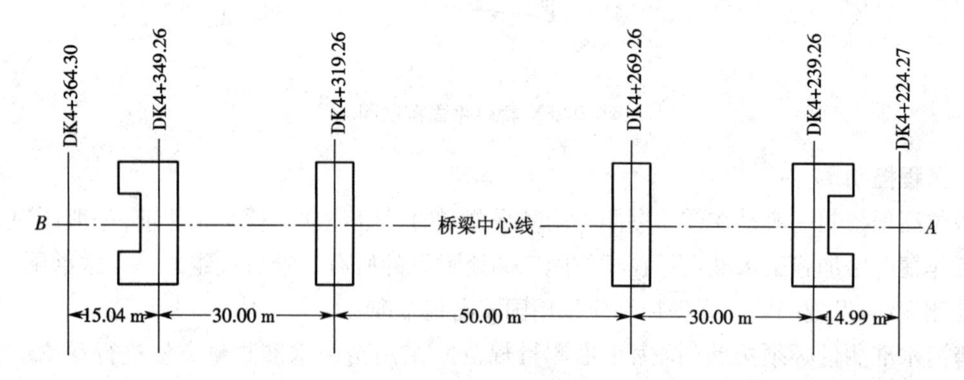

图 10-30 直线桥梁

当桥墩位置处水位较深时,一般采用角度交会法测设其中心位置。如图 10-31 所示,1、2、3 号桥墩中心可以通过在基线 AB、BC 端点上测设角度,交会出来。如对岸或河心有陆地可以标志点位,也可以将方向标定,以便随时检查。

直线桥梁的测设比较简单,因为桥梁中线(轴线)与道路中线吻合。但在曲线桥梁上梁是直的,道路中线则是曲线,两者不吻合。如图 10-32 所示,道路中心线为细实线(曲线),桥梁中心线为点画线、折线。墩台中心则位于折线的交点上。该点距道路中心线的距离 E 称为桥墩的偏距,折线的长度 L 称为墩中心距。这些都是在桥梁设计时确定的。

明确了曲线桥梁构造特点以后,桥墩台中心的测设也和直线桥梁墩台测设一样,可以采用直角坐标法、偏角法和全站仪坐标法等。

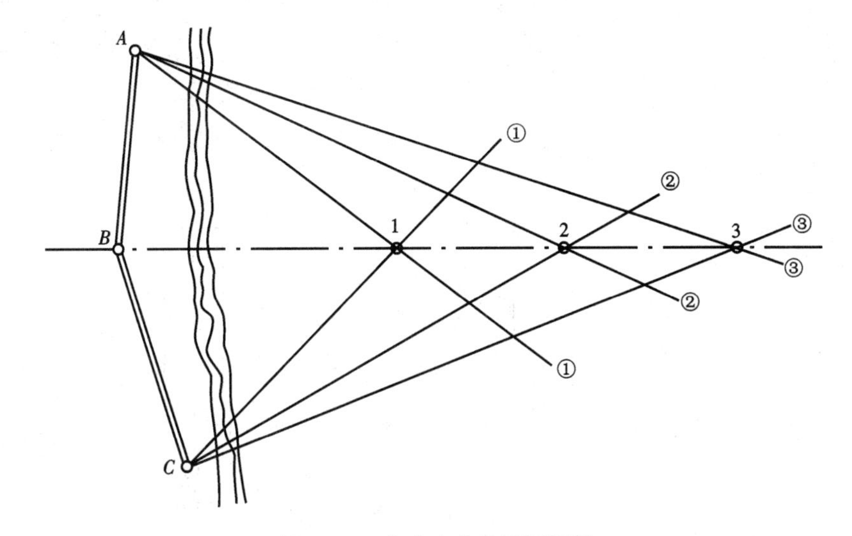

图 10-31　角度交会法测设桥墩

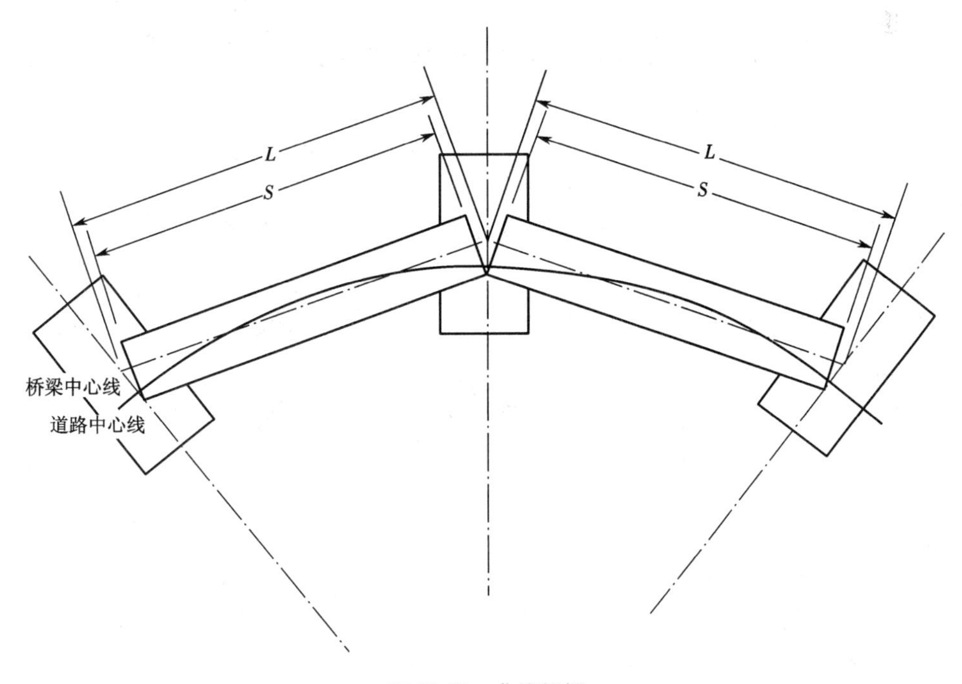

图 10-32　曲线桥梁

10.6.3　桥梁墩台施工测量

桥梁墩台中心定位以后，还应将墩台的轴线测设于实地，以保证墩台的施工。墩台轴线测设包括墩台纵轴线，是指过墩台中心平行于道路方向的轴线；而墩台的横轴线，是指过墩台中心垂直于道路方向的轴线。如图 10-33 所示，直线桥墩的纵轴线，即道路中心线方向与桥轴线重合，无需另行测设和标志。墩台横轴线与纵轴线垂直。图 10-34 为曲线桥梁，墩台的纵轴线为墩台中心处与曲线的切线方向平行，墩台的横轴线，是指过墩台中心与其纵轴线垂直的轴线。

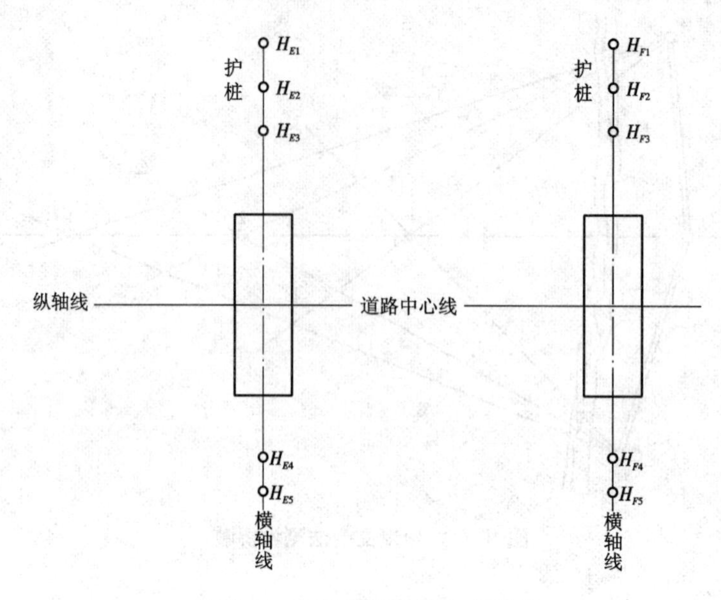

图 10-33 直线桥梁桥墩纵、横轴线

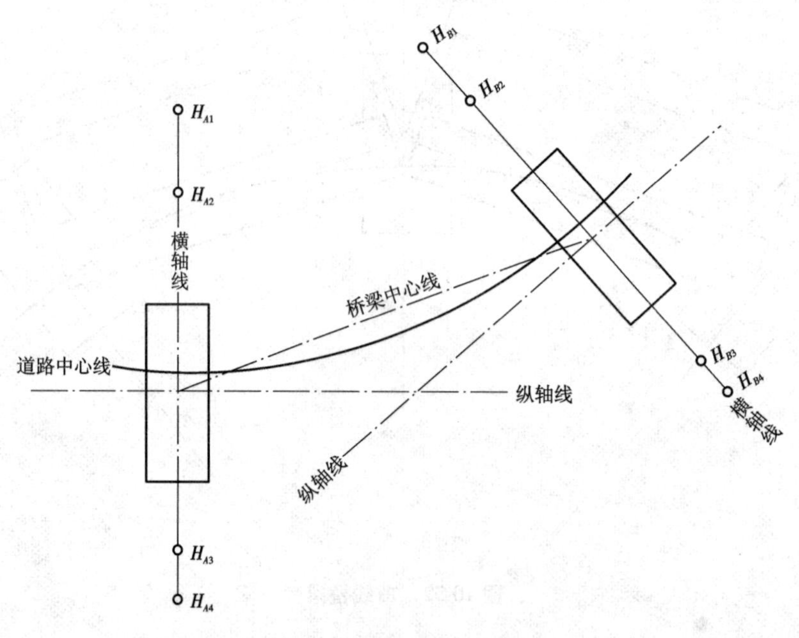

图 10-34 曲线桥梁桥墩纵、横轴线

在施工过程中，桥梁墩台纵、横轴线需要经常恢复，以满足施工要求。为此，纵横轴线必须设置保护桩，如图 10-33 所示。保护桩的设置要因地制宜，方便观测。

墩台施工前，首先要根据墩台纵横轴线，将墩台基础平面测设于实地，并根据基础深度进行开挖。墩台台身在施工过程中需要根据纵横轴线控制其位置和尺寸。当墩台台身砌筑完毕时，还需要根据纵横轴线，安装墩台台帽模板、锚栓孔等，以确保墩台台帽中心、锚栓孔位置符合设计要求，并在模板上标出墩台台帽顶面标高，以便灌注。

墩台施工过程中，各部分高程是通过布设在附近的施工水准点，将高程传递到施工场地周围的临时水准点上，然后再根据临时水准点，用钢尺向上或向下测量所得，以保证墩台高程符合设计要求。

本章小结

本章主要介绍了道路的中线测量，包括：中线里程桩的测设、复曲线的测设、缓和曲线的测设、中线转折角的测定、圆曲线的测设；施工测量当中讲述中线桩的测设、路基放线、路面放线及桥涵的施工测量。

道路中线测量：主要掌握交点和转点的测设、路线转折角的测定、中线里程桩的设置。

复杂曲线的测设：掌握圆曲线、缓和曲线各要素的计算方法及偏角法和切线支距法的测设方法。

道路施工测量中了解施工前恢复道路中线及原有地面纵、横断面的测量，在施工工程中要掌握路基边坡的放线，路基边桩的测设，竖曲线的测设，路面的放线。

桥梁工程测量中控制测量主要了解平面控制网布设方法、水准点布设方法、掌握基础施工测量方法、墩台施工测量方法、墩台顶部施工测量和上部结构物的施工测量方法。

涵洞施工测量中掌握涵洞中线桩和中线的测设方法，施工控制桩和坡度钉的测设方法，涵洞施工测量方法。

习　题

1. 道路中线测量包括哪些内容？各如何进行？

2. 简述用全站仪测设圆曲线的方法与步骤？

3. 直线、圆曲线、缓和曲线横断面方向如何确定？

4. 路线纵断面测量的任务是什么？

5. 道路水准测量有什么特点？为什么观测转点要比观测中间点的精度要高？

6. 已知一圆曲线半径 $R = 500$ m，转向角 $\alpha = 10°20'$，ZY 点的里程为 K301 + 800.40，计算各主点要素和主点里程？

7. 道路复测的主要目的是什么？

8. 曲线桥墩、台中心位置怎样测设？

第 11 章　变形观测和竣工总平面图的测绘

导读:本章主要介绍变形观测和竣工测量的知识。对于高耸的建筑物或构筑物,为了保证施工质量和使用安全,必须进行变形监测。虽然施工都是按图施工的,但有些工程由于各种原因,在施工过程中经常变更图纸,使完工的建筑物与原来的设计图纸有很多变化,因此,也必须进行竣工测量。

引例:比萨斜塔是意大利比萨城大教堂的独立式钟楼,位于意大利托斯卡纳省比萨城北面的奇迹广场上。广场的大片草坪上散布着一组宗教建筑,它们是大教堂、洗礼堂、钟楼(即比萨斜塔)和墓园(建造于 1174 年),它们的外墙面均为乳白色大理石砌成,各自相对独立但又形成统一罗马式建筑风格。比萨斜塔位于比萨大教堂的后面。

比萨斜塔从地基到塔顶高 58. 36 米,从地面到塔顶高 55 米,钟楼墙体在地面上的宽度是 4. 09 米,在塔顶宽 2. 48 米,总重约 14 453 吨,重心在地基上方 22. 6 米处。圆形地基面积为 285 平方米,对地面的平均压强为 497 千帕。倾斜角度为 3. 99 度,偏离地基外沿 2. 5 米,顶层突出 4. 5 米。1174 年首次发现倾斜。

图 11-1　意大利比萨斜塔图

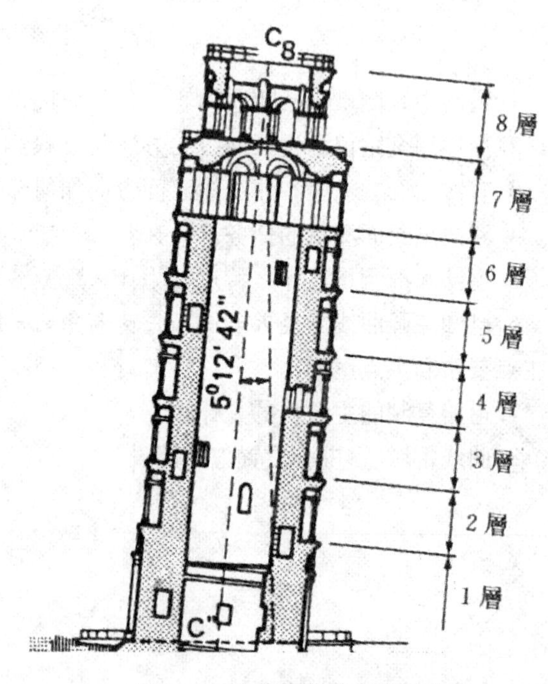

图 11-2　比萨斜塔垂直剖面图

11.1　建筑物变形观测概述

建筑物的变形观测,在我国还是一门比较“年轻”的科学。由于各种因素的影响,在这些建筑物及其设备的运营过程中,都会产生变形,这种变形在一定限度之内,应认为是正常的现象,但如果超过了规定的限度,就会影响建筑物的正常使用,严重时还会危及建筑物的安全。因此,在建筑物的施工和运营期间,必须对其进行变形观测。

11.1.1　建筑物产生变形的原因

在变形观测的过程中,了解其产生的原因是非常重要的。一般来讲,建筑物变形主要是由以下两方面的原因引起的。

1. 客观原因

(1)自然条件及其变化,即建筑物地基地质构造的差别。

(2)土壤的物理性质的差别。

(3)大气温度。

(4)地下水位的升降及其对基础的侵蚀。

(5)土基的塑性变形。

(6)附近新建工程对地基的扰动。

(7)建筑结构与形式,建筑荷载。

(8)运转过程中的风力、震动等荷载的作用。

2. 主观原因

(1)过量地抽取地下水后,土壤固结,引起地面沉降。

(2)地质钻探不够充分,未能发现废河道、墓穴等。

(3)设计有误,对地基土的特性认识不足,对土的承载力与荷载估算不当,结构计算差错等。

(4)施工质量差。

(5)施工方法有误。

(6)软基处理不当引起地面沉降和位移。

11.1.2　建筑物变形观测的分类

1. 沉降类

(1)建筑物沉降观测。

(2)基坑回弹观测。

(3)地基土分层沉降观测。

(4)建筑场地沉降观测。

2. 位移类

(1)建筑物主体倾斜观测。

(2)建筑物水平位移观测。

(3)裂缝观测。

(4)挠度观测。

(5)日照变形观测。

(6)风振观测。

(7)建筑场地滑坡观测。

11.1.3 建筑物变形测量的要求和施测程序

变形测量就是测定建筑物、构筑物及其地基在建筑荷载和外力作用下随时间而变形的工作。变形观测通过周期性地对观测点进行重复观测,从而求得其在两个观测周期内的变量。变形观测的目的是为了监测建筑物的安全运营,延长其使用寿命,发挥其最大效益,以及检验建筑物设计与施工的合理性,为科学研究提供依据。

建筑物变形测量应能确切反映建筑物、构筑物及其场地的实际变形程度或变形趋势,并以此作为确定作业方法和检验成果质量的基本要求。测量开始前,应根据变形类型、测量目的、任务要求以及测区条件进行施测方案的设计。实测方案要与拟测变形的类型范围、大小及变形灵敏度相适应。测量方法与测量工具的选择,主要取决于测量精度。而测量精度则需根据变形值与变形速度来决定,如观测的目的是为了确保建筑物的安全,使变形值不超过某一允许的数值,则观测的中误差应小于允许变形值的1/20 ~ 1/10。例如,设计部门允许某大楼顶点的允许偏移值为120 mm,以其1/20 作为观测中误差,则观测精度为 $m = \pm 6$ mm。如果观测目的是为了研究其变形过程,则中误差应比这个数小得多。通常,从实用目的出发,对建筑物的观测应能反映出 1 ~2 mm 的沉降量。

变形测量实施的程序如下:

1. 建立观测网

按照测定沉降或位移的要求,分别选定测量点,测量点可分为控制点和观测点(变形点),埋设相应的标石,建立高程网和平面网,也可建立三维网。高程测量可采用测区原有的高程系统,平面测量可采用独立坐标系统。

2. 变形观测

按照确定的观测周期与总次数,对观测网进行观测。变形观测的周期,应以能系统地反映所测变形的变化过程而又不遗漏其变化时刻为原则。一般在施工过程中观测频率应大些,周期可以是 3 天、7 天、半个月等,到了竣工投产以后,频率可小一些,一般有 1 个月、2 个月、3 个月、半年及 1 年等周期。除了按周期观测以外,在遇到特殊情况时,有时还要进行临时观测。

3. 成果处理

对周期的观测成果应及时处理,进行平差计算和精度评定。对重要的监测成果应进行变形分析,并对变形趋势做出预报。

11.1.4　建筑物变形测量等级和精度要求

表 11-1　建筑物变形测量等级及精度

变形测量等级	沉降观测	位移观测	适用范围
	观测点测站高差中误差/mm	观测点坐标中误差/mm	
特级	≤0.05	≤0.3	特高精度要求的特种精密工程和重要科研项目变形观测
一级	≤0.15	≤1.0	高精度要求的大型建筑物和科研项目变形观测
二级	≤0.50	≤3.0	中等精度要求的建筑物和科研项目变形观测;重要建筑物主体倾斜观测、场地滑坡观测
三级	≤1.50	≤10.0	低精度要求的建筑物变形观测;一般建筑物主体倾斜观测、场地滑坡观测

注:①观测点测站高差中误差,系指几何水准测量测站高差中误差或静力水准测量相邻观测点相对高差中误差。

②观测点坐标中误差,系指观测点相对于测站点(如工作基点等)的坐标中误差、坐标差中误差以及等价的观测点相对于基准线的偏差值中误差、建筑物(或构件)相对于底部定点的水平位移分量中误差。

11.2　建筑物沉降观测

建筑物的沉降观测是在高程控制网的基础上进行。水准基点是确认固定不动且作为沉降观测的高程基准点,水准基点应埋设在建筑物变形影响范围之外不受施工影响的基岩层或原状土层中,地质条件稳定,附近没有震动源的地方。在建筑区内,与邻近建筑物的距离应大于建筑物基础最大宽度的 2 倍,其标石埋深应大于邻近建筑物基础的深度。水准点标石规格与埋设应符合《建筑变形测量规程》要求,点的个数一般不少于 3 个。

观测点是设立在变形体上能反映其变形特征的点。点的位置和数量应根据地质情况、支护结构形式、基坑周边环境和建筑物荷载等情况而定;点位埋设合理,就可全面、准确地反映出变形体的沉降情况。建筑物上的观测点可设在建筑物四角、大转角、沿外墙间隔 10 ~ 15 m 布设,或在柱上每隔 2 ~ 3 根柱设一点。烟囱、水塔、电视塔、工业高炉、大型储藏罐等高耸构筑物可在基础轴线对称部位设点,每一构筑物不得少于 4 个点。

1. 沉降观测周期和观测时间的确定

沉降观测的周期应根据建筑物(构筑物)的特征、变形速率、观测精度和工程地质条件等因素综合考虑,并根据沉降量的变化情况适当调整。

深基础开挖时,锁口梁会产生较大的水平位移,沉降观测周期应较短,一般每隔 1 ~ 2 天观测一次;浇筑地下室底板后,可每隔 3 ~ 4 天观测一次,至支护结构变形稳定。当出现暴雨、管涌或变形急剧增大时,要严密观测。

建筑物主体结构施工阶段的观测应随施工进度及时进行。一般建筑可在基础完工后或地下室砌完后开始观测,大型、高层建筑可在基础垫层或基础底部完成后开始观测。观测次数与间隔时间应视地基与加荷情况而定。民用建筑可每加高 1 ~ 5 层观测一次;工业建筑可按不同施工阶段(如回填基坑、安装柱子和屋架、砌筑墙体及设备安装等)分别进行观测。如建筑物均匀增高,应至少在增加荷载的25%、50%、75%和100%时各测一次。施工过程中如暂时停工,在停工时及重新开工时应各观测一次。停工期间可每隔2~3个月观测一次。

建筑物使用阶段的观测次数应视地基土类型和沉降速度大小决定。除有特殊要求者外,一般情况下可在第一年观测3~5次,第二年观测2~3次,第三年后每年1次,直至稳定为止。观测期限一般不少于如下规定:砂土地基2年,膨胀土地基3年,黏土地基5年,软土地基10年。

在观测过程中,如有基础附近地面荷载突然增减、基础四周大量积水、长时间连续降雨等情况,均应及时增加观测次数。当建筑物突然发生大量沉降、不均匀沉降或严重裂缝时,应立即进行逐日或几天一次的连续观测。

沉降是否进入稳定阶段,应由沉降量与时间关系曲线判定。对重点观测和科研观测工程,若最后3个周期观测中每周期沉降量不大于$2\sqrt{2}$倍测量中误差,可认为已进入稳定阶段。一般观测工程,若沉降速度小于0.01~0.04 mm/d,可认为已进入稳定阶段,具体取值根据各地区地基土的压缩性确定。

2. 沉降观测方法

沉降观察点首次观测的高程值是以后各次观测用以比较的依据,如果首次观测的高程精度不够或存在错误,不仅无法补测,而且会造成沉降观测的矛盾现象。因此,必须提高初测精度,应在同期进行两次观测后取平均值。

沉降观测的水准路线(从一个水准基点到另一个水准基点)应形成闭合路线。与一般水准测量相比,不同的是视线长度较短,一般不大于25 m,一次安置仪器可以有几个前置点。

每次观测应记载施工进度、增加荷载量、仓库进货吨位、气象及建筑物倾斜裂缝等各种影响沉降变化和异常的情况。

3. 沉降观测的成果整理

1)整理原始记录

每次观测结束后,应检查记录的数据和计算是否正确,精度是否合格,然后调整高差闭合差,推算出各沉降观测点的高程。

2)计算沉降量

沉降量的计算内容和方法如下:

(1)计算各沉降观测点的本次沉降量:

沉降观测点的本次沉降量=本次观测所得的高程-上次观测所得的高程。

(2)计算累积沉降量:

累积沉降量=本次沉降量+上次累积沉降量。

3)绘制沉降曲线

如图11-3所示为沉降曲线图,沉降曲线分为两部分,即时间与沉降量关系曲线和时间与荷载关系曲线。

(1)绘制时间与沉降量关系曲线。首先,以沉降量s为纵轴,以时间t为横轴,组成直角坐标系。然后,以每次累积沉降量为纵坐标,以每次观测日期为横坐标,标出沉降观测点的位置。

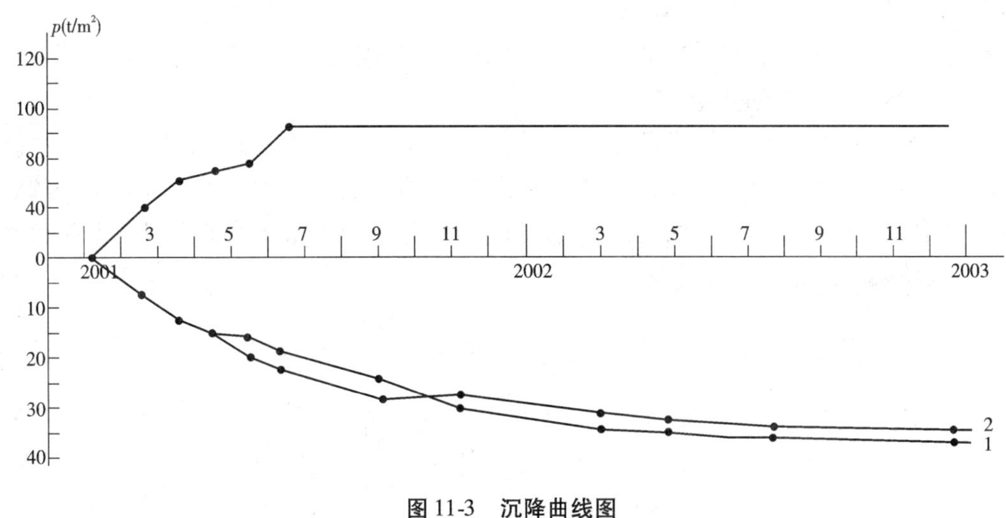

图 11-3　沉降曲线图

最后,用曲线将标出的各点连接起来,并在曲线的一端注明沉降观测点号码,这样就绘制出时间与沉降量关系曲线,如图 11-3 所示。

(2)绘制时间与荷载关系曲线。首先,以荷载 P 为纵轴,以时间 t 为横轴,组成直角坐标系。再根据每次观测时间和相应的荷载标出各点,将各点连接起来,即可绘制出时间与荷载关系曲线,如图 11-3 所示。

对观测成果的综合分析评价是沉降监测一项十分重要的工作。在深基坑开挖阶段,引起沉降的原因主要是支护结构产生大的水平位移和地下水位降低。沉降发生的时间往往比水平位移发生的时间滞后 2 ~ 7 天。地下水位降低会较快地引发周边地面大幅度沉降。在建筑物主体施工中,引起其沉降异常的因素较为复杂,如勘察提供的地基承载力过高,导致地基剪切破坏;施工中人工降水或建筑物使用后大量抽取地下水;地质土层不均匀或地基土层薄厚不均,压缩变形差大;设计错误或打桩方法、工艺不当等都可能导致建筑物异常沉降。

由于观测存在误差,有时会使沉降量出现正值,应正确分析原因。判断沉降是否稳定,通常当 3 个观测周期的累计沉降量小于观测精度时,可作为沉降稳定的限值。

11.3　倾斜和位移观测

11.3.1　建筑物的倾斜观测

1. 一般建筑物主体的倾斜观测

建筑物主体的倾斜观测,应测定建筑物顶部观测点相对于底部观测点的偏移值,再根据建筑物的高度,计算建筑物主体的倾斜度,即

$$i = \tan\alpha = \frac{\Delta D}{H} \tag{11-1}$$

式中,i 为建筑物主体的倾斜度;ΔD 为建筑物顶部观测点相对于底部观测点的偏移值(m);H

为建筑物的高度(m);α 为倾斜角(°)。

由式(11-1)可知,倾斜测量主要是测定建筑物主体的偏移值 ΔD。偏移值 ΔD 的测定一般采用经纬仪投影法,具体观测方法如下。

(1)如图 11-4 所示,将经纬仪安置在固定测站上,该测站到建筑物的距离,为建筑物高度的 1.5 倍以上。瞄准建筑物 X 墙面上部的观测点 M,用盘左、盘右分中投点法定出下部的观测点 N。用同样的方法,在与 X 墙面垂直的 Y 墙面上定出观测点 P 和下观测点 Q。M、N 和 P、Q 即为所设观测标志。

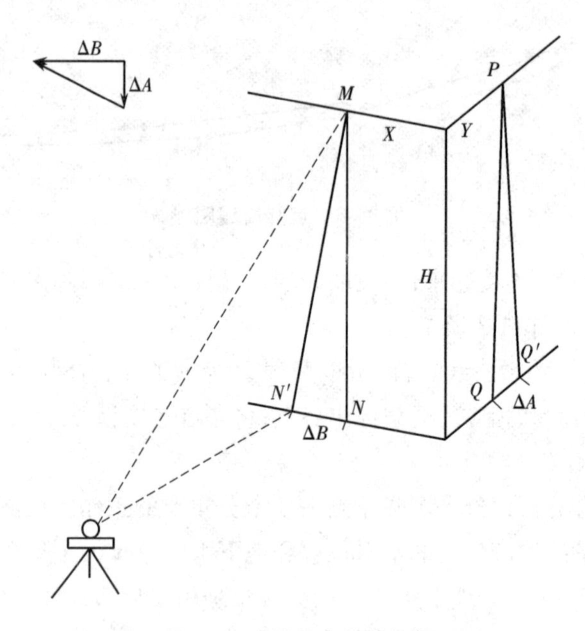

图 11-4 一般建筑物主体的倾斜观测

(2)相隔一段时间后,在原固定测站上,安置经纬仪,分别瞄准上观测点 M 和 P,用盘左、盘右分中投点法,得到 N' 和 Q'。如果 N 与 N'、Q 与 Q' 不重合,如图 11-4 所示,说明建筑物发生了倾斜。

(3)用尺子量出在 X、Y 墙面的偏移值 ΔA、ΔB,然后用矢量相加的方法,计算出该建筑物的总偏移值 ΔD,即

$$\Delta D = \sqrt{\Delta A^2 + \Delta B^2} \tag{11-2}$$

根据总偏移值 ΔD 和建筑物的高度 H 用式(11-1)即可计算出其倾斜度 i。

2. 圆形建(构)筑物主体的倾斜观测

对圆形建(构)筑物的倾斜观测,是在互相垂直的两个方向上,测定其顶部中心相对底部中心的偏移值,具体观测方法如下。

(1)如图 11-5 所示,在烟囱底部横放一根标尺,在标尺中垂线方向上,安置经纬仪,经纬仪到烟囱的距离为烟囱高度的 1.5 倍。

(2)用望远镜将烟囱顶部边缘两点 A、A' 及底部边缘两点 B、B' 分别投到标尺上,得出读数为 y_1 及 y_2、y_2',如图 11-5 所示。烟囱顶部中心 O 对底部中心 O' 在 y 方向上的偏移值 Δy 为

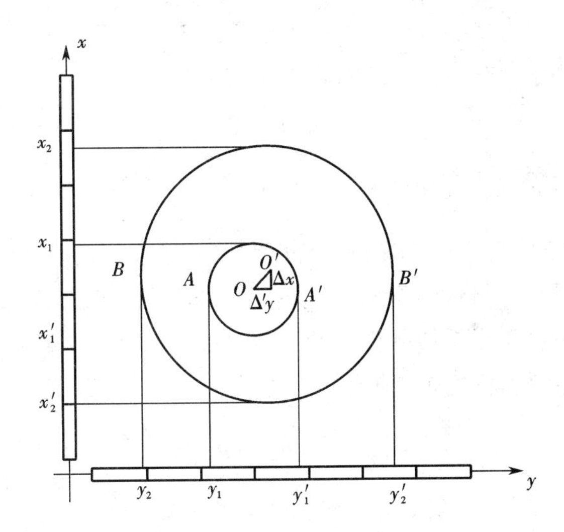

图 11-5　圆形建筑的倾斜观测

$$\Delta y = \frac{y_1 + y_1'}{2} - \frac{y_2 + y_2'}{2} \tag{11-3}$$

(3)用同样的方法,可测得在 x 方向上,顶部中心 O 的偏移值 Δx 为

$$\Delta x = \frac{x_1 + x_1'}{2} - \frac{x_2 + x_2'}{2} \tag{11-4}$$

(4)用矢量相加的方法,计算出顶部中心 O 对底部中心 O'的总偏移值 ΔD,即

$$\Delta D = \sqrt{\Delta x^2 + \Delta y^2} \tag{11-5}$$

根据总偏移值 ΔD 和圆形建筑物的高度 H 用式(11-1)即可计算出其倾斜度 i。另外,也可以采用激光铅锤仪或悬吊垂球的方法,直接测定建筑物的倾斜量。

11.3.2　建筑物的位移观测

根据平面控制点测定建筑物的平面位置随时间而移动的大小及方向,称为位移观测。位移观测首先要在建筑物附近埋设测量控制点,再在建筑物上设置位移观测点。

某些建筑物只要求测定某特定方向上的位移量,如大坝在水压力方向上的位移量,这种情况可采用基准线法进行水平位移观测。图 11-6 是用导线测量法查明某建筑物的位移情况。

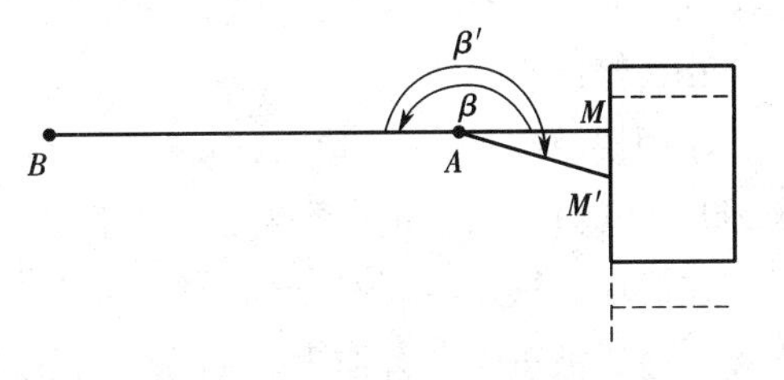

图 11-6　某建筑物的位移观测情况

观测时,先在位移方向的垂直方向上建立一条基准线,A、B 为施工中平面控制点,M 为在墙上设立的观测标志,用经纬仪测量 $\angle BAM = \beta$,视线方向大致垂直于厂房位移的方向。若厂房有平面位移 MM',则测得 $\angle BAM' = \beta'$,设 $\Delta\beta = \beta' - \beta$,则位移量 MM'按式(11-6)计算。

$$MM' = AM \frac{\Delta\beta}{\rho} \tag{11-6}$$

11.4　挠度与裂缝观测

11.4.1　建筑物的挠度观测

测定建筑物受力后挠曲程度的工作称为挠度观测。建筑物在应力的作用下产生弯曲和扭曲，弯曲变形时横截面形心沿与轴线垂直方向的线位移称为挠度。如图 11-7 所示，对于平置的构件，在两端及中间设置 3 个沉降点进行沉降观测，可以测得在某时间段内 3 个点的沉降量，分别为 *ha*、*hb*、*hc*，则该构件的挠度值为

$$\tau = \frac{1}{2}(h_a + h_c - 2h_b)\frac{1}{S_{ac}} \tag{11-7}$$

式中，h_a、h_c为构件两端点的沉降量；h_b为构件中间点的沉降量 S_{ab}为两端点间的平距。

对于直立的构件，要设置上、中、下三个位移监测点进行位移监测，利用 3 点的位移量求出挠度的大小。在这种情况下，我们把在建筑物垂直面内各不同高程点相对于底点的水平位移称为挠度。

对于直立高大型建筑物，其挠度的观测方法是测定建筑物在铅垂面内各不同高程点相对于底部的水平位移值。高层建筑物通常采用前方交会法测定。对内部有竖直通道的建筑物，挠度观测多采用垂线观测，即从建筑物顶部附近悬挂一根不锈钢丝，下挂重锤，直到建筑物底部。在建筑物不同高程上设置观测点，以坐标仪定期测出各点相对于垂线最低点的位移。比较不同周期的观测成果，即可求得建筑物的挠度值。如果采用电子传感设备，可将观测点相对于垂线的微小位移变换成电感输出，经放大后由电桥测定并显示各点的挠度值。

11.4.2　建筑物的裂缝观测

当建筑物出现裂缝后，应及时进行裂缝观测。常用的裂缝观测方法有以下两种。

1. 石膏板标志

用厚 10 mm，宽 50 ~ 80 mm 的石膏板（长度视裂缝大小而定）固定在裂缝的两侧。当裂缝继续发展时，石膏板也随之开裂，从而观察裂缝继续发展的情况。

2. 白铁皮标志

用两块白铁皮，一片取 150 mm × 150 mm 的正方形，固定在裂缝的一侧。另一片为 50 mm × 200 mm 的矩形，固定在裂缝的另一侧，使两块白铁皮的边缘相互平行，并使其中的一部分重叠。在两块白铁皮的表面，涂上红色油漆。如果裂缝继续发展，两块白铁皮将逐渐拉开，露出正方形上原被覆盖没有油漆的部分，其宽度即为裂缝加大的宽度。定期分别量取两组端线与边线之间的距离，取其平均值，即为裂缝扩大的宽度，连同观测时间一并记入手簿内。此外，还应观测裂缝的走向和长度等项目。

11.5　竣工总平面图的绘制

11.5.1　竣工测量

建(构)筑物竣工验收时进行的测量工作,称为竣工测量。

为做好竣工总平面图的编制工作,应随着工程施工进度,同步记载施工资料,并根据实际情况,在竣工时,进行竣工测量。竣工测量主要是对施工过程中设计有更改的部分、直接在现场指定施工的部分以及资料不完整无法查对的部分,根据施工控制网进行现场实测或加以补测。

在每一个单项工程完成后,必须由施工单位进行竣工测量,并提出该工程的竣工测量成果,作为编绘竣工总平面图的依据。

竣工测量的内容:

(1)工业厂房及一般建筑物。测定各房角坐标、几何尺寸,各种管线进出口的位置和高程,室内地坪及房角标高,并附注房屋结构层数、面积和竣工时间。

(2)地下管线。测定检修井、转折点、起终点的坐标,井盖、井底、沟槽和管顶等的高程,附注管道及检修井的编号、名称、管径、管材、间距、坡度和流向。

(3)架空管线。测定转折点、结点、交叉点和支点的坐标,支架间距、基础面标高等。

(4)交通线路。测定线路起终点、转折点和交叉点的坐标,曲线元素、路面、人行道、绿化带界线等。

(5)特种构筑物。测定沉淀池、烟囱等的外形和四角坐标、圆形构筑物的中心坐标,基础面标高,构筑物的高度或深度等。

竣工测量的基本测量方法与地形测量相似,区别在于以下几点:图根控制点的密度要大于地形测量图根控制点的密度;竣工测量的测量精度较高,地形测量的测量精度要求满足图解精度,而竣工测量的测量精度一般要满足解析精度,应精确至厘米;竣工测量的内容更丰富,不仅测地面的地物和地貌,还要测地下各种隐蔽工程,如上、下水及热力管线等。

11.5.2　竣工总平面图的编绘方法和整饰

建设工程项目竣工后,应编绘竣工总平面图。竣工总平面图是设计总平面图在施工后实际情况的全面反映,其目的是为了将主要建筑物、道路和地下管线等位置的工程实际状况进行记录再现,为工程交付使用后的查询、管理、检修、改建或扩建等提供实际资料,为工程验收提供依据。竣工总平面图的编绘包括竣工测量和资料编绘两方面内容。

竣工总平面图的内容主要包括测量控制点、厂房辅助设施、生活福利设施、架空及地下管线、道路的转向点、建筑物或构筑物的坐标和高程,以及预留空地区域的地形。

竣工总平面图一般尽可能编绘在一张图纸上,但对较复杂的工程可能会使图面线条太密集,不便识图,这时可分类编图,如房屋建筑竣工总平面图,道路及管网竣工总平面图等。

编绘竣工总平面图时需收集的资料有设计总平面图、单位工程平面图、纵横断面图、施工图及施工说明、系统工程平面图、变更设计的资料、更改设计的图纸、数据、施工放样资料、施工检查测量及竣工测量资料等。如果施工单位较多,多次转手,造成竣工测量资料不全,图面不完整或现场情况不符时,只好进行实地施测,再编绘竣工总平面图。

1. 竣工总平面图的编绘方法

(1)在图纸上绘制坐标方格网。绘制坐标方格网的方法、精度要求,与地形测量绘制坐标方格网的方法、精度要求相同。比例尺一般采用1:1000,如不能清楚地表示某些特别密集的地区,也可局部采用1:500的比例尺。

(2)展绘控制点。坐标方格网画好后,将施工控制点按坐标值展绘在图纸上。展点对所临近的方格而言,其容许误差为±0.3 mm。

(3)展绘设计总平面图。根据坐标方格网,将设计总平面图的图画内容,按其设计坐标,用铅笔展绘于图纸上,作为底图。

(4)展绘竣工总平面图。对凡按设计坐标进行定位的工程,应以测量定位资料为依据,按设计坐标和标高用红色数字在图上表示出设计数据。对原设计进行变更的工程,应根据设计变更资料展绘。对凡有竣工测量资料的工程,若竣工测量成果与设计值之差,不超过所规定的定位容许误差时,按设计值展绘;否则,按竣工测量资料展绘。竣工测量成果用黑色展绘并将其坐标和高程注在图上。黑色与红色之差,即为施工与设计之差。

2. 竣工总平面图的整饰

(1)竣工总平面图的符号应与原设计图的符号一致。有关地形图的图例应使用国家地形图图示符号,原设计图没有的图例符号,可使用新的图例符号,但应符合现行总平面图设计的有关规定。

(2)对于厂房应使用黑色墨线,绘出该工程的竣工位置,并在图上注明工程名称、坐标、高程及有关说明。

(3)对于各种地上、地下管线,应用各种不同颜色的墨线,绘出其中心位置,并应在图上注明转折点及井位的坐标、高程及有关说明。

(4)对于没有进行设计变更的工程,用墨线绘出的竣工位置,与按设计原图用铅笔绘出的设计位置应重合,但其坐标及高程数据与设计值比较可能稍有出入。

随着工程的进展,逐渐在底图上将铅笔线都绘成墨线。对于直接在现场指定位置进行施工的工程、以固定地物定位施工的工程及多次变更设计而无法查对的工程等,只好进行现场实测,这样测绘出的竣工总平面图,称为实测竣工总平面图。

竣工总平面图编绘完成后,应经原设计及施工单位技术负责人审核、会签。

拓展阅读

随着世界经济和我国城市化、工业化进程的飞速发展,国家基础设施、城市建设也在日新月异、突飞猛进,高楼大厦、高铁、地铁、高速公路等,雨后春笋般拔地而起,但个别地方出现如下情况:2009年6月27日,上海闵行区莲花南路近罗阳路"莲花河畔景苑"小区整体倒塌。

变形是自然界普遍存在的现象,它是指变形体在各种荷载作用下,其形状、大小及位置在时间域和空间域的变化,遵循时空效应的规律。

构建筑物变形中最具有代表性的变形体有大坝、桥梁、矿区、高层建筑物、防护堤、隧道、地铁、地表沉降等,加载、施工期间变形量最大。构建筑物变形主要是指基坑隆沉、支护墙体变形、构建筑物沉降位移、挠度变形、震动幅度、震动频率及周围构建筑物、管线变形等。建筑物变形的过程,也是其卸荷和载荷的过程,载荷将引起向下为主的位移,卸荷必将引起向上为主的位移,同时围护墙体在土体侧压力的作用下产生水平位移及其外侧土体的位移。并沿垂直基坑方向呈不均匀垂直位移,随着工程的不断进展,构建筑物的基础和地基所承荷载不断增加,变形量也不断增加,容易导致构建筑物产生不均匀沉降,但构建筑物变形的变形量在一定范围内被确认为是允许的,如果超出允许值,则可能引发灾难、造成非常大的经济损失。

在实际生产中构建筑物的变形量过大的主要原因如下:

(1)设计缺陷。设计计算时没有计算或漏算了某一部分;计算模型不合理;结构受力计算与实际受力不符;安全系数不够;荷载少算或漏算;设计断面不够;有的设计部门未严格执行规范标准,有的是直接套用其他相同或类似图纸;基础设计形式不统一,采用多种基础形式,建筑物体形复杂,荷载差异大,基础落在不同土质上,导致变形量增大。

(2)地质结构勘查。地质勘查数据不准确,有的地质资料是参考相邻场地地质情况得出的数据,有的钻探钻孔间距过大,有的钻探深度不够,另有场地地层变化复杂,特别是东北等软基地区,一般具有“三高三低”特性:高含水率、高灵敏度、高压缩性、低密度、低强度、低渗透性。另外在沿海地区由于河流与海水的交替作用而出现淤泥或黏土与粉质土的交替沉积,故而常形成黏土、粉土互层或在厚层黏性土中夹有多层厚度只有约 1 ~ 2 mm 的薄粉砂(土)层的微层理构造,其中以上海地区的淤泥质黏性土层最为典型。这种土层分布具有水平向高渗透性和作为潜藏流砂源点的工程特性,也会对基坑设计和施工造成比较大的影响。

(3)支护过于简单或过于麻痹。支护工作是一项临时性工程,认为地下室或车库等完工,支护工作就完成任务了,往往不受到重视,因而事故频发,支护工作包括基坑支护、顶板支护、桥梁、隧道支护等,支护应本着经济、科学、实用的原则,具有施工速度快、操作简单、设备投资少、工程造价低、边坡受力条件改善,加固效果显著的特点,在实际施工过程中,支护工程不按设计、规范施工,技术方案缺少技术论证,仅凭个人有限或片面的经验随意确定,再有偷工减料,故意延长工期,拉大桩距等,造成顶板或支护墙体塑性变形较大,容易达到或超出预警值。

(4)非法降水。基坑工程中为避免流砂、管涌,保证工程安全,必须对地下水采取有效的措施。通常采用降水、防渗、抽水等措施,井点降水最为有效,但影响力也最大,长期基坑降水将形成地下水降落漏斗。抽取承压水使得含水层组的孔隙水压力降低,有效应力增加,土体压密,导致基坑周边的地面沉降,对环境造成一定影响;再有降水时未按设计、规范降水,不进行抽水试验对地面建筑物沉降分析,为了节约成本,有很多都不打观测井,不打回灌井,或者只做少量的敷衍了事,更有甚者进行强制降水,后果非常严重,大部分构建筑物的裂缝、倾斜、倒塌也是因此造成。

(5)基础施工不科学或非法施工。基础未按设计、规范施工,施工验槽(坑)时没有进行土体原位试验,仅凭经验判断,使建筑物未落在设计持力层上;或基槽(坑)原土被扰动、超挖以及施工时淤泥、松土未清理或者基底清理未达施工规范要求,不注意控制填土速率、填筑材料,桩基未按地质结构来选择管桩或灌注桩或其他桩等,其数量少、短或未打到持力层等,将会对建筑物造成很大影响,也有施工顺序错乱、非法施工的,对建筑物构成威胁。

(6)地层沉降。在冲积平原地区,局部有软土层和地震液化层,整体沉降量较大,在基坑开挖过程会产生基底土卸载,造成坑底隆沉;主体构筑、覆土回填会重新给基底土施加荷载,造成地基的隆沉;而主体结构竣工后地下水位的变化会对结构产生浮力,减少结构沉降的趋势,浮力过大时会造成结构上浮,结构本身由于地基的变形及内部应力、外部荷载的变化而产生结构变形和沉降。如果结构变形和沉降超过允许值,将会造成影响。

(7)地下水位下降。随着全球气候变暖,各国工业化水平的提高,地下水水位呈逐年下降趋势,例如:据有关资料介绍,天津市的地下水位从1959—2000年最大累计沉降值已达2.85 m。意味着地面沉降量越来越大,产生不均匀沉降的构(建)筑物会越来越多,裂缝、倾斜的构(建)筑物也会增多。

(8)载荷过大或集中。随着经济的发展,各个城市的高层建筑大量涌现,且层数越来越多,高度也越来越高,体积越来越大,载荷的增加对周围的土体产生的压力也不断增大,就会对周围的道路、房屋、管线等产生影响;公路、铁路运营时反复的振动、超载和曲线上未平衡的离心力等的作用都可能诱发区间隧道洞体的形变和隧道周围土体性质的变化。另外,在支护附近堆放材料、泥土等;有的在支护附近行走或停放大型机械设备和车辆等,严重超出支护的设计承载力,支护体出现变形或垮塌。

(9)其他因素的忽略。风振变形、日照变形、水锤效应等对构(建)筑物也有很大的威胁,特别是高耸建筑物、地下有高压管道的构(建)筑物或支护体等。

引起建筑物沉降变形的因素具有复杂性和隐蔽性,且勘察、设计及施工存在客观偏差,检测建筑物结构安全与否,变形监测成了一种必不可少的依据。国家也为此出台了《建筑变形测量规范》等规范、规程,变形监测主要是监视构(建)筑物施工的质量及其使用与运营期间的安全,通过监测建筑物主体、监测塔吊等施工机械设备等,即可监测施工场地和构(建)筑物的稳定性,验证有关地基、结构设计参数的准确性、可靠性,分析、研究构(建)筑物变形规律和预报变形趋势,找出原因并采取措施,以保证构(建)筑物的施工、运营的安全、保证其周围构(建)筑物的安全,所以说构(建)筑物在施工全过程和运营阶段中,进行变形测量是十分必要的。

变形监测在其他领域也有非常重要的作用:

(1)对于机械设备,通过监测,则保证设备安全、可靠、高效地运行,为改善产品质量和新产品的设计提供技术数据。

(2)对于滑坡,通过监测其随时间的的变化过程,可进一步研究引起滑坡的成因,预报大的滑坡灾害。

(3)通过对矿山由于矿藏开挖引起的实际变形的观测,可以控制开挖量和加固等方法,避免危险性变形的发生,同时可以改进变形预报模型。

(4)在地壳构造运动监测方面,主要是大地测量学的任务。但对于近期地壳垂直和水平运动等地球动力学现象、粒子加速器等工程也具有重要的意义。

建议高耸建筑物、古建筑、铁路、公路、隧道、桥梁、大坝等工程项目,在施工期间及竣工、运营后,把对主体结构的沉降位移、水平位移、收敛等变形监测工作提到议事日程,重视资料的整理和积累。根据主体结构的变形情况,以及发展趋势,做好整治方案。随着多层次、多视角、数字化、自动化的立体监测体系等高新监测技术手段的实现,使监测成为保障施工、安全运营、维护城市窗口形象的重要工作项目。

本章小结

本章主要内容包含建筑物产生变形的原因,变形观测的分类,变形测量的基本要求,高程控制与沉降观测方法,建筑物的倾斜观测方法,建筑物的裂缝与位移观测,竣工总平面图的编绘。本章的教学目标是使学生了解建筑物变形基本内容及竣工测量的基本知识。

习　题

一、填空题

1. 建筑物变形观测的分类是______和______。
2. 建筑物产生变形主要是______和______两方面的原因。
3. 竣工总平面图的编绘包括______和______两方面内容。

二、简答题

1. 建筑物产生变形的原因是什么?
2. 高程控制网点的布设要求是什么? 沉降观测点如何布设?
3. 变形观测的种类有哪些?
4. 简述沉降观测的操作程序。
5. 为什么要进行竣工测量? 竣工测量的内容?

三、计算题

测得某烟囱顶部中心坐标为 $x'_o = 3\ 467.559$ m, $y'_o = 2\ 489.628$ m,测得烟囱底部中心坐标为 $x_o = 3\ 468.432$ m, $y_o = 2\ 487.394$ m,已知烟囱高度为53 m,求它的倾斜度和倾斜方向。